2024版建设工程工程量清单计价标准与计算标准宣贯丛书

2024版
建设工程工程量清单计价标准
理解与应用实务

张兴旺　主　编
吴新华　孙凌志　副主编
许锡雁　主　审

中国建设科技出版社有限责任公司
China Construction Science and Technology Press Co., Ltd.
北　京

图书在版编目（CIP）数据

2024版建设工程工程量清单计价标准理解与应用实务/张兴旺主编；吴新华，孙凌志副主编． --北京：中国建设科技出版社有限责任公司，2025.7（2025.8重印）.（2024版建设工程工程量清单计价标准与计算标准宣贯丛书）.
ISBN 978-7-5160-4557-2

Ⅰ. TU723.3-65

中国国家版本馆 CIP 数据核字第 2025GG4129 号

2024版建设工程工程量清单计价标准理解与应用实务
2024BAN JIANSHE GONGCHENG GONGCHENGLIANG QINGDAN JIJIA BIAOZHUN LIJIE YU YINGYONG SHIWU

张兴旺　主　编
吴新华　孙凌志　副主编
许锡雁　主　审

出版发行：**中国建设科技出版社**有限责任公司
地　　址：北京市西城区白纸坊东街2号院6号楼
邮　　编：100054
经　　销：全国各地新华书店
印　　刷：北京印刷集团有限责任公司
开　　本：889mm×1194mm　1/16
印　　张：24.5
字　　数：600千字
版　　次：2025年7月第1版
印　　次：2025年8月第2次
定　　价：158.00元

本社网址：www.jskjcbs.com，微信公众号：zgjskjcbs
请选用正版图书，采购、销售盗版图书属违法行为
版权专有，盗版必究。本社法律顾问：北京天驰君泰律师事务所，张杰律师
举报信箱：zhangjie@tiantailaw.com　　举报电话：（010）63567684
本书如有印装质量问题，由我社事业发展中心负责调换，联系电话：（010）63567692

2024 版建设工程工程量清单计价标准与计算标准宣贯丛书编委会

主　任：张兴旺
副主任：许锡雁
编　委：吴新华　孙凌志　刘倩倩　李怀亮　李金妹　张思业　杨　侃

本书编委会

主　　编：张兴旺
副 主 编：吴新华　孙凌志
主　　审：许锡雁
编　　委：（排名不分先后）
　　　　　李怀亮　胡秀茂　庄楚龙　田志勇　田占岭　王　凯　徐　笑
　　　　　洪　军　符　标　金黎明　柳　伟　赵春艳　张思业　于振平
　　　　　马　懿　倪文国　梁祥玲　邵振芳　邵铭法　刘志宏　金志刚
　　　　　许诗颖　陈俊丰　李发喜　蒋春山　李凯歌　杨　侃　曲　楠
　　　　　王建林　杨建平　苏红霞　汪应宏　顾莹莹　王克青
参编单位：中国土木工程学会建筑市场与招标投标研究分会
　　　　　山东科技大学
　　　　　北京市财政局预算评审中心
　　　　　广东省工程造价协会
　　　　　山东省工程建设标准造价协会
　　　　　河南省注册造价工程师协会
　　　　　云南省建设工程造价协会
　　　　　河北省建筑市场发展研究会
　　　　　辽宁省建设工程造价管理协会
　　　　　湖北省建设工程造价咨询协会
　　　　　浙江省建设工程造价管理协会
　　　　　江西环球工程造价事务所有限责任公司
　　　　　北京恒森基业工程咨询有限公司
　　　　　深圳锦洲工程管理有限公司
　　　　　深圳市鹏电工程咨询有限公司
　　　　　深圳市欣广拓工程造价咨询有限公司
　　　　　海天工程咨询有限公司
　　　　　智远工程管理有限公司
　　　　　北京华建联造价工程师事务所有限公司

新兴际华资产经营管理有限公司
全咨联（北京）科技有限公司
全咨聘（雄安）信息科技有限公司
北京普惠大成法律咨询有限公司
建联云（北京）教育科技有限公司
青岛市建筑设计研究院集团股份有限公司

序

我国推行工程量清单计价模式始于 2003 年，是我国加入世界贸易组织（WTO）后借鉴国际通行做法建立的工程计价模式。国家标准《建设工程工程量清单计价规范》（GB 50500—2003）的颁布实施，实现了由定额计价向清单计价的历史性转变。但是，由于受传统计价习惯和市场机制尚不完善等因素影响，工程建设各方主体对计价定额形成了路径依赖，工程计价实践中普遍存在"清单皮、定额芯"的问题，使得工程量清单计价流于形式，未能很好地发挥其作用。

随着我国建筑业高质量发展，深化工程造价管理改革，构建更加市场化、国际化的工程计价体系，已成为行业发展的必然趋势。国家标准《建设工程工程量清单计价标准》（GB/T 50500—2024）（以下简称"24 版清单计价标准"）正是为适应高质量发展新形势和新要求而产生的，标志着我国将全面推行"清单计量、市场询价、自主报价、竞争定价"的计价方式。"24 版清单计价标准"的推行，对工程建设相关企业及工程造价从业人员的风险意识、工程计价能力、成本管控体系等均提出了新的更高要求。为此，需要相关企业及工程造价从业人员深刻领会和贯彻执行。

本书由"24 版清单计价标准"起草专家、各地优秀企业专业骨干、高校学者共同组成编委会，从理解与应用两个维度进行编写，体现出三个显著特点：一是系统解释了"24 版清单计价标准"的整体修订脉络、核心内容框架及市场化内涵，可引导读者正确理解"24 版清单计价标准"的基本逻辑。二是为读者提供了全面精准的业务指南，有助于工程计量计价及合同价款支付等核心业务活动的规范开展。三是聚焦实际操作，通过典型工程案例分析，详细阐释了与"24 版清单计价标准"有关的各类报表应用场景、填报规则及数据逻辑。

本书是对"24 版清单计价标准"精髓的深度挖掘，也是对"24 版清单计价标准"应用智慧的凝炼和总结，旨在引导从业人员改变传统计价模式下的惯性思维和工作方法，转向"市场竞价"新范式。本书作为"24 版清单计价标准"学习用书，无论是经验丰富的造价工程师还是初入行业的从业者，或者是建设单位、承包单位、咨询单位的工程造价相关人员，都可从中快速获取所需知识，掌握操作要领，提升专业技能，为科学合理地编制工程造价成果文件提供指南和应用参考。

刘伊生

2025 年 7 月 1 日于北京

前 言

"24版清单计价标准"全面推行"清单计量、市场询价、自主报价、竞争定价"的计价方式，是推动我国建筑业高质量发展的重要举措，是落实住房城乡建设部系列改革文件要求的重要成果，标志着我国工程造价改革进入了一个新的关键时期，对建立健全具有中国特色，并与国际接轨的工程造价市场机制具有重大意义。

"24版清单计价标准"既是计价的技术标准，也是造价的管理标准，贯穿了工程项目实施阶段，是从招标投标、建设施工到竣工结算的一揽子行为规范，对项目参建各方都具有指导意义。为更好地理解"24版清单计价标准"的要求，赋能实践操作，我们组成编委会从"24版清单计价标准"的正确理解和如何在项目实施中应用两个维度，结合典型案例编写了本书。

本书突破了"24版清单计价标准"的章节框架，遵循计量计价活动的一般规律，既有整体解读，又有具体条文应用操作细节；既有对比分析，又深挖背后的法理基础；既有条文理解分析，又辅以一定的案例说明。具体内容包括：标准修订目的、原则、特点及适用范围，相关术语理解与应用，合同类型理解及应用，计价风险范围及分担，工程量清单计价原理与方法，招标工程量清单，最高投标限价，投标报价，投标报价澄清或说明及合同价款约定，合同工程计量与合同价款调整，工程索赔计量计价规则及处理，合同价款的期中支付，工程结算与支付，合同价款争议解决，工程实例等内容。

"24版清单计价标准"的全面实施，是挑战，更是机遇。准确掌握标准新理念、熟练应用标准新方法，是每一位工程建设参与者提升技能与核心竞争力，适应行业高质量发展的必然要求。希望这本凝聚了众多专家心血与实践智慧的实务工具书，能够成为从业人员学习理解"24版清单计价标准"的"良师"，高效应用"24版清单计价标准"的"益友"，化解实务难题的"智库"。

本书的编写得到了众多专家学者的大力支持和宝贵建议，在此致以诚挚谢意。囿于编者的学识与经验，书中难免存在疏漏之处，恳请广大读者不吝指正，共同推动我国工程造价事业的持续进步与发展。

编者
2025年7月

目 录

第1章 标准修订目的、原则、特点及适用范围 1
    1.1 修订目的 1
    1.2 修订原则 6
    1.3 主要编修内容 6
    1.4 修订特点 9
    1.5 适用范围及法律地位 19

第2章 相关术语理解与应用 22
    2.1 工程量清单及清单费用 22
    2.2 综合单价 31
    2.3 与合同管理相关的术语 33
    2.4 工程量清单缺陷、工程变更与新增工程 36
    2.5 工程索赔 42
    2.6 施工过程结算 43

第3章 合同类型理解及应用 46
    3.1 建设工程合同 46
    3.2 合同类型及应用 50
    3.3 合同约定要求及内容 54

第4章 计价风险范围及分担 59
    4.1 计价风险的基本要求 59
    4.2 计价风险分担及其原则 64
    4.3 风险因素的分担 65

第5章 工程量清单计价原理与方法 79
    5.1 清单计价的基本原理 79
    5.2 清单计价中的单价 84
    5.3 清单计价中的费用 92
    5.4 清单计价中建筑信息模型应用 100
    5.5 计价成果及档案管理 103

第6章 招标工程量清单 ········· 109
- 6.1 编制主体及责任划分 ········· 109
- 6.2 工程量清单编制的对象与原则 ········· 112
- 6.3 工程量清单编制的要求与依据 ········· 117
- 6.4 招标工程量清单编制 ········· 119

第7章 最高投标限价 ········· 135
- 7.1 最高投标限价溯源及意义 ········· 135
- 7.2 最高投标限价编制要求与依据 ········· 138
- 7.3 最高投标限价的编制方法与内容 ········· 142
- 7.4 最高投标限价编制质量及控制 ········· 146

第8章 投标报价 ········· 150
- 8.1 投标报价要求及准备工作 ········· 150
- 8.2 投标报价的编制原则与依据 ········· 156
- 8.3 投标报价的编制方法 ········· 158

第9章 投标报价澄清或说明及合同价款约定 ········· 170
- 9.1 投标报价澄清或说明程序及原则 ········· 170
- 9.2 投标报价澄清或说明的修正规则 ········· 172
- 9.3 合同价格影响因素及约定 ········· 183

第10章 合同工程计量与合同价款调整 ········· 186
- 10.1 合同工程计量与合同价款调整概述 ········· 186
- 10.2 工程量清单缺陷修正及计价规则 ········· 187
- 10.3 暂列金额调整及计价规则 ········· 190
- 10.4 材料暂估价调整及计价规则 ········· 191
- 10.5 专业工程暂估价调整及计价规则 ········· 192
- 10.6 总承包服务费调整及计价规则 ········· 193
- 10.7 工程变更计量及计价规则 ········· 194
- 10.8 计日工计量、计价规则及价格调整 ········· 200
- 10.9 返工工程计量及计价规则 ········· 203
- 10.10 物价变化价格调整及调价规则 ········· 204
- 10.11 法律法规及政策性变化价格调整及调价规则 ········· 206
- 10.12 新增工程计量及计价规则 ········· 207

第11章 工程索赔计量计价规则及处理 ... 209
- 11.1 工程索赔概述 ... 209
- 11.2 发包人违约工程索赔 ... 210
- 11.3 承包人违约工程索赔 ... 217
- 11.4 不可抗力工程索赔 ... 223
- 11.5 非发承包违约事件索赔 ... 226
- 11.6 工程索赔注意事项 ... 227

第12章 合同价款的期中支付 ... 229
- 12.1 预付款分解、支付、扣回及保函提交 ... 229
- 12.2 安全生产措施费分解及支付 ... 230
- 12.3 进度款申请及支付 ... 231
- 12.4 建筑工人工资分解及支付 ... 235
- 12.5 分部分项工程项目费用支付及要求 ... 235
- 12.6 其他措施项目费用分解及支付 ... 236
- 12.7 总承包服务费支付及要求 ... 236
- 12.8 合同调整价格支付及要求 ... 238
- 12.9 已完工程总值核定及要求 ... 238
- 12.10 付款证书确认及颁发 ... 242

第13章 工程结算与支付 ... 243
- 13.1 施工过程结算与支付 ... 243
- 13.2 合同解除结算及支付 ... 248
- 13.3 工程竣工结算与支付 ... 250
- 13.4 工程保修结算及质量保函 ... 253

第14章 合同价款争议解决 ... 255
- 14.1 合同价款争议内容与争议提出 ... 255
- 14.2 争议评审解决 ... 256
- 14.3 争议调解解决 ... 257
- 14.4 仲裁与诉讼解决 ... 259
- 14.5 "评调裁一体化"多元解纷实践 ... 261

第15章 工程实例 ... 265
- 15.1 某项目营销中心及样板间精装修工程 ... 265
- 15.2 某路南侧规划五路项目工程 ... 320

第1章 标准修订目的、原则、特点及适用范围

我国推行清单计价已有20余年，2003年2月17日，原建设部第119号公告发布了国家标准《建设工程工程量清单计价规范》（GB 50500—2003）；2008年7月9日，住房城乡建设部第63号公告发布《建设工程工程量清单计价规范》（GB 50500—2008）；2012年12月25日，住房城乡建设部第1567号公告发布《建设工程工程量清单计价规范》（GB 50500—2013）（以下简称"13版清单计价规范"）。先后三个版本《建设工程工程量清单计价规范》的发布，对深化我国工程造价管理改革，促进建筑业高质量发展，完善和优化工程造价市场形成机制奠定了坚实的基础。但是，也应该看到，工程造价的形成还受非市场因素的影响，特别是预算定额的影响，距离实现全国统一的建筑市场，有效积累造价数据，严格施工合同履约管理，真正实现市场在工程造价中起决定性作用，还有较大距离。

另外，自2013年以来，我国陆续颁布了新的法律法规、政策性文件，进行了税制改革等一系列工作，如颁布了《中华人民共和国民法典》（以下简称《民法典》）、《最高人民法院关于审理建设工程施工合同纠纷案件适用法律问题的解释（一）》（法释〔2020〕25号）〔以下简称《司法解释（一）》〕、《住房和城乡建设部办公厅关于印发工程造价改革工作方案的通知》（建办标〔2020〕38号）、《关于完善建设工程价款结算有关办法的通知》（财建〔2022〕183号）等。当前我国已经从高速发展进入高质量发展的新时代，修订现行计价计量规范是工程造价领域贯彻落实习近平新时代中国特色社会主义思想的重要举措，是工程造价领域适应新时期建筑业持续健康发展的需要，有利于工程造价领域进一步深化"放管服"改革，完善市场在资源配置中起决定性作用的机制构建并与国际衔接的具有中国特色的计价体系，能够促进工程造价领域转型升级，推动工程造价管理提质增效，实现工程造价管理事业高质量发展。

1.1 修订目的

"24版清单计价标准"从"合理确定""有效控制"两个造价管理关键点出发，同时为落实好党的十九大再次强调的"价格机制是市场机制的核心，市场决定价格是市场在资源配置中起决定性作用的关键"和"正确处理政府与市场的关系"，依据行业现状、凝聚行业共识，在《住房和城乡建设部办公厅关于印发工程造价改革工作方案的通知》（建办标〔2020〕38号）文件精神的指引下，从解决工程造价形成机制的转换出发，通过改进工程计量和计价规则与方法，完善工程造价市场形成机制，编制一套符合市场化交易习惯的技术性标准，激发企业创新与竞争活力，形成价值工程的有效方法，达成精细化成本管理的行业共识，促进工

程造价市场化改革有序推进，推动工程造价管理高质量发展。

1.1.1　进一步完善工程造价市场形成机制

尽管国内实施了 20 余年的工程量清单计价，但现实中依然存在"清单的形，定额的魂"这一现象。相当多的行业在工程量清单的基础上，套用清单项目对应的定额子目来计算清单项目的综合单价。清单计价过度依赖预算定额和造价信息，编制人员的业务能力变成了定额应用能力。大家都知道，定额的应用有其适用条件，当施工环境、施工条件、项目特征、施工时间和工期存在较大差异时，定额消耗标准及价格水平的合理性必然受到影响，很难反映建筑市场的实际情况。

另外，在"13 版清单计价规范"中，计价成果的编制与合同价款的调整也与定额高度捆绑。例如，编制最高投标限价（招标控制价）时，"13 版清单计价规范"的第 5.2.1 条规定，应依据国家或省级、行业建设主管部门颁发的计价定额和计价办法，工程造价管理机构发布的工程造价信息编制。再如，在工程变更调价时，采用浮动率法进行调整的基础就是采用计价定额和造价管理机构发布的信息价进行调整。

在新的历史时期"市场在资源配置中起决定性作用""建设高效的市场和有为的政府"，要充分激发市场活力，发承包双方更聚焦于业务能力、管理水平的提升，在交易价格中更充分体现自身竞争能力，统一清单项目划分原则和依据，规范计量计价行为，有效积累造价数据，采用市场价格信息和造价资讯作为主要依据，完善工程造价市场形成机制。具体体现在：

（1）明确定额及造价信息不再必然作为最高投标限价编制的依据。采用类似工程市场合理投标单价、类似清单项目结算单价、类似工程合同价格以及市场询价等市场价格信息作为编制最高投标限价的依据。

（2）综合单价分析表不再规定按定额进行组价。明确投标人根据自身装备、施工组织设计或施工方案，以及自身管理水平和成本消耗等内容进行合理报价。

（3）措施项目由投标人根据自身施工组织设计或施工方案，进行补充完善和投标报价，提出充分体现技术和管理水平的竞争价格。

（4）施工组织设计或施工方案不作为工程量清单编制及结算的依据，是投标人（承包人）的竞争要素。

（5）投标报价要充分考虑施工工期、施工顺序、施工条件、地理气候等影响因素及约定范围或幅度内的风险。

1.1.2　促进工程造价管理高质量发展

工程造价与质量、进度是工程建设管理的三大核心要素。不同的立场，对工程造价管理有不同的内涵。站在发包人的角度，工程造价管理首先要实现投资控制目标，最终实现投资项目的价值管理。站在承包人的角度，工程造价管理要对成本进行可靠控制，控制企业的消耗水平。而发包人与承包人的结合点，即基于合同的价款管理，充分利用市场基础，形成合同价格，通过对合同实施过程中的变更、调价、计量、支付、结算等活动实现控制目标。工程造价管理的三条主线见图 1-1。

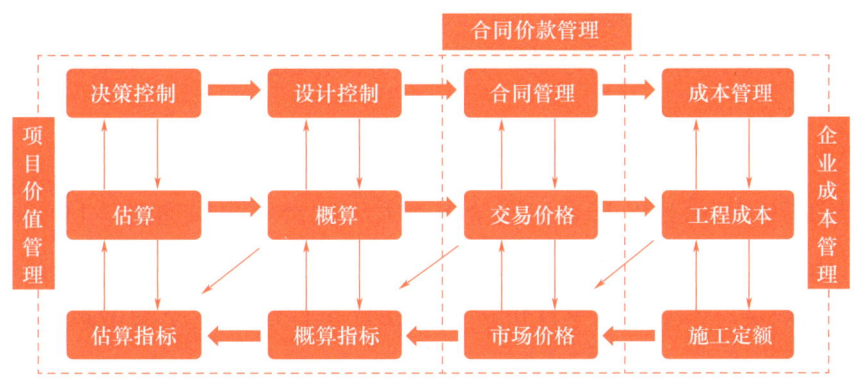

图 1-1　工程造价管理的三条主线

如何有效促进造价管理高质量发展？

第一，"24 版清单计价标准"的实施，提升了计价成果及造价工程的技术门槛，这就需要工程造价管理人员不断提升造价业务水平，不能再简单地通过套定额进行价格计算参与市场竞争，造价管理的基本业务见图 1-2。

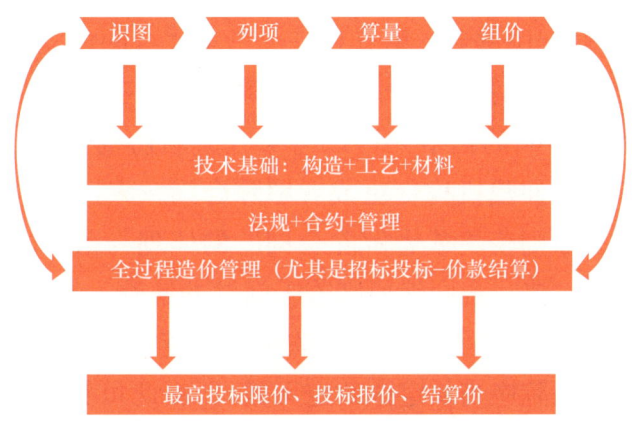

图 1-2　造价管理的基本业务

第二，改进工程计量与计价规则和方法，要提升造价成果文件编制质量。可以说，合同价款纠纷的产生，在一定程度上与招标工程量清单编制质量有较大关系。这里既有标准规范本身的原因，如列项不清晰、工程量计算规则存在争议、存在大量根据施工签证计量的工程量、项目特征描述不完整或不准确、投标人报价考虑清单项目工作内容不充分等，都极大地影响了合同的履行。施工合同三大纠纷：质量、工期和造价，造价处于突出地位。"24 版清单计价标准"对清单列项提出原则性要求，即清单项目列项明确、边界清晰，要便于计量与计价。

第三，完善计量计价环节，提升合同约定质量水平，促进施工合同顺利履约。在开标后评标前增加对投标报价的澄清或说明环节（清标），把潜在纠纷解决在合同签订之前，提升合同履约能力，并把合同价格的影响因素通过合同条款在合同中予以约定，转化为合同文件内容，有效控制投资。

总之，在市场经济体制下，工程造价是市场主体博弈的焦点。工程价格的合理性与资金的有效控制是全过程工程造价管理的基础，同时又与质量和进度密切相关，其本质是通过精细化管理手段来防范由此带来的工程风险（提前预测或规避风险），保障建设项目顺利交付。

1.1.3 落实相关法律法规政策的规定

《民法典》于2020年5月28日十三届全国人大三次会议表决通过，自2021年1月1日起施行。《民法典》是调整民事关系的基本法，建设工程计量计价活动为民事活动，自然应遵循《民法典》中的相关规定。"24版清单计价标准"在计量计价基本原则中贯彻落实了《民法典》的基本原则。

除此之外，还有一些具体条文体现在"24版清单计价标准"中。例如："3.3.1 建设工程的施工发承包，应在招标文件、合同中明确计量与计价的风险内容及其范围，不得采用无限风险、所有风险或类似语句约定工程计量与计价中的风险内容及范围。""3.3.6 合同未约定因物价变化应予调整价款的清单项目，当市场物价异常波动超出合同约定幅度，或合同未约定物价波动幅度，但市场物价异常波动且有经验的承包人不能预见的，发承包双方可按本标准第3.3.5条的规定调整受异常波动物价变化影响的相关清单项目价款，费用可由发承包双方合理分摊。"这些条款就是对《民法典》第五百三十三条"合同成立后，合同的基础条件发生了当事人在订立合同时无法预见的、不属于商业风险的重大变化，继续履行合同对于当事人一方明显不公平的，受不利影响的当事人可以与对方重新协商；在合理期限内协商不成的，当事人可以请求人民法院或者仲裁机构变更或者解除合同。人民法院或者仲裁机构应当结合案件的实际情况，根据公平原则变更或者解除合同"的体现与落实。根据《最高人民法院关于适用〈中华人民共和国民法典〉合同编通则若干问题的解释》（法释〔2023〕13号）（以下简称《合同编通则司法解释》）第三十二条第四款明确规定："当事人事先约定排除民法典第五百三十三条适用的，人民法院应当认定该约定无效。"由此可见，"24版清单计价标准"的部分条文是对《民法典》相关规定的具体落实，尽管不是强制性标准，但存在其底层的法律逻辑，依然要求强制执行。

《中华人民共和国建筑法》（以下简称《建筑法》）于1997年11月第八届全国人民代表大会常务委员会第二十八次会议通过，2011年4月22日第十一届全国人民代表大会常务委员会第二十次会议和2019年4月23日第十三届全国人民代表大会常务委员会第十次会议进行两次修正。《建筑法》第十八条规定："建筑工程造价应当按照国家有关规定，由发包单位与承包单位在合同中约定。公开招标发包的，其造价的约定，须遵守招标投标法律的规定。发包单位应当按照合同的约定，及时拨付工程款项。"

《中华人民共和国招标投标法》（以下简称《招标投标法》）于1999年8月30日第九届全国人民代表大会常务委员会第十一次会议通过，2017年12月27日进行修正。《招标投标法》第四十六条规定："招标人和中标人应当自中标通知书发出之日起三十日内，按照招标文件和中标人的投标文件订立书面合同。招标人和中标人不得再行订立背离合同实质性内容的其他协议。"在《中华人民共和国招标投标法实施条例》（以下简称《招标投标法实施条例》）中也有关于"最高投标限价"的相关规定。

《中华人民共和国价格法》(以下简称《价格法》)于 1997 年 12 月 29 日第八届全国人民代表大会常务委员会第二十九次会议通过,自 1998 年 5 月 1 日起施行。《价格法》第三条第一款规定了定价的基本原则:"国家实行并逐步完善宏观经济调控下主要由市场形成价格的机制。价格的制定应当符合价值规律,大多数商品和服务价格实行市场调节价,极少数商品和服务价格实行政府指导价或者政府定价。"同样,工程建设领域的价格也应遵循"由市场形成价格"的原则。

"24 版清单计价标准"全面落实了《住房和城乡建设部办公厅关于印发工程造价改革工作方案的通知》(建办标〔2020〕38 号)精神。在工程造价改革方案中明确提出改革的主要任务:

(1) 改进工程计量和计价规则。坚持从国情出发,借鉴国际通行做法,修订工程量计算规范,统一工程项目划分、特征描述、计量规则和计算口径。修订工程量清单计价规范,统一工程费用组成和计价规则。通过建立更加科学合理的计量和计价规则,增强我国企业市场询价和竞争谈判能力,提升企业国际竞争力,促进企业"走出去"。

(2) 完善工程计价依据发布机制。加快转变政府职能,优化概算定额、估算指标编制发布和动态管理,取消最高投标限价按定额计价的规定,逐步停止发布预算定额。搭建市场价格信息发布平台,统一信息发布标准和规则,鼓励企事业单位通过信息平台发布各自的人工、材料、机械台班市场价格信息,供市场主体选择。加强市场价格信息发布行为监管,严格信息发布单位主体责任。

(3) 加强工程造价数据积累。加快建立国有资金投资的工程造价数据库,按地区、工程类型、建筑结构等分类发布人工、材料、项目等造价指标指数,利用大数据、人工智能等信息化技术为概预算编制提供依据。加快推进工程总承包和全过程工程咨询,综合运用造价指标指数和市场价格信息,控制设计限额、建造标准、合同价格,确保工程投资效益得到有效发挥。

(4) 强化建设单位造价管控责任。引导建设单位根据工程造价数据库、造价指标指数和市场价格信息等编制和确定最高投标限价,按照现行招标投标有关规定,在满足设计要求和保证工程质量前提下,充分发挥市场竞争机制,提高投资效益。

(5) 严格施工合同履约管理。加强工程施工合同履约和价款支付监管,引导发承包双方严格按照合同约定开展工程款支付和结算,全面推行施工过程价款结算和支付,探索工程造价纠纷的多元化解决途径和方法,进一步规范建筑市场秩序,防止工程建设领域腐败和农民工工资拖欠。

另外,《住房城乡建设部关于加强和改善工程造价监管的意见》(建标〔2017〕209 号)中提出的"完善建设工程人工单价市场形成机制。改革计价依据中人工单价的计算方法,使其更加贴近市场,满足市场实际需要。扩大人工单价计算口径,将单价构成调整为工资、津贴、职工福利费、劳动保护费、社会保险费、住房公积金、工会经费、职工教育经费以及特殊情况下工资性费用,并依据新材料、新技术的发展,及时调整人工消耗量。各省级建设主管部门、有关行业主管部门工程造价管理机构要深入市场调查,按上述口径建立人工单价信息动态发布机制,引导企业将工资分配向关键技术技能岗位倾斜,定期集中发布人工单价信息"也在"24 版清单计价标准"中得到落实。

1.2 修订原则

1.2.1 依法原则

建设工程计量计价活动须依法进行，"24版清单计价标准"中的条文依据相应法律法规进行了修编。其主要根据《民法典》《建筑法》《招标投标法》《价格法》等法律法规，制定工程量清单计价规则。如有关最高投标限价设置、物价异常波动的处理、计价风险的分担、合同约定不得背离招标文件及中标人投标文件的实质性内容等都遵循了有关法律法规的规定。

1.2.2 市场定价原则

市场形成价格，符合工程交易习惯，价格合理（交易内容和价格清晰、交易双方可接受、便于合同履行），造价可控（投资目标和交易价格的调整在可控制范围）。修编体现了企业自主报价，市场竞争形成价格，以市场价格数据、企业自身装备水平等作为最高投标限价、投标报价的编制依据。已标价措施项目清单的准确性和完整性由投标人负责，施工组织设计、施工方案不作为工程量清单的编制依据，投标方依据自身的技术水平、管理水平编制可行的施工方案，并据此补充完善措施项目清单后自主报价，引导技术与成本的有效结合，以此展现投标方的整体竞争能力。

1.2.3 "放管服"原则

落实"放管服"要求，激发企业活力，聚焦人员能力与编制质量的提升。"24版清单计价标准"取消最高投标限价依据政府颁布的定额进行编制和备案备查的规定，将投诉与处理改为招标投标人的异议和修正，并结合《工程造价咨询企业管理办法》《注册造价工程师管理办法》的相关内容对编制成果的质量要求进行修订。

1.2.4 技术性原则

遵循市场交易习惯，强化主体管控责任，体现客观自愿、公平合理、诚实守信的契约精神，指向合理定价，有效控制。指导市场交易以法定优先为前提，合同约定为基础，有约从约，合同无约定或约定不明时遵循公平合理的原则确定。规范建设工程施工发承包及实施阶段的计量计价行为，明晰单价合同与总价合同的计量计价风险，明确工程量清单的价格要与合同模式相适配。

1.3 主要编修内容

1.3.1 标准的结构

"24版清单计价标准"相较于"13版清单计价规范"，其正文条文从16章调整为12章，

54节调整为49节，331条调整为412条，各条款规定更详细。条文正文与附录字数从约3.6万字调整为约6.7万字，增加近一倍，含条文说明约9.7万字。而且，标准需要从整体上去学习，条文的理解要放到整个标准中去看待，单独看待某一条文可能得出的结论大相径庭。标准中区分了单价合同与总价合同的计量计价，条文相互引用较多，这都增加了本标准的学习难度。具体见表1-1。

表1-1 "13版清单计价规范"和"24版清单计价标准"结构对比表

《建设工程工程量清单计价规范》GB 50500—2013			《建设工程工程量清单计价标准》GB/T 50500—2024		
章	节数量	条文数量	章	节数量	条文数量
1 总则	—	7	1 总则	—	7
2 术语	—	52	2 术语	—	35
3 一般规定	4	19	3 基本规定	8	59
4 工程量清单编制	6	19	4 工程量清单编制	2	15
5 招标控制价	3	21	5 最高投标限价编制	3	16
6 投标报价	2	13	6 投标报价编制	2	24
7 合同价款约定	2	5	取消章，合并至第3章	—	—
8 工程计量	3	15	7 合同工程计量	7	31
9 合同价款调整	15	58	8 合同价款调整	11	85
10 合同价款期中支付	3	24	9 合同价款期中支付	4	38
11 竣工结算与支付	6	35	10 工程结算与支付	5	52
12 合同解除的价款结算与支付	—	4			
13 合同价款争议的解决	5	19	11 合同价款争议的解决	4	32
14 工程造价鉴定	3	19	删除章	—	—
15. 工程计价资料与档案	2	13	12 工程计价成果与档案管理	3	18
16 工程计价表格	—	6			
附录A 物价变化合同价款调整方法	2	9	附录A 物价变化合同价格调整方法	2	11
附录B～附录L 报表	40	40	附录B～附录G 报表	32	44

1.3.2 主要修订内容

将主要编修的内容归纳总结为八个方面，即"八个一"，具体如下。"24版清单计价标准"的结构见图1-3。

（1）确立一个原则：完善市场定价机制（摒弃定额思维，价格是算出来的）；

（2）围绕一个中心：提升清单编制质量（招标清单、最高投标限价；编制人及责任）；

（3）夯实一个基础：发挥数据在造价管控中的作用（促进数据积累，建设国企和政府投资项目造价数据库）；

（4）厘清一个理念：合同是造价管控的灵魂（单价合同、总价合同；合同风险合理分担；价款的约定、合同清单、合同图纸、合同规范、合同单价；工程变更、新增工程；

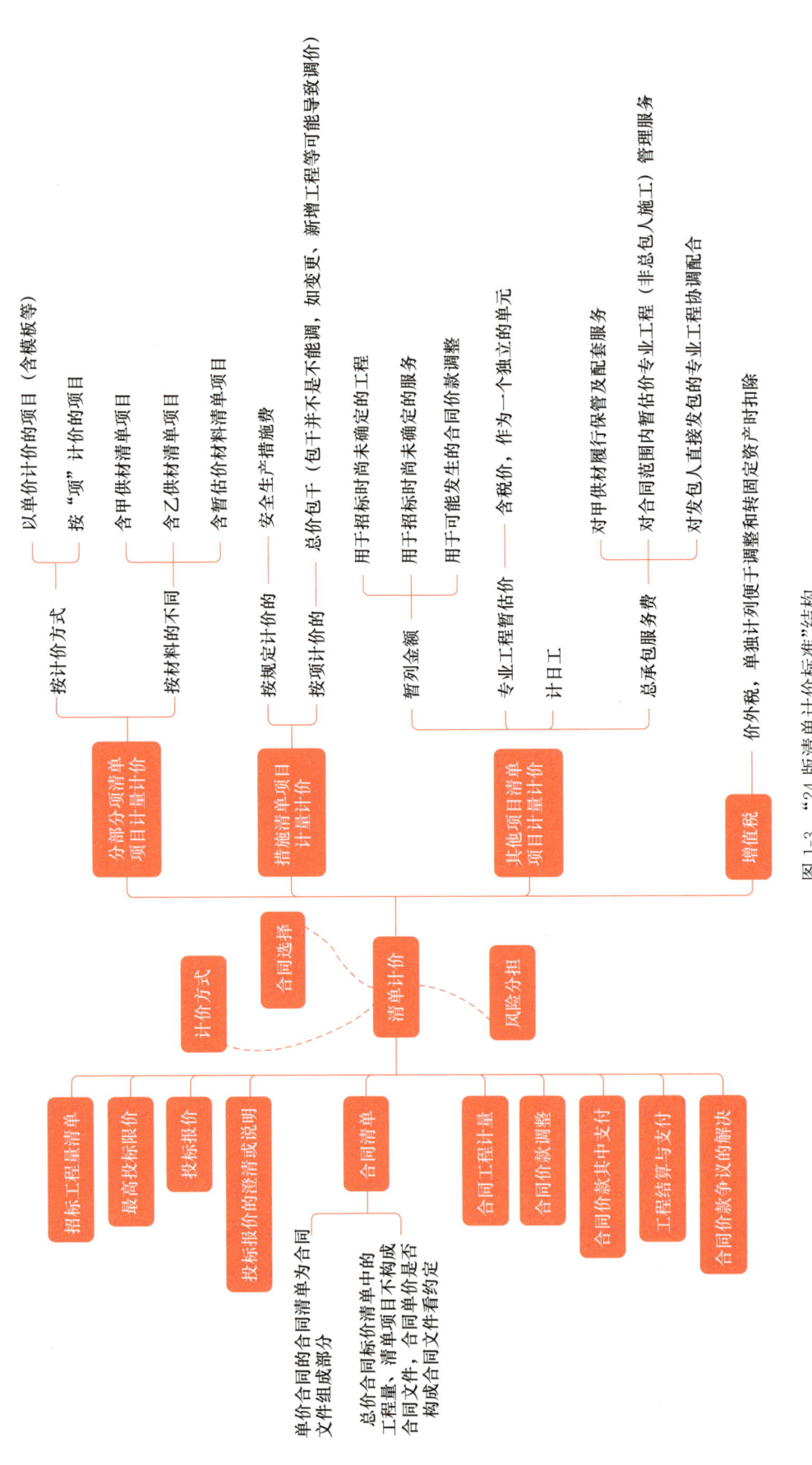

图 1-3 "24 版清单计价标准"结构

（5）完善一个过程：落实招标投标及实施阶段全过程（澄清或说明、过程结算、进度款支付等）；

（6）细化一个规则：计量计价规则（基于图纸和规范的列项计量、综合单价分析表、措施项目计价分拆表等）；

（7）建立一个机制：形成多维争议解决机制（争议评审、调解、仲裁或诉讼）；

（8）优化一个方法：合同价款调整方法（变更定价、清单缺陷、新增工程、物价波动、法律法规调整、工程索赔、暂列金额调整、暂估价的调整等）。

1.4 修订特点

1.4.1 统一计价活动的原则

建设工程的计价活动应遵循"客观公正、平等自愿、诚实守信、法定优先、有约从约"的原则。计价活动的原则，也是在引导从业人员塑造独立、专业、守法的职业形象，提高工作成果权威性的基础。因此准确理解和正确应用计价活动的原则不仅是防范计价风险的基础，也是推动工程造价市场形成机制的关键环节。

1. 建设工程的计价活动属于民事活动，必须遵循《民法典》基本原则

工程造价不属于政府定价目录范畴，工程造价的确定应客观体现实际投入与市场对价之间的合理关系，应遵循《民法典》基本原则。

《民法典》第四条规定：民事主体在民事活动中的法律地位一律平等。第五条规定：民事主体从事民事活动，应当遵循自愿原则，按照自己的意思设立、变更、终止民事法律关系。第六条规定：民事主体从事民事活动，应当遵循公平原则，合理确定各方的权利和义务。第七条规定：民事主体从事民事活动，应当遵循诚信原则，秉持诚实，恪守承诺。第八条规定：民事主体从事民事活动，不得违反法律，不得违背公序良俗。第九条规定：民事主体从事民事活动，应当有利于节约资源、保护生态环境。"24版清单计价标准"在起草时严格遵守了《民法典》的六大基本原则，即平等、自愿、公平、诚信、守法与公序良俗、绿色原则。虽然"24版清单计价标准"第1.0.3条并没有体现全部内容，但六大基本原则都实质内涵在了具体条文中。

2. 合同约定不能违背法律的强制性规定，也应尊重当事人的真实意思表达

建设工程的计价活动中应遵循的"法定优先，有约从约"的原则，表现在合同约定不能违背法律的效力性强制性规定，也应尊重当事人的真实意思表达。

（1）合同的约定不得违反法律、行政法规的强制性规定。

《民法典》第一百五十三条规定：违反法律、行政法规的强制性规定的民事法律行为无效。但是，该强制性规定不导致该民事法律行为无效的除外。违背公序良俗的民事法律行为无效。

如何理解"该强制性规定不导致该民事法律行为无效的除外"？

《合同编通则司法解释》第十六条规定："合同违反法律、行政法规的强制性规定，有下列情形之一,由行为人承担行政责任或者刑事责任能够实现强制性规定的立法目的的,人民法院可以依据民法典第一百五十三条第一款关于"该强制性规定不导致该民事法律行为无效的除外"的规定认定该合同不因违反强制性规定无效:(一)强制性规定虽然旨在维护社会公共秩序,但是合同的实际履行对社会公共秩序造成的影响显著轻微,认定合同无效将导致案件处理结果有失公平公正;(二)强制性规定旨在维护政府的税收、土地出让金等国家利益或者其他民事主体的合法利益而非合同当事人的民事权益,认定合同有效不会影响该规范目的的实现;(三)强制性规定旨在要求当事人一方加强风险控制、内部管理等,对方无能力或者无义务审查合同是否违反强制性规定,认定合同无效将使其承担不利后果;(四)当事人一方虽然在订立合同时违反强制性规定,但是在合同订立后其已经具备补正违反强制性规定的条件却违背诚信原则不予补正;(五)法律、司法解释规定的其他情形。法律、行政法规的强制性规定旨在规制合同订立后的履行行为,当事人以合同违反强制性规定为由请求认定合同无效的,人民法院不予支持。但是,合同履行必然导致违反强制性规定或者法律、司法解释另有规定的除外。"

《合同编通则司法解释》第十七条规定:"合同虽然不违反法律、行政法规的强制性规定,但是有下列情形之一,人民法院应当依据民法典第一百五十三条第二款的规定认定合同无效:(一)合同影响政治安全、经济安全、军事安全等国家安全的;(二)合同影响社会稳定、公平竞争秩序或者损害社会公共利益等违背社会公共秩序的;(三)合同背离社会公德、家庭伦理或者有损人格尊严等违背善良风俗的。人民法院在认定合同是否违背公序良俗时,应当以社会主义核心价值观为导向,综合考虑当事人的主观动机和交易目的、政府部门的监管强度、一定期限内当事人从事类似交易的频次、行为的社会后果等因素,并在裁判文书中充分说理。当事人确因生活需要进行交易,未给社会公共秩序造成重大影响,且不影响国家安全,也不违背善良风俗的,人民法院不应当认定合同无效。"

通过以上规定可以看出,违法与合同条款无效并不必然画等号。通过以下案例具体进行分析。

案例1 发包方未取得施工许可证即与承包方签订施工合同,承包人组织施工,这种情况下施工合同无效吗?根据《建筑法》第六十四条规定:"违反本法规定,未取得施工许可证或者开工报告未经批准擅自施工的,责令改正,对不符合开工条件的责令停止施工,可以处以罚款。"从《建筑法》第六十四条可以看出立法目的是规范建设单位办理施工许可的行为,是为了行政管理的需要,而非"非合同当事人的民事权益",可以通过行政处罚实现立法目的,认定合同有效不会影响该立法目的的实现。

案例2 某项目未办理建设工程规划许可证和土地规划许可证,与承包人签订施工合同,此施工合同有效吗?未取得建设工程规划许可证或者未按照建设工程规划许可证的,属于违法建筑,即标的物不合法,失去合同履行的目的。根据《中华人民共和国城乡规划法》(以下简称《城乡规划法》)规定,由县级以上城乡规划管理部门责令停止建设,尚可采取改正措施消除影响的,限期改正,不能改正的,没收实物或者违法收入。但是,也有特殊情况需要注意,根据《司法解释（一）》第三条规定，当事人以发包人未取得建设工程规划许可证等规划审批手续为由，请求确认建设工程施工合同无效的，人民法院应予支持，但发包人在起诉前取得建设工程规划许可证审批手续的除外。也就是，建设工程规划许可证可以进行补正，补正后合同有效。

案例1和案例2都存在违反法律的行为，但案例1不影响合同效力，而案例2在建设工程规划许可证补正前合同是无效的。理解这个问题除了根据《合同编通则司法解释》第十六条、第十七条之规定外，还可以参考《九民纪要》第三十条"原《合同法司法解释（二）》"中提出的"效力性强制性规定"和"管理性强制性规定"，见表1-2。

表1-2 "效力性强制性规定"与"管理性强制性规定"的区别

内容	效力性强制性规定	管理性强制性规定
核心概念	法律规定违反直接导致合同无效	违反仅触发行政责任
	有效将涉及国家或社会公共利益	只规范行为资格而非内容
	除行为处罚外还否定其民商法效力	不否定合同效力
区分标准	立法目的：保护公共利益	立法目的：行政管理需要
	调整对象：行为内容本身	调整对象：主体行为资格
	法律后果：合同无效+处罚	法律后果：仅处罚（如罚款、警告）
典型案例解析	《招标投标法》第五十五条	《建筑法》第六十四条
	招标人违规谈判→中标无效	未取得施工许可→责令改正或罚款
	合同效力：直接无效	合同效力：不否定

（2）依法必须招标的项目，需要严格遵守《招标投标法》规定。

对于依法必须招标项目的计价方法是先由招标文件确定、投标文件再实质响应，发承包双方不能通过磋商确定和改变招标文件和中标人投标文件的实质性条款（例如：计价方法、合同工期、质量标准等）。即对于法定必须招标项目，需要严格遵守特别法（《招标投标法》）优于一般法（《民法典》）的原则以及合同约定不能违反法律法规的强制性规定，此即为法定优先原则；而除了《招标投标法》规定的实质性条款外，合同其余条款均可由发承包双方协商约定，此即为"有约从约"原则。

同样，在《建筑法》第十八条第一款规定："公开招标发包的，其造价的约定，须遵守招标投标法律的规定。"《招标投标法》第四十六条第一款规定："招标人和中标人应当自中标通知书发出之日起三十日内，按照招标文件和中标人的投标文件订立书面合同。招标人和中标人不得再行订立背离合同实质性内容的其他协议。"这些都体现了"法定优先"的原则。

案例3 某依法必须招标的项目，通过公开招标确定了中标人及中标价为4500万元，在合同谈判阶段，双方同意下浮5%形成合同价款。显然，本合同背离了招标文件及中标人投标文件的实质性内容，违反了《招标投标法》的强制性规定，此让利无效。应当按招标文件及中标人投标文件进行价格的结算。

1.4.2 调整清单费用的组成

工程量清单由分部分项工程项目清单、措施项目清单、其他项目清单和增值税组成，相应的工程量清单计价中的费用构成包括分部分项工程费、措施项目费、其他项目费和增值税四部分。

清单费用组成与综合单价综合的内容有关。清单计价中，清单项目的单价采用综合单价（以项计价的清单项目价格构成与综合单价一致）。清单项目综合单价包括人工费、材料费、施工机具使用费、管理费、利润和一定范围内的风险费用，不包括增值税。清单计价费用组成见图1-4。

图1-4 清单计价费用组成

1. 增值税的单独计列

综合单价中不包括增值税。增值税是价外税，属于流转税，由企业代收代缴，对企业而言进项税不形成成本，销项税也不是企业收入。增值税单独计列便于调整税金及投资中核算固定资产时扣回。

根据财政部《关于印发〈增值税会计处理规定〉的通知》（财会〔2016〕22号）和住房和城乡建设部办公厅《关于做好建筑业营改增建设工程计价依据调整准备工作的通知》（建办标〔2016〕4号），对原在税金中计列的附加（包括城市维护建设税、教育附加、地方教育附加）在企业管理费中计列，税金仅计列增值税。这里的增值税对承包人而言为销项税。工程造价中涉及的税金及计列见图1-5。

2. 规费调整至人员工资

工程量清单组成中取消了"规费"，原"规费"由工程排污费、社会保险费、住房公积金组成，其中规费中的"工程排污费"根据《关于停征排污费等行政事业性收费有关事项的通知》（财税〔2018〕4号）的要求："自2018年1月1日起，在全国范围内统一停征排污费和海洋工程污水排污费。"依据《中华人民共和国环境保护税法》的要求"直接向环境排放应税污染物的企业事业单位和其他生产经营者征收环境保护税"取消计取。根据《住房城乡建设部关于加强和改善工程造价监管的意见》（建标〔2017〕209号），扩大人工费的口径：包括工资、津贴、职工福利、劳动保护、社会保险、住房公积金、工会经费、职工教育经费以及特殊情况下的工作。规费中的"社会保险费和住房公积金"属于生产工人的计入人工费，属于管理人员的计入管理费。见图1-6、图1-7。

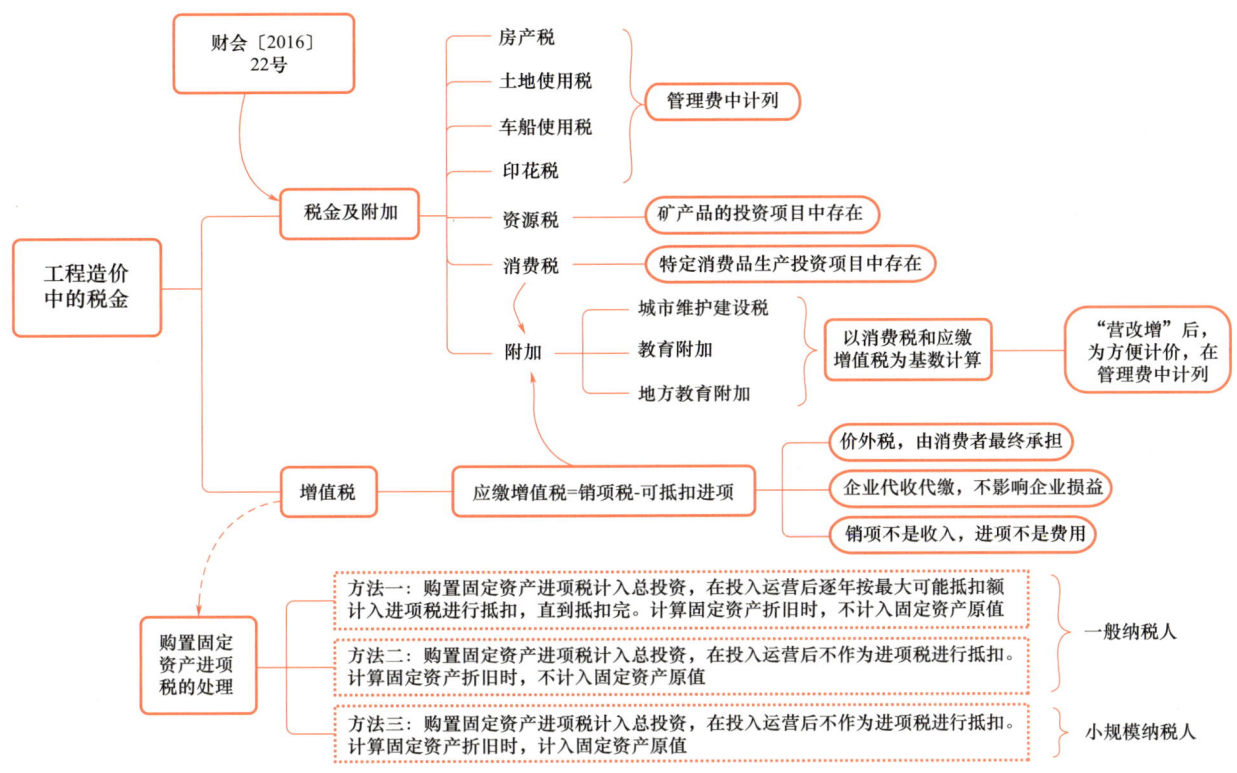

图 1-5 工程造价中涉及的税金及计列

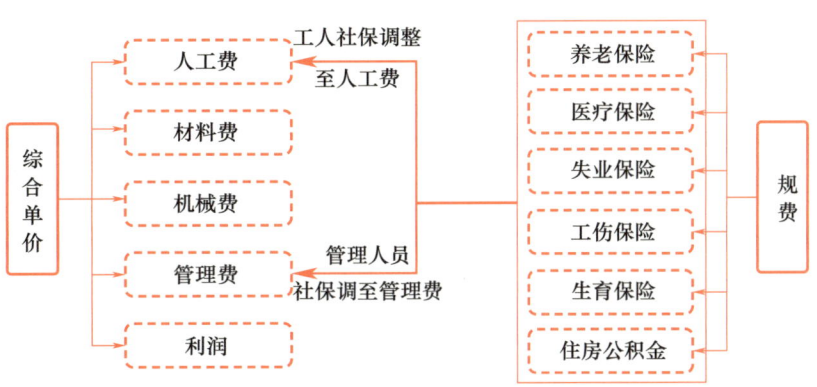

图 1-6 原规费中部分内容调整至人工工资部分

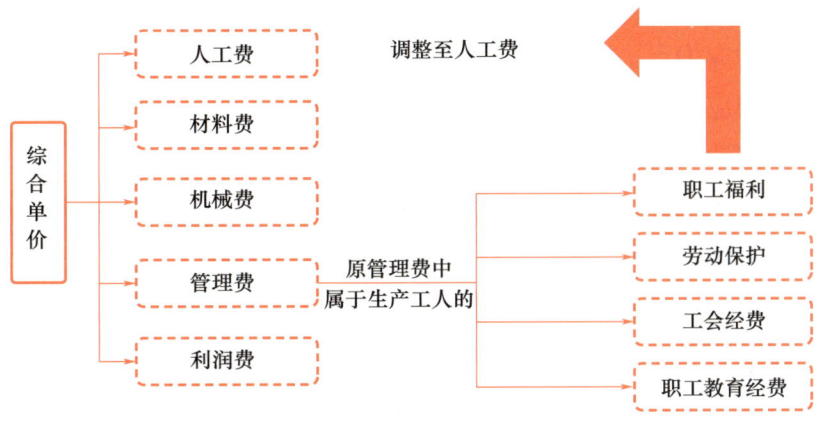

图 1-7 原管理费中部分内容调整至人工工资

调整后综合单价的具体构成见表 1-3。

表 1-3 清单项目综合单价费用构成

序号	综合单价	费用构成说明
1	人工费（∑单位人工消耗量×人工单价）	人工费是指直接从事建筑安装工程施工作业的生产工人所需的费用，包括工资、津贴、职工福利费、劳动保护费、社会保险费（养老、医疗、工伤、失业、生育个人缴纳部分）、住房公积金、工会经费、职工教育经费，以及特殊情况下工资性费用
2	材料费（∑单位材料消耗量×材料单价）	工程施工过程中耗费的各种原材料、半成品、构配件等的费用，以及周转材料等的摊销、租赁费用，包括：材料原价、运杂费、运输损耗费、采购及保管费
3	施工机具费（∑单位施工机具台班消耗量×台班单价）	施工作业所需的施工机械、仪器仪表使用费或其租赁费。包括施工机械使用费和施工仪器仪表使用费。施工机械作业所需的使用费或租赁费。由折旧费、检修费、维护费、安拆费、人工费、燃料动力费及其他费组成
4	管理费	企业管理费是指施工企业为组织施工现场管理和进行企业经营管理所需的费用。管理人员费用、办公费、差旅交通费、施工单位进退场费、非生产性固定资产使用费、信息管理系统购置运维费、工具用具使用费、劳动保护费、财务费、施工企业其他税金（增值税外的）
5	利润	施工企业完成承包工程获得的盈利

1.4.3 明确计价风险的分担

标准从避免风险产生的角度出发，把发承包双方在工程计量计价中的风险进行了梳理，贯彻合理分配合同风险、不得采用无限风险的基本原则，合理细分三类风险分担方式。

1. "谁更有利于控制风险谁承担"的原则

建设工程参与方众多，有些工程风险无法预测。发包人与承包人中更容易将风险控制在最大限度内的角色应该承担该风险，这有利于鼓励双方发挥自身管理价值，降低工程风险发生的频率，提高工程建设效益。例如"措施项目缺陷的风险"，措施项目是基于承包人施工方案的，显然措施项目的完整性、准确性的风险由承包人承担更有利于控制风险，因此，措施项目计量计价的风险由承包人承担。再如"工程变更风险"，发包人具有变更的主动权，变更是由发包人的指令形成的，显然，发包人对工程变更具有更好的控制力，工程变更的风险由发包人承担。

2. "谁的责任谁承担"的原则

发包人和承包人均应为己方的违约行为负责。若工程交易与实施阶段中因某一方的过错而造成风险的，承担相应的责任。例如工程价款未按约定的时间或（和）支付比例支付，因此导致无法继续施工并造成合同价款调整的，责任方承担。

3. "第三方风险根据风险属性确定承担方"的原则

发包人和承包人均无法预测、避免的风险，应根据风险属性确定承担方；但属于项目的投资风险由投资受益者发包人承担。投资风险由发包人承担，例如发生征地拆迁受阻、规划方案调整、项目收益波动等属于项目投资类的事件导致工程费用增减的应由发包人承担。

对于物价异常波动、不可抗力、例外事件等原因导致的风险，发包人和承包人均无法预测、避免的风险，本着"客观自愿、公平合理、诚实守信、法定优先、有约从约"的原则，由发承包双方合理分担。应在合同中提前约定处理原则，或事后双方协商确定处理办法。

1.4.4 改进计量计价的规则

1. 三种计价方式

针对不同的清单项目，可以采用单价计价、总价计价和费率计价等三种方式。单价计价以工程数量乘相应的综合单价计算工程量清单项目价格，分部分项工程项目清单宜采用单价计价方式，计日工采用单价计价。总价计价以项为单位计算工程量清单项目价格，措施项目清单宜采用总价计价方式，其他项目清单中专业工程暂估价采用总价计价，暂列金额、总承包服务费可采用费率或总价计价。费率计价以其计价基础乘费率计算工程量清单项目价格，增值税采用费率计价，暂列金额、总承包服务费可采用费率或总价计价。

2. 改进工程量清单编制规则

遵循市场交易习惯，提倡以合同标的为单位编制工程量清单。合同标的内单项工程或者单位工程之间差异较大的，也可以单项工程、单位工程为单位编制。

工程量清单遵循清单项目列项明确、边界清晰、便于计价和支付的原则进行编制，清单项目工作内容中已包括的工作不能单独列项。清单项目的列项基于施工图纸和规范标准，施工组织设计或施工方案不作为编制工程量清单和工程量计算的依据。

分部分项工程项目清单列项时要注意区分清单项目材料的来源，按承包人提供材料、发包人提供材料、暂估价材料分别列项，允许不同供料方式不同消耗不同报价。发包人提供材料的发包人应在招标文件中明确发包人提供材料的名称、档次、规格型号、交货方式及地点，并在招标工程量清单的项目特征中对发包人提供材料予以描述。

措施项目清单列项依据常规施工工艺、顺序及生活、安全、环保、临设、文明施工等非工程实体方面的要求进行列项。同时要注意，模板工程尽管属于措施项目以及按性质属于应由发包人负责决定的措施项目或发包人提供设计图纸并要求承包人按图施工的措施项目，也可以列入分部分项工程项目清单中。常见的措施项目见表1-4。

表1-4 常见措施项目清单

工程专业	常见措施项目清单
房屋建筑与装饰工程	脚手架、垂直运输、其他大型机械进出场及安拆、施工排水、施工降水、临时设施、文明施工、环境保护、安全生产、冬雨季施工增加、夜间施工增加、特殊地区施工增加、二次搬运、已完工程及设备保护、既有建（构）筑、设施保护等
通用安装工程	脚手架、大型机械设备进出场及安拆、临时专用防护棚、施工操作平台、临时支撑架、隧道内临时施工的通风、供水、供气、供电、照明及通信设施、吊装加固、胎（模）具、安全生产、文明施工、环境保护、临时设施、二次搬运、既有建（构）筑物、设施保护、已完工程及设备保护、顶升（提升）装置、特殊地区施工增加、安装与生产运行同时进行施工防护、有害身体健康环境中施工防护、夜间施工增加费、冬雨季施工增加、其他措施
市政工程	脚手架、水上桩基础支架、平台、桥涵支架、施工排水、施工降水、围堰、筑岛、便道、便桥、洞内施工通风、供水、供电照明通信设施、洞内外轨道铺设、大型机械设备进出场及安拆、立交箱涵顶进被交线路加固及防护、地下管线交叉处理、施工监测、监控、临时设施、文明施工、环境保护、安全生产、冬雨季施工增加、夜间施工增加、特殊地区施工增加、二次搬运、已完工程及设备保护、既有建（构）筑、设施保护等

续表

工程专业	常见措施项目清单
园林绿化工程	临时设施、文明施工、环境保护、安全生产、冬雨季施工、夜间施工、特殊地区施工增加、二次搬运、已完工程及设备保护、既有建（构）筑物、设施保护等
其他工程	略（参见"24版清单计价标准"配套的相关国家及行业工程量计算标准）

3. 优化综合单价分析表

综合单价分析表用来评估综合单价的合理性，应用于工程变更等合同价格调整定价时报价水平参照下的换算调整，人工费与可调价材料比例确定的参考，并有利于积累造价数据。本标准在综合单价分析表中，取消了依据定额组价的内容，用来反映单位数量下工程量清单的人工、材料、施工机具的主要构成，并体现管理费、利润的报价水平。综合单价分析示例见表1-5。

表1-5 综合单价分析示例

项目编码	010402001001		项目名称		砌块墙	计量单位	m³
项目特征	1. 砌块品种、规格、强度等级：蒸压加气混凝土砌块； 2. 墙体类型、厚度：内墙，200mm； 3. 砂浆强度等级：水泥砂浆M5.0						

序号	费用项目	单位	数量	计算基础（元）	费率（%）	单价（元）	合价（元）
1	人工费	—	—	—	—	—	153.1
1.1	人工费	元	1	—	—	153.1	153.1
2	材料费	—	—	—	—	—	446.76
2.1	蒸压加气混凝土砌块 600mm×200mm×200mm	m³	0.96	—	—	415	398.4
2.2	其他材料费	元	1	—	—	48.36	48.36
3	施工机具使用费	—	—	—	—	—	0
4	1+2+3 小计	—	—	—	—	—	599.86
5	管理费	—	—	153.1	15	—	22.965
6	利润	—	—	153.1	18	—	27.558
	综合单价						650.38

4. 增加措施项目费用分拆表

措施项目费用分拆表中将措施项目清单费用分拆为初始设立费用、中期运行费用、后期拆除费用，指导后续合同价款调整及支付分解。

5. 改进工程量计算规则

取消以批准的施工组织设计或施工方案作为计量的依据，取消按工程签证计量的方法。计算规则除按国家、行业标准外，还可以根据需要补充工程量计算规则。对于发包人提供材料应明确其有效损耗率，以控制材料的领用量。

6. 改进清单计价规则

最高投标限价编制依据中，取消"计价定额""施工方案"作为基础编制最高投标限价的规定，取而代之的是常规施工工艺和工程价格信息及造价资讯、工程造价数据等市场价格。

清单计价规则引导各方积累造价数据并实践应用。

投标报价编制依据中，取消政府颁发的"计价定额与信息价"的相关条款，以投标人自身装备及管理水平、成本消耗等价格信息作为投标报价的编制依据。

7. 合理划分工程量清单缺陷责任

不论单价合同或总价合同，按项编制的措施项目清单的准确性与完整性由承包人负责，投标人认为需要增加措施项目的，可在措施项目中补充列项及报价。

分部分项工程项目清单的准确性与完整性区分合同模式确定责任划分：单价合同工程中单价计价的分部分项工程项目清单的准确性和完整性由发包人承担；以项计价的已标价分部分项工程项目清单按总价合同的相关规定执行；总价合同工程中已标价分部分项工程项目清单的准确性和完整性由承包人负责；暂定数量的分部分项工程项目清单按单价合同的相关规定执行。

1.4.5 完善造价管控的措施

为实现工程造价的有效管控，从合同类型选择、合同价款约定内容、通过投标报价澄清或说明提前预防潜在风险、推行过程结算等方面进行造价管控。

1. 选择合适的合同类型

招标人可根据招标图纸设计深度、技术难度、建设规模、项目实施计划及工程量清单编制时间、计价风险等因素等选择合适的合同类型。

招标时招标图纸深度不够、施工中可能会发生较多工程变更、工程量单有较大的不确定性、技术难度高、工程量清单编制时间不充分、投标报价不可控因素较多且容易产生计价风险的工程，可采用单价合同。采用单价合同的工程，合同总价应包括按招标文件规定完成合同工程工程量清单所需的全部费用。

招标时工程需求明确、设计深度满足报价要求、技术标准规范完善、工程量清单特征及工作内容描述清晰、工程变更可控制在一定范围内的、投标报价可预见因素较多及计量计价风险可控的工程，可采用总价合同。采用总价合同的工程，合同总价应包括按招标文件规定完成合同图纸及合同规范要求的合同工程所需的全部费用。

时间紧迫、紧急抢险、救灾和技术特别复杂的工程，可采用成本加酬金合同。如时间特别紧急，来不及进行详细的计划和商谈的工程，为了工程尽快开展，招标人也可选择成本加酬金合同，以便在较短时间内完成合同签订并开始施工。采用成本加酬金合同的工程，合同总价为暂定价，应依据招标文件、合同约定的计价规定和发包人发出的施工图纸、相关工程国家及行业工程量计算标准，按实确定工程项目及其数量，乘其项目成本单价，计算合同工程成本，并按合同的约定计算相应酬金及增值税后调整合同总价。

2. 参与合同订立与履约管理

将价款管理措施转化为合同条款，加强履约管控力度。从业人员应提升风险管控意识，具备合同约定的能力，事先约定责任和风险，构成建设工程施工合同的核心内容，以达到有效控制的目的，提升工程造价管理水平。"24版清单计价标准"第3.4.8条明确投标人在投标报价需要考虑招标文件约定内容对报价的影响。

3. 增加投标报价澄清或说明环节

所谓澄清或说明是指在招标工程开标后至招标人定标前，与投标人就其投标报价文件存在的问题进行质疑，要求投标人做出相关澄清确认或说明等回应（包含合理修正综合单价），并出具澄清或说明报告的活动。

澄清或说明可以在招标过程中提前识别与发现投标报价文件的潜在风险，防范后续变更价格偏差、保证项目质量、促进项目的顺利进行。

4. 推行施工过程结算

施工过程结算是发承包双方根据有关法律法规规定和合同约定，在施工过程结算节点上对已完工程进行合同价款的计算、调整、确认和支付的活动。推行施工过程结算，一方面可以将投资风险管控前移，另一方面可以加快竣工结算进度。

5. 发挥 BIM 技术在工程造价管控中的作用

"24 版清单计价标准"中新增 3.8 节，对建筑信息模型的应用提出具体要求。在最高投标限价、进度款支付、工程变更、施工过程结算、竣工结算等计量与计价活动中应用 BIM 技术，可有力地保证执行过程中造价的快速确定，控制设计变更，减少返工，降低成本，并能大大降低设计、招标与合同执行的风险。

1.4.6 优化价款调整的方法

1. 统一合同价款调整的计量规则

单价合同中分部分项工程项目清单采用单价计价的，按应予计量的工程进行计量，采用总价计价的不做调整。总价合同中暂定数量的分部分项工程项目清单重新计量。已标价工程量清单的措施项目均应不予计量调整，安全生产措施费用应按合同约定执行。

分部分项工程按变更指令及发承包双方确认的实际施工图纸与合同图纸确定变更工程量。措施项目考虑增加的施工管理人员、施工机械、临时设施及工期变化等进行计量。计日工应按实际消耗人工工日、材料数量、施工机具台班进行计量。返工工程依据发承包双方签署的返工确认单进行计量。新增工程中分部分项工程按发承包双方约定的规则计量，措施项目参考工程变更事项等进行计量。

2. 优化合同价款调整事项

项目特征不符、工程量清单缺项、工程量偏差合并为工程量清单缺陷。完善变更调价的方法，区分施工条件、项目特征及工程量等因素确定是否采用合同单价进行计价。确定按发包人要求完成不属于合同约定范围的工程为新增工程。索赔是因非己方原因遭受经济损失或工期延误而主张补偿的行为，并将不可抗力、提前竣工（赶工）及误期赔偿并入工程索赔。

1.4.7 严格价款支付的管理

严格合同价款支付管理，按合同约定进行支付和审批，注重合同约定的程序性规定。严格计量计价成果的审核，避免超出约定的时间。建筑工人工资应单独支付，专款专用。

从支付环节上看，首先是支付预付款和安全生产措施费，其次是进度款的计量与支付，第三是施工过程结算，第四是竣工结算，第五是最终结清。特殊的合同解除合同价款的结算。

1.4.8 推动多元化纠纷解决机制的应用

在合同履约过程中发生争议后做到"早发现、早介入、早化解、防升级"，为发承包双方顺利履行合同创造条件。为贯彻落实《中共中央关于全面推进依法治国若干重大问题的决定》以及中共中央办公厅、国务院办公厅《关于完善矛盾纠纷多元化解机制的意见》，鼓励当事人利用调解方式解决纠纷，充分发挥行业调解在多元化解决建设工程造价纠纷中的专业优势，规范建设工程造价纠纷的调解行为，形成社会多层次多领域齐抓共管的解纷合力，提升社会组织解决纠纷的法律效果，建立高效便捷的诉讼服务和纠纷解决机制。

标准明确三种争议解决方式：争议评审、调解、仲裁或诉讼，引导发承包双方选择非诉讼方式解决争议纠纷，鼓励发承包双方遵循平等、公平、诚信、守约的原则通过友好协商解决。经协商不能达成一致意见的，按合同约定或本章的相关规定处理，充分发挥各种纠纷解决方式的优势，有效化解各类纠纷。

1.5 适用范围及法律地位

1.5.1 "24版清单计价标准"的适用范围

"24版清单计价标准"的适用范围为建设工程施工发承包及实施阶段的计价活动，适用的范围有施工总承包、专业分包的建设工程施工发承包及实施阶段的计价活动。采用工程总承包等实施模式的建设工程，可在符合本标准相关规定下，参照本标准的相关适用规则执行。

"24版清单计价标准"中的建设工程包括：房屋建筑与装饰工程、仿古建筑工程、安装工程、市政工程、园林绿化工程、矿山工程、构筑物工程、城市轨道交通工程、爆破工程、房屋修缮工程等。

目前，比较典型的发承包模式包括施工总承包，即传统发包模式（DBB，Design-Bid-Build）、工程总承包［（EPC，Engineering-Procurement-Construction）或（DB，Design-Build）］。不同的发承包模式，其计量与计价方法是不同的。具体见表1-6。

表1-6 不同发承包模式计量计价比较

对比内容	DBB模式	EPC或DB模式
标的物主要载体	施工图纸＋工程量清单	发包人要求＋项目清单
计价方法	工程量清单计价	项目清单计价
适用的计价规范或标准	工程量清单计价标准	工程总承包计价规范
适用的计量规范或标准	工程量计算标准	工程总承包工程量计算规范

续表

对比内容	DBB 模式	EPC 或 DB 模式
合同类型	单价合同、总价合同、成本加酬金合同	宜采用总价合同
标价清单的作用	单价合同：形成合同清单，作为价款调整支付的依据，对双方有约束力	价格清单一般不作为价款结算的依据
	总价合同：清单项目、工程量不形成合同文件，没有约束力，合同单价根据约定是否具有约束力	
合同工程计量	单价合同：单价计价的项目按实际完成的工程量计量。总价合同除变更外工程量不予调整，即按里程碑计量	合同工程量即为结算工程量，按里程碑计量
物价波动调差方法	价格指数调差法、价格信息调差法	价格指数调差法

1.5.2 标准的法律地位

1. 我国标准体系改革

《国务院关于印发深化标准化工作改革方案的通知》（国发〔2015〕13 号）要求：……（二）整合精简强制性标准。在标准体系上，逐步将现行强制性国家标准、行业标准和地方标准整合为强制性国家标准。在标准范围上，将强制性国家标准严格限定在保障人身健康和生命财产安全、国家安全、生态环境安全和满足社会经济管理基本要求的范围之内。（三）优化完善推荐性标准。在标准范围上，合理界定各层级、各领域推荐性标准的制定范围，推荐性国家标准重点制定基础通用、与强制性国家标准配套的标准。

《中华人民共和国标准化法》（以下简称《标准化法》）第二条：本法所称标准（含标准样品），是指农业、工业、服务业以及社会事业等领域需要统一的技术要求。标准包括国家标准、行业标准、地方标准和团体标准、企业标准。国家标准分为强制性标准、推荐性标准，行业标准、地方标准是推荐性标准。强制性标准必须执行。国家鼓励采用推荐性标准。第十条：对保障人身健康和生命财产安全、国家安全、生态环境安全以及满足经济社会管理基本需要的技术要求，应当制定强制性国家标准。

可见，我国的标准体系中的强制性标准通常是全文强制的，原来存在的大量非全文强制的强制性标准逐步修改为推荐性标准。需要强制执行的条文统一编制相应的全文强制执行的通用规范。

我国的标准体系见图 1-8。

2. 理解"24 版清单计价标准"的作用及效力

第一，对于发承包双方在合同履行过程中应先遵循"有约从约"的原则，合同没有约定或约定不明的可执行本标准，从而规范建设项目的计价活动。

第二，标准中条款有的直接来自法律法规的强制性规定，自然就应该强制执行。如：第 5.1.1 条，建设工程招标设有最高投标限价的，应按国家有关规定编制最高投标限价，并在发布招标文件时公布最高投标限价及其编制依据（来自《招标投标法实施条例》第二十七条）。如：第 6.1.3 条，投标人的投标报价不得低于成本价，且不得高于招标人公布的最高投标限

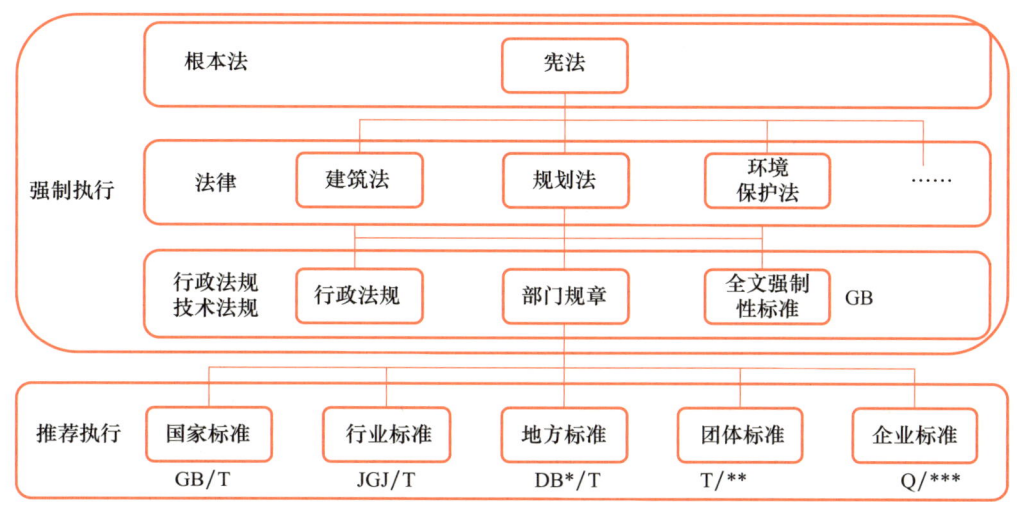

图 1-8　我国标准体系

价（来自《招标投标法》第三十三条）。

第三，标准中的内容被法律法规规章规定必须执行的必然要执行。如第 3.1.1 条第 1 款：使用财政资金或国有资金投资的建设工程，应按国家及行业工程量计算标准编制工程量清单，采用工程量清单计价（来自《建筑工程施工发包与承包计价管理办法》第六条：全部使用国有资金投资或者以国有资金投资为主的建筑工程，应当采用工程量清单计价；非国有资金投资的建筑工程，鼓励采用工程量清单计价）。

第四，标准可以作为交易习惯，作为合同漏洞解决依据（来自《民法典》第五百一十条）。同时，也是造价鉴定的依据，司法裁判的依据（来自《司法鉴定程序通则》）。

第五，标准可以作为约定不明或协商不成，办理结算的依据［来自《司法解释（一）》第十九条：……因设计变更导致建设工程的工程量或者质量标准发生变化，当事人对该部分工程价款不能协商一致的，可以参照签订建设工程施工合同时当地建设行政主管部门发布的计价方法或者计价标准结算工程价款］。

第 2 章　相关术语理解与应用

术语是在特定学科领域中用以表示专门概念的词或词组。它具有专业性、单义性、系统性等显著特点。"24 版清单计价标准"术语部分共定义了 35 个术语，新增了安装生产措施费、工程量清单缺陷、施工过程结算、费率计价、合同清单、合同基准日、合同图纸、合同规范、施工深化设计、损失和（或）直接费用、新增工程等术语。另外也删除了招标工程量清单、已标价工程量清单、项目编码、风险费用、工程成本、工程造价信息、工程造价指数、现场签证、不可抗力、工程设备、缺陷责任期、质量保证金、费用、利润、企业定额、规费、税金、发包人、承包人、造价工程师、造价员、工程计量、签约合同价（合同价款）、预付款、进度款、合同价款调整、竣工结算价、工程造价鉴定等术语；也对部分术语的内涵做了调整。本章对主要的术语进行分析，以便于更好地理解术语本质含义。

2.1　工程量清单及清单费用

2.1.1　工程量清单的内涵

工程量清单是工程交易内容的表现形式，或者说是工程采购的明细单（表），要能准确表达交易对象，比如质量标准、数量、项目范围等。《合同编通则司法解释》第三条规定："当事人对合同是否成立存在争议，人民法院能够确定当事人姓名或者名称、标的和数量的，一般应当认定合同成立。但是，法律另有规定或者当事人另有约定的除外。"可见，标的不明会影响合同的效力。

对于建设项目而言，所谓工程量清单即建设工程文件中载明项目编码、项目名称、项目特征、计量单位、工程数量等的明细清单。这一定义揭示了工程量清单的本质内容，也就是只要具备了"项目编码、项目名称、项目特征、计量单位、工程数量"等信息的就是工程量清单。工程量清单以分部分项工程量为主，也可以采取实物量清单等其他形式的清单。不管什么形式的工程量清单，都至少要明确有哪些项目、计量单位是什么、数量是多少，否则不形成工程量清单，项目名称、项目特征和工程量是构成工程量清单的核心要素。工程量清单还可以引申出"招标工程量清单""已标价工程量清单"等多个概念，尽管在"24 版清单计价标准"中没有明确其术语，但在整个标准中多次出现。

"项目特征"是载明构成工程量清单项目（主要是分部分项工程项目）自身的本质及要求，用于说明设计图纸、技术标准规范及招标文件所要求完成的清单项目的文字性描述。这里的指向非常清晰，即"设计图纸""技术标准规范"和"招标人要求"。基于此，可以用式 2-1 理解工程量清单和图纸以及技术标准规范的关系。

$$工程量清单＝设计图纸＋技术标准规范＋招标人要求 \quad (式2-1)$$

"24 版清单计价标准"中对于"工程量清单"的定义，相较于"13 版清单计价规范"中"载明建设工程分部分项工程项目、措施项目、其他项目的名称和相应数量以及规费、税金项目等内容的明细清单。"更具有合理性。首先，仅仅体现了相应数量的明细清单，显然没有涉及项目特征和工程数量，这是不全面的，不足以表达交易要求。其次，采用了列举的方式进行了定义也存在问题，具体的清单与采用的单价的形式也有一定关联，当采用的单价形式或单价费用口径不同时，清单的构成也有差异。比如，当把规费调整至工资中后，采用综合单价（不含增值税）时，工程量清单包括分部分项工程量清单、措施项目清单、其他项目清单和增值税。相应的清单计价的费用包括分部分项工程费、措施项目费、其他项目费和增值税（如图 2-1 所示）。

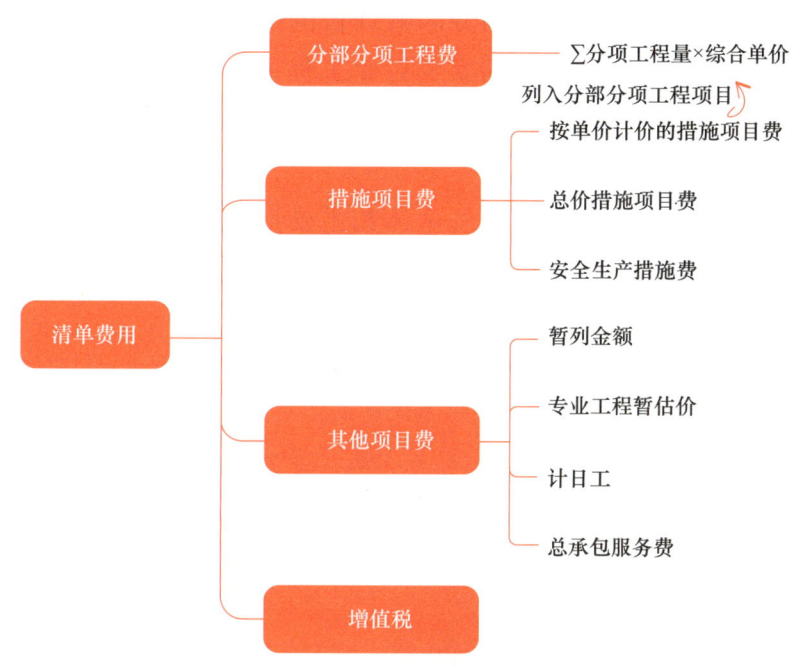

图 2-1　清单费用组成

2.1.2　分部分项工程项目清单及费用

1. 分部分项工程划分

分部分项工程是分部工程、分项工程的总称。分部工程是单项或单位工程的组成部分，是按结构部位、路段长度及施工特点或施工任务将单项或单位工程划分为若干分部的工程；分项工程是分部工程的组成部分，是按不同施工方法、材料、工序及路段长度等将分部工程划分为若干个分项或项目的工程。

分部工程是单位工程的组成部分。通常，一个单位工程会根据其结构部位、路段长度及施工特点或施工任务被划分为若干个分部工程。例如，在房屋建筑单位工程中，可以根据其部位划分为土石方工程、砖石工程、混凝土及钢筋混凝土工程、屋面工程、装饰工程等。

这些分部工程通常按照建筑工程的结构、设备、建筑装饰等不同方面进行划分，每个分部工程都有明确的功能和作用。

分项工程是分部工程的组成部分，其划分应根据不同施工方法、材料、工序及路段长度等来确定。例如，在砖石工程中，可划分为砖基础、砖墙、砖柱、砌块墙、钢筋砖过梁等分项工程；在土石方工程中，可划分为挖土方、回填土、余土外运等分项工程。

项目划分是计量计价的基础，通常来讲，计量计价的最基础性的工作就是列项、算量、确定价格。对于分部分项工程的划分，在《建筑与市政工程施工质量控制通用规范》（GB 55032—2022）附录中也有详细划分规定。例如：混凝土结构作为子分部工程，其分项工程包括模板、钢筋、混凝土、预应力混凝土、现浇结构、装配式结构等。对于室内给水系统子分部工程，其分项工程包括给水管理及配件安装、给水设备安装、室内消防火栓系统安装、消防喷淋系统安装、防腐、绝热、管道冲洗消毒、试验与调试等。

但需要注意的是，分部分项工程的划分因管理目的的不同而有所区别。从计量计价的角度来讲，分部分项工程项目划分要基于国家及行业工程量计算标准、招标文件说明的补充工程量清单、合同约定的相关适用计价计算规则中所指的项目编码列项。

2. 分部分项工程项目清单

分部分项工程项目清单是工程量清单的主体和主要形式。一个完整的分部分项工程项目清单一般由项目编码、项目名称、项目特征、计量单位、工程数量等内容组成（填写了价格的还包括单价及合价）。如表 2-1 所示。

表 2-1 分部分项工程项目清单计价表

工程名称：　　　　　　　　　　　　标段：　　　　　　　　　　　　　　　第　页共　页

序号	项目编码	项目名称	项目特征描述	计量单位	工程量	金额（元）	
						综合单价	合价
本页小计							
合计							

3. 分部分项工程项目清单费用

分部分项工程项目清单中的工程量与相应的综合单价相乘，汇总后即可得到分部分项工程费用。分部分项工程费用的构成与综合单价构成是一致的，包括人工费、材料费、机具使用费、管理费和利润等内容。

2.1.3　措施项目清单及费用

为完成工程项目施工，发生于施工准备和施工及验收过程中的技术、生活、安全生产、环境保护等方面的项目。其发生的费用为措施项目费。这里的"措施项目费"是指为了完成合同工程采取相关措施而发生的，与完成整体工程所需的费用相关、但与完成各分部分项工程所需的费用无关的项目费用。

措施项目清单应结合招标工程的实际情况和相关部门的有关规定，依据常规的施工工艺、顺序及生活、安全、环保、临设、文明施工等非工程实体方面的要求，按相关工程国家及行业工程量计算标准的措施项目分类规则，以及补充的工程量计算规则，结合招标文件及合同条款要求进行编制。其中安全生产措施项目应按国家及省级、行业主管部门的管理要求和招标工程的实际情况列项。

措施项目不能简单地以实体项目和非实体项目划分，划分是为了工作需要和便于计量与计价。对于边坡支护等某些不形成工程实体的项目，由于依据设计能进行计算工程量，通常按分部分项工程项目编码列项。而对于模板等措施项目，由于和混凝土构件密切相关，可以依据设计计算工程量，也列入分部分项工程项目清单。总之，与分部分项工程密切相关，或提供了专项设计的措施项目可以计列到分部分项工程项目清单中；安全生产措施费按有关规定计列；其他的措施项目在措施费中计列，按费率或按总价计价。常见的措施项目见表2-2。

表2-2 主要专业常见措施项目

工程专业	常见措施项目清单
房屋建筑与装饰工程	脚手架、垂直运输设备、其他大型机械、进出场及安拆、施工排水、施工降水、临时设施、文明施工、环境保护、安全生产、冬雨季施工增加、夜间施工增加、特殊地区施工增加、二次搬运、已完工程及设备保护、既有建（构）筑、设施保护等
通用安装工程	脚手架、大型机械设备进出场及安拆、临时专用防护棚、施工操作平台、临时支撑架、隧道内临时施工的通风、供水、供气、供电、照明及通信设施，吊装加固、胎（模）具、安全生产、文明施工、环境保护、临时设施、二次搬运、既有建（构）筑物、设施保护、已完工程及设备保护、顶升、提升装置、特殊地区施工增加、安装与生产运行同时进行施工防护、有害身体健康环境中施工防护、夜间施工增加费、冬雨季施工增加等
市政工程	脚手架、水上桩基础支架、平台、桥涵支架、施工排水、施工降水、围堰、筑岛、便道、便桥、洞内施工通风、供水、供电照明通信设施，洞内外轨道铺设、大型机械设备进出场及安拆、立交箱涵顶进被交线路加固及防护、地下管线交叉处理、施工监测、监控、临时设施、文明施工、环境保护、安全生产、冬雨季施工增加、夜间施工增加、特殊地区施工增加、二次搬运、已完工程及设备保护、既有建（构）筑、设施保护等
园林绿化工程	临时设施、文明施工、环境保护、安全生产、冬雨季施工、夜间施工、特殊地区施工增加、二次搬运、已完工程及设备保护、既有建（构）筑物、设施保护等

2.1.4 其他项目清单及费用

其他项目清单一般包括暂列金额、专业工程暂估价、计日工和总承包服务费等内容。

1. 暂列金额

发包人在工程量清单中暂定并包括在合同总价中，用于招标时尚未能确定或详细说明的工程、服务和工程实施中可能发生的合同价款调整等预留的不包括增值税的费用。可见，"暂列金额"是由发包人为合同价款调整及暂未确定的工程、服务所预留的金额。具体区分不同的用途计列，如按合同价款调整暂列金额、未确定工程暂列金额、未确定服务暂列金额分别列项。

（1）合同价款调整暂列金额：用于施工合同签订时不可预见的可能发生的工程变更、工程索赔等合同约定的价款调整预留的费用。按发包人指令而部分或全部使用，若不需要使用时应从合同总价扣除其款项。

（2）未确定的工程、服务暂列金额：用于在招标时尚未能确定或详细说明的工程、服务，在实际合同履行过程中实际发生时预留的费用。按发包人指令而部分或全部使用，若不需要使用时应从合同总价扣除其款项。

正确理解暂列金额的概念需要注意以下几点：

（1）暂列金额是包括在合同价款中的一部分。不论是编制最高投标限价和进行投标报价，都应按照招标文件中确定的暂列金额计入到清单的总价中，作为合同价款的一部分。

（2）投标人必须按招标文件中给定的金额填报投标报价，否则会造成废标（或在清标环节进行修正）。若不按招标文件要求填报暂列金额反而中标的，在合同履行时，应当予以修正，即认为合同价款中已经包括了暂列金额。

（3）暂列金额归发包人所有和控制。暂列金额只有发生了相关事项，才能进行支付。若在履行过程中没有发生暂列金额调整事件的，合同总价包括的暂列金额应在结算时全部扣除，归发包人所有。

（4）暂列金额与预备费的关系。在项目总投资构成中，计列了预备费，包括基本预备费和价差预备费。根据性质上看都是预留的用于解决发生变化而增加的金额，应属于同一个性质的概念。也可以把暂列金额理解成整个项目预备费在某一标段中的体现。

2. 专业工程暂估价

专业工程暂估价是发包人在工程量清单中提供的，在招标时暂不能确定工程具体要求及价格的专业工程价款。专业工程暂估价是发包人对暂不能明确要求而在工程量清单的其他项目清单中提供的含增值税的专业工程估算价款。"专业工程暂估价"是指工程范围内发包人或设计图纸要求发生的、招标时发包人暂估的专业工程价格，不包括发包人直接发包的专业工程。

正确理解专业工程暂估价的概念需要注意以下几点：

（1）专业工程暂估价的确定性与不确定性。专业工程暂估价是针对施工过程中必然发生的事项，因为设计、标准不明确或者需要由专业承包人完成，在招标时无法确定具体价格时采用的一种暂定价格形式。确定性是指暂估价的专业工程必然发生；不确定性是指在施工项目总承包招标时，该专业工程因设计不满足计量计价的要求而暂时确定一个价格，而不影响整个项目的招标进行。

（2）暂估价专业工程分包满足依法必须招标的应采用招标方式采购。暂估价的专业工程在项目整体招标时没有参与竞争，如果符合《工程建设项目招标范围和规模标准规定》（中华人民共和国国家发展计划委员会令 第3号）第七条规定必须通过招标采购。具体规定为："范围内的各类工程建设项目，包括项目的勘察、设计、施工、监理以及与工程建设有关的重要设备、材料等的采购，达到下列标准之一的，必须进行招标：施工单项合同估算价在400万元人民币以上的；重要设备、材料等货物的采购，单项合同估算价在200万元人民币以上的；勘察、设计、监理等服务的采购，单项合同估算价在100万元人民币以上的；单项合同估算价低于前述规定的标准，但项目总投资额在3000万元人民币以上的。"

（3）专业工程暂估价由发包人提供，投标人按要求填报。招标人或其委托的工程造价咨询人在编制招标工程量清单时，需要对专业工程暂估价列项并估算其金额，投标人在投标报价时应按规定的金额填写，否则可能会造成废标。

（4）专业工程暂估价的价格构成。专业工程暂估价作为一个单独的计价单元应包含相应的全部费用。首先，专业工程暂估价应为包含增值税的价格，在计算整个项目增值税时要先扣减专业工程暂估价后再计算增值税。其次，专业工程暂估价应包括其相应的措施项目费用，不再进行调整。

（5）暂估价专业工程进行招标的组织。具体的组织可以由发包人招标承包人配合，或承包人招标发包人同意，或发包人与承包人共同招标。如果承包人也参与竞标，则只能由发包人组织招标。如果是承包人组织招标，则招标方案及中标结果应当由发包人同意，本质上依然是第一次招标的延续，自然发包人应有控制权。

招标发生的费用如何承担，具体见表2-3。

表2-3 招标费用及计取原则

类别	费用划分及计取原则	
依法必须招标的	招标费用划分	1. 发包人招标，承包人配合招标：发包人承担组织招标的相关费用，承包人承担配合费； 2. 承包人招标，发包人配合招标：承包人承担组织招标的相关费用，发包人承担配合费用； 3. 发包人和承包人共同招标：各自承担相应费用
	价格调整的费用计取	1. 以招标确定的含税专业分包工程价格取代原专业工程暂估含税价格； 2. 承包人参加暂估价专业工程的投标并中标的，已在总承包服务费中计取的该专业工程的总承包服务费应予扣减
不属于依法必须招标的	价格调整的费用计取	1. 以依据新增工程规定确定的含税专业分包工程价格取代原专业工程暂估含税价格； 2. 以发承包双方共同招标确定的含税专业分包工程价格取代原专业工程暂估含税价格； 3. 承包人实施专业分包工程的，已在总承包服务费中计取的该专业工程的总承包服务费应予扣减

3. 计日工

计日工是承包人完成发包人提出的零星项目或工作，但不宜按合同约定的计量与计价规则进行计价，而应依据经发包人确认的实际消耗人工工日、材料数量、施工机具台班等，按合同约定的单价计价的一种方式。

承包人完成发包人提出的零星项目或工作、拆除修复项目等，其具有随机发生、少量发生等特点，不适宜按合同约定或现行国家及行业工程量清单计价标准等计价的，发承包双方可采用计日工方式，依据经发包人确认的实际消耗人工工日、材料数量、施工机具台班等进行计价。

以下工程项目或零星工作可采用计日工计量计价：

（1）不能依据施工图纸、工程变更及合同约定计量规则进行计量的增加工程或替代工程；

（2）按发包人要求增加零星、有限工程范围、少量工程量的工程项目；

（3）极端变化的工作条件导致的非正常操作；

（4）进行紧急工程引起其他工程损坏的修复；

（5）按发包人要求打开已隐蔽的工程，但相关工程通过检测证明符合合同要求的；

（6）修复其他承包人完成工作后周边受影响工程的费用；

（7）因发包人暂缓（停）工程引起工程延期而必须更换的材料的费用；

（8）合同外发包人特殊要求的清扫和清场工作；

（9）合同外发包人要求的测试运行；

（10）非承包人原因导致的修复和恢复被损坏的微小工程（大规模的损坏恢复应按工程变更规定计量计价）。

还应该特别注意，计日工的计量计价原则也适用于工程变更、新增工程及工程索赔计量计价原则。例如因发包人原因产生的赶工事件导致的索赔，承包人可以按计日工计量原则计量新增的用工、施工机械设备、施工设施、增加的管理人员等，作为索赔的依据。

案例1 某项目业态为住宅及相关配套，占地面积约9万 m^2，总面积34.6万 m^2，其中地上面积35.4万 m^2，地下面积7.3万 m^2，包含28~34F高层住宅13栋，10F洋房1栋，幼儿园1栋，地下室一至二层。项目毛坯交付，总工期806d，自2021年9月15日开始，至2023年11月30日完成竣工备案。

1. 赶工目标

首批供货楼栋为6#楼、15#楼，其中6#楼34F，预售需完成16F结构，土方工作面移交时间为2021年9月16日；15#楼24F，预售需完成11F结构，土方工作面移交时间为2021年10月12日。

2. 赶工补偿诉求

（1）施工工人人员保障费用。增加人员抢工，增加管理人员工资（增加金额：170.03万元）；

（2）增加支撑体系及提高混凝土强度等级。混凝土柱梁墙板强度等级提高，增加早强剂、铝膜支撑体系2套，铝模周期缩短此部分费用增加费用110.09万元；

（3）增加夜间照明设备、塔吊、吊车等费用。赶工期间需增加夜间照明设备，以满足夜间通宵加班照明需求，各栋塔吊在原有基础上每台增加配置4盏2000瓦LED大灯，主楼周边各配置4盏2000瓦LED大灯，另配置工程专用LED投光灯（头灯）100套，灯带长5000m，机械设备及劳保用品；此部分费用增加88.9万元；

（4）其他费用。如夜间扰民费用等。

3. 赶工补充费用审核

通过现场实际情况及甲方工程师确认的赶工方案可知本次赶工施工单位产生的主要费用增加原因：人工降效人工费补偿、周转材料增加费用、夜间施工费用、管理人员增加工资、机械设备使用费用。

（1）人工费补偿。施工单位进行人工费补偿诉求，按照各工种及管理人员工资按照人工费 350 元/工日，施工方报送人工费补偿费用为 170.03 万元。施工单位接收赶工指令后，某司现场安排人员进行每天人员数量统计，此部分后期由于时间特殊性及工作安排合理性导致人工数量不够准确，经分析按照人工补贴及人工降效补贴费用测算。根据施工单位报送费用咨询公司进行人工费测算，对应赶工楼层人工费补偿，按照各楼栋达到赶工节点产生赶工费及赶工工期比例，考虑人工补贴进行人工费补偿，赶工费费用为 67.63 万元。

（2）增加支撑体系及提高混凝土标号。总包提出混凝土柱梁墙板标号提高等级，增加早强剂、铝膜支撑体系 2 套，铝模周期缩短此部分费用增加费用 110.09 万元。某司通过查询合同清单，混凝土标号提高、增加早强剂比部分费用在合同措施费中已包含，此部分费用不予考虑。铝膜体系增加仅考虑梁板处（竖向构件可以隔天拆除，铝膜支撑体系不需要另外增加模板）增加模板面积产生增加模板购买费用，按照模板材料市场价格 1200 元/m²，考虑后期还可以重复使用，按照前期项目赶工费铝膜折旧率 5%考虑，增加周转材料费用为 8.9 万元。

4. 总承包服务费

总承包服务费是按合同约定，承包人对发包人提供材料履行保管及其配套服务所需的费用；和（或）承包人对合同范围的专业分包工程（承包人实施的除外）提供配合、协调、施工现场管理、已有临时设施使用、竣工资料汇总整理等服务所需的费用；以及（或）承包人对非合同范围的发包人直接发包的专业工程履行协调及配合责任所需的费用。总承包服务的相关管理、协调及配合责任等应在招标文件及合同中详细说明。

（1）计取了总承包服务费。总承包服务费计取有三种情形：①承包人对发包人提供材料履行保管及其配套服务；②承包人对合同范围的专业分包工程（承包人实施的除外）提供配合、协调、施工现场管理、已有临时设施使用、竣工资料汇总整理等服务；③承包人对非合同范围的发包人直接发包的专业工程履行协调及配合责任。可以用图 2-2 表示。

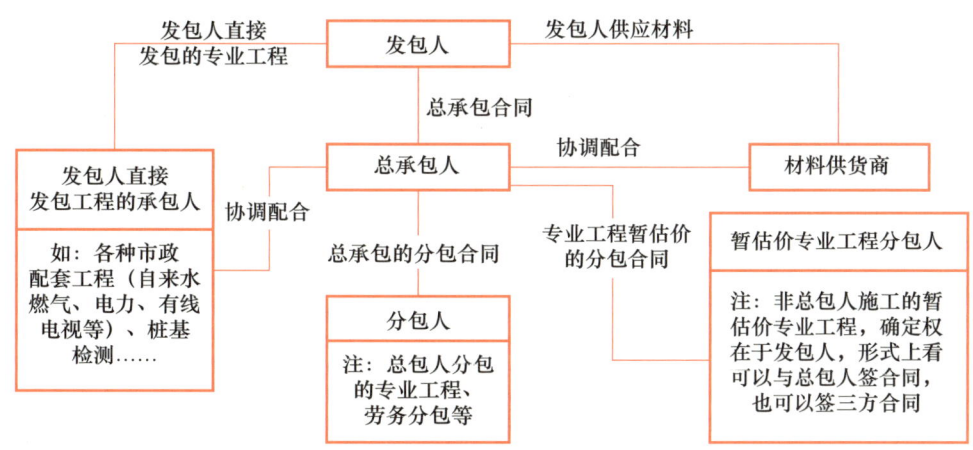

图 2-2　计取总承包服务费的情形

（2）计取了总承包服务费下承包人承担的责任。总承包服务费与承包人承担管理责任是对价的，因此招标文件（合同）中应明确投标人（承包人）承担的管理、协调、组织、配合等责任。承包人的责任见表 2-4。这里需要注意一个问题，承包人承担的应该是管理、服务、配合、协调等责任，要区别于总包人去分包专业工程承担的连带责任。如承包人原因引起相关专业分包工程、直接发包的专业工程的实质性工期延长，承包人应向发包人进行误期赔偿；承包人未按合同要求正确履行对发包人提供材料、专业工程分包人、直接发包的专业工程承包人的总承包服务造成发包人的损失。承包人应协调相关专业分包人书面提交专业分包工程期中价款支付申请，提交时间应按专业分包合同约定，未约定的可由承包人与专业分包人商定，并连同承包人的期中价款支付申请一并提交发包人核对。例如，江苏高院（2019）苏民终×××号总承包人收取总承包服务费后，因未协调好分包单位与业主的施工界面，导致工程延误。总承包人未尽到管理配合义务：应承担违约责任，但无须对分包单位质量问题承担连带责任。

表 2-4 总承包服务费下承包人的责任

总承包服务费	承包人责任	供货人、专业工程分包人、直接发包工程的承包人责任
发包人提供材料的总承包服务费	按照整体工程的工期和施工进度管理及协调发包人提供材料的供货人适时完成供货	在承包人的管理及协调下配合整体工程的工期和施工进度适时完成交货
暂估价专业分包工程的总承包服务费	按照整体工程的工期和施工进度的管理、协调及配合专业分包人适时完成专业分包工程	在承包人的管理、协调及配合下配合整体工程工期和施工进度适时完成专业分包工程
直接发包的专业工程的总承包服务费	在发包人的管理下按照整体工程的工期和施工进度协调配合发包人直接发包的承包人适时完成独立承包工程	在发包人的管理下和承包人的协调及配合下配合整体工程的工期和施工进度适时完成独立承包工程

对其他项目费涉及术语总结见表 2-5。

表 2-5 其他项目费用涉及术语总结

序号	科目	费用说明	注意问题
1	专业工程暂估价	发包人在工程量清单中提供的，在招标时暂不能确定工程具体要求及价格，而预估的含增值税的专业工程费用	1. 招标时已知必然发生，未进入分部分项工程量清单的工程； 2. 含增值税； 3. 投标时按发包人给定金额计列
2	暂列金额	发包人在工程量清单中暂定并包括在合同总价中，用于招标时尚未能确定或详细说明的工程、服务和工程实施中可能发生的合同价款调整等所预留的费用	1. 招标时未知，可能发生； 2. 用于价款调整、未确定工程与服务； 3. 投标时按发包人给定金额计列
3	总承包服务费	承包人对发包人提供材料履行保管及其配套服务所需的费用；和（或）承包人对合同范围内的专业分包工（承包人实施的除外）提供配合、协调、施工现场管理、已有临时设施使用、竣工资料汇总整理等服务所需的费用；以及（或）承包人对非合同范围内的发包人直接发包的专业工程履行协调及配合责任所需的费用	按发包人合同体系分类（费率）计价： 1. 发包人材料的保管与服务； 2. 承包人合同范围内专业分包工程（不包括自身）的管理与服务； 3. 承包人合同范围外专业分包工程的协调与配合； 4. 投标时发包人给定各类费用金额×投标人费率

续表

序号	科目	费用说明	注意问题
4	计日工	承包人完成发包人提出的零星项目或工作，但不宜按合同约定的计量与计价规则进行计价，而应依据经发包人确认的实际消耗人工工日、材料数量、施工机具台班等，按合同约定的单价计价的一种方式（工作与服务）	1. 对象：零星、紧急项目或工作，不适宜按施工图纸和计量规则进行计量、计价； 2. 投标时发包人分类给定暂定数量×投标人分类报计日工单价

2.2 综合单价

综合单价综合考虑技术标准规范、施工工期、施工顺序、施工条件、地理气候等影响因素以及约定范围与幅度内的风险，完成一个单位数量工程量清单项目所需的费用。清单项目综合单价包括人工费、材料费、施工机具使用费、管理费、利润和一定范围内的风险费用，不包括增值税。

综合单价应综合考虑其影响因素和合同约定风险，完成符合单价合同的清单项目特征和工程数量要求，或符合总价合同的合同图纸及合同规范要求的工程量清单项目单位数量所需的费用。增值税属于价外税，因此综合单价不含增值税。

2.2.1 综合单价的构成

综合单价包括人工费、材料费、施工机具使用费、管理费、利润和一定范围内的风险费用。这里的人工费根据《住房城乡建设部关于加强和改善工程造价监管的意见》（建标〔2017〕209号），扩大人工费的口径的规定，人工费应包括工资、津贴、职工福利、劳动保护、社会保险、住房公积金、工会经费、职工教育经费以及特殊情况下的工作。也就是将原来单独计列的规费（主要是社会保险和住房公积金）和在管理费中计列的职工福利、劳动保护、工会经费、职工教育经费等作为工资的一部分调整到人工费（管理人员的社会保险及住房公积金调整至管理人员的工资）。这里的材料费也应该包括工程设备费。调整后的综合单价费用构成见表2-6。

表2-6 综合单价费用构成

序号	综合单价	费用构成说明
1	人工费（∑单位人工消耗量×人工单价）	人工费是指直接从事建筑安装工程施工作业的生产工人所需的费用，包括：工资、津贴、职工福利费、劳动保护费、社会保险费（养老、医疗、工伤、失业、生育个人缴纳部分）、住房公积金、工会经费、职工教育经费，以及特殊情况下工资性费用
2	材料费（∑单位材料消耗量×材料单价）	工程施工过程中耗费的各种原材料、半成品、构配件等的费用，以及周转材料等的摊销、租赁费用，包括：材料原价、运杂费、运输损耗费、采购及保管费
3	施工机具费（∑单位施工机具台班消耗量×台班单价）	施工作业所需的施工机械、仪器仪表使用费或其租赁费，包括：施工机械使用费和施工仪器仪表使用费，施工机械作业所需的使用费或租赁费，由折旧费、检修费、维护费、安拆费、人工费、燃料动力费及其他费用组成

续表

序号	综合单价	费用构成说明
4	管理费	企业管理费是指施工企业为组织施工现场管理和进行企业经营管理所需的费用。管理人员费用、办公费、差旅交通费、施工单位进退场费、非生产性固定资产使用费、信息管理系统购置运维费、工具用具使用费、劳动保护费、财务费、施工企业其他税金（增值税外的）
5	利润	施工企业完成承包工程获得的盈利
6	风险费等其他费用	考虑合同约定的风险费等其他费用

2.2.2 综合单价的影响因素

综合单价综合考虑技术标准规范、施工工期、施工顺序、施工条件、地理气候等影响因素以及约定范围与幅度内的风险，完成一个单位数量工程量清单项目所需的费用。因此，一个清单项目的综合单价受到技术标准规范、施工工期、施工顺序、施工条件、地理气候的影响。在确定综合单价时要考虑以下因素的影响：

（1）满足国家及行业有关技术标准规范等要求所需的费用。质量合格是工程计量的前提条件，只有质量合同才能进行工程计量，工程计量的结果才能作为合同价款支付的依据。因此，综合单价应考虑满足合同要求及相关技术标准规范要求的费用。

（2）对于总价合同的清单项目综合单价还应考虑工程量清单缺陷所需的费用。在总价合同下，工程量清单缺陷的责任和风险由承包人承担。因此，承包人在确定综合单价时要考虑清单缺陷带来的费用影响。

（3）完成符合完工交付要求的相应清单项目必要的施工任务及其不可或缺的辅助工作所需的费用。如土石方项目综合单价要考虑完成清单项目必要的辅助工作发生的费用，包括开挖、放坡（若有）、挡土板围护（若有），装车，场内运输，清底修边，基底夯实，基底钎探的费用。见表2-7。

表2-7 基础土方项目综合单价应考虑的全部工作内容

项目编码	项目名称	项目特征	计量单位	工程量计算规则	工作内容
010102001	挖基坑土方	1. 土类别；2. 开挖深度；3. 基底处理方式	m³	按设计图示基础（含垫层）底面积另加工作面面积，乘以挖土深度，以体积计算	1. 开挖、放坡（若有）、挡土板围护（若有）；2. 装车；3. 场内运输；4. 清底修边；5. 基底夯实；6. 基底钎探
010102002	挖沟槽土方			1. 基础沟槽土方按照设计图示基础（含垫层）底面积另加工作面面积，乘以挖土深度，以体积计算；2. 管沟土方按设计图示管基础（含垫层）底面积另加工作面面积，乘以挖土深度，以体积计算；无管底基础及垫层时，按管外径的水平投影面积另加工作面面积，乘以挖土深度，以体积计算。管道线路上各类井的土方并入管沟土方	

（4）综合单价应考虑工期、施工程序、施工条件、环境气候等因素影响所引起的费用。工期不同，整个项目的组织安排就会有所不同，采取的施工措施也会很大差异，甚至也会影响施工程序，自然综合单价就不一样。施工程序不同，价格也会不同，通常采用先地下后地上，先主体后装饰的施工程序，当采用逆作法或主体施工与装饰工程施工穿插进行，都会对项目的综合单价产生影响。环境气候对价格的影响也是显而易见的，如：夏季的高温和湿度可能会导致劳工体力过度消耗，出现人工降效情况；水泥凝固时间缩短需要增加添加剂等；高寒地区作业施工需要采取相应措施增加费用。

（5）合同约定及"24版清单计价标准"中规定的范围与幅度内的风险费用。综合单价中需要考虑一定范围与幅度范围的风险费用是指投标人根据自身经验及企业管理水平在相应的人工费、材料费、施工机具使用费、管理费中综合考虑风险费用。

除以上需要考虑的影响因素外，比如清单项目工程量的大小、清单项目中材料的来源（发包人供应材料还是承包人供应材料还是暂估价材料）等都会影响综合单价的确定。

2.3 与合同管理相关的术语

为强化合同管理，厘清合同边界和合同主体的风险责任，"24版清单计价标准"新增部分与合同管理密切相关的几个术语，包括：合同基准日、合同图纸、合同规范、合同清单、合同单价等。

2.3.1 合同基准日

合同基准日是承包人在投标期内确定投标总价、工程量清单综合单价及其合价等价格的日期，该日期应作为执行物价变化价款调整、法律法规及政策性变化价款调整的价格基准日。如招标文件（非招标工程为询价文件）及合同未约定，招标工程的合同基准日为投标截止日前28d，非招标工程的合同基准日为合同签订日前28d。

1. 合同基准日的确定

招标的工程招标人发出招标文件时，或者非招标的工程发包人发出询价文件时，在相关招标文件、询价文件中明确"合同基准日"的，以该日期为准，投标人按"合同基准日"确定价格。如果在招标文件或询价文件中未明确"合同基准日"的，但在合同中约定了"合同基准日"，应以合同约定的日期为准。

如招标文件（非招标工程为询价文件）及合同未约定，招标工程的合同基准日为投标截止日前28d，非招标工程的合同基准日为合同签订日前28d。在《建设工程施工合同（示范文本）》（GF-2017-0201）及《中华人民共和国标准施工招标文件》通用合同条款部分都有类似的约定。

2. 合同基准日的作用

在施工合同中设定"合同基准日"是一个关键的风险分配机制，它的设定具有多重重要目的，主要围绕划分风险责任、确定合同执行基础以及处理后续变更。

（1）划分风险责任的临界点。通常认为，在合同基准日之前已经存在的情况、事件或发包人提供的信息（如现场条件、地质水文资料、法律环境、许可状态、市场价格水平等）相关的风险和责任，主要由发包人承担。在合同基准日之后发生的事件或变化（如法律法规变更、不可抗力、市场价格波动、后续发现的信息与基准日提供的信息有重大差异等）相关的风险和责任，主要由承包人承担（除非合同有特别约定，如调价公式、不可抗力条款等）。

（2）确定合同价格和工期的计算基础。合同中的价格（无论是总价还是单价）通常被认为是基于合同基准日的市场价格水平、法律法规、技术规范、发包人提供的现场数据和信息来计算的。工期计划通常也是基于基准日时的预期条件、资源可获得性和法规要求来制定的。基准日锁定了报价和计划所依赖的"原始状态"。

（3）处理法律法规变更。施工周期长，期间法律法规（如环保标准、安全规范、税收政策、劳动法等）可能发生变化。基准日之后颁布的、具有强制性的新法律法规，如果导致承包人成本增加或工期延长，承包人有权索赔费用和（或）工期。这为承包人应对无法预见的合规成本变化提供了保护。基准日明确了判断法律变更是否构成"变更"的时间点。

（4）应对市场价格波动，作为调整价格的基准。在一些允许价格调整的合同中（尤其是长期合同），基准日的市场价格（如人工、材料、设备）是计算后续价格调整（根据调价公式）的基准起点。无论采用价格信息调差法还是价格指数调差法，都是通过比较基准日时的价格指数或价格与结算期时的价格指数或价格，来计算价差补偿。基准日为价格调整提供了客观的起始参照。

（5）界定发包人提供信息的责任。发包人通常在招标时会提供现场勘察报告、地质资料、水文资料、地下管线图等。合同基准日通常被视为发包人对这些信息的"可靠性截止点"。承包人被认为在报价前（以基准日为参照）已充分研究并理解了这些信息。如果在基准日后发现这些信息存在重大错误或遗漏（且一个有经验的承包商在基准日时无法合理发现），导致承包人遭受损失或延误，承包人通常有权索赔。

（6）作为保险生效的参考点。工程保险（如建筑工程一切险、第三方责任险）的生效日期有时会与合同基准日相关联或以此为起点。

2.3.2 合同图纸、合同规范、合同清单与合同单价

1. 合同图纸

合同图纸是发承包双方约定作为合同文件的组成部分，表达合同价款的工程范围及品质要求所依据的设计文件。包括招标文件提供的设计文件和招标人在招标过程中发出的有关设计文件的补充、澄清或修改文件。准确理解合同图纸的概念，需要注意以下几点：

（1）合同图纸不同于图纸。总价合同的合同图纸用于说明合同总价包括的合同工程的范围、品质及工程数量，单价合同的合同图纸用于说明合同清单所列的项目特征及其工程数量。合同图纸是合同工程范围及质量要求的重要依据，可以理解为合同价格与合同图纸形成对价关系。

而图纸的范围更广泛一些，如《建设工程施工合同（示范文本）》（GF-2017-0201）中图

纸是指构成合同的图纸，包括由发包人按照合同约定提供或经发包人批准的设计文件、施工图、鸟瞰图及模型等，以及在合同履行过程中形成的图纸文件。图纸应当按照法律规定审查合格。这里的图纸包括了"在合同履行过程中形成的图纸文件"。"合同图纸"仅包括"招标文件提供的设计文件、招标人在招标过程中发出的有关设计文件的补充、澄清或修改文件"。合同图纸是在招标投标过程中确认的，形成合同文件的组成部分。在合同履行中与合同图纸不一致的应按变更原则计量计价。

（2）合同图纸是合同文件的组成部分。合同图纸的组成包括招标文件提供的设计文件和招标人在招标过程中发出的有关设计文件的补充、澄清或修改文件。不包括在施工过程中形成的图纸，如变更部分设计图纸、深化设计图纸、竣工图纸等。

（3）单价合同和总价合同中的合同图纸。总价合同的合同图纸用以说明合同总价包括的合同工程的范围、品质及工程数量，单价合同的合同图纸用以说明合同清单所列的项目特征及其工程数量。"招标人在回标前发出的补充、澄清或招标修改图纸文件"与"招标文件提供的设计文件"的关系等，较后时间颁发的文件中澄清、修正的内容，相关的价格影响已包括在投标总价内。

2. 合同规范

合同规范是发承包双方约定作为合同文件的组成部分，说明合同工程的材料标准或要求、工程技术标准、施工验收标准等的技术要求文件。包括招标文件规定的技术标准规范、招标人在招标过程中发出的有关技术标准规范的补充、澄清或修改文件。

（1）合同规范的范围。"合同规范"是指用于说明合同工程的材料标准，各种技术要求和标准及施工验收标准等的技术性文件。承包人按照合同完成的工程不仅需要符合国家、行业及工程所在地现行施工验收标准的要求，还应满足合同规范的要求。合同规范与合同图纸等合同文件共同构成了合同中发包人技术标准和要求。在招标投标过程中，招标人进行补充、澄清、修改均形成合同规范，作为形成合同价格基础。在合同履行过程中发生改变的，按变更原则计量计价。

（2）不符合合同规范的责任。合同实际履行规范发生改变的，执行工程变工程计量计价。承包人履行不符合合同规范的要承担违约责任。只有符合合同约定和有关的技术标准规范要求才能通过验收，验收合格才能计量并进行价款支付。根据《民法典》第七百九十九条规定："验收合格的，发包人应当按照约定支付价款，并接收该工程。"质量合格是工程计量的前提，不合格则承担违约责任。在《民法典》第八百零一条规定："因施工人的原因致使建设工程质量不符合约定的，发包人有权请求施工人在合理期限内无偿修理或返工、改建。经过修理或者返工、改建后，造成逾期交付的，施工人应承担违约责任。"

3. 合同清单

合同清单是承包人在投标时所填报并获得发包人接纳的已标明投标总价、合价及其综合单价，以及投标报价澄清或说明修正价格的已标价工程量清单，用以说明承包人所报合同总价的详细构成及综合单价分析，包括其说明和表格。

已标价工程量清单与合同清单是什么关系呢？

在"13版清单计价规范"中有工程量清单、招标工程量清单和已标价工程量清单等多个术语，而在"24版清单计价标准"中仅有工程量清单和合同清单两个术语，但在标准的具体条文中多次出现"招标工程量清单"和"已标价工程量清单"。

"13版清单计价规范"中"招标工程量清单"是指招标人依据国家标准、招标文件、设计文件以及施工现场实际情况编制的，随招标文件发布供投标报价的工程量清单，包括其说明和表格。招标工程量清单是招标文件的组成部分。"已标价工程量清单"是指构成合同文件组成部分的投标文件中已标明价格，经算术性错误修正（如有）且承包人已确认的工程量清单，包括其说明和表格。已标价工程量清单构成合同文件组成部分，也就是经过招标投标确认过的并最终形成合同文件的组成部分。

从以上分析可以看出，在"24版清单计价标准"中"合同清单"肯定是"已标价工程量清单"，但"已标价工程量清单"不一定是合同清单。"已标价工程量清单"首先应当获得发包人接纳（包括经过清标环节对其进行的修正），其内容包括了清单项目、清单项目特征、工程数量、单价及合价、总价等。其次，还要看合同类型，单价合同中合同清单是合同文件的重要组成部分；总价合同中合同清单，发承包双方约定可以不作为合同文件的组成部分，如果约定作为合同文件组成部分的，综合单价和合价是合同文件的组成，但工程量清单的清单项目及数量不是总价合同的组成，其正确与否的风险由承包人承担。在总价合同下，"已标价工程量清单"主要作用在于说明合同总价的构成与计算方法。

4. 合同单价

合同单价是承包人在已标价工程量清单内所报的综合单价，以及承包人投标报价澄清或说明中获得发包人接纳的修正综合单价。

（1）合同单价的范围。"合同单价"是指发包人签订合同时接纳的综合单价，包含承包人在已标价工程量清单内所报的综合单价，以及承包人在澄清或说明过程中对要求澄清或说明的内容所提供且获得接纳的修正综合单价。获得接纳的修正综合单价适用于工程量清单数量增减的计价及工程变更的计价。即合同单价有两种情形：一是接纳的承包人填报的已标价工程量清单中的综合单价，二是在澄清或说明环节修正过的综合单价。

（2）合同单价的作用。对于单价合同，合同单价（包括修正后的单价）用于合同价款的结算，包括用于工程变更部分结算，合同单价具有合同约束力。对于总价合同，合同单价是否作为处理变更计价的依据，可以在合同中约定。

2.4 工程量清单缺陷、工程变更与新增工程

2.4.1 工程量清单缺陷

工程量清单缺陷是工程量清单的分部分项工程项目清单中所列的清单项目与对应的合同图纸及合同规范所要求的清单项目在列项、项目特征、工程数量上存在的差异。包括工程量清单多列项、错漏项、项目特征不符、工程数量偏差及其他同类。正确理解工程量清单缺陷

的实质，应注意以下几点：

（1）根据"24版清单计价标准"，工程量清单缺陷仅存于工程量清单中的分部分项工程项目清单中，措施项目清单不准确不完整不属于标准中工程量清单缺陷事项，措施项目清单的准确性和完整性由承包人或投标人承担。

（2）工程量清单缺陷实质是合同清单与合同图纸及合同规范要求的工程量清单不一致。如何去判断是否存在工程量清单缺陷，是用合同清单与根据合同图纸及合同规范重新计量的分部分项工程项目清单对比是否存在多列项、错漏项、项目特征不符、工程数量偏差等。

（3）由于设计变更引起的清单项目的增减、项目特征变化和工程量变化不属于工程量清单缺陷。尽管工程量清单缺陷引起的工程量偏差和工程变更引起工程量改变调整价款的原则类似，但二者有本质区别。工程量清单缺陷看的是合同清单与合同图纸及合同规范的差异，工程变更往往是实际施工图纸与合同图纸的差异。

（4）工程量清单缺陷带来的影响。采用单价合同的，分部分项工程项目清单缺陷的责任由发包人承担，对清单缺陷部分重新计量，并按变更调价原则调整相应价款。采用总价合同的，分部分项工程项目清单的完整性和准确性由承包人承担，不因工程量清单存在缺陷而调整合同价格和工期。

2.4.2 工程变更

工程变更是指经发包人批准的对合同工程工作内容、合同图纸、合同规范、位置与尺寸、施工顺序与时间、施工条件、合同条款或其他特征等的改变。包括对合同工程的增加、减少、取消、替代和使用材料的改变。

工程变更是事前的主动行为，发包人在合同实施过程中拥有变更权（参考《民法典》关于承揽合同中定作人可以根据自己的需要，随时变更对合同的要求）。发包人通过提出变更指令或对承包人提出变更的认可是实施工程变更的前提，主要原因是：发包人需求的变更——该变更引起工程的设计、质量、数量等变动，包括工程内容的增加、删减或替换，对材料或货物的种类或标准的变动；对设备材料的品种或标准提出一些要求与限制，以及对场地或特定区域的进入、工作时间、区域、施工顺序的增加、修改或减少等。

1. 工程变更术语比较

工程变更有广义和狭义之分，广义上工程变更是指合同实施过程中合同状态的改变，包括合同条款的改变，"24版清单计价标准"中的变更就包括了合同条款的改变。表2-8为相关文件中对变更的表述。

表2-8 工程变更术语比较

相关文件	具体内容
24版清单计价标准	经发包人批准的对合同工程工作内容、合同图纸、合同规范、位置与尺寸、施工顺序与时间、施工条件、合同条款或其他特征等的改变。包括对合同工程的增加、减少、取消、替代和使用材料的改变
13版清单计价规范	合同工程实施过程中由发包人提出或由承包人提出经发包人批准的合同工程任何一项工作的增、减、取消或施工工艺、顺序、时间的改变；设计图纸的修改；施工条件的改变；招标工程量清单的错、漏从而引起合同条件的改变或工程量的增减变化

续表

相关文件	具体内容
红皮书（2017）	合同范围内工作的自然延续或改变，或与完成合同下的工程紧密相关的变化，该变化表现为工程量、工作性质（质量、功能、功效或技术标准）、工作范围、施工程序或顺序的变化

通过以上对比可以看出，工程变更的变更权属于发包人。变更的内容包括设计变更、工程量的增减、质量标准的改变、施工顺序的改变、施工条件改变，但要注意与工程量清单缺陷的区别。在"13版清单计价规范"中提到"工程量清单的错、漏而引起合同条件的改变或工程量的增加变化"，这一点与"24版清单计价标准"是不一样的。

2. 工程变更的范围对比

对于施工合同变更的范围，相关合同文件中也多有描述，见表2-9。

表2-9　主要合同文本中合同变更范围与"24版清单计价标准"比较

相关文件	具体内容
24版清单计价标准	经发包人批准的对合同工程：①工作内容；②合同图纸、合同规范；③位置与尺寸；④施工顺序与时间；⑤施工条件；⑥合同条款或其他特征等的改变。包括对合同工程的增加、减少、取消、替代和使用材料的改变
标准施工招标文件（2007）	15.1 变更的范围和内容 除专用合同条款另有约定外，在履行合同中发生以下情形之一，应按照本条规定进行变更。 ①取消合同中任何一项工作，但被取消的工作不能转由发包人或其他人实施； ②改变合同中任何一项工作的质量或其他特性； ③改变合同工程的基线、标高、位置或尺寸； ④改变合同中任何一项工作的施工时间或改变已批准的施工工艺或顺序； ⑤为完成工程需要追加的额外工作
施工合同示范文本（2017）	10.1 变更的范围 除专用合同条款另有约定外，合同履行过程中发生以下情形的，应按照本条约定进行变更： ①增加或减少合同中任何工作，或追加额外的工作； ②取消合同中任何工作，但转由他人实施的工作除外； ③改变合同中任何工作的质量标准或其他特性； ④改变工程的基线、标高、位置和尺寸； ⑤改变工程的时间安排或实施顺序
红皮书（2017）	13.1 有权变更 每项变更可包括： ①对合同中任何工作的工程量的改变（此类改变并不一定必然构成变更）； ②任何工作质量或其他特性上的变更； ③工程任何部分标高、位置和（或）尺寸上的改变； ④省略任何工作，除非它已被他人完成； ⑤永久工程所必需的任何附加工作、永久设备、材料或服务，包括任何联合竣工检验、钻孔和其他检验以及勘察工作； ⑥工程的实施顺序或时间安排的改变

还应注意，取消合同中任何工作构成变更，但转由其他人完成的发包人应承担违约责任。

3. 工程变更与工程量清单缺陷比较

工程变更与工程量清单缺陷在引起合同价格调整上有相似之处，但实质上有本质区别。

工程量清单缺陷是合同清单与合同图纸及合同规范不一致，而工程变更通常可以理解为实际实施的图纸与合同图纸不一致。两者对措施项目清单的影响也不一致，工程量清单缺陷不论总价合同还是单价合同一般不调整措施项目费用（安全施工措施费按规定处理），但工程变更影响措施项目改变的或新增措施项目的要按变更的原则调整措施项目费用。单价合同下，工程量清单缺陷与工程变更比较见图 2-3。工程变更的计量原则见图 2-4。工程量清单缺陷与工程变更计量计价规则比较见表 2-10。

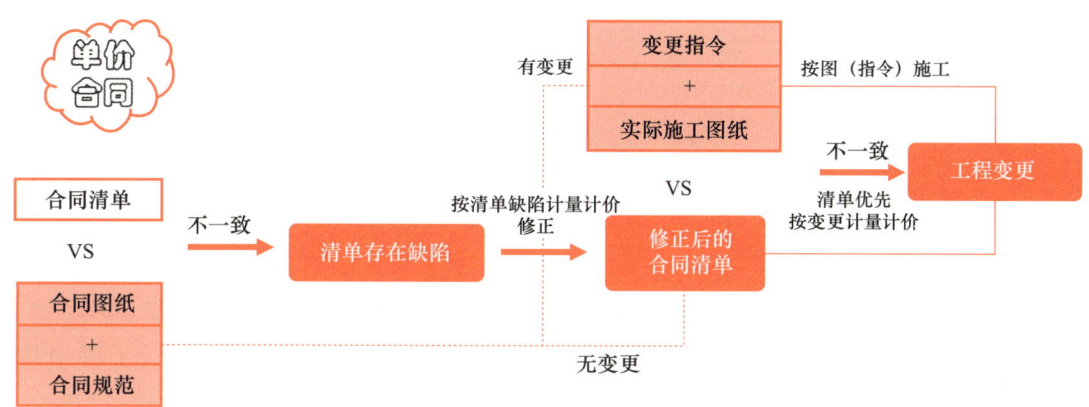

图 2-3　工程量清单缺陷与工程变更比较

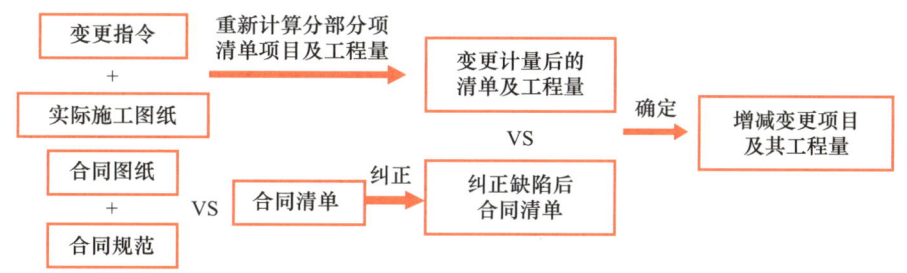

图 2-4　工程变更的计量原则

表 2-10　工程量清单缺陷与工程变更计量计价规则比较

类别	本质	单价合同	总价合同
工程量清单缺陷	合同清单与合同图纸不一致	（1）分部分项工程项目清单：重新计量合同图纸清单项目及工程量，按差异调整清单缺陷引起的合同价格（调价原则与变更调价原则一致）（条文 7.2.1，条文 8.2.1）	合同价格及合同工期不应因合同清单缺陷而调整（存在暂定数量单价计价的项目，可按 7.2.1 和 8.2.1 规定调整）（条文 8.2.3）
		（2）措施项目清单：分部分项工程项目缺陷修正后，除安全生产措施项目和计入分部分项的措施项目外，合同清单的措施项目不予调整（条文 8.2.2）	
		（3）不因清单项目缺陷而调整合同工期（条文 8.2.2）	

续表

类别	本质	单价合同	总价合同
工程变更	变更指令＋实际施工图纸与合同图纸不一致	（1）分部分项工程项目清单：按变更指令和实际施工图纸重新计量清单项目及工程量，与纠正缺陷后的工程量清单比较，确定变更项目及工程量（条文7.4.1），按8.9.1、8.9.2原则调整合同价格 （2）实施项目清单：工程变更引起实施项目变化，按批准的实施方案计量，调整合同价格（条文7.4.4、条文8.9.5） （3）变更导致工期实质改变的，按8.9.4调整措施项目价格	（1）分部分项工程项目清单：按变更指令和实际施工图纸与合同图纸比较差异部分的项目清单即为工程变更项目，按7.4.1计量变更项目及工程量。调价原则与单价合同一致（变更部分是不区分单价合同与总价合同的）（条文8.9.3）

2.4.3 新增工程

新增工程是指发包人要求并获得承包人接受的、不属于合同约定工程范围及（或）其完工交付要求范围的实体工程。从这个定义可以看出新增工程具有不属于合同工程范围、承包人可以拒绝接受、应是实体工程的特点。

1. 新增工程与工程变更的区别

从广义上看，新增工程也是一种变更。但"24版清单计价标准"将"新增工程"从"工程变更"中区分出来，是为了解决发包人泛化行使"变更权"，行使变更权是发包人单方权利，一般承包人是不能拒绝执行变更的，否则承担违约责任。如果把所有的"新增工程"都纳入"工程变更"的范畴，则承包人对于发包人提出的"新增工程"将没有拒绝权，若该新增工程并不是实现合同目的必须部分，或者承包人必须投入新的资源、采用新的施工工艺才能完成，将会导致对承包人不公平的履约结果。

"工程变更"是指在工程项目实施过程中，经发包人批准的对合同工程工作内容、合同图纸、合同规范、位置与尺寸、施工顺序与时间、施工条件或其他特征及合同条款等的改变，这些工程变更会涉及对合同工程的增加、减少、取消、替代和使用材料的改变，以及承包人将为了实施工程而运抵现场的合格材料或已完成工程拆除迁离现场等。需要注意：

（1）发包人指令，定作人单方变更权："工程变更"的主要处理方式是为了保证工程合同的履约效率而采取的单方（主要是发包人）决定权的方式，而非通过双方"合意"完成。

（2）"新增工程"是指承包人按发包人要求完成不属于合同约定工程范围的永久工程。承包人可以接受也可以不接受，在发承包双方协商确定了新增工程的合同工期、合同单价、合同总价并已签订了合同或补充协议后实施。需要双方"合意"完成。

2. 如何判断是否为新增工程

判断是否为新增工程，可以从新增工程的术语出发，把握住其特点。可以从承包人能否拒绝的角度去判断，应为与合同工程或合同工作范围无关的任何工程。新增工程的常见情形：合同的工作范围为建设项目或单项工程的，增加某一单项工程；合同的工作范围为单位工程的，增加合同范围外可以独立发包的单位工程或专业工程；合同的工作范围为专业分包工程的，增加合同工作范围之外的其他专业工程。

> **案例 2** 某项目，原施工现场的总面积为 6200m²，新建工程首层建筑面积为 3000m²，后发包人拟新增建设一个水房。水房的首层建筑面积为 30m²，施工面积增加 50m²。此处水房即为"新增工程"，需要双方协商后签订合同或补充协议后实施。但如果原设计文件中为玻璃幕墙，现在改为外挂石材幕墙，这属于变更。原设计为瓷砖地面，改为大理石地面，这也属于变更。

> **案例 3** 原合同范围内的电梯设备（共 6 部病床电梯、4 部客梯）已通过公开招标方式选定品牌和型号（例如：通力 KONE 3000 系列），并包含在施工总承包合同内，由总包方负责采购和安装。医院在施工过程中，根据未来科室规划调整和实际使用需求，决定在住院大楼新增一个特殊功能区域——复合手术室（Hybrid Operating Room）。该复合手术室需要配备一台特殊的、能兼容术中影像设备（如 DSA、CT）的大型无磁医用电梯，用于将重型影像设备直接运送至手术室层，并在必要时转运特殊病床。这个属于新增工程吗？显然也不属于，若承包人拒绝施工，将影响整个合同工程的功能使用。

3. 新增工程是否需要组织招标采购

从发包人角度看，如果有另外的工程需要实施，当属于依法必须招标的范围且达到规定的规模的应采用招标的方式确定承包人。但标准中之所以引入"新增工程"这一概念，自然是希望委托原承包人组织施工，如果采用招标方式就失去了其本意。同时，也可以参考《招标投标法实施条例》第九条"除招标投标法第六十六条规定的可以不进行招标的特殊情况外，有下列情形之一的，可以不进行招标……（四）需要向原中标人采购工程、货物或者服务，否则将影响施工或者功能配套要求"。

4. 新增工程与原合同关系

新增工程在发承包双方协商确定了新增工程的合同工期、合同单价、合同总价并已签订了合同或补充协议后实施。新增工程中的分部分项工程项目清单计量规则：发承包双方可依据工程实际情况，选择参考原合同约定或按双方重新约定的计量规则进行计算。新增工程中的措施项目计量规则：措施项目服务于整个工程项目，新增工程所需措施项目可沿用原工程措施项目，但新增工程导致合同范围变化、合同工期变化，额外增加措施项目的，可参照工程变更引起措施项目变化的调整规则计算相应工程量。

新增工程属于合同外工程，不受原合同中价款、工期等的约定，承包人可以主张不同于工程变更的工程计价原则、方法与价格。除合同另有规定外，新增工程不应影响原合同约定的工程工期、缺陷责任期、施工过程结算及其价款支付、竣工结算及其价款支付、保证金释放等。新增工程的价款、工期应在合同外另行约定、计算。原合同范围内的过程结算和进度款支付，竣工结算和结算款支付，无需等新增工程完成，承包人应及时结算与付款。投标保证金、履约保证金、农民工工资支付保证金等的释放，应依据原合同来进行主张，不需要新增工程完成。原合同缺陷责任期的届满，质量保证金的释放也不受新增工程影响。发包人对新增工程部分按实际的竣工时间要求缺陷责任期的延长、价款支付时间进行顺延保留部分质量保证金是合理的，应另行计算。

2.5 工程索赔

2.5.1 工程索赔的概念

工程索赔是指当事人一方因非己方的原因造成经济损失、费用增加或工期延误（或延长），按合同约定或法律法规规定，应由对方承担赔偿或补偿义务，而向对方提出经济损失赔偿或补偿和（或）工期调整及其他的要求。

通过这一定义可以看出：①工程索赔是当事人一方向对方提出的，即不是被索赔人向索赔人主动做出的；②工程索赔是针对非己方原因所引致的索赔事件，即索赔事件的责任方可能是合同的另一方，也可能是第三方，但非必然是合同的另一方；③索赔事件引致后果是造成经济损失、费用增加或工期延误（或延长），即一定是引致相关后果的；④索赔责任判定依据是合同约定或法律法规的规定，即有约从约，合同内没有约定的按法律法规的相关规定处理，当然所有合同条款的约定均必须是合法的；⑤费用赔偿责任是由责任方承担补偿或赔偿义务，即由索赔事件的责任方负责承担，即便索赔人是要求由合同的另一方承担；⑥索赔处理结果包括经济损失赔偿或补偿和（或）工期调整，即处理结果可能是工期调整、损失补偿、损失赔偿、工期调整及损失补偿、工期调整及损失赔偿，但并非均是"工期调整＋损失赔偿"。这里的"赔偿"和"补充"是有区别的，"赔偿"是指索赔费用中应包括利润，"补偿"是指索赔费用中不应包括利润。

2.5.2 索赔责任判断依据及性质

依前文所述，索赔责任判定依据是合同约定或法律法规的规定，即有约从约，合同内没有约定的按法律法规的相关规定处理，当然所有合同条款的约定均必须是合法的。在《民法典》《司法解释（一）》及各类施工合同文本中都有有关索赔的规定，同时合同双方也可以在合同中约定索赔责任。《民法典》第五百八十四条规定："当事人一方不履行合同义务或者履行合同义务不符合约定，造成对方损失的，损失赔偿额应当相当于因违约所造成的损失，包括合同履行后可以获得的利益；但是，不得超过违约一方订立合同时预见到或者应当预见到的因违约可能造成的损失。"

索赔是发承包双方依据合同约定维护自身合法利益的行为，其性质属于经济补偿而非惩罚。索赔是双向的，承包人可以向发包人索赔，发包人也可以向承包人索赔。

2.5.3 损失和（或）直接费用

损失和（或）直接费用是工程索赔中的一个重要概念。索赔的范围包括经济损失、增加费用、工期延误等，因此厘清"损失和（或）直接费用"这一概念，对判断索赔的范围有重要意义。

损失指由于工程变更及发包人原因对承包人造成的、不能从合同约定的合同价款调整中获得恢复的原预期收益；直接费用指由于工程变更及发包人原因对承包人直接造成的、为了完成同样结果的工程所发生的增加费用。损失包括补偿或赔偿费用，如直接损失就不包括管理费和利润。直接费用不包括管理费和利润。"直接费用"要注意与"费用"的区别，在《建设工程施工合同（示范文本）》（GF-2017-0201）中，"费用"是指为履行合同所发生的或将要发生的所有必需的开支，包括管理费和应分摊的其他费用，但不包括利润。

正确理解损失和（或）直接费用需要注意以下几点：

（1）"补偿事件"是由于工程变更及发包人原因而对承包人直接造成的，即不包括其他原因造成的，以及不包括补偿事件间接造成的；

（2）"损失"是指补偿事件给承包人直接造成的不能从合同约定的合同价格调整中获得恢复的原预期收益，即不能考虑在物价变化、法律法规或政策性变化、工程变更、计日工、新增工程等合同约定价格调整途径内已经考虑了的相关调整价格；

（3）"直接费用"是指补偿事件给承包人造成的为了完成同样结果的工程所发生的增加费用，即承包人完成项目特征及工程量均未发生变化的清单项目所指工程所发生的额外增加费，及按发包人指示完成的、与完成工程相关的工作之费用。

（4）在工程索赔处理的条文规定内有"赔偿"和"补偿"的不同。"赔偿"是指索赔费用中应包括利润，"补偿"是指索赔费用中不应包括利润。损失和（或）直接费用通常按"补偿"处理。

2.5.4　索赔与变更的区别

工程变更是导致工程索赔的原因之一，但二者有本质区别，具体见表 2-11。

表 2-11　工程索赔与工程变更区别

类别	变更	索赔
原因	事前的主动行为、通过指令、实施变更	事后行为，事件或风险发生以后合同方意识到对合同产生影响，主张权利或救济（补偿）的一种手段
结果	对工程本身的变化和更改，一般会改变工程本身的形态，仍属于合同内范围	对工程本身没有影响，但工程的实施方式会发生变化，如施工方案、施工的时间和工序、施工设备和临时设施改变，并影响工期、费用
合同程序	走合同的变更程序，从发起到确认变更，可主张延期、调价，不用发出索赔通知	走合同的索赔程序，发生事件后按照合同规定发出通知，在有逾期失权约定时，不索赔则丧失权利
补偿机制	按照变更程序确定价格，该价格中通常包括利润	基于同期记录的成本，通常不计取利润（利润也可以索赔）

2.6　施工过程结算

2.6.1　施工过程结算的概念

施工过程结算是指发承包双方根据有关法律法规规定和合同约定，在施工过程结算节点上对已完工程进行合同价款的计算、调整、确认和支付的活动。施工过程结算将施工过程按时间或进度节点划分施工周期，对周期内已完成且无争议的工程量（含变更、索赔等）进行价款计算、确认和支付，将原竣工结算进行按节点细分和前置，从而加强工程施工合同履约和价款支付，简化竣工结算，避免因过程资料缺失、管理人员变动、工程变更签证不及时等情况引起工程结算耗时长、价款支付拖沓等问题。

施工过程结算更偏向阶段性最终结算，是竣工结算的组成部分。强调"完成一段、结算一段"，注重结算文件的完整性和法律效力，减少后期争议。工程竣工后，承包人应在经发承包双方确认的施工过程结算的基础上，补充完善相关质量合格验收证明等资料，按合同约定及相关规定编制并向发包人提交完整的工程竣工结算文件。

2.6.2　实施施工过程结算的相关政策

住房城乡建设部印发《关于进一步推进工程造价管理改革的指导意见》（建标〔2014〕142号）提出"推进过程结算，简化竣工结算"。国务院办公厅《关于全面治理拖欠农民工工资问题的意见》（国办发〔2016〕1号）提出"全面推行施工过程结算"。《住房和城乡建设部办公厅关于印发〈工程造价改革工作方案〉的通知》（建办标〔2020〕38号）中明确要求"全面推行施工过程价款结算和支付"。《财政部、住房城乡建设部关于完善建设工程价款结算有关办法的通知》（财建〔2022〕183号）提出"当年开工、当年不能竣工的新开工项目可以推行过程结算。经双方确认的过程结算文件作为竣工结算文件的组成部分，竣工后原则上不再重新复核"。各地也出台了相应的规定。

2.6.3　过程结算与进度款支付及竣工结算的区别

实施施工过程结算的主要目的是解决竣工后一次结算存在的"久拖不审""久审难结"，采用"N个节点过程结算""竣工后一次报送结算"的方式。进度款计量与支付资料不够严谨，甚至缺少必要的支撑资料，计量计价的精度也不能保证，达不到竣工结算的要求。具体的区别见表2-12和表2-13。

表2-12　过程结算与进度款支付区别

类别	过程结算	进度款支付
定义与范围	按施工阶段（如分部工程、单位工程等）完成的工程量进行分阶段结算，涵盖全部合同内容	按合同约定的时间节点（如月度、季度或工程节点）对已完工程量进行部分支付
审核深度	需对已完工程量的质量、进度、变更、签证等进行全面审核，结算文件更正式	通常仅对工程量进行粗略确认，审核流程相对简化
支付比例	不应低于当期施工过程结算价款总额的80%	支付比例不宜低于累计完成工程总值的80%
目的	减少结算争议，避免"一揽子"结算风险，强调动态管理	保障施工期间资金流动性，缓解承包商短期资金压力

续表

类别	过程结算	进度款支付
法律依据	《关于完善建设工程价款结算有关办法的通知》	传统合同通用条款［如《建设工程施工合同（示范文本）》（GF-2017-0201）］中的常规支付方式
时间节点	按工程关键节点（如主体封顶、装修完成等）分阶段结算	按固定周期（如每月）或形象进度支付

表 2-13　过程结算与竣工结算区别

类别	过程结算	竣工结算
计量周期	按合同约定的施工过程结算时间节点进行计量与支付（条文 10.1.3）	合同工程整体竣工验收合格，发承包双方应在合同约定的结算期内，办理工程竣工结算（条文 10.1.4）
支付比例	不宜低于当期施工过程结算价款总额的 80%（条文 10.2.4）	预留质量保证金以外的全部结算款（条文 10.3.15）
递交的依据	承包人提交施工过程结算文件时，应同时提交施工过程结算项目的相关质量合格证明等验收资料（条文 10.2.9）	承包人应在经发承包双方确认的施工过程结算的基础上，补充完善相关质量合格验收证明等资料，按合同约定及相关规定编制并向发包人提交完整的工程竣工结算文件（条文 10.3.4）
计价文件的精准度要求	1. 发承包双方确认的施工过程结算文件应是工程结算的组成部分（条文 10.2.3）； 2. 施工过程结算中计算的措施项目费、总承包服务费仅用于计算和支付施工过程结算款，不作为竣工结算价款确定的依据，竣工结算时需依据合同约定重新计算确定（条文 10.2.7）	竣工结算核对完成，发承包双方签字并盖章确认后不应再重复核对（条文 10.3.11、10.3.12）

第3章　合同类型理解及应用

合同是平等民事主体之间设立、变更、终止民事法律关系的协议。合同的含义非常广泛。广义上的合同是指确定权利、义务为内容的协议，除了包括民事合同外，还包括行政合同、劳动合同等。民法中的合同即民事合同。建设工程合同是承包人进行工程建设，发包人支付价款的合同，包括工程勘察、设计、施工合同。建筑工程的发包单位可以将建筑工程的勘察、设计、施工、设备采购一并发包给一个工程总承包单位，也可以将建筑工程勘察、设计、施工、设备采购的一项或者多项发包给一个工程总承包单位；但是，不得将应当由一个承包单位完成的建筑工程肢解成若干部分发包给几个承包单位。

目前，典型的两大合同模式包括：施工总承包模式和工程总承包模式。在总包下又有相应的分包合同，如施工总承包合同下的专业工程分包合同和劳务分包合同，有暂估价的还有暂估价合同。在工程总承包合同下可以有设计分包合同、施工分包合同等。

"24版清单计价标准"中合同类型包括单价合同、总价合同和成本加酬金合同。不同的合同类型，对合同风险、计量计价规则、合同文件组成及优先级有重大影响。

3.1　建设工程合同

采用施工合同还是工程总承包合同与发承包模式有关。比较典型的发承包模式有传统的发承包模式（DBB）和工程总承包模式（EPC和DB）。

具体选择何种发承包模式，要根据项目的具体特点和发包人自身需求确定。将比较典型的FIDIC合同的三类合同条件（红皮书、黄皮书和银皮书），其合同适用特点、合同类型进行比较，具体见表3-1。

表3-1　FIDIC合同条件合同类型对比

施工合同（红皮书）	DB合同（黄皮书）	EPC合同（银皮书）
·各类大型或复杂工程项目； ·业主负责大部分设计工作； ·承包商主要负责施工工作； ·由工程师监理施工，并签发支付证书； ·按工程量清单中单价支付实际完成的工程量（通常采用重新计量的单价合同，这一点与清单计价标准不尽相同）； ·业主与承包商之间的风险分担比较均衡	·机电设备、基础设施及其他类型的项目； ·业主只负责编制项目纲要和生产设备性能要求（业主要求），承包商负责大部分设计工作和全部施工及安装工作； ·工程师监督生产设计的制造、施工和安装，并签发支付证书； ·固定总价合同为主，按里程碑支付，少部分工作可能采用单价支付； ·业主与承包商之间的风险分担比较均衡	·私人投资项目； ·固定总价合同，按里程碑支付； ·业主代表直接管理项目实施过程，采用比较宽松的管理方式，但有严格的竣工试验和竣工后试验，以确保项目的最终质量； ·项目风险大部分由承包商承担，但业主愿意为此付出一定的风险费

3.1.1 工程总承包及其合同

工程总承包有着丰富内涵，典型的形式包括 DB 和 EPC 两种。DB、EPC 在我国均称为工程总承包模式。DB（设计-建造）模式是指从事工程总承包的单位受建设单位委托，按照合同约定，承担工程设计和施工任务。在 EPC（设计-采购-施工）模式中，工程总承包单位还要负责材料设备的采购工作。DB 或 EPC 模式能够为建设单位提供工程设计和施工全过程服务，在国际上较为流行，近年来在我国逐渐被认识并得到推广应用。

工程总承包单位（或联合体）负责整个工程项目建设实施，可以发挥其自身优势完成工程项目设计、采购及施工的全部或一部分，也可以选择合格的分包单位来完成相关工作。采用 DB 或 EPC 模式，对工程总承包单位的综合实力和管理水平有较高要求。

1. DB 或 EPC 模式的优点

（1）有利于缩短建设工期。采用 DB 或 EPC 模式，工程设计和施工任务均由工程总承包单位负责，可使工程设计与施工之间的沟通问题得到极大改善。此外，由于 DB 或 EPC 模式能够使工程总承包单位在全部设计完成之前便可开始其他工作，如材料设备采购以及某些可以与设计工作并行的施工工作等。这样，可在很大程度上缩短建设工期。

（2）便于建设单位提前确定工程造价。采用 DB 或 EPC 模式，建设单位与工程总承包单位之间通常签订总价合同，这样使建设单位在工程项目实施初期就确定工程总造价，便于控制工程总造价。此外，由于工程总承包单位负责工程的总体控制，因而有利于减少工程变更，将工程造价控制在预算范围内。

（3）使工程项目责任主体单一化。采用 DB 或 EPC 模式，由工程总承包单位负责工程设计和施工，减少了工程实施中争议和索赔发生的数量。同时，工程设计与施工责任主体的一体化，能够激励工程总承包单位更加注意整个工程项目质量。

（4）可减轻建设单位合同管理的负担。采用 DB 或 EPC 模式，与建设单位直接签订合同的工程参建方减少，建设单位的协调工作量减少，合同管理工作量也大大减少。

2. DB 或 EPC 模式的不足

（1）道德风险高。由工程总承包单位同时负责工程设计与施工，与传统的 DBB 模式相比，建设单位对工程项目的控制要弱一些，有可能会发生工程总承包单位为节省资金而采取一些不恰当行为的问题。同时，由于建设单位倾向于将大量的风险转移给工程总承包单位，因此，当风险发生导致损失时，工程总承包单位有可能通过降低工程质量等行为来弥补损失。

（2）建设单位前期工作量大。由于工程总承包单位的技术水平和职业道德将直接影响到工程的成败，因此，建设单位应慎重选择工程总承包单位，不得不在项目招标和评标阶段花费大量的时间和精力对投标单位进行评审，这使得项目的初期投入将会加大。

（3）工程总承包单位报价高。采用 DB 或 EPC 模式，工程总承包单位的风险会增加，为应对工程项目实施风险，工程总承包单位会提高报价，最终会导致整个工程造价增加。

3.1.2 施工总承包及其合同

1. 施工总承包特点

DBB 是一种较传统的工程承发包模式，即建设单位分别与工程勘察设计单位、施工单位签订合同，工程项目勘察设计、施工任务分别由工程勘察设计单位、施工单位完成。DBB 模式主要体现的是专业化分工，我国大部分工程项目一般都采用这种实施方式。

在传统 DBB 模式下，工程设计单位、施工单位分别根据工程设计合同、施工合同向建设单位负责，工程设计单位与施工单位之间没有合同关系，只是协作关系。经建设单位同意，工程设计单位、施工单位可将其部分任务分包给专业设计单位、施工单位。

采用 DBB 模式的优点：建设单位、设计单位、施工总承包单位及分包单位在合同约束下，各自行使其职责和履行义务，责权利分配明确；建设单位直接管理工程设计和施工，指令易贯彻。而且由于该模式应用广泛、历史长，相关管理方法较成熟，工程参建各方对有关程序都比较熟悉。

采用 DBB 模式的不足：工程设计、招标、施工按顺序依次进行，建设周期长；而且由于施工单位无法参与工程设计，设计的可施工性差，导致设计与施工的协调困难，设计变更频繁，可能使建设单位利益受损。此外，由于工程的责任主体较多，包括设计单位、施工单位、材料设备供应单位等，一旦工程项目出现问题，建设单位不得不分别面对这些参与方，容易出现互相推诿，协调工作量大。

2. 施工总承包合同

施工总承包合同由发包人和施工总承包人签订施工合同，合同的计价一般选择总价合同和单价合同。当考虑有依法必须招标的暂估价项目时，其合同结构见图 3-1。在"24 版清单计价标准"中，有暂估价项目的（包括材料暂估价和专业工程暂估价），若需招标采购的，可分为由发包人招标、由承包人招标、由发包人和承包人共同招标。在实践中比较容易产生的问题是对于非总承包人实施的暂估价项目，在不同的情形下由谁和暂估价项目分包人（供货人）签订分包合同，并计取相应的总承包服务费。根据《建设工程施工合同（示范文本）》（GF-2017-0201）中"10.7 暂估价"：

10.7.1 依法必须招标的暂估价项目

对于依法必须招标的暂估价项目，采取以下第 1 种方式确定。合同当事人也可以在专用合同条款中选择其他招标方式。

第 1 种方式：对于依法必须招标的暂估价项目，由承包人招标，对该暂估价项目的确认和批准按照以下约定执行：

（1）承包人应当根据施工进度计划，在招标工作启动前 14 天将招标方案通过监理人报送发包人审查，发包人应当在收到承包人报送的招标方案后 7 天内批准或提出修改意见。承包人应当按照经过发包人批准的招标方案开展招标工作；

（2）承包人应当根据施工进度计划，提前 14 天将招标文件通过监理人报送发包人审批，发包人应当在收到承包人报送的相关文件后 7 天内完成审批或提出修改意见；发包人有权确定招标控制价并按照法律规定参加评标；

（3）承包人与供应商、分包人在签订暂估价合同前，应当提前7天将确定的中标候选供应商或中标候选分包人的资料报送发包人，发包人应在收到资料后3天内与承包人共同确定中标人；承包人应当在签订合同后7天内，将暂估价合同副本报送发包人留存。

第2种方式：对于依法必须招标的暂估价项目，由发包人和承包人共同招标确定暂估价供应商或分包人的，承包人应按照施工进度计划，在招标工作启动前14天通知发包人，并提交暂估价招标方案和工作分工。发包人应在收到后7天内确认。确定中标人后，由发包人、承包人与中标人共同签订暂估价合同。

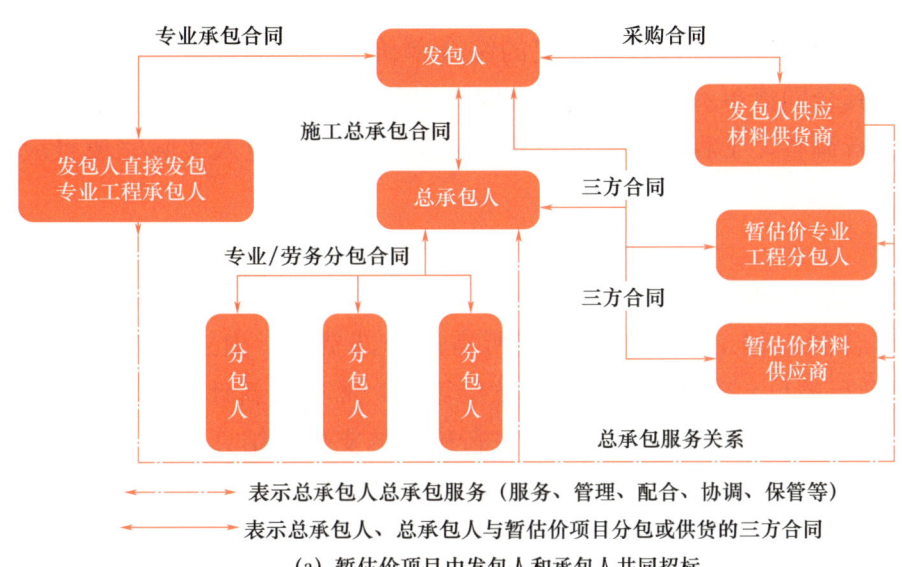

(a) 暂估价项目由发包人和承包人共同招标

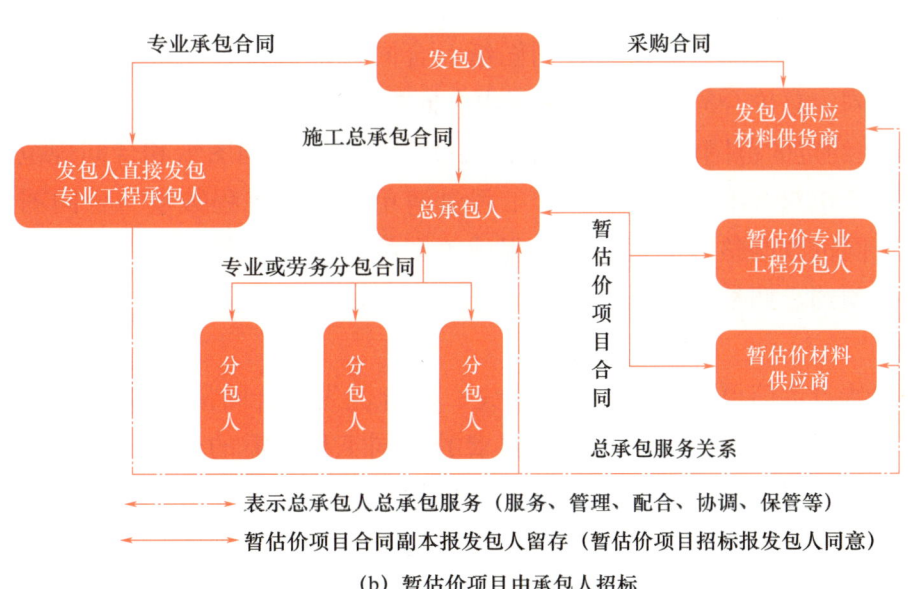

(b) 暂估价项目由承包人招标

图3-1 含有暂估价项目的施工总承包合同结构

3.2 合同类型及应用

3.2.1 单价合同

1. 单价合同内涵

单价合同是指发承包双方约定以工程量清单、项目特征及其综合单价进行合同价款计算、调整和确认的建设工程施工合同。单价合同在约定的范围内合同单价不作调整。

"单价合同"主要以分部分项工程项目清单所列的清单项目及其项目特征和工程数量确定合同总价，并按工程量清单项目特征确定的综合单价进行合同价款计算、调整和结算的建设工程施工合同，其合同清单的综合单价在合同约定的条件内固定不变，超过合同约定条件时，依据合同约定进行调整，工程量清单项目及工程数量依据承包人实际完成且应予计量的工程量确定。

2. 单价合同特点

单价合同的特点可简单概括为"清单优先、单价优先、重新计量"。单价合同中合同总价是基于完成全部合同工程工程量清单范围所需的全部费用。由发包人承担工程量清单缺陷（分部分项工程项目清单）责任。在合同价款结算时，需要重新计算工程量（按合同约定应予以计量的实际完成的工程量），按合同单价进行价款的支付与结算。

3.2.2 总价合同

1. 总价合同的内涵

总价合同是指发承包双方约定以合同图纸、合同规范进行合同价款计算、调整和确认的建设工程施工合同。总价合同在约定的范围内合同总价不作调整。

"总价合同在约定的范围内合同总价不作调整"是指当合同图纸和合同规范及有关条件不发生变化时，发承包双方不能以"已标价工程量清单项目及工程数量与合同图纸和合同规范不一致"作为合同价款调整的依据。当工程施工图纸和有关条件发生变化时，发承包双方根据变化情况和合同约定调整工程价款。

2. 总价合同特点

总价合同的特点可简单概括为"图纸优先、总价优先、合同量即为结算量"。总价合同中的合同总价基于完成合同图纸及合同规范要求的合同工程所需的全部费用。此时，已标价的工程量清单仅仅用于反映合同总价的构成，工程量清单的缺陷应由承包人承担。在合同价款结算时，进度款的支付以合同总价为基础，按支付分解（形象进度）进行支付，在总价的基础上进行调整。合同工程量就是结算工程量，除了工程变更外，工程量不予调整。已标价工程量清单中的综合单价根据约定可以作为变更调价的依据。

3.2.3 合同类型概念比较

"24版清单计价标准"中对于单价合同和总价合同的概念进行了重大调整，尤其是总价合同。在"13版清单计价规范"中，总价合同当采用工程量清单得出时，其计量计价规则与单价合同的规定基本一致。如"13版清单计价规范"中8.3.1条规定"采用工程量清单方式招标形成的总价合同，其工程量应按照本规范第8.2节（单价合同的计量）的规定计算"。这一规定实际上强调了工程量清单具有优先地位（工程量清单优先级高于图纸），但此时总价合同就丧失了总价合同的特点，往往产生"总价是包清单还是包图纸"的争议。当然"13版清单计价规范"有其自身内容逻辑自洽，即工程量清单计价的应采用单价合同。其逻辑见图3-2。

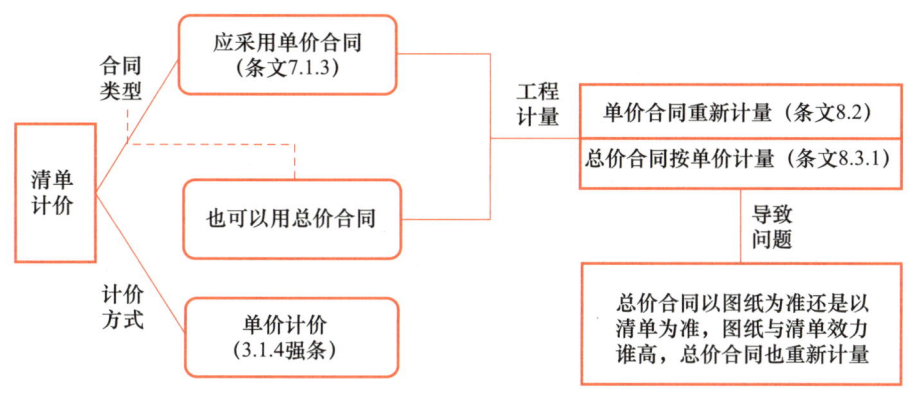

图 3-2　"13版清单计价规范"中的总价合同与单价合同

"24版清单计价标准"可以说对"总价合同"的定义是回归了总价合同的本来面目。具体见图3-3。

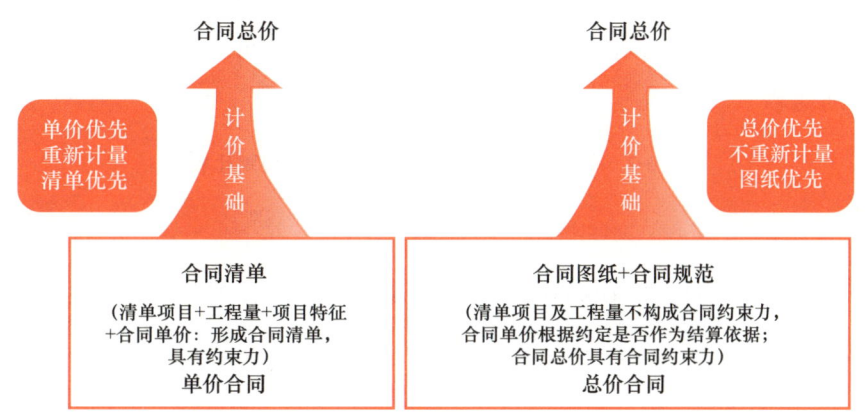

图 3-3　"24版清单计价标准"中单价合同与总价合同

3.2.4　单价合同与总价合同规则比较

1. 工程量清单缺陷责任承担不同

采用单价合同的工程，分部分项工程项目清单的准确性、完整性应由发包人负责。单价合同的工程，招标工程清单是由招标人依据国家标准、招标文件、设计文件以及施工现场的实际情况进行编制，在招标投标阶段，投标人应严格响应招标文件，不能自行修改工程量清单的内容，有疑问可提请澄清，并按澄清后的内容进行更新。

采用总价合同的工程，已标价分部分项工程项目清单的准确性、完整性应由承包人负责。

在总价合同中，投标人所报价格应包含完成合同图纸和合同规范要求所需的全部费用，投标人应充分复核招标工程量清单，判断是否需要自行增补清单或在其他分部分项工程项目清单的价格中包含工程量清单缺陷的费用，如果合同图纸和合同规范未发生变化则总价包干，所以总价合同中已标价分部分项工程项目清单的准确性、完整性由投标人负责。

不论是总价合同还是单价合同，对于措施项目的准确性和完整性应由承包人负责。措施项目清单的计价基础来源于投标人根据招标图纸并综合考虑技术难度、工程规模、项目实施计划、管理水平、装备水平等内容进行设计制定的施工方案，由于不同的施工企业在施工经验、管理水平及专业技术能力等都会存在一定的差异，"24版清单计价标准"从激发市场主体竞争活力的思路出发，措施项目清单的价格应充分体现投标人的竞争能力。另一方面，招标人在招标阶段也无法预测投标人的施工方案，难以编制一套适用于所有投标人的措施项目清单，而作为一个有经验的承包商，依据自身制定的施工方案，完全有能力在投标报价时考虑满足技术标准规范所需支出的费用以及对工期的影响，自行判断招标工程量清单中的措施项目清单是否需要补充完善，自行补充完善并报价后就应该对措施项目清单及自身所报的价格进行负责，价格包干。因此，从风险管控的角度出发，把风险分配给能以最低成本承担的一方。不论是单价合同或总价合同，措施项目清单的准确性与完整性均应由投标人负责。

2. 单价合同与总价合同计量计价规则比较

"24版清单计价标准"的计量计价规则可以分为两条主线，一条是单价合同下的计量计价规则，一条是总价合同下的计量计价规则。可以从合同风险的分担、合同工程计量、合同价款调整、合同价款的计量与支付等方面去比较区分两者之不同。表3-2为单价合同与总价合同部分计量计价规则比较。

表3-2　单价合同与总价合同计量计价规则比较

合同类型	计量计价原则区别
单价合同	1. 以分部分项工程项目清单所列的清单项目及其项目特征和工程数量确定合同总价，包括工程项目的范围及品质，并按清单项目特征确定的综合单价进行合同价款的计算、调整和结算的建设工程施工合同，其合同清单的综合单价在合同约定的条件内固定不变，超过合同约定条件时，依据合同约定进行调整；工程量清单项目及工程数量依据承包人实际完成且应予计量的工程量确定； 2. 分部分项工程项目清单（包括按单价计价的措施项目）的单价计价清单项目应依据发包人提供的工程实际施工图纸及颁发和确认的变更指令，按照合同约定的国家及行业工程量计算标准及补充的工程量计算规则进行重新计量，可作为计算分部分项工程项目清单价格的依据
总价合同	1. 以合同图纸及合同规范所要求的工程确定合同总价，包括工程项目的范围及品质，并按合同图纸及合同规范确定的工程项目清单进行合同价款的计算、调整和结算的建设工程施工合同，在合同约定的工程施工图纸和有关条件不发生变化时，发承包双方不能以合同清单的工程量清单项目及工程数量变化作为合同价款调整的依据； 2. 分部分项工程项目清单可不重新计量，合同价格不应因分部分项工程项目清单存在工程量清单缺陷而调整

3.2.5　单价合同与总价合同的选择

发包人可根据工程的招标图纸设计深度、技术难度、建设规模、项目实施计划及工程量清单编制时间、计价风险等因素，选择采用单价合同或总价合同。在选择合同类型时可参考以下因素：

（1）招标时招标图纸深度不够、施工中可能会发生较多工程变更、工程量清单有较大的不确定性、技术难度较高、工程量清单编制时间不充分、投标报价不可控因素较多且容易产生计价风险的工程，可采用单价合同。

（2）招标时工程需求明确、设计深度满足报价要求、技术标准规范完善、工程量清单特征及工作内容描述清晰、工程变更可控制在一定范围内、投标报价可预见因素较多及计量计价风险可控的工程，可采用总价合同。

特殊情况下，如紧急抢险、救灾或特别复杂的工程宜采用成本加酬金合同。成本加酬金合同，适用于时间紧迫、紧急抢险、救灾和技术特别复杂的工程。如时间特别紧急，来不及进行详细计划和商谈的工程，为了工程尽快开展，招标人也可选择成本加酬金合同，以便在较短时间内完成合同签订并开始施工。

3.2.6　合同文件及解释顺序

单价合同与总价合同的不同，还表现在合同文件组成和合同文件优先解释顺序上。在单价合同下，合同清单应作为合同文件的组成部分。当合同图纸及合同规范与合同清单不一致的，应以合同清单为准（也就是形成合同文件的已标价工程量清单）。在总价合同下，合同图纸及合同规范与已标价工程量清单不一致的，应以合同图纸及合同规范为准。可见，在不同的合同类型下，图纸与工程量清单优先级是不同的，甚至在总价合同下，已标价的工程量清单不形成合同文件。

除了清单计价标准中的规定外，还可以对比一下《建设工程施工合同（示范文本）》（GF-2017-0201）及《中华人民共和国房屋建筑和市政工程标准施工招标文件》（2010年版）。在通用合同条款部分，都给出了合同文件的优先顺序：

组成合同的各项文件应互相解释，互为说明。除专用合同条款另有约定外，解释合同文件的优先顺序如下：

（1）合同协议书；
（2）中标通知书（如果有）；
（3）投标函及其附录（如果有）；
（4）专用合同条款及其附件；
（5）通用合同条款；
（6）技术标准和要求；
（7）图纸；
（8）已标价工程量清单或预算书；
（9）其他合同文件。

上述各项合同文件包括合同当事人就该项合同文件所作出的补充和修改，属于同一类内容的文件，应以最新签署的为准。

在合同订立及履行过程中形成的与合同有关的文件均构成合同文件组成部分，并根据其性质确定优先解释顺序。

在《中华人民共和国房屋建筑和市政工程标准施工招标文件》(2010年版)的"1.4 合同文件的优先顺序"中：

合同文件的优先解释顺序如下：

(1) 合同协议书；

(2) 中标通知书；

(3) 投标函及投标函附录；

(4) 专用合同条款；

(5) 通用合同条款；

(6) _____；

(7) _____；

(8) _____；

(9) _____。

说明：(6)、(7)、(8)填空内容分别限于技术标准和要求、图纸、已标价工程量清单三者之一。

合同协议书中约定采用总价合同形式的，已标价工程量清单中的各项工程量对合同双方不具合同约束力。

从这里可以看出，已经明确"采用总价合同形式的，已标价工程量清单中的各项工程量对合同双方不具有合同约束力"，这一规定与"24版清单计价标准"有相通之处。

基于"24版清单计价标准"，可以对单价合同与总价合同下合同文件组成及效力进行比较，见表3-3。

表3-3 单价合同与总价合同合同文件比较

合同类型	合同价格	合同清单	合同单价	合同图纸及合同规范
单价合同	包括按招标文件规定完成合同工程工程量清单所需的全部费用	合同清单应作为合同文件的组成部分	合同单价可应用于合同价款调整、结算与支付的依据	合同图纸及合同规范与招标工程量清单有不一致的，以工程量清单为准。存在工程量清单缺陷的可调整
总价合同	包括按招标文件规定完成合同图纸及合同规范要求的合同工程所需的全部费用	已标价工程量清单仅反映合同总价的价格构成，出现工程量清单缺陷的，其价格应视为已包含在合同总价中，故工程量清单的清单项目及数量不是总价合同的组成	按合同约定，合同单价可用于合同价款调整的计价	当合同图纸及合同规范与已标价工程量清单有不一致的，以合同图纸及合同规范为准。工程量清单存在缺陷不作调整

3.3 合同约定要求及内容

3.3.1 合同约定要求

实行招标的工程，合同价格应由发承包双方依据招标文件和投标文件在合同中的约定，合同约定不得背离招标文件中关于工程范围、工期、价款、质量等实质性内容。

《招标投标法》第四十六条：招标人和中标人不得再行订立背离合同实质性内容的其他协议。《司法解释（一）》第二条规定：招标人和中标人另行签订的建设工程施工合同约定的工程范围、建设工期、工程质量、工程价款等实质性内容，与中标合同不一致，一方当事人请求按照中标合同确定权利义务的，人民法院应予支持。招标人和中标人在中标合同之外就明显高于市场价格购买承建房产、无偿建设住房配套设施、让利、向建设单位捐赠财物等另行签订合同，变相降低工程价款，一方当事人以该合同背离中标合同实质性内容为由请求确认无效的，人民法院应予支持。《建筑法》第二十七条规定：投标人应当按照招标文件的要求编制投标文件。投标文件应当对招标文件提出的实质性要求和条件作出响应。

需要注意的是，在合同正常履行中合同范围、质量标准、价款、工期的变更调整不构成所谓的黑白合同。

如果依法必须招标的项目，合同约定与招标文件的实质性内容不符，根据《司法解释（一）》第二十二条规定：当事人签订的建设工程施工合同与招标文件、投标文件、中标通知书载明的工程范围、建设工期、工程质量、工程价款不一致，一方当事人请求将招标文件、投标文件、中标通知书作为结算工程价款的依据的，人民法院应予支持。这里就有一个招标文件、中标人的投标文件和合同约定的效力问题。

> **案例1** 某建筑公司投标的工程，招标文件中约定钢筋价格暂定价为4000元/t，结算时按实调整，建筑公司在投标报价时按3000元/t报价，评标时未发现此问题，后双方签订合同。结算时，按4000元/t还是按3000元/t来调整钢筋价格呢？这属于投标文件未能响应招标文件的实质性要求和条件，在合同执行过程中发包人发现了，能按照投标文件来履行合同吗？
>
> 首先，由于投标文件未对招标文件作出实质性响应，应予以废标（或在清标环节确保投标总价不变的情况下予以修正），但事实上已经签订了合同。根据《招标投标法实施条例》第八十一条规定：依法必须进行招标的项目的招标投标活动违反招标投标法和本条例的规定，对中标结果造成实质性影响，且不能采取补救措施予以纠正的，招标、投标、中标无效，应当依法重新招标或者评标。同时，《招标投标法实施条例》第七十五条也规定：招标人和中标人不按照招标文件和中标人的投标文件订立合同，合同的主要条款与招标文件、中标人的投标文件的内容不一致，或者招标人、中标人订立背离合同实质性内容的协议的，由有关行政监督部门责令改正，可以处中标项目金额5‰以上、10‰以下的罚款。基于以上法律法规规定，可以看出该合同违法，合同无效，但可以采取补救措施，即合同总价不变的情况下，将暂估价单价修正为4000元/t，因此调整钢筋价格时应在4000元/t的基础上进行调整。

3.3.2 合同约定内容

招标文件及发承包双方的合同条款中应明确下列内容，投标人在投标总价及综合单价报价中应考虑其影响：

（1）发承包双方的合同义务、责任；

（2）工程保险的类型、范围、投保责任及保险费用支付；

（3）办理工程保函的类型、保证金金额及相关保函的撤回时间；

（4）工程质量标准，以及主要材料设备要求；

（5）工期变化的适用情况，以及工期奖励与承包人原因造成的误期赔偿费；

（6）人工费的金额或比例、支付方式、支付周期和建筑工人工资专用账户；

（7）预付款的比例或金额、支付时间和扣回方式；

（8）进度款计量、计价、支付的依据、程序、方法、比例、时限；

（9）过程结算的节点和计量、计价、支付的依据、程序、比例、时限；

（10）工程质量保证的方式和金额、预留方式及其时限；

（11）工程量清单缺陷、暂列金额、暂估价、总承包服务费、计日工、物价变化、法律法规及政策性变化、工程变更、工程索赔等合同价款调整的内容、方法、程序、支付及时限；

（12）违约责任以及发生合同价款争议的解决方式、时间；

（13）竣工结算计量、计价、支付的依据、程序、方法、时限；

（14）与合同履行及工程价款相关的其他事项。

案例2 某合同对物价波动调价的约定。

16. 价格调整

16.1 物价波动引起的价格调整

因物价波动引起的价格调整按照本款约定处理。

16.1.1 价格调整采用造价信息调整价格差额

在合同执行期间，因人工和钢材、水泥、燃油价格波动影响合同价格时，分别按以下公式计算差额并调整合同价格。调价之日从总监理工程师下发开工令时起第七个月（含第七月）进行计算调价，人工每年调整一次，材料每季度调价一次。调价范围包括人工、钢材、水泥、燃油。燃油为工程机械使用燃油（不含外购材料运输使用燃油，下同）。

16.1.1.1 调价基本公式

$$\Delta P_{人工}=P_0 [B_1 \times (F_{t1}-F_{01})/F_{01} \times 50\%]$$

$\Delta P_{主材}=P_0 [B_2 \times (F_{t2}-F_{02})/F_{02}+B_3 \times (F_{t3}-F_{03})/F_{03}+B_4 \times (F_{t4}-F_{04})/F_{04} \pm 0.03]$。

$\Delta P_{人工}$——人工调价金额（元）。

$\Delta P_{主材}$——钢材、水泥、燃油调价金额（元）。当材料价格调整幅度在±3%以内时，$\Delta P_{主材}$不予调整；当材料价格调整涨幅超过+3%时，$\Delta P_{主材}$计算时取-0.03；当材料价格调整跌幅超过-3%时，$\Delta P_{主材}$计算时取+0.03。

P_0——第17.3.3项、第17.5.2项和第17.6.2项约定的付款证书中承包人应得到的调价期内已完成工程量的金额（即各期的计量金额），此项金额不包括100章费用、暂估价、索赔金额、计日工、价格调整、各类保证金的扣留和返还、各类预付款的支付和扣回以及已按当期价格计价的工程费用；变更增加工程均可采用调价（已按当期价格采购或计价的费用除外）。

B_1、B_2、B_3、B_4 分别为标段人工、钢材、水泥、燃油的权重系数（采用标段招标人最高投标限价预算数据计算，在合同实施期间，权重系数值不予调整）。

表 3-4 调差因子权重表

权重代号		B_1（人工）	B_2（钢材）	B_3（水泥）	B_4（燃油）
权重系数	LJ1 标段	0.162	0.211	0.101	0.027
	LJ2 标段	0.138	0.245	0.102	0.018
	LJ3 标段	0.138	0.251	0.099	0.021
	LJ4 标段	0.151	0.214	0.103	0.023
	LJ5 标段	0.170	0.188	0.100	0.028
	LJ6 标段	0.145	0.237	0.096	0.020
	LJ7 标段	0.178	0.167	0.103	0.028
	LJ10 标段	0.180	0.173	0.099	0.040
	LJ11 标段	0.158	0.241	0.096	0.022
	LJ12 标段	0.151	0.217	0.096	0.025
	LJ13 标段	0.167	0.159	0.102	0.027
	LJ14 标段	0.192	0.101	0.112	0.039
	LJ15 标段	0.139	0.219	0.090	0.019
	LJ16 标段	0.151	0.234	0.097	0.028
	LJ17 标段	0.172	0.205	0.111	0.025
	LJ18 标段	0.157	0.209	0.099	0.025

F_{t1}——人工的当期价格。人工的当期价格采用××省统计局和国家统计局××调查总队编写的当年度《××统计年鉴》公布的《按行业分全部单位就业人员平均工资》中建筑业平均工资。

F_{t2}、F_{t3}、F_{t4}——分别为钢材、水泥、燃油的当期价格。指第 17.3.3 项、第 17.5.2 项和第 17.6.2 项约定的付款证书相关周期所在季度的各可调因子的算术平均价格。钢材、水泥、燃油采用××省交通运输厅交通建设工程造价管理站主办的《××交通建设工程造价管理信息》发布的按照 16.1.1.2 条约定地区及材料样本所在季度每月材料价格的算术平均值。

F_{01}——人工的基期价格。人工的基期价格采用××省统计局和国家统计局××调查总队编写的标段发布开工令所在年度的《××统计年鉴》公布的《按行业分全部单位就业人员平均工资》中建筑业平均工资。

F_{02}、F_{03}、F_{04}——分别为钢材、水泥、燃油的基期价格，以递交投标文件截止期前 28d 所在月份由××省交通运输厅交通建设工程造价管理站主办的《××交通建设工程造价管理信息》发布的按照 16.1.1.2 条约定地区及材料样本所在月份材料价格进行计算。

16.1.1.2　价格调整幅度的计算：

（1）$(F_{t1}-F_{01})/F_{01}$、$(F_{t2}-F_{02})/F_{02}$、$(F_{t3}-F_{03})/F_{03}$、$(F_{t4}-F_{04})/F_{04}$ 分别为人工、钢材、水泥、燃油在调价期的价格涨幅。

（2）各种材料价格调整幅度计算采用的材料样本：钢材的价格调整幅度采用成都市带肋钢筋的信息价格进行计算；水泥的价格调整幅度采用成都市 32.5 级水泥的信息价格进行计算；燃油的价格调整幅度采用成都市柴油的信息价格进行计算。

16.1.1.3　工期延误后的价格调整

调价时间按计量截止时间为准。合同期（含经批准的合同工期的延期）满后所有工程计量的价格调整均按照合同期最后一次发布的材料信息价进行调价。

16.1.1.4　因价格调整引起的税收、管理费、利润等一切费用，均由承包人自行承担。

第4章　计价风险范围及分担

计价风险从本质上讲是造价不确定性对发承包双方预期利益的潜在冲击，贯穿招标投标、合同签订、施工履约到竣工结算全过程。计价风险产生的根源可归结于各种不确定性。比如，市场动态性，导致人工、材料、机具价格波动；履约的不确定性，往往出现工程变更、地质条件差异、法律法规政策调整、不可抗力、工程量清单缺陷等。

施工合同中应明确合同双方承担的责任范围，合理的风险分担有利于合同的履行，应贯彻"谁有利于控制风险谁承担"和"谁的责任谁承担"的基本原则，对于"不可预见"的风险因素也要考虑"合理分担"的原则。"24版清单计价标准"在"3.3 计价风险"一节予以明确规定。

4.1　计价风险的基本要求

4.1.1　计价风险的内涵理解

关于"计价风险"，从目前的《建设工程施工合同（示范文本）》（GF-2017-0201）、"24版清单计价标准"和"13版清单计价规范"对"计价风险"的描述尽管不尽相同，但总体上都涉及了市场波动风险、法律法规变动风险、自然环境风险、不可抗力风险、履约风险等计价风险。

1. 《建设工程施工合同（示范文本）》（GF-2017-0201）中的计价风险

对《建设工程施工合同（示范文本）》（GF-2017-0201）主要合同条款的分析终结，其涉及的风险包括不可抗力、经济风险、法规风险、自然风险、履约风险等几个方面，具体见表4-1。

表4-1　施工合同示范文本中的风险因素

序号	风险类型	条款编号	风险因素
1	不可抗力	17.3.2	不可抗力后果的承担
2	经济风险	11.1	物价波动引起的价格调整
3	法规政策风险	11.2	法律变化引起的价格调整
4	自然风险	1.9	化石、文物
5		7.6	不利物质条件
6		7.7	异常恶劣的气候条件

续表

序号	风险类型	条款编号	风险因素
7	履约风险	8.3.1	发包人提供的材料和工程设备
8		8.3.2	承包人采购的材料和工程设备
9		8.5.1和8.5.3	不合格的材料和设备
10		7.4	基准资料准确性
11		7.5.1	发包人原因导致工期延误
12		4.3	工程师指示错误
13		12.2.1	预付款、进度款支付延误
14		7.8.1	发包人原因导致暂停施工
15		7.8.2	承包人原因导致暂停施工
16		7.8.5	暂停施工后拖延或拒绝复工
17		5.1.2	发包人原因工程质量不合格
18		5.1.3	承包人原因工程质量不合格
19		9.3	材料、工程设备和工程的试验和检验
20		1.13	工程量清单错误
21	工程技术风险	1.6.2	图纸错误
22		1.11.3	发包人提供的材料、施工设备侵权
23		1.11.3	承包人使用的材料、施工设备侵权
24		8.8.3	承包人使用不符合合同要求的施工设备
25		1.10.4	道路和桥梁临时加固
26		1.10.5	因承包人运输造成施工场地内外公共道路和桥梁损坏
27		6.1.9.1	发包人的安全责任
28		6.1.9.2	承包人的安全责任
29		7.5.2	承包人的工期延误
30		7.9.1	工期提前
31		10.4.2	变更
32		10.5	承包人合理化建议
33		10.2	承包人擅自变更
34		13.3.2	设计原因导致试车达不到验收要求
35		13.3.2	承包人原因导致试车达不到验收要求
36	经营风险	16.1.3	发包人违约解除合同
37		16.2.3	承包人违约解除合同

从表4-1可以看出，《建设工程施工合同（示范文本）》（GF—2017—0201）中涉及的合同风险主要包括不可抗力、经济风险、法规政策风险、自然风险、工程技术风险和经营风险等。在"24版清单计价标准"（包括"13版清单计价规范"），除了在"3.3 计价风险"中规定外，在"8 合同价款调整"中也体现了计价风险及其承担。

2. "13版清单计价规范"中计价风险

"13版清单计价规范"对风险的描述包括情势变更、合同的履行、不可抗力等。

其中3.4.2规定："由于下列因素出现，影响合同价款调整的，应由发包人承担：①国家法律、法规、规章和政策发生变化；②省级或行业建设主管部门发布的人工费调整，但承包人对人工费或人工单价的报价高于发布的除外；③由政府定价或政府指导价管理的原材料等价格进行了调整。因承包人原因导致工期延误的，应按本规范第9.2.2条、第9.8.3条的规定执行。"

3.4.3规定："由于市场物价波动影响合同价款的，应由发承包双方合理分摊，按本规范附录L.2或L.3填写《承包人提供主要材料和工程设备一览表》作为合同附件；当合同中没有约定，发承包双方发生争议时，应按本规范第9.8.1~9.8.3条的规定调整合同价款。"

前述条款包括了法律变化和市场价格波动引起的计价风险。

3.4.4规定："由于承包人使用机械设备、施工技术以及组织管理水平等自身原因造成施工费用增加的，应由承包人全部承担。"

本条应当理解为承包人为达到合同目的而采取的合理的履行行为，可以理解为，对合同的正常履行行为不导致对合同的变更，因此不会变更合同价款。

3.4.5规定："当不可抗力发生，影响合同价款时，应按本规范第9.10节的规定执行。"

本条将不可抗力也置于计价风险之中，并认为不可抗力可能影响合同价款，但不可抗力的法定后果是免责而非变更合同，正常不会影响合同价款。结合"13版清单计价规范"9.10不可抗力一节的规定，其中9.10.1主要描述的是双方各自承担相应费用。9.10.3规定的是解除合同，都与价款调整无关。而9.10.2规定："不可抗力解除后复工的，若不能按期竣工，应合同延长工期。发包人要求赶工的，赶工费用应由发包人承担。"由此可见，"13版清单计价规范"中所谓不可抗力影响合同价款，本质上与不可抗力无关，而是复工后发包人要求赶工。

3. "24版清单计价标准"中计价风险

"24版清单计价标准"对风险的描述包括定发包人变更权、情势变更、合同的履行、商业风险、违约责任等。

其中3.3.2规定了由发包人承担的风险："下列事项引起的计量与计价风险应由发包人承担，承包人的投标报价可不考虑，发包人应按本标准第8章的相关规定及时调整相应的合同价款，事项影响工期变化，并符合合同约定工期调整的，应调整合同工期。因承包人原因引起工期延误及其费用增加（减少）的，应按本标准第8章的相关规定执行：①采用单价合同的工程，发包人提供的除措施项目清单外的项目清单存在工程量清单缺陷；②发包人提供的工程项目原始数据和基准资料错误；③发包人批准的工程变更；④发包人要求的赶工、提前竣工、停工或暂缓施工；⑤法律法规与政策性变化；⑥超出招标文件规定承包人应承担风险范围和幅度，以及本标准第8.7节规定市场物价变动应予调整的物价变化范围和波动幅度；⑦其他应当由发包人承担责任的事项。"

本条中，工程量清单缺陷本质上就是合同起初的约定与最终要求履行的施工图不一致，实际上就是合同的标的或数量变更，也就是发包人变更权。原始数据错误的本质是双方在合同签订时对合同的基础条件的预见，与客观情况发生不可预见的不一致，即所谓"当事人在订立合同时无法预见的、不属于商业风险的重大变化"。工程变更以及发包人要求赶工停工等的本质是发包人指令变更。

3.3.3则规定了由承包人承担的风险:"3.3.3下列事项引起的计量与计价风险应由承包人承担,承包人在投标报价中应予考虑,因其引起的合同价格和(或)工期变化应视为已包含在合同总价及合同工期内,除合同另有约定外,合同价格和工期不应予调整。因发包人原因引起工期延误,按合同约定应予批准工期延长和(或)其引起的费用增加(减少)的,应按本标准第8章的相关规定执行:①措施项目清单的准确性及完整性;②采用总价合同的工程,已标价工程量清单存在的缺陷(单价计价的暂定数量清单项目除外),以及承包人为完成总价合同中合同图纸及合同规范所要求的工程、国家及行业工程量计算标准中工作内容说明的所有工作所需费用;③采用单价合同的工程,承包人为完成工程量清单及其项目特征所说明的工程、国家及行业工程量计算标准中工作内容说明的所有工作所需费用;④承包人因自身原因引起实施方案变化引起的费用调整;⑤承包人因施工机具使用、施工技术应用以及组织管理水平等自身原因造成的施工费用增加;⑥承包人因自身原因引起的赶工、停工或暂缓施工;⑦未超出招标文件、合同约定物价变化范围和波动幅度的市场物价变动;⑧其他应当由承包人承担责任的事项。"

本条中,措施项目、施工方案、承包人自身赶工等,均是承包人自行决定如何履行合同义务,即完成定作物这个结果所需的手段,至于手段如何,并非发包人所关心,并不会对最终的给付产生影响。未超出合同范围的物价变化则属于正常商业风险。

3.3.4规定:"工程价款未按约定的时间或(和)支付比例支付,造成合同价款调整的,应按本标准第8章的相关规定由责任方承担。"

本条的本质是违约责任,违约责任的法定后果包括继续履行、采取补救措施或者赔偿损失,并不包括价款调整,对应到标准第8章,其中8.11.9规定"承包人索赔事项中包括因合同价款未能按合同约定支付引起的损失",故此处所谓价款调整实际指向是违约责任赔偿损失。

其后3.3.5、3.3.6是对市场物价变化的细化,即情势变更。3.3.7是对措施项目的细化,即合同的履行。3.3.8和3.3.9属于程序性规定。

4.1.2 计价风险应明确约定

建设工程的施工发承包,应在招标文件、合同中明确计量与计价的风险内容及其范围。投标人的投标价应包括招标文件中规定的由承包人承担范围及幅度内的风险费用。如招标文件中未明确相关风险责任的,投标人应在接收招标文件后,在规定的时间内提请招标人明确,招标人应在规定时间内予以书面答复。

为平衡发包人与承包人之间的利益关系,增强合同的可履行性,提高履行效率,发承包双方应在合同中约定计量与计价的风险内容及其范围,同时需要明确计量与计价风险的承担主体。

案例1 某合同约定:在合同约定工期内,当人工、钢材、水泥、商品混凝土、石材、铝材、电线、电缆、柴油价格涨落不超过基准价的5%时,材料价差由承包人承担或受益;涨落幅度超过基准价的5%时,超过部分的材料价差由发包人承担或受益,承包人应予调整。除上述人工和材料外,其他材料、施工机械台班等均不予调整价差。

4.1.3 不得采用无限（所有）风险的约定

在合同计量与计价风险约定时，不得采用无限风险、所有风险或类似语句约定工程计量与计价中的风险内容及范围。在工程施工过程中影响工程施工及工程造价的风险因素很多，但并非所有的风险都是承包人能预测、能控制和应承担其造成的损失。基于市场交易的公平性要求和工程施工过程中发承包双方权、责的对等性要求，发承包双方应合理分摊风险，所以要求招标人在招标文件中或在合同中不得采用无限风险、所有风险或类似的语句规定投标人或承包人应承担的风险内容及其风险范围或风险幅度。

何为无限风险和完全风险约定？典型的约定如"最终结算按照综合单价结算，人工、材料均不作调整，包括政策性调价文件""本合同价款采用固定价格合同方式确定，合同价款的风险范围包括工程量清单的错、漏项等""以上情况发生时只顺延工期，不增加费用"。

> **案例 2** 某合同约定：
> 12.1 合同价格形式
> 1. 单价合同。
> 综合单价包含的风险范围：在合同实施期间不因材料、人工、政策、成本、市场波动等任何因素而进行调整。
> 风险范围以外合同价格的调整方法：承包人自行核定招标工程量清单所列工程量，招标答疑未提出的，视为承包人认可清单中的工程量，结算时不再调整，数量多或未施工的项目结算时调减。

以上合同约定就是典型的所有风险由承包人承担。当合同中有类似约定时，其效力该如何认定？从计价标准的角度看，"13版清单计价规范"和"24版清单计价标准"中都明确规定了不得采用无限风险、所有风险或类似语句约定工程计量与计价中的风险内容及范围。"13版清单计价规范"3.4.1规定："建设工程发承包，必须在招标文件、合同中明确计价中的风险内容及其范围，不得采用无限风险、所有风险或类似语句规定计价中的风险内容及范围。""24版清单计价标准"3.3.1规定："建设工程的施工发承包，应在招标文件、合同中明确计量与计价的风险内容及其范围，不得采用无限风险、所有风险或类似语句约定工程量计量与计价中的风险内容及范围。"在"13版清单计价规范"中，该条规定属于强制性条文，但"24版清单计价标准"取消了强制性条文，作为承包人该如何对抗类似的约定。

可以从"情势变更"的角度理解这一约定的无效性。《民法典》第五百五十三条规定：合同成立后，合同的基础条件发生了当事人在订立合同时无法预见的、不属于商业风险的重大变化，继续履行合同对于当事人一方明显不公平的，受不利影响的当事人可以与对方重新协商；在合理期限内协商不成的，当事人可以请求人民法院或者仲裁机构变更或者解除合同。《最高人民法院关于适用〈中华人民共和国民法典〉合同编通则若干问题的解释》第三十二条第四款明确规定："当事人事先约定排除民法典第五百三十三条适用的，人民法院应当认定该约定无效。"如合同约定"在合同实施期间不因材料、人工、政策、成本、市场波动等任何因素而进行调整",当合同履行中出现"材料价格异常波动"时,该约定显然是无效的,因该约定排除了民法典第五百三十三条之规定。

2022年四川省高级人民法院和重庆市高级人民法院作出《关于审理建设工程施工合同纠纷案件若干问题的解答》,其中关于建设工程施工合同约定工程价款实行固定价结算,在履行过程中主要建筑材料价格发生重大变化,当事人请求对工程价款进行调整如何处理?答复如下:

固定价施工合同履行过程中,钢材、水泥等对工程造价影响较大的主要建筑材料价格发生重大变化,超出了正常市场风险范围,合同对建材价格变动风险调整计算方法有约定的,依照其约定调整;没有约定或约定不明,当事人请求调整工程价款的,参照《民法典》第五百三十三条的规定处理。因承包人原因致使工期或建筑材料供应时间延误导致的建材价格变化风险由承包人承担,承包人要求调整工程价款的,人民法院不予支持。固定价合同中约定承包人承担无限风险、所有风险或者类似未明确风险内容和风险范围的条款,对双方没有约束力。解答明确指出"固定价格合同中约定承包人承担无限风险、所有风险或类似未明确风险内容和风险范围的条款无效"。

需要注意的是如果无限风险或所有风险的约定所触发的情形并非情势变更,而仅仅构成正常的商业风险,此时约定并不应被认定无效。同时,"24版清单计价标准"虽为推荐性标准,但其背后蕴含着合乎现行法律规定的逻辑。发包人在合同中以无限风险、所有风险或类似语句,进行风险约定的,需根据具体情形分别适用相应法律规定。如果该风险约定涉及排除情势变更、随意行使单方变更权、免除自身责任的,多数应认定为无效。

4.2 计价风险分担及其原则

4.2.1 计价风险分担

风险分担是对可能会导致项目未来损失或收益的责任的界定和划分的过程,以促使其提高控制风险的积极性。风险分担不仅包括风险责任的划分,而且还要进行合理分配,从而要求识别出待分配的风险因素(what),在合适的时间(when),确定其合适的承担者(who),并制定相应的应对方案(how)。风险分担被视为工程项目合同机制的核心要素,合理有效的风险分担是提高项目绩效、促进项目成功的重要途径。

4.2.2 计价风险分担原则

1. "谁风险可控谁承担"原则

建设工程参与方众多,工程风险的来源更是无法预测。发包人与承包人中更容易将风险控制在最低限度内的角色应该承担该风险,这有利于鼓励双方发挥自身管理价值,降低工程风险发生的频率,提高工程建设效益。例如:有经验的施工单位能根据企业的管理水平与施工经验设计措施项目的施工方案,所以投标单位可自主控制措施项目的报价风险,因此,不论是单价合同或总价合同，措施项目清单的准确性与完整性应由投标人负责。

2. "谁的责任谁承担"原则

发包人和承包人均应为己方的承诺或者要约负责。若工程交易与实施阶段中因某一方的过错而造成风险的，本着"合同当事人不能因为自己的过失而获利"的法律精神，由其承担相应的责任。

比如在合同履行过程中，因发包人供应材料不合格导致已施工的部分需要拆除返工，则因拆除、返工发生的损失和直接费用由发包人承担，这就是基于责任来判断风险承担的。

3. "未知风险合理分担"原则

物价异常波动、不可抗力、例外事件等原因导致的风险，发包人和承包人均无法预测、避免的风险，本着客观自愿、公平合理、诚实守信、法定优先、有约从约的原则，由发承包双方合理分担，在合同中提前约定处理原则，或事后双方协商确定处理办法。

例如：由于工程的物权归发包人所有，在不可抗力中，实体工程及在施工现场用于实体工程的物质的损失由发包人承担，但在施工现场用于施工的工（机）具及施工措施设施的损失由承包人承担。约定范围外的物价异常波动的可参考约定范围内物价变化的原则确定相应承担方。发承包双方按风险幅度协商的，风险幅度内的由承包人承担，风险幅度外的由发包人承担；按比例协商的，各自承担各自的比例。

4.3 风险因素的分担

"24版清单计价标准"中3.3.2条规定了发包人承担的计量与计价风险，当出现规定事项引起合同价款调整和工期调整的应予以调整合同价款。发包人承担的主要风险如图4-1所示。因图4-1所示风险影响到工期的，还应调整合同工期。

"24版清单计价标准"中3.3.3条规定承包人承担的计量与计价风险，承包人在投标报价时应予以考虑这些风险因素，因其引起的合同价格和（或）工期变化应视为已包含在合同总价及合同工期内，除合同另有规定外，合同价格和合同工期不予调整。具体的风险因素见图4-2。

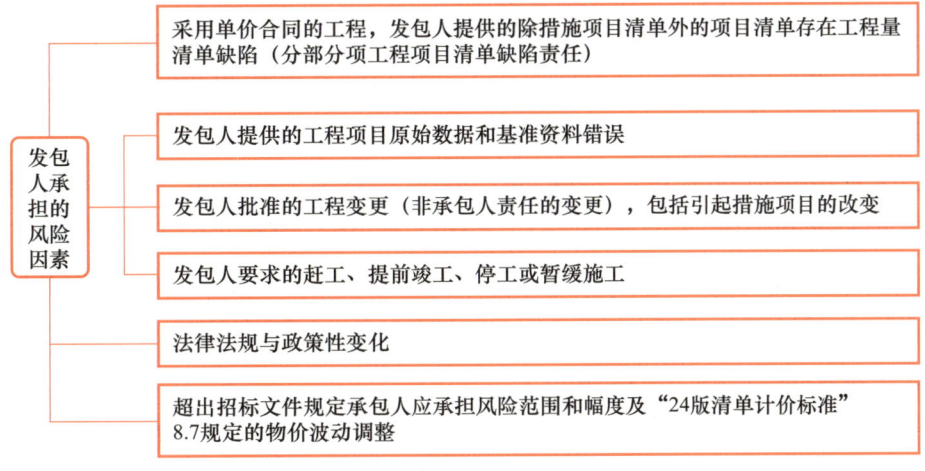

图 4-1 发包人承担的风险因素

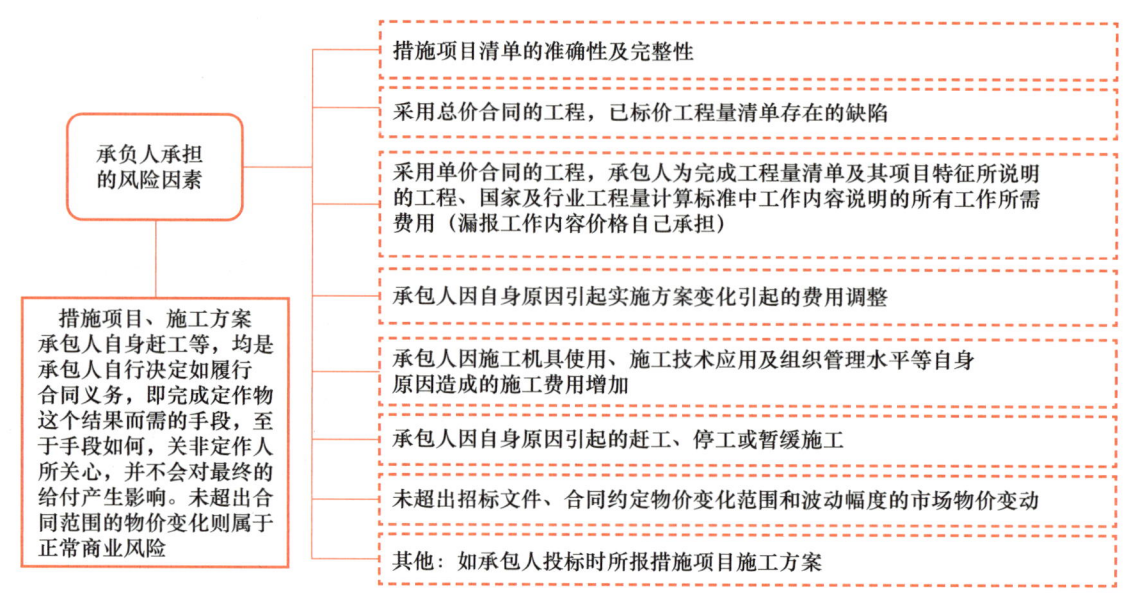

图 4-2　承包人承担的风险因素

还有一些风险因素是由发承包人双方共同承担的，比如物价异常波动（情势变更）、不可抗力等。

4.3.1　工程量清单缺陷风险

采用单价合同的工程，发包人提供的除措施项目清单外的项目清单存在工程量清单缺陷由发包人承担。在单价合同下，分部分项工程项目清单的准确性、完整性由发包人承担，符合"谁的责任谁承担"的原则。采用总价合同的工程，已标价工程量清单存在的缺陷（单价计价的暂定数量清单项目除外），以及承包人为完成总价合同中合同图纸及合同规范所要求的工程、国家及行业工程量计算标准中工作内容说明的所有工作所需费用。

在单价合同下，当出现分部分项工程项目清单缺陷的（包括缺漏项、项目特征不符合工程量偏差等），应按标准第 7.2.1 条之规定进行工程计量，并按照第 8.2.1、8.2.2、8.9.1、8.9.2 条之规定调整合同价款。例如，招标工程量清单中混凝土基础清单项目特征描述的混凝土强度等级为 C30，投标人在复核工程量清单时，根据招标文件提供的施工图纸其强度等级为 C35，在单价合同下投标人应依据工程量清单中的项目特征投标报价，在合同履行时，合同清单与合同图纸不一致的，按工程量清单缺陷调整合同价款。

这里需要注意措施项目清单的特殊性，不论是采用总价合同的工程还是采用单价合同的工程，其准确性和完整性的责任均由承包人承担。措施项目清单是基于施工方案确定的，对于采用何种施工方案承包人具有一定的选择权，基于"谁风险可控谁承担"这一原则，由承包人承担更为合理。可以回顾一下自 2003 年实施工程量清单计价以来，对于措施项目清单缺陷责任承担的划分。

在 2003 年发布第一版的工程量清单计价规范后，在实施中认为分部分项工程项目清单是闭口清单，而措施项目清单是开口清单。闭口清单的缺陷责任由发包人承担，开口清单承包人是可以自行补充完善的，自然由承包人承担起缺陷责任。

2008 年发布了第二版的工程量清单计价规范，第 4.3.5 条规定：投标人可根据工程实际情况结合施工组织设计，对招标人所列的措施项目进行增补。同样，因为投标人可以增补，也应由承包人承担措施项目清单缺陷的责任。

2013 年发布的第三版工程量清单计价规范中没有像《建设工程工程量清单计价规范》（GB 50500—2008）明确投标人可以对措施进行增补，在第 6.2.4 条规定：措施项目中的总价项目金额应根据招标文件及投标时拟定的施工组织设计或施工方案，按本规范第 3.1.4 条的规定自主确定。其中安全文明施工费应按照本规范第 3.1.5 条的规定确定。在第 9.5.3 条规定：9.5.3 由于招标工程量清单中措施项目缺项，承包人应将新增措施项目实施方案提交发包人批准后，按照本规范第 9.3.1 条、第 9.3.2 条的规定调整合同价款。这一规定明确了承包人可以调整措施费的前置条件，即新增措施项目实施方案要报发包人批准后实施。但同时也表达了"招标工程量清单措施项目缺项"这一问题，显然和其他版本的清单计价规范（包括"24 版清单计价标准"）是不一致的。但在实践中，可以理解为该条规定是由于变更引起了措施项目缺陷，因此可以进行价款调整，否则也不予调整。

案例 3 某建筑有限公司与某房地产开发有限公司于 2007 年 3 月 1 日签订加盖某县建设工程招标投标管理办公室备案章的《建设工程施工合同》一份，主要内容为：第一部分合同协议书……（1）工程概况。工程名称：某公寓住宅工程……（5）合同价款：金额（大写）玖仟柒佰叁拾玖万零捌佰伍拾柒元整（人民币）97，390，857.00 元；第三部分专用条款……（6）合同价款与支付。依据本合同第 23.2 条价款采用固定价格方式确定。

承包人观点："混凝土泵送费""大型机械基础、进出场及安拆费""垂直封闭""依附斜道"共计 1，633，190 元应计入结算。

发包人观点：混凝土泵送、大型机械基础、进出场及安拆、垂直封闭、依附斜道均是施工过程中不可缺少的环节，也不是图纸设计内容，作为一个有经验的承包商应当知道此项费用计入总报价中，不可单独计算，不能因为报价中无上述子项目而要求增加合同价款。

争议焦点：措施项目是否存在漏项问题？如果漏项，则漏项的责任谁承担？或者是漏项还是漏报价格？

该市中级人民法院一审观点：

对于通常施工工程报价应当包含的项目，工程投标报价应当按照通常施工的做法范围内报价，某建筑有限公司在投标报价时未包括在未有相关项目洽商变更的情况下，并不能因此认为投标时未包括而全部认定为增项。某建筑有限公司对于投标时未包括的施工项目，应当按照通常做法进行施工。

该省高级人民法院二审观点：

某建筑有限公司主张混凝土泵送费、大型机械基础、进出场及安拆费、垂直封闭、依附斜道相应费用应计入结算，因上述内容均系为配合施工而发生，应已包含在该建筑有限公司投标报价当中，非新增加的内容，对该内容应单独取费的主张不予支持。

4.3.2 发包人提供原始数据和基准资料错误风险

在施工合同中，发包人提供项目原始数据、基准资料是发包人的义务，由发包人承担符合"谁的责任谁承担"这一原则。发包人提供的工程项目原始数据和基准资料是投标人投标报价的重要依据，也是指导承包人施工、合同价格调整的重要依据，这属于发包人应该承担的风险，且承包人无法避免，只能在风险发生后开展一系列行动将风险造成的影响降至最低。

在《建设工程施工合同（示范文本）》(GF-2017-0201)也有相应体现：

2.4.3 提供基础资料

发包人应当在移交施工现场前向承包人提供施工现场及工程施工所必需的毗邻区域内供水、排水、供电、供气、供热、通信、广播电视等地下管线资料，气象和水文观测资料，地质勘察资料，相邻建筑物、构筑物和地下工程等有关基础资料，并对所提供资料的真实性、准确性和完整性负责。

按照法律规定确需在开工后方能提供的基础资料，发包人应尽其努力及时地在相应工程施工前的合理期限内提供，合理期限应以不影响承包人的正常施工为限。

7.4.1 除专用合同条款另有约定外，发包人应在至迟不得晚于第 7.3.2 项〔开工通知〕载明的开工日期前 7 天通过监理人向承包人提供测量基准点、基准线和水准点及其书面资料。发包人应对其提供的测量基准点、基准线和水准点及其书面资料的真实性、准确性和完整性负责。

但是，也要注意，在《建设工程施工合同（示范文本）》(GF-2017-0201)的 3.4 承包人现场查勘中也提到，承包人应对基于发包人按照"2.4.3 提交基础资料"提交的基础资料所作出的解释和推断负责，但因基础资料存在错误、遗漏导致承包人解释或推断失实的，由发包人承担责任。

在相应的法律法规中也体现了发包人提供原始数据和基准资料错误风险承担责任。

《建设工程质量管理条例》第九条规定："建设单位必须向有关的勘察、设计、施工、工程监理等单位提供与建设工程有关的原始资料。"原始资料必须真实、准确、齐全。

《建设工程安全生产管理条例》第六条规定："建设单位应当向施工单位提供施工现场及毗邻区域内供水、排水、供电、供气、供热、通信、广播电视等地下管线资料，气象和水文观测资料，相邻建筑物和构筑物、地下工程的有关资料，并保证资料的真实、准确、完整。建设单位因建设工程需要，向有关部门或者单位查询前款规定的资料时，有关部门或者单位应当及时提供。"

《民法典》第八百零三条规定："发包人未按照约定的时间和要求提供原材料、设备、场地、资金、技术资料的，承包人可以顺延工程日期，并有权请求赔偿停工、窝工等损失。"

对于地勘资料的准确性风险承担也需要特别重视。地勘资料是发包人提供的基准资料之一，也是投标人投标报价的基础资料。如果实际地勘与发包人提供的有较大差异，比如会导致合同价款的调整。工程勘察是分阶段实施的，要满足相应的要求，《岩土工程勘察规范》

(GB 50021—2001)第4.1.2款规定:"建筑物的岩土工程勘察宜分阶段进行,可行性研究勘察应符合选择场址方案的要求;初步勘察应符合初步设计的要求;详细勘察应符合施工图设计的要求;场地条件复杂或有特殊要求的工程,宜进行施工勘察。场地较小且无特殊要求的工程可合并勘察阶段。当建筑物平面布置已经确定,且场地或其附近已有岩土工程资料时,可根据实际情况,直接进行详细勘察。"在施工招标时,发包人应提供详细勘察资料,当施工勘察与详细勘察有明显差异,这一风险因素应由发包人承担。

> **案例4** 某项目,业主提供的地勘资料显示,疏浚,开挖材料为砂、砂混砾石、砂土等材料,未见淤泥等土层,地质条件较好,可用于本工程吹(回)填。疏浚完成后,发现材料大部分是淤泥,且因为含泥量过高,不符合回填要求。由此,增加了淤泥外运及新增购买土方回填的费用。费用的增加是由于地勘资料错误引起承包人推断失实,这个责任应当由发包人承担。

4.3.3 工程变更风险

发包人批准的工程变更引起的计量与计价风险由发包人承担。建设工程合同属于承揽合同,在承揽合同下,定作人天然的享有单方变更权,但应就变更赔偿承揽人的损失。"发包人批准的工程变更"是指由发包人提出或承包人提出且获得认可的变更指令,最终由承包人负责实施。发包人批准的工程变更也应当包括承包人提出的合理化建议得到发包人同意后,发包人以指令变更实施这一合理化建议。

变更是发包人的权利,同时也要承担由于变更引起承包人增加的费用和工期。《民法典》第七百七十七条规定:"定作人中途变更承揽工作的要求,造成承揽人损失的,应当赔偿损失。"这里的定作人就是施工合同中的发包人。《民法典》第八百零四条规定:"发包人在不妨碍承包人正常作业的情况下,可以随时对作业进度、质量、作业地点、作业内容、作业方法等进行必要的检查、监督。发包人变更计划的,应当及时通知承包人,造成承包人费用增加或者工期延误的,由发包人承担增加的费用、顺延工期,并支付承包人合理的利润。"从以上法律规定看,法律赋予了发包人行使变更的权利,同时也规定了发包人要承担由于工程变更造成的承包人费用增加或者工期延误。

如果合同约定了由承包人进行深化设计,深化设计是否会形成工程变更而引起合同价款的调整?"24版清单计价标准"第2.0.25条:"施工深化设计是指承包人中标后在不改变合同图纸、合同规范所要求的工程范围、使用功能、技术标准规范等前提下,依据合同约定由承包人负责对合同图纸进行细化、补充和完善的设计活动。但承包人按合同要求对合同图纸进行施工深化设计引起深化图纸与合同图纸存在差异的,除合同另有约定或发包人另有要求外,合同价格不应做调整。"

同时,还应注意变更对措施项目的影响。如果因发包人的工程变更导致措施项目费用增加的,这个风险应由发包人承担。

案例 5　某项目合同清单预算包干的方式，后面施工阶段增加室外重力式挡墙及桩板挡墙，此部分的实体工程量计算了，脚手架措施费是否应该予以增加？如何增加？建设单位以"原合同的措施费包干"的理由不予计算，是否合理？

首先引起措施项目费用增加的原因是工程变更，即便是约定了措施项目费用包干，但是由于工程变更，合同状态发生改变，包干的基础不复存在。因此，根据客观、公正、公平的原则，新增项目导致原合同约定的工程范围发生较大变化，更改了合同签订时的基础和目的，原约定的措施费包干的条件也相应发生重大变化，建议发承包双方协商调整。

4.3.4　赶工、提前竣工、停工或暂缓施工风险

发包人要求的赶工、提前竣工、停工或暂缓施工引起的计量与计价风险由发包人承担。承包人按发包人要求赶工或提前竣工及停工或暂缓施工而产生的费用，承包人按工程变更或工程索赔的计量与计价规则调整价款。

投标人投标报价时根据招标文件规定的工期确定投标工作后进行的。工期是价格的重要因素之一，投标人根据确定的工期确定分部分项工程的综合单价，确定采取的施工措施、材料采购、施工机械设备的安排、用工计划等。一旦发包人要求改变这一前提，改变了施工时间，进而会影响承包人的施工组织、施工顺序，由此增加的费用由发包人承担，符合"谁的责任谁承担"的原则。

案例 6　某项目业态为住宅及相关配套，占地面积约 9 万 m^2，总面积 34.6 万 m^2，其中地上 27.2 万 m^2，地下 7.3 万 m^2，包含 28～34F 高层住宅 13 栋，10F 洋房 1 栋，幼儿园 1 栋，地下室一至二层。项目毛坯交付，总工期 806 天，自 2021 年 9 月 15 日开始，至 2023 年 11 月 30 日完成竣工备案。

1. 赶工目标

首批供货楼栋为 6#楼、15#楼，其中 6#楼 34F，预售需完成 16F 结构，土方工作面移交时间为 2021 年 9 月 16 日；15#楼 24F，预售需完成 11F，土方工作面移交时间为 2021 年 10 月 12 日。

2. 赶工补偿诉求

(1) 施工工人人员保障费用。增加人员抢工，增加管理人员工资（增加金额：170.03 万元）。

(2) 增加支撑体系及提高混凝土强度等级。混凝土柱梁墙板标号提高等级，增加早强剂、铝膜支撑体系 2 套，铝模周期缩短此部分费用增加费用 110.09 万元。

(3) 增加夜间照明设备、塔吊、吊车等费用。赶工期间需增加夜间照明设备，以满足夜间通宵加班照明需求，各栋塔吊在原有基础上每台增加配置 4 盏 2000 瓦 LED 大灯，主楼周边各配置 4 盏 2000 瓦 LED 大灯，另配置工程专用 LED 投光灯（头灯）100 套，灯带 5000m，机械设备及劳保用品；此部分费用增加 88.9 万元。

(4) 其他费用。如夜间扰民费用等。

3. 赶工补充费用审核

通过现场实际情况及甲方工程师确认的赶工方案可知本次赶工施工单位产生的主要费用增加原因：人工降效人工费补偿、周转材料增加费用、夜间施工费用、管理人员增加工资、机械设备使用费用。

（1）人工费补偿。施工单位进行人工费补偿诉求，按照各工种及管理人员工资按照人工费 350 元/工日，施工方报送人工费补偿费用为 170.03 万元。施工单位接收赶工指令后，我司现场安排人员进行每天人员数量统计，此部分后期由于时间特殊性及工作安排合理性导致人工数量存在不够准确因素，经分析按照人工补贴及人工降效补贴费用测算。根据施工单位报送费用咨询公司进行人工费测算，对应赶工楼层人工费补偿，按照各楼栋达到赶工节点产生赶工费及赶工工期比例，考虑人工补贴进行人工费补偿，赶工费费用为 67.63 万元。

（2）增加支撑体系及提高混凝土强度等级。总包提出提高混凝土柱梁墙板的强度等级，增加早强剂、铝膜支撑体系 2 套，铝模周期缩短此部分费用增加费用 110.09 万元。我司通过查询合同清单，混凝土强度等级提高、增加早强剂比部分费用在合同措施费中已包含，此部分费用不予考虑。铝膜体系增加仅考虑梁板处（竖向构件可以隔天拆除，铝膜支撑体系不需要另外增加模板）增加模板面积产生增加模板购买费用，按照模板材料市场价格 1200 元/m²，考虑后期还可以重复使用，按照前期项目赶工费铝膜折旧率 5% 考虑，增加周转材料费用为 8.9 万元。

（3）新增设备、物资保障费用。施工方报送 88.94 万元，其中夜间照明费用这部分费用施工报送为 15.8 万元，根据甲方确定赶工方案确定资料，部分夜间照明设备在总包合同清单中措施费已考虑，按照合同约定不予考虑此部分费用，夜间施工增加照明灯具规格型号进行电费补偿，按照赶工天数产生电费补偿为 1.26 万元。

（4）增加塔吊施工人员工资。施工方报送 4.24 万元，考虑夜间进行赶工施工措施，增加塔吊指挥人员工资，此部分费用与人工费补偿费用不存在重复计取，按照 1 人/塔吊指挥员费用考虑，按照 5500 元/月，按照赶工天数补偿塔吊指挥人员工资费用为 0.73 万元。

（5）机械设备使用费用。施工方报送 68.9 万元，根据甲方确定赶工方案确定，由于塔吊未安装前进行汽车吊租赁事宜，其间采用了 50t/100t 汽车吊租赁使用（此部分考虑汽车吊租赁与塔吊租赁差价进行补偿），措施费用清单中，塔吊措施费按照面积包干，此部分由于工期压缩后需进行原合同机械设备使用费扣减事宜，根据测算费用机械设备使用费增加费用为 8.94 万元。施工方整个赶工补偿诉求 473.22 万元，我司测算金额为 87.43 万元，较总包单位报送费用审减约 385.79 万元。后期我司协助甲方成本、工程与总包单位约谈，最终以 89 万谈定补偿金额。

除了发包人要求赶工、停工、暂缓施工外，也可能因承包人自身原因实施赶工、停工、暂缓施工。这种情况下引起的计量与计价风险应由承包人承担。比如，承包人自行赶工所增加的费用，不能向发包人主张。

4.3.5　法律法规政策风险

在发承包双方履行合同的过程中，在合同基准日期后发生法律法规与政策变化时，由发包人承担风险，承包人可根据合同约定主张费用。法律法规政策性变化风险由发包人承担符合"谁风险可控谁承担"的原则。

《建设工程施工合同（示范文本）》（GF-2017-0201）第11.2节也有类似的规定："关于法律变化引起的调整规定，基准日期后，法律变化导致承包人在合同履行过程中所需要的费用发生除"第11.1款市场价格波动引起的调整"约定以外的增加时，由发包人承担由此增加的费用"。需要注意的是这里的法律是否包括政策性文件。比如，各地造价管理部门发布的人工费调价文件是否构成法律法规文件，在合同未约定的情况下，是否必然要执行是需要思考的。《建设工程施工合同（示范文本）》（GF-2017-0201）中的法律是指中华人民共和国法律、行政法规、部门规章，以及工程所在地的地方性法规、自治条例、单行条例和地方政府规章等。合同当事人可以在专用合同条款中约定合同适用的其他规范性文件。可见，示范文本中的法律并不包括规范性文件，规范性文件的效力需要在专用合同条款中约定。

> **案例7**　某施工合同约定价格的风险范围：人工和机械价格波动的所有风险（包括政策性文件调整）；钢筋、商品混凝土、电线、电缆、管材（DN500管径及以上）价格波动在±10%以内的风险；其他材料价格波动的所有风险；土石方运距和弃土费波动的市场风险。在合同履行过程中，造价管理部门发布了人工费条件文件，根据合同约定应该是不能调整的。对于政策性文件的效力建议在专用合同条件中约定清楚。

4.3.6　价格波动风险

施工合同履行过程中，人工、材料和机械中的燃料动力价格波动是经常发生的。物价的波动有正常的市场风险波动，也会出现异常波动（情势变更）。对于政府定价或指导价的也会随着政府的调整而波动。

1. 市场价格波动风险

超出招标文件规定承包人应承担风险范围和幅度，以及"24版清单计价标准"第8.7节规定市场物价变动应予调整的物价变化范围和波动幅度由发包人承担。未超出招标文件、合同约定物价变化范围和波动幅度的市场物价变动由承包人承担。

对于市场价格波动风险，合同中应该约定风险的范围及幅度。合同约定因物价变化引起合同清单的分部分项目清单的人工费、材料费、施工机具使用费中的燃料动力费进行价格调整的，应依据合同约定的市场价格信息来源所发布的合同基准日与调价时间区段相关人工费、材料费、施工机具使用费中的燃料动力费市场价格信息所反映的价格波动幅度，计算调价区段超出合同约定幅度的人工费、材料费、施工机具使用费中的燃料动力费价差。合同约定调整的人工费、材料费、施工机具使用费中的燃料动力费市场价格波动超出合同约定幅度，如合同未约定幅度或约定不明，其市场价格波动幅度超出5%时，调整合同价格。人工费、材料费、施工机具使用费的燃料动力费价差调整应计取增值税，不应计取管理费。

物价波动风险调整方法包括价格指数调差法和价格信息调整法。

（1）价格指数调整法。因人工、材料、施工机具台班价格波动影响合同价格时，根据招标人提供的可调价主要材料表，及在投标函附录中的价格指数和权重表约定的数据，应按下式计算差额并调整合同价格：

$$\Delta P = P_0 \left[A + \left(B_1 \times \frac{F_{t1}}{F_{01}} + B_2 \times \frac{F_{t2}}{F_{02}} + B_3 \times \frac{F_{t3}}{F_{03}} + \cdots + B_n \times \frac{F_{tn}}{F_{0n}} \right) - 1 \right] \quad \text{（式4-1）}$$

式中：ΔP——需调整的价格差额；

P_0——约定的计量周期中承包人应得到的不含增值税合同价金额。此项金额应不包括价格调整、不计质量保证金的扣留和支付、预付款的支付和扣回。已按现行价格计价的变更及其他金额，也不计在内，但工程量清单缺陷及按中标价的工料机单价计算的变更及其他金额应计算在内；

A——定值权重（即不调部分的权重）；

B_1，B_2，B_3，$\cdots$，B_n——各可调因子的变值占不含税签约合同价的权重（即可调部分的权重）；

F_{t1}，F_{t2}，F_{t3}，$\cdots$，F_{tn}——各可调因子的现行价格指数；

F_{01}，F_{02}，F_{03}，$\cdots$，F_{0n}——各可调因子的基本价格指数，指合同基准日的各可调因子的价格指数。如合同约定允许价格波动幅度的，基本价格指数应予以考虑此波动幅度系数。

以上价格指数调差公式中的各可调因子、定值和变值权重，以及基本价格指数及其来源由发包人根据工程情况测算确定其范围，并在投标函附录价格指数和权重表中约定，承包人有异议的，应在投标前提请发包人澄清或修正。价格指数的来源或确定方式方法由发承包双方在合同约定。

表4-2 承包人提供可调价主要材料表（适用于价格指数调差法）

工程名称： 标段： 第 页共 页

序号	名称、规格、型号	变值权重 B	基本价格指数 F_0	现行价格指数 F_t	风险幅度（%）	价差调整金额 ΔP（元）
	定值权重 A		—	—	—	—
	合计	1	—	—	—	—

注：1. "名称、规格、型号""基本价格指数"栏由招标人填写，人工也采用本法调整的，由招标人在"名称"栏填写；

2. 本表仅适用于物价变化引起合同价格调整事件使用；

3. 分项计算可调价主要材料价差的，应在"价差调整金额"列分别填写金额，并计算合计金额；整体计算可调价主要材料价差的，可仅在"价差调整金额"列"合计"行填写。

根据工程实际情况采用暂时确定调整差额，在计算调整差额时没有现行价格指数的，可暂用上一计量周期的价格指数计算，并在以后的付款中再按实际价格指数进行调整。

工程变更引起原定合同中的权重不合理需调整权重的，应由发承包双方协商调整。当变值权重未约定时，各可调因子的变值权重可采用最高投标限价的相应权重。

计量周期内因市场价格波动形成多个价格指数的，可采用计量周期内的价格指数算术平均值，或价格指数与相应已完工程量的加权平均值，或主要用量施工期间的价格指数作为调整公式使用的价格指数。发承包双方应约定采用何种方法，或不同情况下采用方法的优先顺序。

招标工程的合同基准日价格指数，为投标截止日前28天的价格指数，招标人应在招标文件中予以明确。非招标工程应为合同签订日前28天的价格指数。

对应该改方法的整理，见图4-3。

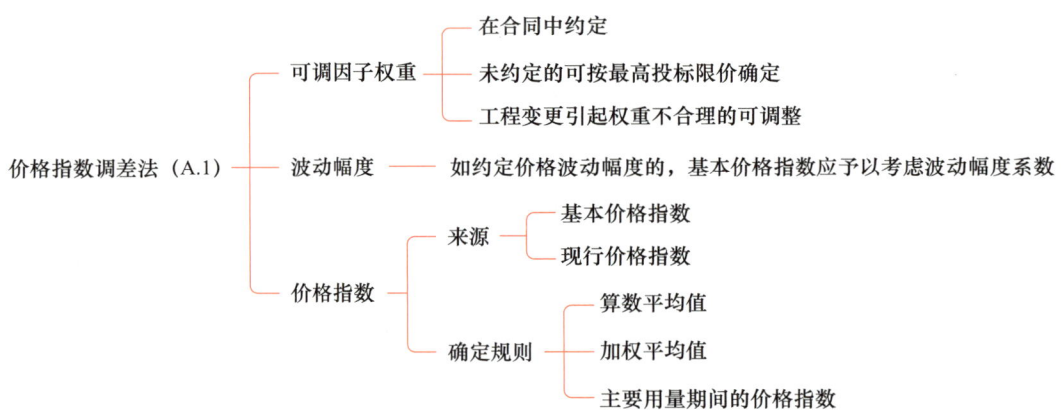

图4-3 价格指数调差法

案例8 鲁布革水电站调价公式：

$$PVEF = FC_1 C\left(0.17 + 0.15\frac{EP_1}{EP_0} + 0.12\frac{C_1}{C_0} + 0.10\frac{S_1}{S_0} + 0.4\frac{P_1}{P_0} + 0.06\frac{M_1}{M_0} - 1\right)$$

式中：$PVEF$——月进度付款需调整的价格差额；

FC_1C——月进度付款证书中应调整价格的金额；

EP——外籍人员工资价格指数；

C——水泥价格指数；

S——钢材价格指数；

P——施工设备价格指数；

M——海上运输价格指数。

各符号注脚"1"表示现行价格指数，指月完成工程量计算周期最后一天的价格指数。各符号注脚"0"表示基本价格指数，指投标截止日期前42天的价格指数。权重及价格指数见表4-3。

表 4-3 可调因子的权重及价格指数

序号	价格指数符号	权重符号	权重范围值	中间值	大成公司选定值	指数来源
1		x	0.17	0.17	0.17	招标文件给定的
2	EP	a	0.10～0.20	0.15	0.15	日银行调查统计局
3	C	b	0.10～0.16	0.13	0.12	香港调查统计部
4	S	c	0.09～0.16	0.11	0.10	日银行调查统计局
5	P	d	0.35～0.48	0.42	0.40	日银行调查统计局
6	M	e	0.04～0.80	0.06	0.06	日海运公司联合会
7					1.00	

（2）价格信息调差法。物价变化引起合同价格调整采用价格信息调差法的，因人工、材料、施工机具价格波动影响合同价格时，应根据招标人提供的表 4-4，并在投标函附录中的价格数据，按下式计算差额并调整合同价格：

$$\Delta P = \sum[(\Delta C - C_0 \times r) \times Q]，其中 |\Delta C| > |C_0 \times r| \quad (式4\text{-}2)$$

$$\Delta C = C_i\ (i=1，\cdots，n) - C_0 \quad (式4\text{-}3)$$

式中：ΔP——价差调整费用，为按计量周期计算的当次调价费用；

ΔC——可调因子价差；

C_0——基准价，投标截止日前 28d（非招标工程为合同签订日前 28d）的市场价格，基准价来源可为发包人确定最高投标限价时所采用的市场价格，或工程造价管理机构发布的当季（月）度信息价，或同类工程项目、同期（前 1 个月内）同条件、工程项目所在地交易中心公布的招标中标价，但均应代表投标截止日前 28d（非招标工程为合同签订日前 28d）的市场价格水平；招标人应在招标文件中明确基准价（C_0）采用的价格来源、发布机构和具体季（月）等信息；

C_i——计量周期市场价格，现行市场价格可为经发承包双方确认的该计量周期的市场价格，或工程造价管理机构发布的当季（月）度信息价，或同类工程项目、同期（前 1 个月内）同条件、工程项目所在地交易中心公布的招标中标价，但均应代表计量周期的现行市场价格水平；

Q——可调因子的数量，指可调差因子的数量。可调差因子数量采用其他计算方法的，应在招标文件和合同专用条款中细化明确；

r——风险幅度系数，当 $\Delta C > 0$ 时，r 为正值，当 $\Delta C < 0$ 时，r 为负值；

i——指采购时间。

以上价格信息调差公式中的基准价（C_0）和计量周期市场价格（C_i）采用的价格方式、价格信息的来源及其确认、风险幅度系数的确认等应由发包人根据工程情况测算确定，并在招标文件明确，承包人有异议的，应在投标前规定时间内提请发包人澄清或修正。可调差的材料数量应依据发承包双方在合同中约定的数量计算规则计算确定（净量或消耗量）。

根据工程实际情况采用暂时确定调整差额的，在计算调整差额时没有计量周期市场价格信息或者发承包双方争议较大的，可暂用该计量周期工程造价管理机构发布的价格信息计算，并在以后的付款中再按实际市场价格信息进行调整。

计量周期内因物价波动形成多个市场价格的，可采用计量周期内的市场价格算术平均值，或市场价格与相应已完工程量的加权平均值，或主要用量施工期间的市场价格作为调整公式使用的现行价格。发承包双方应约定采用何种方法，或不同情况下采用方法的优先顺序。

采用投标截止日前28天（非招标工程为合同签订日前28天）工程造价管理机构发布的信息价作为基准价，并以计量周期工程造价管理机构发布的信息价作为现行市场价格的，可调价因子价格变化应按照发包人提供的表4-4，依据发承包双方约定的风险范围按下列规定调整合同价格。

（1）承包人投标报价中可调价因子单价低于基准价的，计量周期工程造价管理机构发布的单价涨幅以基准价为基础超出合同约定的风险幅度值，或材料单价跌幅以投标报价为基础超出合同约定的风险幅度值时，其超出部分应按实调整。

（2）承包人投标报价中可调价因子单价高于基准价的，计量周期工程造价管理机构发布的单价跌幅以基准价为基础超出合同约定的风险幅度值，或材料单价涨幅以投标报价为基础超出合同约定的风险幅度值时，其超出部分应按实调整。

（3）承包人投标报价中可调价因子单价等于基准价的，计量周期工程造价管理机构发布的单价涨、跌幅以基准价为基础超出合同约定的风险幅度值时，其超出部分应按实调整。

采用发包人认定的材料采购价格作为计量周期材料市场价格的，承包人应在采购材料前将采购数量和单价等报送发包人核对，发包人应在约定时间内予以核对、确认，并按发承包双方确认价格计算，分批采购时可按权重取平均值计算。发包人在收到承包人报送的确认资料后在约定期限不予答复的可视为已经认可，可作为调整合同价格的依据。

表 4-4　承包人提供可调价主要材料表（适用于价格信息调差法）

工程名称：　　　　　　　　　　标段：　　　　　　　　　　第　页共　页

序号	材料名称、规格、型号	单位	数量	单价（元）	合价（元）	有效损耗率（%）	备注
	本页小计					—	—
	合计					—	—

对价格信息调差进行总结，见图4-4。

2. 政府定价（指导价）变动风险

比如施工中用到的水、电、天然气等由国家定价或指导价的变动的，应由发包人承担。同时对于增值税税率的变化，应由发包人承担（或享有）。

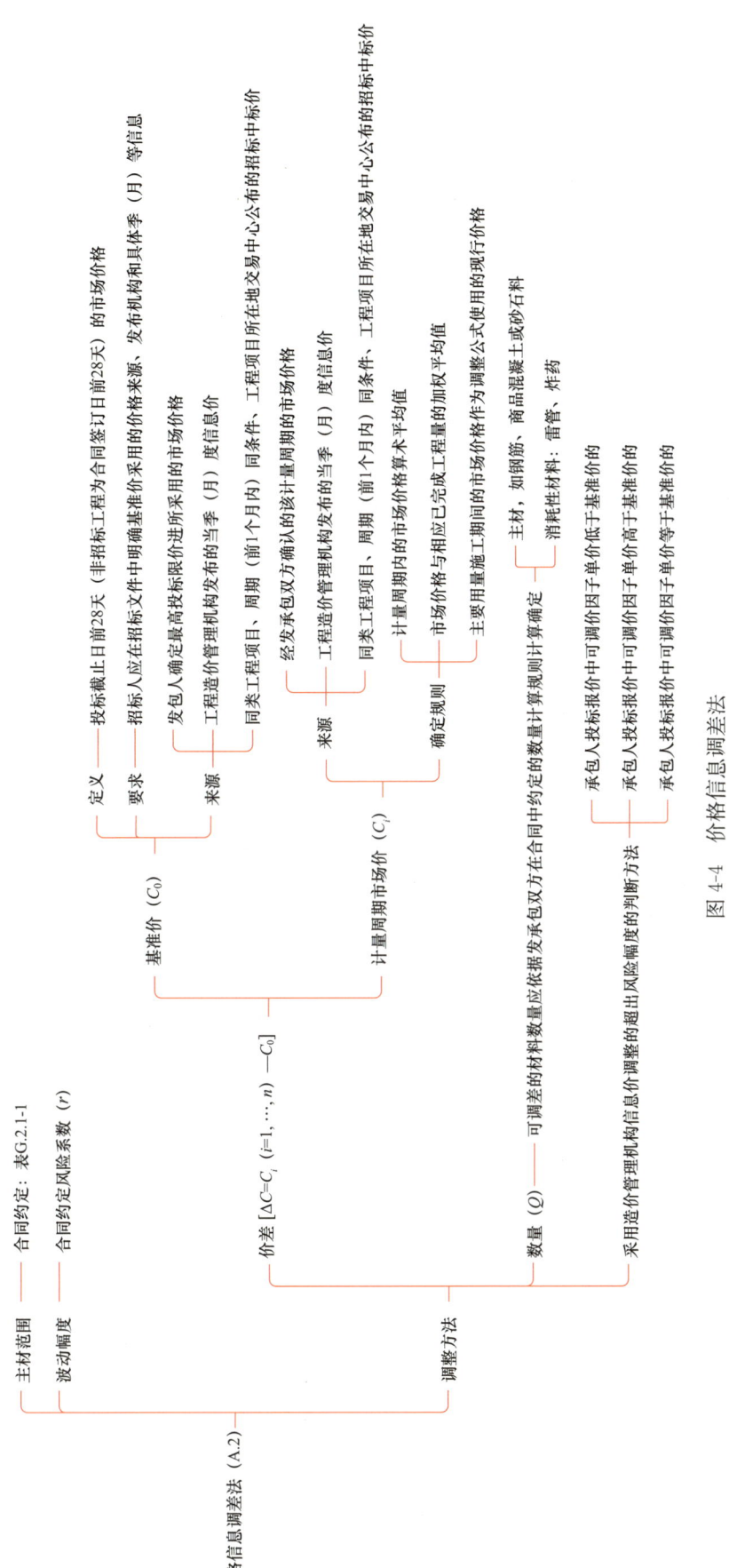

图 4-4 价格信息调差法

《民法典》第五百一十三条规定：执行政府定价或者政府指导价的，在合同约定的交付期限内政府价格调整时，按照交付时的价格计价。逾期交付标的物的，遇价格上涨时，按照原价格执行；价格下降时，按照新价格执行。逾期提取标的物或者逾期付款的，遇价格上涨时，按照新价格执行；价格下降时，按照原价格执行。可以看出对于执行政府定价或政府指导价的，在交付期限内政府价格调整时随之调整，但过错方不能得利。

3. 价格异常波动风险

合同未约定因物价变化应予调整价款的清单项目，当市场物价异常波动超出合同约定幅度，或合同未约定物价波动幅度，但市场物价异常波动且有经验的承包人不能预见的，增加的费用可由发承包双方合理分摊。若不属于合同约定调整的人工费、材料费、施工机具使用费中的燃料动力费的其他材料费市场价格出现异常变动，且是发承包双方在订立合同时无法预见的重大变化，继续履行合同对于受不利影响的合同一方明显不公平的，发承包双方可按风险合理分担原则，协商合同风险幅度或费用分担比例，承担相关部分的增（减）价差或据实调整合同价格。

4.3.7 投标报价风险

投保人要对自己的投标报价准确性、合理性负责。投标人在投标报价时要充分考虑计价中应承担的风险范围与幅度，满足的技术标准规范、施工工期、施工顺序、施工条件、地理气候以及完成清单项目所有工作内容所需的费用。

案例9 某施工企业通过招标投标方式取得某中医医院老内科楼修缮改造工程。2013年3月12日，双方签订《某中医医院老内科楼修缮改造工程建设工程施工合同》，约定由承包人负责中医附院的老内科楼内外改造、装修及中央空调、中心供氧、紧急呼叫等系统和水电工程（四、五层除外），以及老外科楼外墙装饰等修缮改造工程施工。招标时，招标文件明确了施工条件，在施工时医院同时在正常经营，提供的施工现场为非完备的，投标人应考虑这一因素。因此，投标人报价时应考虑到施工环境的影响，确定分部分项工程项目的综合单价及措施项目及费用。

第 5 章　工程量清单计价原理与方法

从本质上说，工程量清单计价是招标人为完成工程交易而提供的一套完整的工程量清单，投标人根据招标人提供的工程量清单中列明的项目名称、项目特征、计量单位和工程数量进行自主报价，只是根据不同的规范、标准或项目条件，可以有不同的项目名称设置要求、项目特征描述方式、计量单位的选择和工程数量的计算规则。招标人对各投标人的自主报价进行比较选择，与最终择优选定的中标人签订合同，并在后续的合同履约过程中，根据约定进行价款调整、支付和结算。

工程量清单计价方法主要适用于建设工程施工发承包和实施阶段，通过编制工程量清单，在工程量清单的基础上进行最高投标限价、投标报价以及施工阶段依据合同清单的计量与计价。

5.1　清单计价的基本原理

对于拟建项目采用清单计价的，其基本原理是基于先分解出基本的构造单元，确定其工程量数量和相应的综合单价，再进行汇总得到拟建项目的工程造价。对于分部分项工程费可以用一个简约的公式来进行表达：

$$\text{分部分项工程费} = \Sigma（\text{基本构造单元工程量} \times \text{综合单价}）$$

这一基本原理就是分部组合计价法。任何一个建设项目都可以分解为一个或几个单项工程，任何一个单项工程都是由一个或几个单位工程所组成。作为单位工程的各类建筑工程和安装工程仍然是一个比较复杂的综合实体，还需要进一步分解。单位工程可以按照施工部位、路段长度、施工特点或施工任务、材料类别分解为分部工程。分解成分部工程后，从工程计价的角度，还需要把分部工程按照不同的施工方法、材料、工序、工种等，进行更为细致的分解，划分为更为简单、细小的部分，即分项工程。

工程量清单计价的基本原理是项目的分解和价格的组合。即将建设项目自上而下细分至最基本的构造单元（假定的建筑安装产品，一般分解为分部分项工程），采用适当的计量单位计算其工程量，以及根据市场价格信息及造价咨询等确定每一个项目的综合单价。首先计算各基本构造单元的价格，再对费用按照类别进行组合汇总，计算出相应工程造价。

工程量清单计价方法可包括工程计量（主要是编制工程量清单）和工程组价（主要是确定综合单价）两个环节（关于合同工程计量与合同价款调整见其他章节）。

5.1.1 工程量计算

工程计量工作包括工程项目的划分（列项）和工程量的计算（算量）。编制工程量清单时主要是按照清单工程量计算标准规定的清单项目进行划分。工程量的计算就是按照工程项目的划分和工程量计算规则，对清单项目（分部分项工程项目）的工程数量进行计算。清单项目工程量是计价的基础，是基于各专业工程量计算标准计算出的工程数量。

工程量是工程计量的结果，是指按一定规则并以物理计量单位或自然计量单位所表示的建设工程清单项目或结构构件的数量。物理计量单位是指以公制度量表示的长度、面积、体积和质量等计量单位，如预制钢筋混凝土方桩以"m"为计量单位，墙面抹灰以"m^2"为计量单位，混凝土以"m^3"为计量单位等。自然计量单位指建筑成品表现在自然状态下的简单点数所表示的个、条、樘、块等计量单位，如门窗工程以"樘"为计量单位，桩基工程以"根"为计量单位等。

1. 工程项目划分（清单项目列项）的基本原则

工程量清单项目划分应按相关工程国家及行业工程量计算标准的清单项目分类，依据设计图纸及技术标准规范的要求，遵循清单项目列项明确、边界清晰、便于计价和支付的原则进行。在进行项目划分时要做到补充不漏，要严格按照相关专业工程量计算标准所列项目的口径进行列项，目的是让工程量清单项目划分统一，确保招标投标双方在招标投标过程中对工程量清单项目有一致的理解，应贯穿于项目的全阶段，避免争议产生，促进项目推进。另外，在列项时，需要参考各专业工程量计算标准中清单项目的工作内容。尽管工作内容不是清单编制的五大要件，但工作内容是工程量计算标准的重要组成部分，是在编制工程量清单时需考虑的重要内容，不应将工作内容中已经包含的工作拆分再列清单。比如在《房屋建筑与装饰工程工程量计算标准》（GB/T 50854—2024）中，挖基坑土方清单工作内容中已经包含基底钎探，不应再单列基底钎探清单；在《市政工程工程量计算标准》（GB/T 50857—2024）中，桩基工作内容中未包含桩基础的承载力检测、桩身完整性检测（见标准C.9其他规定中C.9.11），因此，相应的费用项目需要另外计列。

比较典型的还有现浇混凝土模板的列项。在《房屋建筑与装饰工程工程量计算标准》（GB/T 50854—2024）中，现浇混凝土模板项目在分部分项工程中列项，如表5-1所示。而在《市政工程工程量计算标准》（GB/T 50857—2024）中模板通常不单独列项，含在相应现浇混凝土构件工作内容中，如表5-2所示。

表5-1 现浇混凝土模板项目（建筑工程示例）

项目编码	项目名称	项目特征	计量单位	工程量计算规则	工作内容
010505001	垫层模板	垫层部位	m^2	按模板与现浇混凝土垫层的接触面积计算	1. 模板制作； 2. 模板及支撑安装； 3. 刷隔离剂； 4. 模板及支撑拆除； 5. 清理模板粘结物及模内杂物； 6. 模板及支撑整理、小修、堆放
010505002	基础模板	基础类型	m^2	按模板与现浇混凝土构件的接触面积计算	
010505003	基础联系梁模板	模板形式			

续表

项目编码	项目名称	项目特征	计量单位	工程量计算规则	工作内容
010505004	柱面模板	模板形式	m²	按模板与现浇混凝土构件的接触面积计算	1. 模板制作； 2. 模板及支撑安装； 3. 刷隔离剂； 4. 模板及支撑拆除； 5. 清理模板黏结物及模内杂物； 6. 模板及支撑整理、小修、堆放
010505005	墙面模板	模板形式	m²	按模板与现浇混凝土构件的接触面积计算。扣除门窗洞口及单个面积＞0.3m²的孔洞所占面积，洞侧壁面积并入计算；不扣除单个面积≤0.3m²的孔洞所占的面积，洞侧壁面积亦不计算	

表 5-2　现浇混凝土模板项目（市政工程示例）

项目编码	项目名称	项目特征	计量单位	工程量计算规则	工作内容
040303001	混凝土垫层	混凝土强度等级	m³	按设计图示尺寸以混凝土体积计算	1. 模板制作、安装、拆除； 2. 混凝土浇捣、养护
040303002	混凝土基础	1. 混凝土强度等级 2. 嵌料（毛石）比例			1. 模板制作、安装、拆除； 2. 混凝土浇捣、养护； 3. 施工缝、沉降缝处理
040303003	混凝土承台	混凝土强度等级			
040303004	混凝土墩（台）帽				
040303005	混凝土墩（台）身				
040303006	混凝土支撑梁及横梁				
040303007	混凝土墩（台）盖梁				
040303008	混凝土拱桥拱座				
040303009	混凝土拱桥拱肋				

从表 5-2 可以看出，现浇混凝土构件工作内容中包含了"模板制作、安装、拆除"的内容，因此在市政专业，列项时不再单独列模板项目。

案例1　某单价合同，招标工程量清单中未列钢丝网项目，清单项目特征描述中没有描述加气混凝土墙抹灰挂钢丝网，投标人投标报价时综合单价中没有考虑挂钢丝网的费用，而实际施工中发包人要求加气混凝土墙抹灰挂钢丝网，据此承包人提出变更，而发包人不予考虑，原因是按照施工规范要求施工单位就应该挂钢丝网，不属于变更。争议的焦点在于钢丝网是单独列项还是包含在其他项目的工作内容中。应参考工程量计算标准中是如何划分的。表 5-3 为房屋建筑与装饰工程工程量计算标准中砌块墙、抹灰等清单项目。

表 5-3 砌块墙、抹灰清单项目

项目编码	项目名称	项目特征	计量单位	工程量计算规则	工作内容
010402001	砌块墙	1. 砌块品种、规格、强度等级； 2. 墙体类型； 3. 墙体厚度； 4. 砂浆强度等级	m³	按设计图示尺寸以体积计算。 扣除门窗洞口、嵌入墙内的柱、梁、板及凹进墙内的壁龛、管槽、暖气槽、消火栓箱所占体积，不扣除单个面积≤0.3m²的孔洞及墙内檩头、垫木、木楞头、沿缘木、木砖、门窗走头、加固钢筋、木筋、铁件、管道所占的体积。 凸出墙面的墙垛并入计算。腰线、挑檐、压顶、窗台线、虎头砖、门窗套凸出墙面部分的体积不并入计算。 同材质围墙柱及围墙压顶并入围墙体积内计算。 墙长度：外墙按中心线、内墙按净长计算，框架间墙不区分内外墙均按净长计算	1. 砂浆制作； 2. 砌砖、砌块； 3. 刮缝； 4. 墙体顶缝、侧缝填塞处理
011201001	墙、柱面一般抹灰	1. 基层类型、部位； 2. 各层厚度、材料种类及强度等级； 3. 分格缝宽度、材料种类； 4. 面层处理方式	m²	按设计图示尺寸以面积计算。 扣除墙裙、门窗洞口面积；不扣除单个面积≤0.3m²的孔洞面积，不扣除挂镜线、墙与构件交接处的面积；附墙柱、梁、垛、烟囱侧壁并入相应的墙面面积内；门窗洞口和孔洞的侧壁及顶面不增加面积	1. 基层清理； 2. 分层抹灰； 3. 面层处理； 4. 分格嵌缝
011201002	墙、柱面装饰抹灰	1. 装饰抹灰类型； 2. 基层类型、部位； 3. 各层厚度、材料种类及强度等级； 4. 分格缝宽度、材料种类			

从表中可以看出，砌块墙和墙面抹灰项目的工作内容中不涉及挂钢丝网，项目特征中也未描述钢丝网的要求，即钢丝网需要另外列项。在"E.6 钢筋及螺栓、铁件"中单独列了"钢丝网"项目，见表5-4。

表 5-4 钢筋网片清单项目

项目编码	项目名称	项目特征	计量单位	工程量计算规则	工作内容
010506020	钢筋网片	1. 钢筋种类、规格； 2. 使用部位	t	按设计图示钢筋网面积乘以单位理论质量计算	1. 钢筋网制作； 2. 钢筋网安装、固定

通过以上分析可知，钢丝网需要单独列项，本案例中可以考虑清单项目缺项来处理。当然，如果设计没有要求，工程量清单中也没计列钢丝网，施工时发包人要求增加钢丝网，应该按指令变更施工，按工程变更计价的原则调整合同价款。

2. 工程量计算的基本原则

工程量计算的基本基准是图纸和规范，非设计因素不作为工程量计算的依据，这是工程量计算的一大原则。

（1）图纸与规范为基准的计量原则，施工方案不再作为清单编制和工程计量的依据。在工程项目的发包过程中，施工方案不属于发包人应提供的资料，不作为工程计量的基准，但是常规的施工方案仍然是计量计价过程中应考虑的因素。

（2）非设计要求不计量原则。如非设计要求的马凳筋、斜撑筋、抗浮筋、垫铁等措施钢筋的工程量不予计量，应在相应项目的综合单价中考虑。如非设计要求的植筋，不单独列项计量，但当设计有要求时，应按对应构件钢筋项目分别编码列项，并增加对植入要求的描述。如防水层、隔离层的搭接、拼缝、压边、留用量及为满足施工规范所需的附加层用量均不另行计算；但设计文件中标注具体尺寸的附加层，应计算工程量，并按附加层材质、做法等项目特征单独编码列项计算工程量。

（3）工程量计算要准确。准确计算工程量是工程计价活动中最基本的工作，一般来说工程量有以下作用：

① 工程量是确定建筑安装工程造价的重要依据。只有准确计算工程量，才能正确计算工程相关费用，合理确定工程造价。

② 工程量是承包方生产经营管理的重要依据。工程量在投标报价时是确定项目的综合单价和投标策略的重要依据。工程量在工程实施时是编制项目管理规划，安排工程施工进度，编制材料供应计划，进行工料分析，编制人工、材料、机具台班需要量，进行工程统计和经济核算，编制工程形象进度统计报表的重要依据。工程量在工程竣工时是向工程建设发包方结算工程价款的重要依据。

③ 工程量是发包方管理工程建设的重要依据。工程量是编制建设计划、筹集资金、工程招标文件、工程量清单、建筑工程预算、安排工程价款的拨付和结算、进行投资控制的重要依据。

3. 工程量计算的依据

（1）国家发布的现行工程量计算标准和相关计算规则。对于房屋建筑与装饰工程主要依据《房屋建筑与装饰工程工程量计算标准》（GB/T 50854）（本章简称《工程量计算标准》）。房屋建筑与装饰工程（另有规定者除外）涉及电气、给排水、暖通等安装工程的项目，应按《通用安装工程工程量计算标准》（GB/T 50856）的相应项目执行；涉及仿古建筑工程的项目，应按《仿古建筑工程工程量计算标准》（GB/T 50855）的相应项目执行；涉及市政道路、路灯等市政工程的项目，应按《市政工程工程量计算标准》（GB/T 50857）的相应项目执行；涉及园林绿化工程的项目，应按《园林绿化工程工程量计算标准》（GB/T 50858）的相应项目执行。

（2）经审定的施工设计图纸及其说明。施工图纸全面反映建筑物（或构筑物）的结构构造、各部位的尺寸及工程做法，是工程量计算的基础资料和基本依据。除了施工设计图纸及其说明，还应配合有关的标准图集进行工程量计算。

（3）经审定通过的其他有关技术经济文件。如工程施工合同、招标文件的商务条款、补充的工程量计算规则等。

需要注意的是，施工组织设计或施工方案不作为工程量计算的依据。比如在土石方施工中，对于放坡产生的挖土数量不能计入工程量，放坡坡度的大小、放坡起点等是承包人施工方案中考虑的因素，不是图纸的设计因素，如果需要放坡则需要在综合单价中考虑这部分增加的费用。

5.1.2 项目组价

项目组价包括项目单价的确定和总价的计算。在实践中，项目单价有多种形式：工料单价、综合单价、全费用单价等。清单计价中采用的是不含增值税的综合单价，从费用要素的角度，综合单价中包括了人工费、材料费、机具使用费、管理费和利润。

工程总价是指按规定的程序或办法逐级汇总形成的相应工程造价。首先依据相应工程量计算标准规定的工程量计算规则计算工程量，并依据相应的计价依据确定综合单价，然后用工程量乘以综合单价，汇总后即可得出分部分项工程费，之后再按相应的办法计算措施项目费、其他项目费，再计算增值税并汇总后形成相应工程造价。具体组价过程如下：

(1) 分部分项工程费＝∑分部分项工程量×相应分部分项综合单价；
(2) 措施项目费＝∑各措施项目费；
(3) 其他项目费＝暂列金额＋专业工程暂估价＋计日工＋总承包服务费；
(4) 单位工程造价＝分部分项工程费＋措施项目费＋其他项目费＋增值税；
(5) 单项工程造价＝∑单位工程报价；
(6) 建设项目总造价＝∑单项工程报价。

5.2 清单计价中的单价

单价有工料单价（包括的费用要素：人工费、材料费和机具使用费）、综合单价（包括的费用要素在工料单价的基础上再考虑管理费和利润）和全费用单价（包括的费用要素在综合单价的基础上再考虑增值税，即含税价）。工程量清单计价中采用的是综合单价。

5.2.1 综合单价内涵及构成

综合单价综合考虑技术标准规范、施工工期、施工顺序、施工条件、地理气候等影响因素以及约定范围与幅度内的风险，完成一个单位数量工程量清单项目所需的费用。清单项目综合单价包括人工费、材料费、施工机具使用费、管理费、利润和一定范围内的风险费用，不包括增值税。

根据"24版清单计价标准"第3.2.2条规定：分部分项工程项目清单的综合单价应为不含增值税的材料采购供应及相关安装单价，包括完成相应清单项目受下列因素影响而发生的费用，如发包人提供材料的应按本标准第3.2.4条规定执行：

(1) 满足国家及行业有关技术标准规范等要求所需的费用；
(2) 总价合同中出现工程量清单缺陷所需的费用；

(3) 完成符合完工交付要求的相应清单项目必要的施工任务及其不可或缺的辅助工作所需的费用；

(4) 因施工程序、施工条件、环境气候等因素影响所引起的费用；

(5) 合同约定及本标准第 3.3 节规定的范围与幅度内的风险费用。

理解综合单价的内容可以从两个角度出发。一个是从费用要素组成上，综合单价包括了人工费、材料费、施工机具使用费、管理费和利润，不含增值税。主要考虑增值税是价外税，不在综合单价中考虑符合其价外税的本质，也便于根据国家法律调整增值税额。另一个是从综合考虑的因素上，综合单价的价格中要考虑技术标准规范、施工工期、施工顺序、施工条件、地理气候等影响因素以及约定范围与幅度内的风险。

5.2.2 综合单价分析表

综合单价分析表应明确各清单项目综合单价及按项计价项目价格的费用构成计算方法，其综合单价和按项计价项目价格应与工程量清单内的相应清单项目综合单价和价格完全一致。投标人应按招标文件的要求，附工程量清单综合单价分析表。

工程量清单综合单价分析表，聚焦清单的单价构成，投标人应充分考虑企业生产力水平、价格影响因素及风险费用等，合理确定人材机管理的费用。综合单价分析表的形式提供了两种，具体见表 5-5 和表 5-6。

表 5-5 综合单价分析表

工程名称： 标段： 第 页 共 页

项目编码		项目名称			计量单位		
项目特征							
序号	费用项目	单位	数量	计算基础（元）	费率（%）	单价（元）	合价（元）
1	人工费	—	—			—	
1.1	……						
2	材料费	—	—			—	
2.1	主要材料 1						
2.2	主要材料 2						
	……						
	其他材料费						
3	施工机具使用费	—	—			—	
3.1	机具 1						
3.2	机具 2						
	……						
	其他施工机具使用费						
4	1+2+3 小计	—	—			—	
5	管理费		—			—	
6	利润		—			—	
	综合单价						

表 5-6 综合单价分析表（简版）

工程名称：　　　　　　　　　　　　　标段：　　　　　　　　　　　　第 页 共 页

序号	项目编码	项目名称	项目特征描述	计量单位	综合单价组成明细（元）					
					人工费	材料费	施工机具使用费	管理费	利润	综合单价

综合单价分析表的作用体现在两个方面。一是在招标人评判或评标评审过程中，工程量清单综合单价分析表可作为判别已标价工程量清单综合单价的组成及其价格完整性、合理性的依据。二是在编制竣工（过程）结算过程中，因工程变更等情形需要确定相似或新增清单项目的综合单价时，可以参考本报表数据的报价水平或材料价格进行合理确定。

案例 2　某市政工程中污水检查井和方沟招标清单，项目特征中均有防腐做法，招标图纸也有防腐做法，描述是一致的，招标控制价和中标文件均组价了防腐工作内容，而审计方去现场量测时，打开井盖发现检查井、方沟内没有做防腐，所以要扣减综合单价中防腐部分的价格，调减综合单价。

本案例处理不当，首先承包人没有按图施工，不符合质量要求，不应该验收，质量不合格也不能计量。再思考另一个问题，如果设计文件和招标工程量清单项目特征中都不需要做防腐，投标人报价时在综合单价中考虑了防腐，施工时实际未发生，这时结算要不要扣减综合单价中的防腐部分的价格？答案是也不应该扣减，这就是要明确综合单价分析表的作用。投标人一旦中标签订合同，合同单价应以计价表中为准，而不是看综合单价分析表中具体内容，也不可能依据综合单价分析表施工。

5.2.3　综合单价的计算

1. 综合单价计算的一般方法

（1）含量法确定综合单价。

① 确定完成清单项目的工作内容。

根据工程量清单项目的项目特征、项目的实际情况和施工方案、施工工艺参照工程量计算规范，确定完成清单项目所需要的全部工作内容。

② 计算工作内容的施工工程量。

根据一定的计算规则，计算清单项目所包含的工作内容的施工工程量。

③ 计算单位含量。

计算单位清单项目所包含的工作内容的施工工程量。计算方法如下：

$$清单项目单位含量 = \frac{计算的各工作内容的施工工程量}{该清单项目的工程量}$$

④ 选择各要素的单价。

根据市场价格信息（考虑一定的风险）、造价咨询等，确定人工、材料、工程设备、施工机具等要素的单价。

⑤ 工作内容的人、材、机费用的确定。

计算清单项目每计量单位所含工作内容的人工、材料、机械台班费用。计算方法如下：

工作内容的人工费＝∑工作内容单位含量×人工消耗量标准×人工单价

工作内容的机械费＝∑工作内容单位含量×机械台班消耗量标准×机械台班单价

工作内容的材料费＝∑工作内容单位含量×材料消耗量标准×材料单价

⑥ 清单项目的人、材、机费用的确定。

计算工程量清单项目每计量单位人工、材料、工程设备、施工机具费用。

工程量清单项目人、材、机费用＝∑工作内容的人、材、机费用

⑦ 确定管理费及利润率。

结合企业的具体技术和管理水平，参考相应的造价数据，确定管理费率和利润率。

⑧ 计算综合单价。

清单项目综合单价＝工程量清单项目人、材、机费用＋管理费＋利润

案例3 某基础工程，基础为C25混凝土带形基础，垫层为C15混凝土垫层，垫层底宽度为1400mm，挖土深度为1.80m，挖土总长为220m，土壤类别为三类土。室外设计地坪以下基础的体积为227m³，垫层体积为31m³，弃土运距3km。用清单计价法计算挖基础土方的分部分项工程项目综合单价（含量法）。

解：1. 清单工程量（根据施工图按照计价规范中的工程量计算规则计算的净量）

基础土方挖土总量＝1.4×1.8×220＝554（m³）

2. 综合单价的计算

（1）按照计价规范和现场施工工艺情况分析清单项目挖基础土方的工作内容，工作内容包括人工挖土方、人工装自卸汽车运卸土方（10t），运距3km。

（2）根据施工方案和工艺，计算各工作内容的施工工程量。

① 人工挖土方（三类土，挖深2m以内）的施工工程量。

若假定在施工中需在垫层底面增加操作工作面，其宽度每边0.25m，并且需从垫层底面放坡，放坡系数为0.3。

基础土方挖方总量＝(1.4＋2×0.25＋0.3×1.8)×1.8×220＝966（m³）

② 人工装自卸汽车运卸土方的施工工程量。

基础回填＝人工挖土方量－基础体积－垫层体积＝966－227－31＝708（m³）

剩余弃土＝966－708＝258（m³），由人工装自卸汽车运卸，运距3km。

（3）计算单位含量。

每清单项目含人工挖土、自卸汽车运卸土的工程量。

① 人工挖土方（三类土，挖深2m以内）的单位含量＝$\frac{966}{554}$＝1.7437（m³）；

② 人工装自卸汽车运卸土方的单位含量 $=\dfrac{258}{554}=0.4657$（m³）。

(4) 确定工作内容的消耗量。

① 人工挖土方（三类土，挖深 2m 以内）的消耗量。

人工消耗量为 53.51 工日/100m³，无材料和机械台班消耗。所以，消耗量为：

人工消耗量 $=1.7437\text{m}^3 \times 53.51$ 工日/100m³ $=0.9331$（工日）。

② 人工装自卸汽车运卸土方的单位含量 $=\dfrac{708}{554}=1.2780$（m³）。

人工消耗量为 11.32 工日/100m³，材料消耗量无，机械台班消耗量为 2.45 台班/100m³。所以，人工消耗量 $=0.4657\text{m}^3 \times 11.32$ 工日/100m³ $=0.0527$（工日）；机械消耗量 $=0.4657\text{m}^3 \times 2.45$ 台班/100m³ $=0.0114$（台班）。

(5) 确定人工、机械台班的单价和管理费率及利润率。

确定人工单价为 100 元/工日，10t 自卸汽车台班单价为 400 元/台班。管理费按人工费、材料费和机械费的 10% 计取，利润按人工费、材料费和机械费的 8% 计取。

(6) 工作内容的人、材、机费用的确定。

① 人工挖土方（三类土，挖深 2m 以内）。

人工费 $=0.9331$ 工日 $\times 100$ 元/工日 $=93.31$（元）；

机械费 $=0$ 元；

材料费 $=0$ 元；

人、材、机合计 $=93.31$ 元；

管理费和利润 $=93.31 \times (10\% + 8\%) = 16.80$（元）。

② 人工装自卸汽车运卸土方。

人工费 $=0.0527$ 工日 $\times 100$ 元/工日 $=5.27$（元）；

机械费 $=0.0114$ 台班 $\times 400$ 元/台班 $=4.56$（元）；

材料费 $=0$ 元；

人、材、机合计 $=9.83$ 元；

管理费和利润 $=9.83 \times (10\% + 8\%) = 1.77$（元）。

(7) 清单项目的综合单价。

综合单价 $=(93.31+16.80)+(9.83+1.77)=121.71$（元）

(2) 总量法确定综合单价。

① 确定完成清单项目的工作内容。

根据工程量清单项目的项目特征、项目的实际情况和施工方案、施工工艺参照工程量计算规范，确定完成清单项目所需要的全部工作内容。

② 计算工作内容的施工工程量。

根据一定的计算规则，计算清单项目所含的工作内容的施工工程量。

③ 选择各要素的单价。

根据市场价格信息（考虑一定的风险）和造价咨询，确定人工、材料、工程设备、施工机具等要素的单价。

④ 工作内容的人、材、机费用的确定。

计算清单项目所含工作内容的人工、材料、机械台班费用。计算方法如下：

工作内容的人工费＝∑工作内容施工工程量×人工消耗量标准×人工单价

工作内容的机械费＝∑工作内容施工工程量×机械台班消耗量标准×机械台班单价

工作内容的材料费＝∑工作内容施工工程量×材料消耗量标准×材料单价

⑤ 计算清单项目的人、材、机费用合计。

清单项目的人、材、机费用合计＝∑工作内容的人工费、机械费、材料费

⑥ 确定管理费率和税率及计算方法。

⑦ 确定综合单价。

清单项目综合单价＝清单项目人、材、机、管理和利润合计/清单工程量

案例 4 某基础工程，基础为 C25 混凝土带形基础，垫层为 C15 混凝土垫层，垫层底宽度为 1400mm，挖土深度为 1.80m，挖土总长为 220m。室外设计地坪以下基础的体积为 227m³，垫层体积为 31m³。用清单计价法计算挖基础土方的分部分项工程项目综合单价（总量法）。

解： 1. 清单工程量（根据施工图按照计价规范中的工程量计算规则计算的净量）

基础土方挖土总量＝1.4×1.8×220＝554（m³）。

2. 综合单价的计算

（1）按照计价规范和现场施工工艺情况分析清单项目挖基础土方的工作内容，工作内容包括人工挖土方、人工装自卸汽车运卸土方，运距 3km。

（2）根据施工方案和工艺，计算各工作内容的施工工程量。

① 人工挖土方（三类土，挖深 2m 以内）的施工工程量。

若假定在施工中需在垫层底面增加操作工作面，其宽度每边 0.25m，并且需从垫层底面放坡，放坡系数为 0.3。

基础土方挖方总量＝（1.4＋2×0.25＋0.3×1.8）×1.8×220＝966（m³）。

② 人工装自卸汽车运卸土方的施工工程量。

基础回填＝人工挖土方量－基础体积－垫层体积＝966－227－31＝708（m³）。

剩余弃土＝966－708＝258（m³），由人工装自卸汽车运卸，运距 3km。

（3）确定工作内容的消耗量。

① 人工挖土方（三类土，挖深 2m 以内）的消耗量。

人工消耗量为 53.51 工日/100m³，无材料和机械台班消耗。所以，消耗量为：

人工消耗量＝966m³×53.51 工日/100m³＝516.9066（工日）。

② 人工装自卸汽车运卸土方的消耗量。

人工消耗量为 11.32 工日/100m³，材料消耗量无，机械台班消耗量为 2.45 台班/100m³。所以，人工消耗量＝258m³×11.32 工日/100m³＝29.2056（工日）；机械消耗量＝258m³×2.45 台班/100m³＝6.3210（台班）。

(4) 确定人工、机械台班的单价和管理费率及利润率。

确定人工单价为 100 元/工日，8t 自卸汽车台班单价为 400 元/台班。管理费按人工费、材料费和机械费的 10% 计取，利润按人工费、材料费和机械费的 8% 计取。

(5) 工作内容的人、材、机费用的确定。

① 人工挖土方（三类土，挖深 2m 以内）。

人工费 = 516.9066 工日 × 100 元/工日 = 51690.66（元）；

机械费 = 0 元；

材料费 = 0 元；

人、材、机合计 = 51690.66 元；

管理费和利润 = 51690.66 × (10% + 8%) = 9304.32（元）。

② 人工装自卸汽车运卸土方。

人工费 = 29.2056 工日 × 100 元/工日 = 2920.56（元）；

机械费 = 6.3210 台班 × 400 元/台班 = 2528.40（元）；

材料费 = 0 元；

人、材、机合计 = 5448.96 元；

管理费和利润 = 5448.96 × (10% + 8%) = 980.81（元）。

(6) 清单项目的综合单价。

综合单价 = $\frac{[(51690.66 + 9304.32) + (5448.96 + 980.81)]}{554}$ = 121.71（元）。

2. 含材料暂估价项目综合单价计算

材料暂估价是发包人在工程量清单中提供的，用于支付设计图纸要求必需使用的材料，但在招标时暂不能确定其标准、规格、价格，而在工程量清单中预估到达施工现场的不含增值税的材料价格。当清单项目中含有暂估价材料时，计算其综合单价时需要注意，材料暂估价项目的综合单价中主材价格，应按招标工程量清单提供的材料暂估价计取。

案例 5 某项目，其现浇混凝土独立基础中采用的是 HRB400 直径 20mm 钢筋，钢筋价格（成型钢筋）暂定 5300 元/t。根据造价数据，完成钢筋工程（单位 t），消耗指标：钢筋工 3.7162 工日/t，其他工 0.4844 工期/t，成型钢筋 1.0100t/t，镀锌铁丝 2.998kg/t，其他材料费 0.05%。请根据以上信息确定其综合单价。

投标人根据市场价格信息和询价获得的价格，钢筋工：260 元/工日，普工：220 元/工日，三级螺纹钢（成型钢筋）：5400 元/t、3.8 元/kg。管理费和利润分别按人工费用的 20% 和 25% 计算。综合单价中：

人工费 = 260 × 3.7162 + 220 × 0.4844 = 1072.78（元）；

材料费 = (5300 × 1.01 + 2.998 × 3.8) × (1 + 0.01%) = 5364.93（元）；

管理费 = 1072.78 × 20% = 214.56（元）；

利润 = 1072.78 × 25% = 268.20（元）；

综合单价 = 6920.46（元）。

其综合单价分析表见表 5-7，其中钢筋单价采用 5300 元/t 编制。

表 5-7 钢筋工程综合单价分析表

项目编码	010506001001	项目名称		混凝土基础及联系梁钢筋		计量单位	t
项目特征	\multicolumn{7}{l}{1. 钢筋种类及规格：HRB400φ20（成型钢筋）； 2. 钢筋单价暂定 5300 元/t}
序号	费用项目	单位	数量	计算基础（元）	费率（%）	单价（元）	合价（元）
1	人工费						1072.78
1.1	钢筋工	工日	3.7162			260	966.21
1.2	普工	工日	0.4844			220	106.57
2	材料费						5364.93
2.1	HRB400φ20（成型）	t	1.0100			5300	5353.00
2.2	镀锌铁丝	kg	2.9988			3.8	11.40
2.3	其他材料费			5364.40	0.0100		0.54
3	施工机具使用费						0
4	1＋2＋3 小计						6437.71
5	管理费						214.56
6	利润						268.20
	综合单价						6920.46

3. 含发包人供应材料项目综合计算

发包人供应材料有两种情况：一种是发包人提供材料、承包人不负责安装的清单项目，这种情况下，该清单项目不应列项，自然不需要计算其综合单价，但需要计取相应的总承包服务费；另一种是发包人提供材料、承包人负责安装的清单项目，其清单项目综合单价应包括承包人自身应承担的安装损耗，但不包括发包人提供材料的价格。也就是发包人供应材料本身的价格是不进入到该清单项目综合单价的。但是，当发包人供应材料实际损耗率超过了合同约定损耗率的，综合单价中应考虑发包人供应材料超出有效损耗率的部分。

在《标准施工招标文件》（2007 版）第 2.6.3 条也有类似规定：如果分部分项工程量清单中涉及"发包人提供的材料和工程设备一览表"中列出的材料和工程设备，则该类材料和工程设备供应至现场指定位置的采购供应价本身不计入投标报价，但应将该类材料和工程设备的安装、安装所需要的辅助材料、安装损耗以及其他必要的辅助工作及其对应的管理费及利润计入分部分项工程量清单相应子目的综合单价，并其他项目清单报价中计取与合同约定服务内容相对应的总承包服务费。

案例 6　某项目，其现浇混凝土独立基础中采用的是 HRB400 直径 20mm 钢筋，钢筋价格（成型钢筋）由发包人供应，承包人负责施工，发包人供应材料的有效损耗率为 1%。根据造价数据，完成钢筋工程（单位 t），消耗指标：钢筋工 3.7162 工日/t，其他工 0.4844 工期/t，成型钢筋 1.0100t/t，镀锌铁丝 2.998kg/t，不考虑其他材料费。请根据以上信息确定其综合单价。

投标人根据市场价格信息和询价获得的价格，钢筋工：260元/工日，普工：220元/工日，三级螺纹钢（成型钢筋）：5400元/t、3.8元/kg，为管理费和利润分别按人工费用的20%和25%计算。综合单价中：

人工费＝260×3.7162＋220×0.4844＝1072.78（元）；

材料费＝2.998×3.8＝11.39（元）；

管理费＝1072.78×20%＝214.56（元）；

利润＝1072.78×25%＝268.20（元）；

综合单价＝1566.93（元）。

其综合单价分析表见表5-8，其中钢筋单价采用5300元/t编制。

表5-8　钢筋工程综合单价分析表

项目编码	010506001001	项目名称	混凝土基础及联系梁钢筋	计量单位		t
项目特征	\multicolumn{6}{l}{1. 钢筋种类及规格：HRB400ϕ20（成型钢筋）；2. 钢筋为发包人供应}

序号	费用项目	单位	数量	计算基础（元）	费率（%）	单价（元）	合价（元）
1	人工费						1072.78
1.1	钢筋工	工日	3.7162			260	966.21
1.2	普工	工日	0.4844			220	106.57
2	材料费						11.39
2.1	HRB400ϕ20（成型）	t					0.00
2.2	镀锌铁丝	kg	2.9988			3.8	11.39
2.3	其他材料费						0.00
3	施工机具使用费						0
4	1＋2＋3 小计						1084.17
5	管理费						214.56
6	利润						268.20
	综合单价						1566.93

5.3　清单计价中的费用

5.3.1　建筑安装工程费用构成的演变

1984年9月18日，国务院发布了《关于改革建筑业和基本建设管理体制若干问题的暂行规定》，对我国基本建设管理体制作出改革部署，提出了大力推行工程招标承包制、改革建筑材料供应方式、改革设备供应办法等16项改革措施，从而开始了我国建筑业的改革步伐。此后，国家相关管理部门先后发布了一系列文件，对建筑安装工程费用项目进行了连续性的修正和完善。

1978年由国家建委、财政部发布的《建筑安装工程费用项目划分暂行规定》，将建筑安装工程费用划分为直接费、施工管理费、独立费和法定利润四个部分。当时，国家预算内基本建设投资全部采用拨款方式，建设单位和建筑施工企业作为政府所属企业，完成政府任务即可，建筑安装工程费用的存在主要是为统计政府基本建设投资额而服务的，基本不涉及到企业本身的利益。

1985年国家计委、中国人民银行颁发的《〈关于改进工程建设概预算定额管理工作的若干规定〉等三个文件的通知》（计标〔1985〕352号），将建筑安装工程费用划分为三个部分：直接费、间接费、法定利润。直接费由人工费、材料费、机械使用费、其他直接费组成；间接费由施工管理费和其他间接费组成；法定利润系按照国家规定的法定利润率计取的利润。该文件是在基本建设投资由拨款改为贷款、投资包干责任制、招标承包制、建筑安装企业百元产值工资含量包干制逐步推行的背景下发布的，在建设单位与施工单位存在各自的利益的前提下，此时的建筑安装工程费用项目组成的划分，是工程招标投标、竣工结算的重要依据，对促进我国工程造价管理发挥了重要作用。

1989年建设部、中国人民建设银行印发《关于改进建筑安装工程费用项目划分的若干规定》（建标〔1989〕248号），将建筑安装工程费用划分为四个部分：直接费、间接费、计划利润和税金。同《〈关于改进工程建设概预算定额管理工作的若干规定〉等三个文件的通知》（计标〔1985〕352号）文相比，最大的变化是：①增加了税金。包括营业税、城市维护建设税、教育费附加共三项。②将法定利润改为计划利润，不再计取法定利润和技术装备费。计划利润率作为竞争性费率，由企业根据具体情况在计划利润率内自行确定。在计划经济时代，建筑产品的价格完全由政府控制，反映在建安费用项目的组成上，不仅形成建筑产品实体的人工、材料、机械的消耗量及价格由政府决定，连企业经营管理方面的费用、企业的利润率都由政府决定，建筑安装工程费既不是建筑产品的完整价格，更不能反映建筑产品的价值。

1993年12月，建设部、中国人民建设银行发布《关于调整建筑安装工程费用项目组成的若干规定》（建标〔1993〕894号），根据此文件，建筑安装工程费用包括直接工程费、间接费、计划利润、税金。同《关于改进建筑安装工程费用项目划分的若干规定》（建标〔1989〕248号）文相比，主要变化有：①将直接费改为直接工程费，其内容包括直接费、其他直接费和现场经费。现场经费是新出现的费用项目名称，包括临时设施费、现场管理费。在《关于改进建筑安装工程费用项目划分的若干规定》（建材〔1989〕248号）文中，临时设施费属于其他间接费，没有现场管理费名称，其费用包含在施工管理费中，都属于间接费。经此调整，将它们放入了直接工程费中。现场经费的划分及归类，与我国开始推行项目法施工相适应，体现了项目经理部为组织施工所发生费用的性质。②将间接费划分为企业管理费、财务费用和其他费用。由于原施工管理费中的现场管理人员的费用归入现场经费，剩下的就只是企业管理费。

2003年10月，建设部、财政部联合发布《关于印发〈建筑安装工程费用项目组成〉的通知》（建标〔2003〕206号），对建筑安装工程费用组成再次进行调整，费用项目包括直接费、间接费、利润、税金。直接费由直接工程费和措施费组成，间接费由企业管理费和规费组成。

此次调整的主要变化有：①将《关于调整建筑安装工程费用项目组成的若干规定》（建标〔1993〕894号）文中的"直接工程费"和"直接费"的概念进行对调："直接工程费"包含"直接费"。②取消现场经费的划分，将原现场经费中的临时设施费计入措施费，现场管理费计入间接费中的企业管理费。③将脚手架、混凝土模板及支架等不直接形成工程实体、可多次周转使用的分部分项工程费用计入措施费。④将政府和有关部门规定必须缴纳的工程排污费、定额测定费、社会保障费归集为规费，同企业管理费（包含财务费）一起组成间接费。⑤将计划利润改名为利润。

2013年3月，住房城乡建设部、财政部联合发布《关于印发〈建筑安装工程费用项目组成〉的通知》（建标〔2013〕44号），将建筑安装工程费按费用构成要素划分为人工费、材料费、施工机具使用费、企业管理费、利润、规费和税金；同时，为了与工程量清单计价相适应，指导工程造价专业人员计算建筑安装工程造价，将建筑安装工程费用按工程造价形成顺序划分为分部分项工程费、措施项目费、其他项目费、规费和税金。此次调整的主要特点是：①取消直接费、间接费的划分，将其下的人工费、材料费、施工机具使用费、规费、企业管理费作为一级费用同利润、税金并列；②增加按工程造价形成顺序划分的表述，同国家标准《建设工程工程量清单计价规范》（GB 50500—2013）相一致；③根据相关法律法规对一些费用项目进行了调整：调整了人工费构成及内容；将工程设备费列入材料费；原材料费中的检验试验费列入企业管理费；将仪器仪表使用费列入施工机具使用费；大型机械进出场及安拆费列入措施项目费；将原企业管理费中劳动保险费中的职工死亡丧葬补助费、抚恤费列入规费中的养老保险费；在企业管理费中的财务费和其他中增加担保费用、投标费、保险费；取消意外伤害保险费，增加工伤保险费、生育保险费；在税金中增加地方教育费附加。在建设市场经济体制过程中，经过上述三次调整，建筑安装工程费用组成不断完善。

2016年实施"营改增"后，城市维护建设税、教育费附加、地方教育附加的计算基数均为应纳增值税额（即销项税额－进项税额），但由于在工程造价的前期预测时，无法明确可抵扣的进项税额的具体数额，造成此三项附加税无法计算。因此，根据财政部《关于印发〈增值税会计处理规定〉的通知》（财会〔2016〕22号），城市维护建设税、教育费附加、地方教育附加等均作为"税金及附加"，建筑业"营改增"中，为便于计价，在管理费中核算。2017年，《住房城乡建设部关于加强和改善工程造价监管的意见》（建标〔2017〕209号），扩大人工费的口径：包括工资、津贴、职工福利、劳动保护、社会保险、住房公积金、工会经费、职工教育经费以及特殊情况下的工作。依据2022年财政部、应急管理部发布的《关于印发〈企业安全生产费用提取和使用管理办法〉的通知》（财资〔2022〕136号）中，对原安全文明施工费进行了分拆，分拆成四项费用：临时设施费、文明施工费、环境保护费和安全生产措施费。

5.3.2 建筑安装工程费用构成的演变

根据以上分析，应考虑形成既满足于成本核算、成本管理需要，又满足建设工程计价活动，并适用于"营改增"要求的建筑安装工程费用项目组成。可考虑在《关于印发〈建筑安装工程费用项目组成〉的通知》（建标〔2013〕44号）文的基础上，综合考虑国际工程的通行做法和企业成本核算及管理的要求，建立较为通用的费用项目基础标准。

1. 建筑安装工程费用按构成要素划分

建筑安装工程费用按要素划分为直接成本、间接成本、利润、税金等内容。建筑安装工程费用按构成要素划分组成框架见图 5-1。

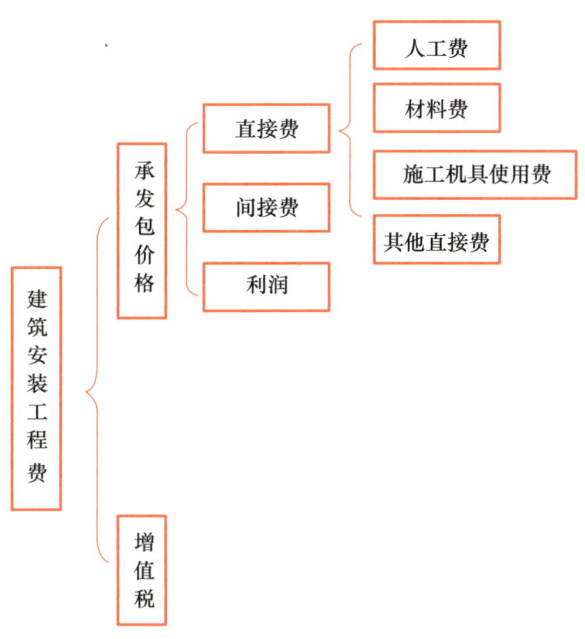

图 5-1 建筑安装工程费用按构成要素划分组成框架

2. 建筑安装工程费用按造价形成划分

按造价形成要兼顾工料单价、清单综合单价及全费用综合单价三种形式。当然，发展的趋势是全费用综合单价。建筑安装工程费用组成思路见表 5-9。

表 5-9 按造价形成划分建筑安装工程费用思路

单价形式		工料单价	清单综合单价	全费用综合单价
建筑安装工程费	承发包价格	分部分项工程费	分部分项工程费	分部分项工程费
		措施项目费	措施项目费	措施项目费
		其他项目费	其他项目费	其他项目费
		管理费	—	—
		利润	—	—
	税金	增值税		—

3. 建设项目总投资费用组成

住房城乡建设部于 2017 年 9 月对《建设项目总投资费用项目组成》进行征求意见。这个征求意见稿对下一步建筑安装工程费用组成的改革有一定的借鉴意义。建设项目总投资是指为完成工程项目建设并达到使用要求或生产条件，在建设期内预计或实际投入的总费用，包括工程造价、增值税、资金筹措费和流动资金。具体构成见图 5-2。

在图 5-2 中，增值税采用了价税分离的方式，工程造价就是价格（不含增值税的价格），增值税单独计列（包括工程费、工程建设其他费和预备费的增值税）。建筑安装工程费采用了

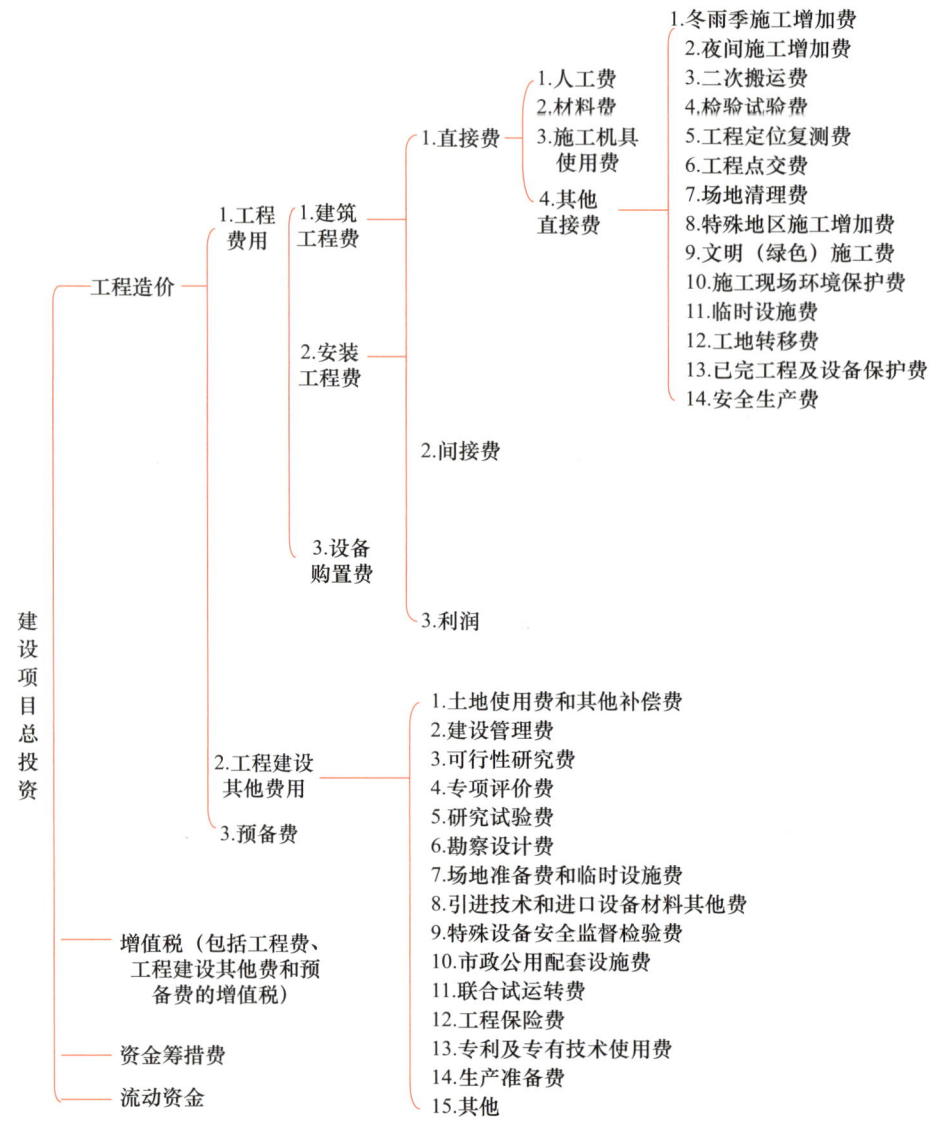

图 5-2　建设项目总投资费用项目组成

直接费、间接费和利润的形式,而不是采用分部分项工程费、措施项目费、基地项目费的形式。这是有一定道理的,造价形成费用组成与不同的单价形式有关,不同的单价、费用组成的形式也不相同,而且进行投资估算或设计概算时,采用分部分项工程费、措施项目费和其他项目费的形式还容易混淆暂列金额和预备费。

5.3.3　清单费用组成

按照"24版清单计价标准",清单费用组成包括:分部分项工程费、措施项目费、其他项目费和增值税四部分。清单项目费用组成见图5-3。图5-3中需要注意以下两点:

(1) 按单价计价措施项目费用可以计列到分部分项工程费用中;

(2) 其他项目费中的专业工程暂估价作为一个完整的独立单元计价,其已经包括了增值税和相应措施项目。

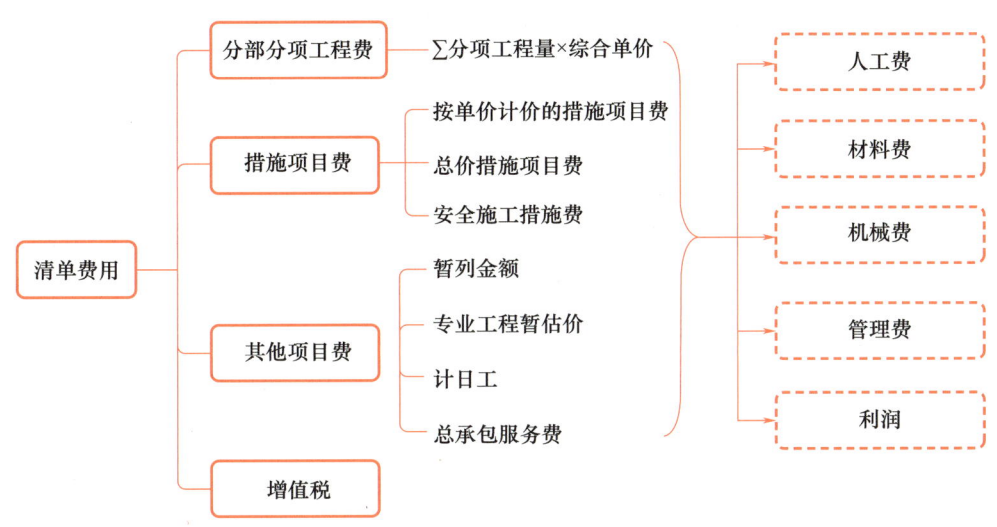

图 5-3 清单项目费用组成

1. 分部分项工程费用及综合单价中的费用组成

分部分项工程是分部工程、分项工程的总称。分部工程是单位工程的组成部分，是按施工部位、路段长度、施工特点或施工任务、材料类别等将单位工程划分的若干个项目单元；分项工程是分部工程的组成部分，是按不同施工方法、工序、材料、工种等将分部工程划分的若干个项目单元。其发生的费用为分部分项工程费。

分部分项工程费的计算关键在于确定综合单价。综合单价中的费用包括：

（1）人工费。人工费（全口径人工费）是指支付给直接从事建筑安装工程施工作业的生产工人的各项费用。包括工资、津贴、奖金、加班加点工资、特殊情况下支付的工资以及社会保险费、住房公积金、劳动保护费、职工福利费、工会经费、职工教育经费等。

（2）材料费。材料费是指工程施工过程中耗费的各种原材料、半成品、构配件、工程设备等的费用，以及周转材料等的摊销、租赁费用。材料费是包括工程设备费的，由材料原价、运杂费、运输损耗费、采购及保管费组成。

（3）施工机具使用费。施工机具使用费包括施工机械使用费和仪器仪表使用费。施工机具使用费是指施工作业所发生的施工机械、仪器仪表使用费或其租赁费。施工机械使用费通常由折旧费、检修费、维护费、安拆费及场外运费、人工费、燃料动力费和其他费用组成。仪器仪表使用费是指工程施工所需使用的仪器仪表的摊销及维修费用，由折旧费、维护费、校验费和动力费组成。

（4）企业管理费。企业管理费是指施工企业组织施工生产和经营管理所发生的费用。包括以下几部分。

① 管理人员工资性费用，是指按规定支付给管理人员的计时工资、奖金、津贴补贴、加班加点工资、特殊情况下支付的工资以及社会保险费、住房公积金、劳动保护费、职工福利费、工会经费、职工教育经费等。

② 办公费，是指企业管理办公用的文具、纸张、账簿、印刷、邮电、书报、办公软件、

现场监控、会议、水电、烧水和集体取暖降温（包括现场临时宿舍取暖降温）等费用。当采用一般计税方法时，办公费中增值税进项税额的扣除原则是：以购进货物适用的相应税率扣减，其中购进自来水、暖气、冷气、图书、报纸、杂志等适用的税率为9%，接受邮政和基础电信服务等适用的税率为9%，接受增值电信服务等适用的税率为6%，其他一般为13%。

③ 差旅交通费，是指职工因公出差、调动工作的差旅费、住勤补助费，市内交通费和误餐补助费，职工探亲路费，职工退休、退职一次性路费，工伤人员就医路费，工地转移费以及管理部门使用的交通工具的油料、燃料等费用。

④ 固定资产使用费，是指管理和试验部门及附属生产单位使用的属于固定资产的房屋、设备、仪器等的折旧、大修、维修或租赁费。当采用一般计税方法时，固定资产使用费中增值税进项税额的扣除原则：购入的不动产适用的税率为9%，购入的其他固定资产适用的税率为13%。设备、仪器的折旧、大修、维修或租赁费以购进货物、接受修理修配劳务或租赁有形动产服务适用的税率扣除，均为13%。

⑤ 工具用具使用费，是指企业施工生产和管理使用的不属于固定资产的工器具、家具、检验、试验、测绘、消防用具等的购置、维修和摊销费。当采用一般计税方法时，工具用具使用费中增值税进项税额的扣除原则：以购进货物或接受修理修配劳务适用的税率扣减，均为13%。

⑥ 检验试验费，是指施工企业按照有关标准规定，对建筑以及材料、构件和建筑安装物进行一般鉴定、检查所发生的费用，包括自设试验室进行试验所耗用的材料等费用。不包括新结构、新材料的试验费，对构件做破坏性试验及其他特殊要求检验试验的费用和建设单位委托检测机构进行检测的费用，对此类检测发生的费用，由建设单位在工程建设其他费用中列支。但对施工企业提供的具有合格证明的材料进行检测不合格的，该检测费用由施工企业支付。当采用一般计税方法时，检验试验费中增值税进项税额以现代服务业适用的税率6%扣减。

⑦ 财务费，是指企业为施工生产筹集资金或提供预付款担保、履约担保、职工工资支付担保等所发生的各种费用。

⑧ 税金，是指除增值税之外的企业按规定缴纳的房产税、非生产性车船使用税、土地使用税、印花税、消费税、资源税、环境保护税、城市维护建设税、教育费附加、地方教育附加等各项税费。

⑨ 其他管理费，包括技术转让费、技术开发费、投标费、业务招待费、绿化费、广告费、公证费、法律顾问费、审计费、咨询费、保险费（含财产险、工程质量保证险等）、劳动力招募费、数据处理或使用费等。

（5）利润。利润是指施工企业从事建筑安装工程施工所获得的盈利，由施工企业根据企业自身需求并结合建筑市场实际自主确定。在确定利润时，可以人工费、材料费和施工机具使用费之和，或以人工费、人工费与施工机具使用费之和作为计算基数，利润率根据历年积累的工程造价资料，并结合建筑市场实际、项目竞争情况、项目规模与难易程度等确定，或参考类似工程项目利润率,以单位(单项)工程测算。

2. 措施项目费用

措施项目是为完成工程项目施工,发生于施工准备和施工及验收过程中的技术、生活、安全生产、环境保护等方面的项目。措施项目发生的费用为措施项目费。根据现行工程量计算标准,措施项目通常按项计量。如房屋建筑与装饰工程工程量计算标准中的措施项目(见表 5-10)。

表 5-10　房屋建筑与装饰工程措施项目

项目编码	项目名称	单位	工作内容
011601001	脚手架	项	搭设脚手架、斜道、上料平台,铺设安全网,铺(翻)脚手板,转运、改制、维修维护,拆除、堆放、整理、外运、归库等
011601002	垂直运输	项	垂直运输机械进出场及安拆,固定装置、基础制作、安装,行走式机械轨道的铺设、拆除,设备运转、使用等
011601003	其他大型机械进出场及安拆	项	除垂直运输机械以外的大型机械安装、检测、试运转和拆卸,运进、运出施工现场的装卸和运输,轨道、固定装置的安装和拆除等
011601004	施工排水	项	提供满足施工排水所需的排水系统,包括设备安拆、调试及配套设施的设置等;设备运转、使用等
011601005	施工降水	项	提供满足施工降水所需的降水系统,包括设备安拆、调试及配套设施的设置等;设备运转、使用等
011601006	临时设施	项	为进行建设工程施工所需的生活和生产用的临时建筑物、构筑物和其他临时设施,包括临时设施的搭设、移拆、维修、清理、拆除后恢复等,以及因修建临时设施应由承包人所负责的有关内容
011601007	文明施工	项	施工现场文明施工、绿色施工所需的各项措施
011601008	环境保护	项	施工现场为达到环保要求所需的各项措施
011601009	安全生产	项	施工现场安全施工所需的各项措施
011601010	冬雨季施工增加	项	在冬季或雨季施工,引起防寒、保温、防滑、防潮和排除雨雪等措施的增加,人工、施工机械效率的降低等内容
011601011	夜间施工增加	项	因夜间或在地下室等特殊施工部位施工时,所采用照明设备的安拆、维护、照明用电及施工人员夜班补助、夜间施工劳动效率降低等内容
011601012	特殊地区施工增加	项	在特殊地区(高温、高寒、高原、沙漠、戈壁、沿海、海洋等)及特殊施工环境(邻公路、邻铁路等)下施工时,弥补施工降效所需增加的内容
011601013	二次搬运	项	因施工场地条件及施工程序限制而发生的材料、构配件、半成品等一次运输不能到达堆放地点,必须进行二次或多次搬运所发生的内容
011601014	已完工程及设备保护	项	建设项目施工过程中直至竣工验收前,对已完工程及设备采取的必要保护措施
011601015	既有建(构)筑物、设施保护	项	在工程施工过程中,对既有建筑物、构筑物及地上、地下设施进行的遮盖、封闭、隔离等必要临时保护措施

根据现行的工程量计算标准,措施项目通常按总价计价方式进行计价,其中安全生产措施费按有关规定确定。所以,措施项目费用=Σ各项措施项目费。其费用组成也包括人工费、材料费、机具使用费、管理费和利润等。

措施项目费用包括履行合同责任和义务、全面完成工程所发生的不限于下列费用：

（1）工地内及附近临时设施、临时用水、临时用电、通风排气及其他同类费用；

（2）在地下空间（地下室、暗室、库内、洞内等）、高层或超高层建筑、有害身体健康的环境、恶劣气温气候、冬雨季、交叉作业等环境下进行施工所需的措施费用；

（3）施工中的材料堆放场地整理、工程用水加压、施工雨（污）水排除、建筑施工及生活垃圾外运及消纳（已列入拆除和修缮工程分部分项工程项目清单除外）、成品保护、完工清洁和清场退场等费用；

（4）满足政府主管部门有关安全生产措施要求所需的费用，包括执行其要求引起的相关安全生产措施费用；

（5）除按本标准第8.3.2条、第8.3.4条规定的措施项目费用可调整外，完成暂列金额清单项目所需的措施费用；

（6）承包人为履行合同责任和义务所发生的其他措施费用。

3. 其他项目费用

其他项目清单一般包括：暂列金额、专业工程暂估价（含增值税）、计日工和总承包服务费，其他项目清单发生的费用即为其他项目费。其他项目费的组成也包括人工费、材料费、机具使用费、管理费和利润。

（1）暂列金额包括在合同总价中，用于招标时尚未能确定或详细说明的工程、服务和工程实施中可能发生的合同价款调整等所预留的费用。

（2）专业工程暂估价是含增值税的价格。包括合同约定工程范围内发包人或设计图纸要求发生的、招标时发包人暂不能明确要求的专业工程的含增值税的暂估款项，不包括发包人直接发包的专业工程。

（3）计日工包括承包人按发包人的指令所完成、但不宜按合同约定的工程量计算标准及本标准规定的计价规则进行计量与计价，而采用合同约定的计日工单价方式进行计量与计价的零星工程或工作所发生的费用。

（4）总承包服务费包括承包人对发包人提供材料、合同范围内由发包人委托非承包人实施的暂估价专业分包工程、合同范围外的发包人直接发包且非承包人实施的专业工程提供总承包服务收取的费用，应包括利润。承包人自行分包的专业工程和劳务工程不应计算总承包服务费。

5.4 清单计价中建筑信息模型应用

5.4.1 建筑信息模型的应用价值

建筑信息模型（BIM）作为一种数字化技术，正在深刻改变建筑行业的全生命周期管理方式。其核心价值不仅体现在技术层面，更在于对流程、协作和决策模式的革新。BIM的价值已超越工具属性，成为建筑行业数字化转型的核心引擎。其真正优势在于将碎片化的工程知识转化为可计算、可迭代的数据资产，推动行业从"经验驱动"迈向"数据驱动"。建筑信息模型的应用价值主要体现在以下几个方面。

1. 全生命周期协同管理

（1）打破信息孤岛：通过统一的三维数据模型，集成设计、施工、运维各阶段数据，实现跨专业（建筑、结构、机电等）实时协作。例如，MEP工程师可直接在模型中调整管线标高，避免与结构冲突。

（2）设计版本控制与追溯：所有修改记录可追溯，减少传统图纸传递中的设计版本混乱问题。如某国际机场项目通过BIM记录5万次变更，节省了30%的协调时间。

2. 精准成本与进度控制

（1）4D或5D模拟：将时间（4D）和成本（5D）数据融入模型，实现施工进度动态模拟。上海某大厦通过BIM模拟优化了超高层施工顺序，缩短工期8个月。

（2）工程量自动统计：模型自动生成工程量清单，误差率从传统方法的5%～10%降至1%以内。某地铁项目利用BIM节省了2000小时算量时间。

3. 风险前置与冲突化解

（1）碰撞检测：自动识别设计冲突，施工前解决90%以上管线碰撞问题。迪拜某综合体项目通过BIM避免了1200处现场返工。

（2）安全模拟：可视化分析施工风险，如塔吊路径规划、临边防护设置。香港某工地应用BIM后安全事故率下降40%。

4. 可持续性与运维赋能

（1）能耗仿真优化：整合能耗分析工具，助力绿色建筑认证。新加坡某零能耗建筑通过BIM优化光伏布局，提升发电效率15%。

（2）数字化运维：交付模型包含设备参数、维护周期等信息。某机场运维阶段通过BIM定位故障设备，响应速度提升60%。

5. 行业转型催化剂

（1）适配工程总承包模式：BIM支撑工程总承包模式下的深度协同，某EPC项目通过BIM将设计变更减少70%。

（2）推进标准化建设：推动构件库、编码体系等标准化建设，国内CIM平台逐步整合BIM数据，助力智慧城市发展。

5.4.2　建筑信息模型应用场景

建设工程计量计价活动可应用建筑信息模型技术，数据格式应符合国家相关标准。

1. 工程量清单编制

（1）自动化算量。利用BIM模型直接提取构件工程量（如混凝土体积，钢筋长度等），减少人工误差。

（2）清单关联。将BIM模型构件与清单项目编码（如分部分项工程编码）绑定，生成标准化工程量清单。

2. 最高投标限价与投标报价编制

（1）快速组价。利用BIM模型提取的工程量数据，结合市场价格信息和工程造价数据库，生成招标控制价并确定最高投标限价，减少对造价管理部门计价定额的依赖，弱化职能部门对建设工程发承包双方合同价格确定的干预。

（2）动态报价。利用 BIM 模型识别关键工程部位，分析施工措施方案，优化投标报价，降低工程管理的风险，体现承包人技术优势和成本控制能力。

3. 合同工程计量与合同价款期中支付

（1）4D 进度关联。将 BIM 模型与施工进度计划结合，自动提取已完工程部位的工程量实现合同工程计量，并通过模型直观展示已完工程，减少计量争议。

（2）进度款自动申报与支付。结合 BIM 模型生成已完工程量报告作为期中支付的依据，记录各阶段审核结果，确保支付过程可追溯。

4. 合同价款调整

（1）量化变更影响。通过 BIM 模型自动对比工程变更前后的工程量差异，生成变更费用报告，作为合同价款调整的支撑依据。

（2）通过 BIM 模型模拟工程施工过程中的风险，评估风险成本，辅助合同价款中风险分担条款的制定。

5. 工程结算支付与合同价款争议

（1）竣工模型对比。通过竣工 BIM 模型与招标模型的差异分析，快速识别工程量偏差，辅助结算审核。

（2）争议证据可视化。利用 BIM 模型云端储存相关联的计价数据，客观还原争议事件，并且可以通过模型展示争议部位施工状态，辅助技术鉴定。

6. 工程计价成果与档案管理

数据标准化储存。将 BIM 模型与计价成果按标准归档储存，确保满足长期审计需求。

5.4.3 建筑信息模型应用要求

（1）工程量清单编制应用建筑信息模型的，应依据招标人提供的、由设计单位完成的建筑信息模型、招标图纸和招标文件规定使用的国家及行业工程量计算标准，进行工程计量及编制工程量清单。

（2）工程实施过程的进度款支付、工程变更、施工过程结算、竣工结算等计量与计价活动中应用建筑信息模型技术的，应依据发包人提供的、由设计单位完成的建筑信息模型或经发包人审批的承包人完成的建筑信息模型进行计量与计价。

（3）BIM 模型数据格式应符合国家相关标准，确保与计价软件、项目管理平台的兼容性。

（4）模型应用应能实现建设工程各相关方的协同工作、信息共享。模型应用应贯穿建设工程全生命期，也可以根据工程实际情况在某一阶段或环节内应用。

（5）模型应用宜采用基于工程实践的建筑信息模型应用方式（P-BIM），并应符合国家相关标准和管理流程的规定。

（6）模型创建、使用和管理过程中，应采取措施保证信息安全。

（7）BIM 软件宜具有查验模型及其应用符合我国相关工程建设标准的功能。

（8）对 BIM 软件的专业技术水平、数据管理水平和数据互用能力宜进行评估。

5.5 计价成果及档案管理

5.5.1 归档成果

1. 计价表格

工程计价表格宜采用统一格式。各省、行业建设主管部门可根据本地区、本行业的实际情况，在"24版清单计价标准"附录B～附录G工程计价表格的基础上补充完善。工程计价表格的设置应满足工程计价的需要及方便使用的要求。

招标工程量清单、最高投标限价、投标报价、竣工（过程）结算的编制宜使用以下表格。

（1）招标工程量清单相关表格见表5-11。

表5-11 招标工程量清单表格

招标工程量清单	B.1.1 招标工程量清单封面
	C.1.1 招标工程量清单扉页
	表D.1.1 最高投标限价编制（审核）说明
	表D.4.1 工程量清单计算规则说明
	表E.1.1 工程项目清单汇总表
	表E.2.1 分部分项工程项目清单计价表
	表E.2.3 材料暂估单价及调整表
	表E.3.1 措施项目清单计价表
	表E.4.1 其他项目清单计价表 表E.4.2 暂列金额明细表 表E.4.3 专业工程暂估价明细表 表E.4.4 计日工表 表E.4.5 总承包服务费计价表 表E.4.6 直接发包的专业工程明细表
	表E.5.1 增值税计价表
	表G.1.1 发包人提供材料一览表
	表G.2.1-1 承包人提供可调价主要材料表一 或表G.2.1-2 承包人提供可调价主要材料表二

注意事项：

① 扉页应按规定的内容填写、签字、盖章。受委托编制工程量清单的工程造价咨询人，应由造价专业人员编制并签字，由一级注册造价工程师审核并签字及盖章、法定代表人或其授权人签字或盖章、编（审）单位盖章。

我国对造价专业人员实行分级管理，分为一级造价工程师和二级造价工程师。《造价工程师职业资格制度规定》第二十六条规定了一级造价工程师的执业范围包括建设项目全过程的工程造价管理与咨询等，具体工作内容：

a. 项目建议书、可行性研究投资估算与审核，项目评价造价分析；

b. 建设工程设计概算、施工预算编制和审核；

c. 建设工程招标投标文件工程量和造价的编制与审核；

d. 建设工程合同价款、结算价款、竣工决算价款的编制与管理；

e. 建设工程审计、仲裁、诉讼、保险中的造价鉴定，工程造价纠纷调解；

f. 建设工程计价依据、造价指标的编制与管理；

g. 与工程造价管理有关的其他事项。

第二十七条规定了二级造价工程师主要协助一级造价工程师开展相关工作，可独立开展以下具体工作：

a. 建设工程工料分析、计划、组织与成本管理，施工图预算、设计概算编制；

b. 建设工程量清单、最高投标限价、投标报价编制；

c. 建设工程合同价款、结算价款和竣工决算价款的编制。

第二十八条规定：造价工程师应在本人工程造价咨询成果文件上签章，并承担相应责任。工程造价咨询成果文件应由一级造价工程师审核并加盖执业印章。对出具虚假工程造价咨询成果文件或者有重大工作过失的造价工程师，不再予以注册，造成损失的依法追究其责任。

② 工程计量说明填写要求。

工程量清单计算规则说明应明确工程量清单项目的详细计算规则。采用国家及行业工程量计算标准的，应明确相应国家及行业标准的名称及编号；根据工程项目特点补充完善计算规则的，应列明工程量清单的详细计算规则。

招标工程量清单编制（审）说明宜按下列内容填写：

a. 工程概况：建设规模、工程特征、计划工期、施工现场实际情况、自然地理条件、环境保护要求等；

b. 招标工程范围；

c. 工程量清单编制依据；

d. 工程质量、材料、施工等的特殊要求；

e. 其他需要说明的问题。

（2）最高投标限价、投标报价、竣工（过程）结算表格如下。

① 最高投标限价的编制相关表格见 5-12。

表 5-12 最高投标限价表格

最高投标限价	B.2.1 最高投标限价封面
	C.2.1 最高投标限价扉页
	表 D.1.1 最高投标限价编制（审核）说明
	表 D.4.1 工程量清单计算规则说明
	表 E.1.1 工程项目清单汇总表
	表 E.2.1 分部分项工程项目清单计价表
	表 E.2.2-1 分部分项工程项目清单综合单价分析表 或表 E.2.2-2 分部分项工程项目清单综合单价分析表（简版）

续表

最高投标限价	表 E.2.3 材料暂估单价及调整表
	表 E.3.1 措施项目清单计价表 表 E.3.2 措施项目清单构成明细分析表
	表 E.4.1 其他项目清单计价表 表 E.4.2 暂列金额明细表 表 E.4.3 专业工程暂估价明细表 表 E.4.4 计日工表 表 E.4.5 总承包服务费计价表 表 E.4.6 直接发包的专业工程明细表
	表 E.5.1 增值税计价表
	表 G.1.1 发包人提供材料一览表
	表 G.2.1-1 承包人提供可调价主要材料表一 或表 G.2.1-2 承包人提供可调价主要材料表二

② 投标报价相关表格见表 5-13。

表 5-13　投标报价表格

投标报价	B.3.1 投标总价封面
	C.3.1 投标总价扉页
	表 D.2.1 投标报价填报说明
	表 D.4.1 工程量清单计算规则说明
	表 E.1.1 工程项目清单汇总表
	表 E.2.1 分部分项工程项目清单计价表
	表 E.2.2-1 分部分项工程项目清单综合单价分析表 或表 E.2.2-2 分部分项工程项目清单综合单价分析表（简版）
	表 E.2.3 材料暂估单价及调整表
	表 E.3.1 措施项目清单计价表 表 E.3.2 措施项目清单构成明细分析表 表 E.3.3 措施项目费用分拆表 表 E.3.4 大型机械进出场及安拆费用组成明细表
	表 E.4.1 其他项目清单计价表 表 E.4.2 暂列金额明细表 表 E.4.3 专业工程暂估价明细表 表 E.4.4 计日工表 表 E.4.5 总承包服务费计价表 表 E.4.6 直接发包的专业工程明细表
	表 E.5.1 增值税计价表
	表 G.1.1 发包人提供材料一览表
	表 G.2.1-1 承包人提供可调价主要材料表一 或表 G.2.1-2 承包人提供可调价主要材料表二

③ 竣工（过程）结算相关表格见表5-14。

表5-14 竣工（过程）结算表格

竣工（过程）结算	表B.4.1 竣工（过程）结算书封面
	表C.4.1 竣工（过程）结算扉页
	表D.3.1 竣工（过程）结算编制（审核）说明
	表D.4.1 工程量清单计算规则说明
	表E.1.1 工程项目清单汇总表
	表E.2.1 分部分项工程项目清单计价表
	表E.2.3 材料暂估单价及调整表
	表E.3.1 措施项目清单计价表
	表E.4.1 其他项目清单计价表 表E.4.2 暂列金额明细表 表E.4.3 专业工程暂估价明细表 表E.4.4 计日工表 表E.4.5 总承包服务费计价表 表E.4.6 直接发包的专业工程明细表
	表E.5.1 增值税计价表
	表E.6.1 竣工（过程）结算汇总表
	表E.7.1 分部分项工程项目清单缺陷调整表
	表E.7.2 安全生产措施项目清单缺陷调整表
	表E.8.1 计日工竣工（过程）结算汇总表
	表E.8.2 计日工竣工（过程）结算明细表
	表E.9.1 法律法规及政策性变化计价汇总表
	表E.10.1 变更汇总表
	表E.11.1 工程索赔计价汇总表
	表F.1.1 工程计量申请（核准）表 表F.2.1 预付款支付申请（核准）表 表F.3.1 进度款支付申请（核准）表 表F.4.1 施工过程结算款支付申请（核准）表 表F.5.1 竣工结算款支付申请（核准）表 表F.6.1 工程保修与结清结算支付申请（核准）表 表F.7.1 费用索赔申请（核准）表
	表G.1.1 发包人提供材料一览表
	表G.2.1-1 承包人提供可调价主要材料表一 或表G.2.1-2 承包人提供可调价主要材料表二

注意事项：

① 扉页应按规定的内容填写、签字、盖章。受委托编制最高投标限价、投标报价、竣工（过程）结算的工程造价咨询人，应由造价专业人员编制并签字，由一级注册造价工程师审核并签字及盖章、法定代表人或其授权人签字或盖章、编制单位盖章。

② 最高投标限价编制说明、投标报价填报说明、竣工（过程）结算编制说明宜按下列内容填写：

a. 工程概况：建设规模、工程特征、计划工期、合同工期、实际工期、施工现场及变化情况、施工组织设计的特点、自然地理条件、环境保护要求等；

  b. 编制依据；

  c. 工程量清单计算规则说明：应与招标工程量清单说明相对应。

  ③ 投标人应按招标文件的要求，附工程量清单综合单价分析表。综合单价分析表是用于说明综合单价构成的表格，可以作为分析综合单价合理性的依据，在合同履行中可以作为调整合同价格的依据和参照。

2. 工程计价资料

（1）发承包双方管理人员在合同约定的职责范围内签字确认的书面文件应是工程计价的有效凭证，但如有其他有效证据或经实证证明其是虚假的除外。

（2）发承包双方不论在何种场合对与工程计价有关的通知、批准、证明、证书、指示、指令、要求、请求、同意、意见、确定和决定等，均应采用书面形式，以作为工程计价的有效凭证。口头指令不应作为计价凭证，但有证据证明承包人已按口头指令完成施工的除外。

（3）任何书面文件送达时，应由对方签收。任何一方合同当事人指定的送达方式和接收地址发生改变的，应提前3d以书面形式通知对方，随后通信信息应按新地址发送。

（4）发承包双方均应按规定签收另一方通过约定的送达方式送达至接收地址的来往文件。拒不签收的，送达信函的一方可以采用公证方式送达，所造成的费用增加（包括被迫采用特殊送达方式所发生的费用）和（或）延误的工期由拒绝签收一方承担。

（5）书面文件和通知不得扣压，一方能够提供证据证明另一方拒绝签收或已送达的，应视为对方已签收并应承担相应责任。

3. 计价成果归档

（1）工程造价咨询人出具的工程量清单、最高投标限价、投标报价、工程计量、合同价款调整和期中支付、工程结算与支付等工程造价成果文件，应由造价专业人员编制，由一级注册造价工程师审核签字并加盖执业专用章。

（2）发承包双方分别向对方发出的任何书面文件，均应将其抄送现场管理人员，如系复印件应加盖合同工程管理单位印章，证明与原件相同。发承包双方现场管理人员向对方所发任何书面文件，应将其复印件发送给发承包双方，复印件应加盖合同工程管理单位印章，证明与原件相同。

（3）发承包双方以及工程造价咨询人应将具有保存价值的各种载体的计价文件收集齐全，整理立卷后归档。归档可在项目实施过程分阶段进行，也可在项目竣工结算完成后进行。

5.5.2 档案管理

发承包双方和工程造价咨询人应建立完善的工程计价档案管理制度，并应符合国家和有关部门规定的档案管理相关要求。

1. 档案保存

（1）如工程造价咨询人接受发包人或承包人委托提供工程计量与计价服务的，工程造价咨询人应依据相关规定对工程计量与计价文件进行归档，归档资料保存期不应少于5年。

（2）归档的工程计价成果文件应包括纸质原件和电子文件，其他归档文件及依据可为纸质原件、复印件或电子文件。归档的工程计价成果电子文件应满足标准数据接口的相应要求。

2. 档案移交

向接收单位移交档案时，应编制移交清单，移交、接收双方应签字并盖章后方可交接。

第6章　招标工程量清单

工程量清单是建设工程文件中载明项目编码、项目名称、项目特征、计量单位、工程数量等的明细清单。工程量清单应按分部分项工程项目清单、措施项目清单、其他项目清单、增值税分别编制及计价。招标工程量清单是招标人依据国家标准、招标文件、设计文件以及施工现场实际情况编制的，随招标文件发布、供投标报价的工程量清单，包括编制说明、工程量计算规则使用说明、工程量清单及计价表格等。

招标工程量清单是招标文件的组成部分。工程量清单计价是以工程量清单作为投标人投标价格和合同协议书签订时合同价格的载体，在合同协议书签订时，已标价的工程量清单的全部或者绝大部分内容被赋予合同约束力。工程量清单计价的适用性不受合同形式的影响。实践中常见的单价合同和总价合同两种主要合同形式，均可以采用工程量清单计价，区别仅在于工程量清单中所填写的工程量的合同约束力。采用单价合同形式时，工程量清单是合同文件必不可少的组成内容，其中的工程量一般具备合同约束力，工程款结算时按照实际发生的工程量进行调整。对总价合同形式，工程量清单中的工程量不具备合同约束力，工程量以合同图纸的标示内容为准，工程量以外的其他内容一般均赋予合同约束力，以方便合同变更的计量和计价。

6.1　编制主体及责任划分

招标人可自行编制招标工程量清单也可以委托工程造价咨询人编制工程量清单。与"13版清单计价规范"相比，"24版清单计价标准"更注重招标人或造价咨询人的编制能力要求，确保编制的专业性和准确性。对委托的工程造价咨询人更强调编制能力，取消了造价资质的要求。同时，总则1.0.4中明确，工程造价咨询人出具的工程量清单等工程造价成果文件，应由造价专业人员编制，由一级注册造价工程师审核签字并加盖执业专用章。在弱化对造价咨询公司资质要求的同时，提高了对造价工程师执业资格要求。

招标人是进行工程建设的主要责任主体，工程量清单应由招标人编制。若招标人不具有编制工程量清单的相应专业技术和编制能力，可委托工程造价咨询人编制。工程造价咨询人应就其编制的工程量清单质量，向招标人负责。工程造价咨询人是指依法参加建设工程造价咨询工作，具备提供工程造价咨询服务能力，具有法人资格，能独立承担民事责任的咨询企业及其合法继承人。

6.1.1　招标人自行编制的能力要求

招标工程工程量清单的编制是一项专业性很强的工作，工程量清单的质量直接影响招标的效果和合同的履行，如果工程量清单存在缺陷，往往为将来合同价款的结算带来争议。因此，招标人能否自行编制出高质量的招标工程量清单，需要具有一定的能力，这个能力的关键就在于造价专业人员的配备。如《招标投标法实施条例》第十条规定：招标投标法第十二条第二款规定的招标人具有编制招标文件和组织评标能力，是指招标人具有与招标项目规模和复杂程度相适应的技术、经济等方面的专业人员。

招标人自行编制招标工程量清单是一项专业性极强且责任重大的工作。如果招标人决定自行编制而非委托专业的造价咨询机构，那么必须具备以下核心能力要求：

（1）深厚的专业知识和技能。必须熟练掌握国家及项目所在地现行的工程量清单计价标准和工程量计算标准，深刻理解其原则、规定、项目划分、编码规则、计量单位和计算规则。对各类工程（土建、安装、市政、园林等）的工程量计算规则有透彻的理解和精准的把握，能根据图纸准确计算工程量。能够准确、清晰、完整地描述清单项目的特征，包括工作内容、材料规格型号、施工工艺、特殊要求等，使投标人能够据此准确报价，避免歧义和后期争议。描述必须符合规范要求且满足计价需求。能够根据工程图纸、技术规范、招标范围，科学合理地设置清单项目，做到不重不漏、项目划分清晰、层次分明。

（2）扎实的工程技术基础。具备极强的识图能力，能够准确理解建筑、结构、给排水、暖通、电气、景观等各专业施工图纸的设计意图、构造做法和细部要求。熟悉各类工程的主要施工方法、工艺流程、材料性能和质量标准，理解项目特征描述与实际施工的对应关系。了解常用建筑材料的规格、性能、价格水平和市场情况。

（3）熟悉相关法律法规和标准。熟悉《招标投标法》及其实施条例、《政府采购法》等，确保清单编制过程及内容符合法定要求。了解国家及地方关于工程造价管理、计价依据、费用构成、税金计算等的最新政策规定。熟悉与项目相关的设计规范、施工验收规范、安全文明施工规范等，确保清单要求符合标准。

（4）丰富的工程实践经验。拥有同类或类似工程的工程量清单编制或审核经验，能够预见常见问题、易错点和潜在风险。对工程造价的构成、影响因素、控制方法有深入理解，能从造价控制角度合理设置清单项目和要求。了解清单缺陷可能引发的变更和索赔，能在编制阶段尽量规避风险。

（5）熟练的软件应用能力。熟练使用主流算量软件进行三维建模和工程量计算，并能对软件计算结果进行复核。熟练使用与清单编制配套的计价软件进行清单编制、项目特征录入、组价和报表输出。

（6）严谨细致的工作态度和责任心。工程量清单关系到合同价格和结算。编制人员必须具备极强的责任心，对每一个数据、每一项描述都反复核对，力求零差错。工程量计算和项目特征描述涉及海量细节，需要极大的耐心和细致入微的工作态度，避免漏项、错项、计量错误、描述不清等问题。深刻认识到清单错误可能带来的法律风险、经济风险和工期风险。

（7）良好的沟通协调能力。需要与设计人员、技术人员、项目管理人员等进行充分沟通，理解设计意图、技术要求和招标范围，解决图纸疑问。需要站在投标人的角度思考，确保编制的清单清晰、完整、无歧义，便于投标人准确理解和报价。

招标人自行编制的关键考虑因素。

（1）团队能力：招标人内部是否拥有一个具备上述所有能力的稳定、专业的造价团队。单靠个别人难以保证大型复杂项目的清单质量。

（2）资源投入：自行编制需要投入大量专业人力、时间和软件资源，成本可能不低。

（3）责任与风险：招标人需自行承担因清单错误导致的一切后果（如投标人质疑投诉、报价不平衡、结算纠纷、索赔甚至流标）。

（4）项目复杂度：对于技术复杂、专业性强、规模大的项目，自行编制的难度和风险极高。

招标人完全具备自行编制高质量招标工程量清单的能力，需要满足的条件极其严格，需要一支精通规范、技术扎实、经验丰富、熟练使用软件、严谨负责、沟通良好的专业造价团队。对于绝大多数招标人（尤其是非专业开发单位或小型项目业主）而言，委托具有相应资质和丰富经验的造价咨询机构编制工程量清单，通常是更专业、更可靠、风险更低的选择。如果决定自行编制，必须投入足够的资源并确保团队能力完全达标，且应建立严格的内部审核机制。

编制一份项目齐全、数量准确、特征描述清晰完整、符合规范、无歧义的工程量清单，能为后续的招标投标、合同签订和工程结算奠定坚实的基础。

6.1.2 工程清单质量责任主体

根据合同相对性原则，造价咨询人对其委托方即招标人工程量清单的专业性和准确性负责，招标人对其发出的工程量清单准确性和专业性负责（单价合同）。实践中，招标人的成本管理人员对其委托的造价咨询人编制的工程量清单进行复核。

复核要点：合同形式、编制依据、工程界面是否与招标文件及拟定合同约定一致。表 6-1 为某招标人招标工程量清单复核要点。

表 6-1　某招标人招标工程量清单复核要点

复核要点	复核具体内容
编制依据	依据的图纸版本号与合同一致，计价计量规则的充分性和有效性
清单完备性	清单完备（包括汇总表、计价表、综合单价分析表、措施费明细表、主要材料价格表及计日工报价表等，根据具体招标项目需要而定），明确报价计量计价原则，统一报价口径
清单描述	清单项的特征和工作内容一致
清单要求是否明确	清单中有对规格、型号、标准的明确要求
发包人供材料/设备情况	清单中明确了相应的发包人供应的材料、设备或其他要求

在控制招标工程量清单质量时可参照《建设工程造价咨询成果文件质量标准》（CECA/GC7—2012）中的有关规定。

1. 过程文件的组成和要求

工程量清单编制的过程文件应包括工程造价咨询合同、工作计划及实施方案、编制人的工作底稿、审核人的审核工作底稿、审定人的审定工作底稿、与工程量清单成果文件形成相关的电子版文件、设计交底和会议纪要、材料暂估单价或专业工程暂估价或暂列金额确认书、确认工程范围相关的文件、使用或移交的资料清单等。

编制人的工作底稿应包括工程量计算书。审核人和审定人的工作底稿应包括工程量计算或复核书等。

工程量清单使用或移交的资料清单应明确文件存档或移交的单位，其内容包括招标图、确认招标工程范围的相关文件、材料及专业工程暂估价确认单，影响工程量清单编制的其他相关资料和其他计价依据等。

2. 质量评定标准

工程量清单成果文件的格式应符合相关规定。同口径下，在同一招标项目中，工程量清单中项目特征描述错误的子目数量占工程量清单全部子目数量的比例应小于3%。相同口径下，在同一招标项目中，因工程量清单错误造成该招标项目最高投标限价的综合误差率应小于5%。

6.2 工程量清单编制的对象与原则

6.2.1 基于合同标的的工程量清单

1. 引导以"合同标的"为对象编制工程量清单

为进一步适应市场化需求，遵循市场交易习惯，提倡以"合同标的"为单位编制工程量清单，不再仅仅以单项工程、单位工程为工程量清单编制对象进行列项编制。"合同标的"是指合同法律关系的客体，是合同当事人权利和义务共同指向的对象。从遵循市场交易习惯向按工程实际发生费用规律的实践应用出发，引导招标人按合同标的物编制列项。

实践中，一个实际建设工程项目中一般是由多个单项工程（多栋楼、路段），每个单项工程由多个专业的单位工程组成，而措施项目一般以合同标的进行统一设置考虑（同样的，其他项目清单中也会存在类似情形），例如：施工现场搭建的临时设施，包括各类办公、宿舍、食堂、厕所、浴室、仓库和其他临时用房以及施工作业区临时性加工棚和围挡，是从服务于整个工程项目建设需要统筹考虑，而不是只服务于某栋楼或某个专业或某路段。临时设施费是从完成整个工程项目施工所发生的所有费用去计取，这样施工方案的制定和费用的计取两者的口径保持了一致，更加符合此类费用计取习惯，同时费用归类更加合理，有利于数据统一，便于数据积累。

案例1 某招标人在招标文件明确，合同标的为某11万 m^2 住宅小区的总承包工程，该标段由4栋高层、3栋洋房、6栋底商、非人防车库和人防车库组成，工程内容为建筑装饰装修工程、结构工程、给排水工程、电气工程等作为编制对象进行编制，见表6-2。

以其中高层业态56#楼、57#楼、62#楼、63#楼为例，按合同标的的要求，按单项工程列项（单独楼栋），在工程量清单中，按各单项工程对分部分项工程进行列项编制。

表 6-2　某地产房建项目一期建安工程投标范围

工程名称：××项目四期建安工程

序号	业态	栋号明细		建筑面积（m²）	备注
		栋号	范围		
1	高层	56#楼	地上	11564.55	
			地下	716.76	
		57#楼	地上	13308.24	
			地下	820.80	
		62#楼	地上	15314.97	
			地下	1044.34	
		63#楼	地上	14343.60	
			地下	1003.54	
2	洋房	59#楼	地上	1514.55	
			地下	296.16	
		60#楼	地上	3211.15	
			地下	592.32	
		61#楼	地上	3586.54	
			地下	662.10	
3	商业	57#楼		2694.44	
		58#楼		657.68	
		60#楼		471.41	
		61#楼		572.30	
		62#楼		3128.53	
		63#楼		3629.16	
4	地下室	非人防地下室		26935.06	
		人防地下室		5880.29	
合计				111948.49	

2. 有利于相同项目特征和工作内容的清单项目报价的一致性

在同一合同下，不同建筑实体，但相同业态、相同项目特征、工作内容的清单项目综合单价报价要统一。在同一合同下，不同建筑实体、相同工作内容，以合同标的物（建筑单体）为编制对象，统一列项，统一报价。实际操作中经常出现同一合同下，不同建筑实体、相同工作内容报价不一致的情况，给后期变更、结算等工作带来不必要的纠纷，从而给项目带来不必要的风险因素，影响项目的顺利交付。从交易习惯上看，相同的工作内容实际只需要有一个报价，以工程量清单为主线编制可以有效改善这一现状。

如表 6-3 所示，某房地产项目清单，3 号清单与 4 号清单，业态相同、规模相近，相同项目特征和工作内容的清单项目应具有相同的综合单价。3 号清单中 C20 现浇混凝土构造柱与 4 号清单中 C20 混凝土构造柱的综合单价都是 573.24 元/m³，避免了出现两个价格，一高一低。如果出现价格一高一低的情况，结算时发包人往往要求按低的综合单价结算。

表 6-3 某房地产项目清单示例

单价编号	项目	单位	综合单价	3号清单：1#住宅		4号清单：2#住宅	
				工程量	合价	工程量	合价
二	混凝土、钢筋及模板工程				8430317.05		2183583.08
（一）	混凝土工程				2976853.42		1906116.62
土建 21053	C20 混凝土构造柱	m^3	573.24	95.79	54910.58	58.20	33362.52
土建 21055	C20 混凝土过梁、压顶	m^3	616.89	33.91	20918.73	20.20	12461.17
土建 21068	C30 混凝土墙体	m^3	533.40	183.15	97691.74	115.45	61580.73
土建 21070	C35 混凝土墙体	m^3	557.63	183.04	102069.40	57.65	32147.62
土建 21072	C40 混凝土墙体	m^3	581.87	91.52	53252.87	57.65	33544.88
土建 21074	C45 混凝土墙体	m^3	606.11	68.64	41603.28	57.66	34948.21
土建 21076	C50 混凝土墙体	m^3	642.46	49.21	31615.65	25.41	16325.01

3. 措施项目按合同标的编制更具有合理性

措施项目按与完成整体工程项目相关、但与完成分部分项工程项目清单无关的费用项目进行列项，以保障所形成的措施项目费用与承包人的相关发生费用相符合。例如临时设施费、大型机械进出场、脚手架等措施项目在施工现场一般都是以合同标的为单位进行整体施工方案的考虑，不会因为不同专业而设计不同的施工方案。施工方案整体作用于合同标的下的建设项目，所以措施项目以合同标的为单位编制更利于报价。

4. 有利于总承包人进行分包单元划分

当建设项目规模扩大、技术复杂度提高，单一承包商难以完成全部工程，需通过专业分工和资源整合实现高效管理。对工程进行合理划分标段、合约界面，以优化资源、协同进度。

按法定优先、有约从约的原则，招标人对建设项目整体的合约进行分判，将每个合约作为招标对象进行发包，同时作为清单工程量编制的对象。

常见的有，地铁项目按专业进行划分，分为土建标段、轨道标段、机电标段、信号标段等，商业综合体按专业和单位工程进行划分，分为主体结构工程、幕墙工程、精装修工程等合约。

清单计价标准明确了以合同标的为编制对象，通过科学的合约分判和合同条款约定，实现资源整合、风险可控、效率提升，其核心在于以合同为纽带，构建多方协作的生态系统，最终保障建设项目在成本、质量、工期目标上的平衡。表 6-4 为某房建项目建安成本部分合约规划分判表。

表 6-4 某房建项目建安成本部分合约规划分判表

科目编号	科目名称	合约编号	合同或费用	合约规划名称
成本.D	建安成本			
成本.D.1	主体工程			
成本.D.1.1	基础工程			
			合同	土方合同
			合同	基坑围护工程合同

续表

科目编号	科目名称	合约编号	合同或费用	合约规划名称
			合同	地基基础处理合同
成本.D.1.2	结构及粗装修			
			合同	施工总承包合同
			合同	钢筋供应合同（如甲供）
			合同	钢结构、雨棚等工程合同
			合同	商品混凝土采购合同（如甲供）
			合同	防水供货合同（如甲供）
			合同	防水分包合同
			合同	环氧地坪合同

5. 有利于各合约界面之间界面闭合

工程合约界面指的是同一建设项目中相互依赖和制约的合同之间，在工程范围、施工内容、施工区域、施工工序的界定和划分。

工程界面划分要达到不同施工内容闭合且不重复，能够满足合约分判的需要，可指导各项目招标采购、合约规划编制、合同签订工作的开展。

以专业的人防设备供货及安装合同与土建总承包合同界面为例（见表6-5），说明如何进行及划分。

表6-5 某合同界面

工程（合同）名称	土建总承包单位	专业分包单位
人防设备供应及安装合同	1. 总承包单位负责完成人防门、人防设备安装工程的相关预留、预埋； 2. 负责人防工程相关设备用房内电源控制柜出线端以前的电气工程	1. 负责供货、安装、调试及验收； 2. 负责人防工程相关设备用房内电源控制柜出线端以后的电气工程

6.2.2 工程量清单编制原则

1. 统一计量模式

（1）工程量计算规则说明应明确工程量清单使用的国家及行业工程量计算标准，以及根据工程实际需要补充的工程量计算规则等，以统一计量规则，避免计量规则争议。

按有约从约的原则，在合同计价条款或清单编制说明中，应明确清单编制依据"24版清单计价标准"及某行业计算标准。

当招标人以"24版清单计价标准"为基础制定企业标准工程量清单时，会在编制说明中，特意明确除本清单列示的工程量清单计算规则外，均以"24版清单计价标准"为准。当工程量清单中各项关于计量规则及内容的约定与定额计价通则及计价规范矛盾时，以工程量清单中的计量规则及说明为准。

（2）根据工程实际需要补充的工程量计算规则。清单编制要求与合同一致，计量规则明确，对需要补充说明的，在清单编制说明中补充说明计算规则。如易出现争议的钢筋计算规则，需要明确钢筋计算必须使用广联达软件，注意统一选取：损耗模板（不计算损耗）、计算规则（平法规则选用）、汇总方式（按中轴线计算钢筋长度）、弯钩设置（按图元抗震考虑）。

（3）依据设计图纸及技术标准规范的要求，遵循清单项目"列项明确、边界清晰、便于计价和支付"的原则进行编制，可按正常施工程序编排清单项目、按工程量计算标准的规定进行清单列项，工程量清单编码宜从小到大排列。

2. 统一报价规则

按"法定优先、有约从约"的原则，在清单编制规则中对投标人报价进行统一约定，对容易发生争议的方法报价进行明确，作为统一报价的基础。常见的投标报价约定如下。

（1）总价合同投标中，投标人须对清单内各类型所列的计价项目的清单项进行复核，若投标单位复核清单时发现差异，应在增补清单中提出，如未提出则招标人将认为各投标人已认可本招标清单内清单项，结算时固定总价不再调整。

（2）单价合同投标中，如遇图纸做法与清单项目特征不一致的情况，报价按清单工作内容及特征描述进行综合考虑。

（3）对于措施项目报价的说明：措施项目费除单列部分，其他已在清单的综合单价中综合考虑，结算时均不调整。

（4）对综合单价的约定：投标人投标报价时填写工程量报价清单中的"综合单价"，综合单价及合价应为不含增值税的税前全费用价格，由人工费、主料费、辅材费、施工机具使用费、管理费、利润等组成，包括相应清单项目约定或合理范围的风险费，以及不可或缺的辅助工作所需的费用；清单项目的税金应填写在增值税中，但其他项目清单中的专业工程暂估价已含增值税，工程量清单的增值税中不应再计取相应税金。

3. 风险承担原则

投标人在施工方案编制、工程经验、工程计价等方面比招标人更有优势，而招标人对招标需求、工程概况、工程内容的理解更深，招标人与投标人中更容易将风险控制在最低限度内的角色应该承担该风险，这有利于鼓励双方发挥自身管理价值，降低工程风险发生的概率，提高工程建设效益。

根据"谁的责任谁承担""谁的风险能力强谁承担"的原则，计价标准取消"计价定额""常规施工方案"作为工程量清单编制依据，提升招标文件优先级，并针对单价合同、总价合同的清单准确和完整性的责任进行区分。

（1）招标人根据工程实际情况编制的招标工程量清单应用于总价合同的，其清单项目和工程数量应视为与招标图纸和技术标准规范相符，存在工程量清单缺陷的，承包人应承担工程量清单缺陷的补充完善责任，工程量清单缺陷不做调整。

（2）编制的招标工程量清单应用于单价合同的，其清单项目列项、项目特征的工作内容及其工程数量应视为符合招标图纸和技术标准规范的要求，存在分部分项工程项目清单缺陷的，应由招标人承担相关清单缺陷责任，工程量清单缺陷应进行调整。

（3）不论单价合同或总价合同，措施项目清单的准确性与完整性由投标人负责，投标人认为需要增加措施项目的，可在措施项目中补充列项及报价，否则措施项目清单在结算时将不再调整。

6.3 工程量清单编制的要求与依据

6.3.1 工程量清单编制要求

工程量清单的清单项目应根据设计图纸及技术标准规范、相关工程国家及行业计量与计价标准的规定编制。工程量清单根据工程项目特点进行补充完善、另行约定计量方式或采用其他清单形式的，应在招标文件和合同文件中对其工程量计算规则、计量单位、适用范围、工作内容等予以说明。

企业可以根据自身需求、市场规律、项目业态、工程实际等情况进行管理优化，可对相关工程国家及行业工程量计算标准补充完善或另行约定计量方式或采用其他清单形式（实物量清单、地产清单、港式清单等），但应在招标文件和合同文件中按附录 D.4 填写《工程量清单计算规则说明》，列明工程量清单的项目编码、项目名称、计算规则、项目特征、计量单位、工作内容等，作为发承包双方的定价依据及合同价格调整依据。

无论采用单价合同还是总价合同，分部分项工程项目清单的项目编码、项目名称、项目特征、计量单位、工作内容应按国家及行业工程量计算标准和补充工程量清单计算规则进行编制；措施项目清单的项目编码、项目名称、工作内容应按国家及行业工程量计算标准编制。工程量清单计算规则说明见表 6-6。

表 6-6　工程量清单计算规则说明

工程名称：××建设项目

1. 本工程采用《房屋建筑与装饰工程工程量计算标准》(GB/T 50854—2024)、《通用安装工程工程量计算标准》(GB/T 50856—2024) 等进行列项以及工程量计算；
2. 补充清单按照以下说明进行列项以及工程量计算：

项目编码	项目名称	项目特征	计量单位	工程量计算规则	工作内容
01B001	模塑聚苯板保温线条	1. 部位：外墙 2. 材质：模塑聚苯板 3. 规格：50×100 4. 密度：20kg/m³	m	以保温线条中心线长度计算。	基层清理，画线，铺设网格布，裁剪，粘贴安装。
	略				

注：1 采用国家及行业工程量计算标准的，应明确相应国家及行业标准的名称及编号；
　　2 根据工程项目特点补充完善计算规则的，应列明工程量清单的详细计算规则。

分部分项工程项目清单的项目编码、项目名称、项目特征、计量单位、工作内容应按国家及行业工程量计算标准和补充工程量清单计算规则进行编制；措施项目清单的项目编码、项目名称、工作内容应按国家及行业工程量计算标准编制。要便于计价和价款支付。

1. 便于计价

为了实现工程量清单编制和列项便于计价的原则，清单的列项、计量单位、项目特征、工程数量、清单项目排序及编码等需要按下列要求编制：

（1）清单列项及其计量单位，应与合同规定适用的现行国家及行业工程量计算标准的计

量法相符合;

(2) 清单项目特征描述,应按招标图纸及技术规范所要求的工程项目进行编制,并与合同规定适用的现行国家及行业工程量计算标准的项目特征描述编制法相符合;

(3) 清单的工程数量,应按合同规定适用的现行国家及行业工程量计算标准的工程量计算规则进行计量;

(4) 清单的清单项目排序,应与承包人执行施工的正常施工程序相符合;

(5) 清单的清单项目编码,应从小到大编排,并与合同规定适用的现行国家及行业工程量计算标准的编码相符合。

2. 便于支付

在工程量清单编制满足上文要求的同时,工程量的计算以合同标的,按不同建筑实体分别计算工程量。在工程计价时,以现场工程形象进度比例或数量等计算实际完成的工程量,再乘以分部分项工程单价、措施费按合同要求及进度支付,达到便于支付的原则。

实操中,工程款进度支付的计价与合同工程量清单价格链接等方式,方便根据形象进度计算实际完成产值新增产值、累计产值,通过更新形象进度计算每次实际完成工程产值、累计完成产值,以便于支付。

6.3.2 工程量清单编制依据

1. 招标工程量清单的编制依据

(1) "24版清单计价标准"以及国家及行业相关工程量计算标准;

(2) 国家或省级、行业建设主管部门颁发的工程量计算与计价相关规定,以及根据工程需要补充的工程量计算规则;

(3) 招标文件、拟订的合同条款及其相关资料;

(4) 工程招标图纸及其相关资料;

(5) 与建设工程有关的技术标准规范;

(6) 施工现场情况、地勘水文资料、工程特点及交付标准;

(7) 其他相关资料。

2. 编制依据的理解

(1) 取消了原计价规范编制依据中"国家或省级、行业建设主管部门颁发的计价定额和办法",调整为"国家及省级、行业建设主管部门颁发的工程计量与计价相关规定,以及根据工程需要补充的工程量计算规则",引导招标人以工程量清单要素为主线进行列项编制。

(2) 将"招标文件、拟订的合同条款及其相关资料"调整到第3款,使招标文件优先级提升。

(3) 取消原计价标准中"常规施工方案"作为工程量清单编制依据的有关条款。工程落地可实施的施工方案应由投标人根据自身的装备水平、技术水平和管理水平来制定。招标人常规的施工方案不能代表实际实施的施工方案,招标人编制措施项目清单的时候可参考类似工程的措施项目以及常规的施工工艺、顺序及生活、安全、环保、临设、文明施工等非工程实体方面的要求进行编制列项，作为投标人投标报价的参考，投标人根据自身制定的具体施工方案进行补充完善。

（4）"相关地勘水文资料"是指招标人应提供给投标人的项目周边环境与地质水文所涉及的所有资料，包含地貌、水文地质条件、土和岩石的物理力学性质等信息，便于投标人全面了解项目周边环境和招标工程地质条件，制定配套措施方案后进行正确的报价。

6.4 招标工程量清单编制

6.4.1 工程量清单编制准备工作

招标工程量清单编制的相关工作在收集资料包括编制依据的基础上，需进行如下工作。

（1）初步研究。对各种资料进行认真研究，为工程量清单的编制做准备。主要包括：

① 熟悉"24版清单计价标准"、国家及行业工程量计算标准、当地计价规定及相关文件；熟悉设计文件，掌握工程全貌，便于清单项目列项的完整、工程量的准确计算及清单项目的准确描述，对设计文件中出现的问题应及时提出。

② 熟悉招标文件、招标图纸，确定工程量清单编审的范围及需要设定的暂估价；收集相关市场价格信息，为暂估价的确定提供依据。

③ 对"24版清单计价标准"缺项的新材料、新技术、新工艺，收集足够的基础资料，为补充项目的制定提供依据。

（2）现场踏勘。为了解常规的施工工艺、顺序，准确计算工程量，需进行现场踏勘，以充分了解施工现场情况及工程特点，主要对以下两方面进行调查。

① 自然地理条件：工程所在地的地理位置、地形、地貌、用地范围等；气象、水文情况，包括气温、湿度、降雨量等；地质情况，包括地质构造及特征、承载能力等；地震、洪水及其他自然灾害情况。

② 施工条件：工程现场周围的道路、进出场条件、交通限制情况；工程现场施工临时设施、大型施工机具、材料堆放场地安排情况；工程现场邻近建筑物与招标工程的间距、结构形式、基础埋深、新旧程度、高度；市政给排水管线位置、管径、压力，废水、污水处理方式，市政、消防供水管道管径、压力、位置等；现场供电方式、方位、距离、电压等；工程现场通信线路的连接和铺设；当地政府有关部门对施工现场管理的一般要求、特殊要求及规定等。

6.4.2 工程量清单封面及扉页

招标工程量清单的封面和扉页相当于清单的面子工程，具体格式要求详见"24版清单计价标准"的B.1招标工程量清单封面和C.1招标工程量清单扉页（见表6-7），扉页应按规定的内容填写、签字、盖章。受委托编制工程量清单的工程造价咨询人，应由造价专业人员编制并签字，由一级注册造价工程师审核并签字及盖章、法定代表人或其授权人签字或盖章、编（审）单位盖章。

表 6-7　招标工程量清单扉页

某地产房建项目一期建安工程

招标工程量清单

工程造价：_____

招标人：_____　　　　　　　咨询人：_____
　　　　　　（单位盖章）　　　　　　　　　　　　　　（单位资质专用章）

法定代表人：_____　　　　　法定代表人：_____

或其委托代理人：_____　　　或其委托代理人：_____
　　　　　　　　（签字或盖章）　　　　　　　　　　　　　（签字或盖章）

编制人：_____　　　　　　　复核人：_____
　　　　（造价人员签字盖专用章）　　　　　　　　（造价工程师签字盖专用章）

编制时间：_____年___月___日　　　　　　　复核时间：_____年___月___日

6.4.3　招标工程量清单编制说明

编制说明应列明工程概况、招标（或合同）范围、编制依据等；工程量计算规则说明应明确工程量清单使用的国家及行业工程量计算标准，以及根据工程实际需要补充的工程量计算规则等。

清单编制说明时，实际编制清单中不同招标人的提法可能不同，比如投标报价说明、总说明、编制说明等，但实质内容一致。下面就常见的清单编制说明进行介绍。

1. 工程概况

对工程建设地址、建设规模（总建筑面积、楼栋数、单体数量等说明）、结构形式等进行简要说明，工程概况须与招标文件一致。以某地产项目概况为例，见表 6-8。

表 6-8　某地产房建项目一期招标编制说明——工程概况

一、	工程概况	
1	建设地址：××市××区×××	
2	建设规模：暂定总建筑面积为 11 万 m^2（其中地上住宅面积：62843.6m^2；商铺建筑面积：11153.52m^2；地下建筑面积 37951.37m^2；地下室 2 层）。	
3	结构形式：框架剪力墙结构	
4	工程招标范围：详招标文件	
5	工程分包范围：详招标文件	

2. 招标范围

同招标文件的招标范围，一般如果招标文件对招标范围明确、工作界面明确的情况下，此处可以不做赘述。

很多情况下，招标文件的招标范围只对工程部位、专业进行说明的情况下，清单编制说明需对招标范围明确。对专业工程进行发包时，对招标项目的期区、标段、楼层、工程部位、具体范围进行明确，如"某项目二期一标段1#~6#楼铝合金门窗供货及安装工程"，见表6-9。

表6-9　某地产房建项目二期招标编制说明——工程承包范围

二、	工程承包范围（具体详见总包合同约定范围）
1	本工程量包括结构工程、建筑工程、安装工程、油漆工程、防水工程、附属工程、室外工程等部分
(1)	土方工程：对于无CFG桩、桩基础工程，土方工程分包单位预留垫层底以上约200mm土层厚度，该部分土方由总承包单位进行人工清理及外运；对于有CFG桩或桩基础工程：土方工程分包单位预留垫层底以上约600mm土层厚度，该部分土方由总承包单位进行清理及外运；基坑土方开挖过程中人工配合抄底、基坑开挖完成后基底明水排放
(2)	地下室结构工程
(3)	主体结构工程
(4)	室内粗装修工程：楼梯间、地下车库（包括其中的各类设备房间、洗手间等）、电梯机房、公共走廊、室外公共露台（含屋面平台）等装修按设计图纸完成（要求另行进行精装除外）；除地下室外其他商品房进户门内以毛坯房为准
(5)	防潮（水）工程
(6)	屋面工程
(7)	住宅外装修工程（面砖等）
(8)	强电及给排水工程
(9)	弱电、消防预留预埋
(10)	工程承包范围补充部分
(11)	高低压变配电系统（设备含高压电缆、高低压柜、变压器、户表段电缆及表柜）不含在总包范围内，由专业单位单独分包；具体范围以合同范围为准
(12)	给水系统：外墙外1.5m处至户内末端，不含各户水表及表前表后阀。排水系统：排水由室内至室外第一口井（散水沟）处
(13)	所有甲方供应材料中标单位应按各地的规定实施送检，费用由中标单位承担
(14)	智能化（弱电）工程、通风及消防工程独立分包，其线管、盒的预埋，弱电箱留洞，多媒体箱空箱体预埋，金属线槽（桥架）安装等由总包负责
(15)	总包单位负责所承包范围内的防火封堵、防水封堵，且该部分防火封堵工作不影响消防专项验收
(16)	总承包单位为所有分包单位提供水电接驳点
(17)	材料供应：除注明外，其他总包范围内材料、设备均由总包单位供应，包括甲定乙供（指定品牌、指定价格）材料、设备；甲定乙供（指定品牌、指定价格）设备及材料范围详见合同

如果招标范围不能完全明确，可通过工程界面进行划分。

例如工程中常见的土建总包与专业分包之间，经常发生范围不清、界面不明导致的纠纷，如门窗塞缝、密封胶、成品保护等，通过界面划分进行明确，并在工程量清单列项中予以明确。

市场化下招标人会根据企业合约规划和发包模式的需求，制定招标人自己的工程界面划分标准。对土建总承包与各专业分包之间、安装总承包与各专业分包之间、各专业分包之间等制定界面分明、互相闭合的工程界面标准，并将工程界面划分纳入到工程量清单中，有效减少各合约的范围划分争议。某地产项目工程界面见表6-10。

表 6-10　总包工程与门窗工程界面表

总分包界面划分

土建总承包单位	合同类型	
	本项工程界面	其他工程界面
1. 总承包单位需根据图纸预留门窗洞口，宽、高尺寸偏差需小于 10mm。 2. 当附框（无附框时为主框）与洞口间预留缝隙超过 20mm 时（无论是发包人要求还是总承包单位洞口偏差），总承包单位须对门窗洞口进行两次抹灰，第一次抹灰（超过 30mm 时需浇筑细石混凝土）至距离附框（无附框时为主框）20mm 处，第二次抹灰为附框（无附框时为主框）周围塞缝完成后进行的收口。 3. 本工程的铝合金（塑钢）门窗采用有（有或无）附框安装方式，采用有附框安装工艺时，附框与洞口间的塞缝采用防水砂浆，由总承包单位负责，附框与主框间采用发泡剂塞缝，由铝合金（塑钢）门窗分包单位负责；采用无附框安装工艺时，铝合金（塑钢）门窗框与洞口间采用发泡剂（发泡剂或防水砂浆）塞缝，由铝合金（塑钢）门窗分包（分包单位或总承包单位）负责。 4. 防火门、入户门、单元门 单位负责其门框内的混凝土、砂浆等材料填充。 5. 总承包单位负责门窗接收后的成品保护。 6. 总承包单位负责预留外门窗防雷接地钢板或钢筋。 7. 总承包单位在入户门收口时的相关工序、做法按《专项技术标准》执行	1. 负责门窗系统深化设计、制作、安装、调试、检测及验收等； 2. 铝合金（塑钢）门窗、百叶工程单位负责门窗检测；负责淋水试验（淋水时长满足规范要求）；负责窗框与涂料、真石漆类墙体交接处密封胶施工，窗框与外墙石材幕墙接缝处的密封胶由门窗分包单位负责施工； 3. 按照合同完成成品保护措施，移交总包	1. 窗框与外墙石材幕墙接缝处的密封胶由门窗分包单位负责施工； 2. 石材幕墙、栏杆、涂料单位施工时，加强管理，采取可靠措施，避免对门窗工程造成损坏

3. 清单编制依据

（1）工作量计算规则。按国家级行业工程量计算标准，一般按"24 版清单计价标准"及行业工程量计算标准，对"24 版清单计价标准"或行业工程量计算标准未明确的，在清单编制说明进行补充说明。

案例 2　某房建项目总承包清单编制说明中，除清单计价表中明确的工程量计算规则，对易发生争议的土建计量规则进行补充说明（见表 6-11），避免了计量争议。

表 6-11　土建规则补充说明

三、	清单编制要求及依据
1	工程量计算规则：详见全费用清单计价表，若清单没有列项的子目，工程量计算规则按"24 版清单计价标准"及其配套文件执行
四、	土建部分编制补充说明
1	模板工程设置在分部分项实体清单中，不包含在措施费中；后浇带模板各种混凝土后浇带子目中后浇带模板支撑周期费、清理费等所有费用已综合包含模板费中
2	钢筋计算问题
（1）	必须使用广联达软件，注意统一选取：损耗模板（不计算损耗），计算规则（16G 平法规则），汇总方式（按中轴线计算钢筋长度），弯钩设置：按图元抗震考虑。
（2）	钢筋根数设置如下： （1）有加密区和非加密区要求的箍筋根数：加密区按"四舍五入＋1"，非加密区按"向上取整－1"设置，无加密区和非加密区要求的箍筋按"四舍五入＋1"设置； （2）板分布筋根数按"向下取整＋1"设置； （3）连梁侧面纵筋需按"向下取整"设置； （4）其余钢筋根数均按"四舍五入＋1"设置

续表

四、		土建部分编制补充说明
	(3)	钢筋接头（焊接、机械连接接头等）、搭接（含施工搭接及设计搭接）、钢筋搭接区（含施工搭接及设计搭接）的箍筋加密均包含在相应项目单价中，不单独计算工程量
	(4)	框架梁、非框架梁、基础主次梁原位标注钢筋遇支座做法应设置为"遇支座连续通过"
	(5)	本工程设计图纸表示的 φ6 的钢筋，如果实际无法购买，导致施工使用 φ6.5 钢筋代替，请投标单位自行在报价中考虑，本清单工程量按设计图纸 φ6 钢筋计算
	(6)	现浇构件中的措施钢筋，如固定位置的支撑钢筋、双层钢筋用的"铁马"、伸出构件的锚固钢筋、预制构件的吊钩等，全部在措施项目费用中考虑，不在钢筋工程量中体现
	(7)	二次结构中的墙体拉结筋，考虑在结构钢筋中
3		楼梯、台阶地面抹灰以水平投影面积计算。楼梯、台阶块料面积以实铺的水平投影面积计算；楼梯面积包括踏步和休息平台；楼梯、台阶与楼地面分界以最后一个踏步外沿加 300mm 计算。楼梯底面抹灰工程量（包括楼梯休息平台）按水平投影面积计算，有斜平顶的乘以系数 1.3；无斜顶的（锯齿形）乘以系数 1.5 计算
4		防水工程中防水加强层、附加层、搭接不再计算工程量，此部分费用综合单价中综合考虑。其中楼（地、屋，不含地下室顶板）面涂膜防水：按主墙间净空面积计算，防水反边高度≤300mm 的部分不单独计算工程量。反边高度＞300mm 算作墙面防水，只计算超出 300mm 高度范围外的工程量
5		所有外墙滴水条的费用包含在抹灰报价中
6		内外墙、地砖工程不区分大面积或零星，综合报价
7		楼梯间踏步费用已包含挡水条费用，汽车坡道地面费用包含防滑条费用
8		预制楼梯按座计算，制作安装费用综合考虑
9		所有门窗砂浆填缝由投标单位自行考虑在抹灰报价中
10		本次招标所有地上、地下腻子均为成品腻子
11		为配合营销节奏所产生费已包含到措施费中，措施费单价包干不得调整
12		天棚、混凝土墙面、混凝土柱梁达到不抹灰要求，投标单位综合考虑相关费用包含在模板综合单价中
13		凸出混凝土柱、梁、墙面的构件模板，并入相应构件按接触面积计算，模板增加费由投标人在相关项目中综合考虑
14		本工程混凝土输送方式综合，相关费用投标人在投标报价时综合考虑，结算时不得因输送方式不同而调整价格
15		本工程抗渗混凝土为达到相应抗渗等级所用外加剂的费用包含在相应清单项目中，由投标人在投标报价时综合考虑
16		本工程非抗震、抗震螺纹钢筋不分开列项由投标人在相关螺纹钢筋清单项目中综合考虑

（2）图纸。工程量清单对应的图纸的版本号一定要明确，避免编制清单与图纸不对应。

同时在编制工程量清单时，造价人员可以对图纸进行校核，如设计说明是否满足规范的要求，选材及材料尺寸是否有调整优化的空间，平立剖是否有冲突，详图做法是否有缺失等方面。实现设计阶段的成本前置管控，降本增效。

（3）其他。与建设工程有关的技术标准规范、施工现场情况、相关地勘水文资料、工程特点及交付标准等也是清单编制重要依据，在清单列项、措施费编制时将重点讲述。

4. 报价说明

（1）合同形式。

报价说明中可注明合同形式采用单价合同还是总价合同，措施费是否包干；该处的描述须与合同约定一致。

总价合同：总价合同通常总价包干，分部分项工程项目和措施项目均不予调整。安全生产措施费应按国家及省级、行业主管部门的相关规定计价总价包干。

总价合同的适用条件：①施工图完整、设计深度满足工程施工和工程量清单编制要求，工程范围和界面明确；②建设规模较小、工期较短（1年以内），工程结构、技术简单，施工过程中外部环境因素变化小；③投标期相对宽裕，承包商可以有充足的时间详细考察现场、复核工程量，分析招标文件，拟订施工计划。

单价合同：工程项目清单综合单价包干，工程数量暂定，其他项目清单中专业工程暂估价采用总价计价，暂列金额、总承包服务费可采用费率或总价计价方式计价，计日工采用单价计价；增值税采用费率计价。

单价合同的适用条件：工程项目需求暂不明确、技术难度高、计量计价不可控因素较多，合同价格产生波动风险较大的工程。

（2）税前全费用综合单价构成。

清单综合单价为增值税前全费用价格，由人工费、材料费、施工机具使用费、管理费、利润等组成，包括相应清单项目约定（或合理）范围的风险费以及不可或缺的辅助工作所需的费用。不可或缺的辅助工作所需的费用是指在完成工程量清单项目过程中，必须进行的辅助性活动所产生的费用也应包含在相应清单项目的综合单价中。

（3）分部分项工程项目清单报价说明。

① 分部分项工程项目清单报价须充分考虑工期、采购数量、物价波动、合同风险、自身装备等因素。其综合单价应考虑增值税前的材料价格，并包含相应价格影响因素产生的费用。发包人提供材料不计入综合单价也不计入投标总价，但应在综合单价中考虑材料安装费及损耗率的费用。投标人应根据自身的以往经验及工程管理水平复查招标文件规定的有效损耗率可否满足自身需要，如不能满足自身需要，投标人应将自身决定的有效损耗率与招标文件规定的有效损耗率之间的差异费用包括在综合单价中。

发包人提供材料的采保费用，应在总承包服务费中计取。材料暂估价在分部分项工程项目清单中计取，不在其他项目清单中单列，以暂定价格计入分部分项工程项目清单的综合单价，在投标报价时，投标人应充分考虑材料暂估价调价规则产生的价格变化对报价影响。

② 分部分项工程项目清单应按《分部分项工程项目清单综合单价分析表》列出清单价格构成，在计算由于工程变更或发包人责任事件引起合同工期实质性延长或缩短引起的分部分项工程项目清单调增（减）价格或参考定价时，可作为数据参考依据。也方便发包人进行对标分析和数据库的积累。

具体条文详见第3.1.7条、第3.2.2条、第3.2.4条、第3.3.3条、第3.6.3条、第6.1.4条、第6.2.2条、第6.2.3条、第6.2.4条、第6.2.5条、6.2.12条。

表6-12 某地产房建项目一期招标编制说明——清单编制要求及依据

三、	清单编制要求及依据
1	工程量计算规则：详见全费用清单计价表，若清单没有列项的子目，工程量计算规则按"24版清单计价标准"及其配套文件执行

续表

三、	清单编制要求及依据
2	若招标项目业态类型与清单不一致，可自行添加
3	综合单价为增值税前全费用价格，由人工费、材料费、施工机具使用费、管理费、利润等组成，包括相应清单项目约定（或合理）范围的风险费以及不可或缺的辅助工作所需的费用
4	清单中所有混凝土（除预制、零星构件及其他无特别说明）均为商品混凝土。若实际施工中与清单中混凝土标号不同，只对此子项的主材费进行调整，将该主材费与《主要材料、机械单价表》中上报的混凝土主材费换算。商品混凝土价格调差原则按合同约定执行
5	本次报价税金按增值税一般计税方式，费率按9%计入，综合单价中人工费、主材费、辅材费、机械费、管理费、利润、风险费均不包含税金的价格
6	甲供材料和设备，除非发包人同意，否则甲供材料设备金额均不计入合同价格中
7	因投标人忽视或遗忘工程所需或修改施工方案而另外增加、修改或拆移任何开办项目、临时设施、基本设施和工程等一切费用，招标人将不会给予任何补偿
8	计日工明细表中的项目金额不计入合同总价，发生后经发包人审核确认后计入工程竣工结算
9	投标人须将同一专业下全费用清单计价表中各分项清单的企业管理费、利润、风险的取费基数及费率进行统一，否则招标人有权拒绝投标人的投标文件
10	承包人采购主要材料设备价格表中的材料单价，须与土建、安装全费用清单计价表中各分项清单主材单价一一对应，否则后期发生变更洽商时以最低价格执行，主要材料表中列项的材料投标单位均需进行合理填报，作为以后清单价格主材调整价差的依据
11	本工程项目特征描述中"＊＊＊以内（含）""＊＊＊以外（不含）"；示例："钢筋种类、规格：$d10$以内"表示含$d10$，规格$d20$以外，表示不含$d20$的钢筋
12	施工总承包单位管理配合费、措施费采用建筑面积平方米综合单价包干
13	本次招标清单预算建筑面积按施工图纸标注建筑面积进行算量；结算时建筑面积以政府相关单位规划面积为准
14	投标单位不允许更改招标清单顺序及工程量，否则作为废标处理。清单中无工程量的项目不报价
15	若投标单位认为需有必要增加清单项目，请在各分部分项最末行增补，增补项编号按清单示例编写

（4）措施项目清单报价说明。

① 投标人对措施项目报价须充分综合考虑工期、工程特点、地质条件、供货方式、合同风险等因素对价格的影响，并结合自身的装备水平、管理水平制定相应的施工方案，并保证是符合招标文件要求的、合理的、可落地实施的。投标人根据此施工方案，考虑相关价格影响因素，自行判断是否需要对措施项目清单进行补充完善，并自主报价。

② 投标人在确定措施项目清单报价时，同时需要考虑施工阶段配合发包人提供材料供应、专业分包工程、直接发包的专业工程，履行管理、协调、配合责任提供现场现有的施工机具、脚手架、临时设施等所发生的措施项目费用。

③ 投标人在确定措施项目清单报价时，还需要考虑暂列金额中用于招标时尚未确定的工程、服务实施所提供现场现有的施工机具、脚手架、临时设施等的措施项目费用。

④ 投标人应在回标时提交附录E.3-2《措施项目费用分拆表》，列明初期、中期、拆除费用，便于工程预付款、进度款等款项统计，以及在计算由于工程变更或发包人责任事件引起合同工期实质性延长或缩短引起的措施项目调增（减）价格时，可作为数据参考依据。

5. 其他说明

招标人根据具体招标合同标的情况，对清单编制说明进行必要的补充说明。如对清单中价格的说明等。

投标人采购主要材料设备价格表中的材料单价，须与土建、安装全费用清单计价表中各分项清单主材单价一一对应，综合单价分析表列明的综合单价与分部分项工程清单中的综合单价一致，否则后期发生变更洽商时以最低价格执行，主要材料表中列项的材料投标单位均需进行合理填报，做为以后清单价格主材调整价差的依据。

6.4.4 分部分项工程项目清单编制

1. 分部分项工程项目清单的标准格式

分部分项工程项目清单所反映的是拟建工程分部分项工程项目名称和相应数量的明细清单，招标人负责包括项目编码、项目名称、项目特征、计量单位和工程量在内的五项内容。具体形式如表6-13所示。

表6-13 分部分项工程项目清单计价表

工程名称：　　　　　　　　　　标段：　　　　　　　　　　第　页 共　页

序号	项目编码	项目名称	项目特征描述	计量单位	工程量	金额（元）	
						综合单价	合价
				本页小计			
				合计			

2. 分部分项工程项目清单编制的要素

（1）项目编码。项目编码是分部分项工程和措施项目清单名称的阿拉伯数字标识。清单项目编码以五级编码设置，用十二位阿拉伯数字表示。一、二、三、四级编码为全国统一，即一至九位应按工程量计算标准附录的规定设置；第五级即十至十二位为清单项目编码，应根据拟建工程的工程量清单项目名称设置，同一招标工程中的同一单项工程的项目编码不得有重码。

编制工程量清单时，若出现工程量计算标准附录中未包括的项目，编制人可做补充，并应符合下列规定：

① 补充项目的编码由工程量计算标准的代码（01～09）与B和三位阿拉伯数字组成，并从001起顺序编制。

② 补充的工程量清单应附有补充项目的项目名称、项目特征、计量单位、工程量计算规则、工作内容。

（2）项目名称。分部分项工程项目清单的项目名称应按专业工程量计算标准附录的项目名称，结合拟建工程的实际确定。

工程量计算标准附录表中的"项目名称"为分项工程项目名称，是形成分部分项工程项目清单项目名称的基础。即在编制分部分项工程项目清单时，以附录中的分项工程项目名称为基础，考虑该项目的规格、型号、材质等特征要求，结合拟建工程的实际情况，使其工程量清单项目名称具体化、细化，以反映影响工程造价的主要因素。

（3）项目特征描述。工程量清单的项目特征是确定分部分项工程项目清单综合单价不可缺少的重要依据，在编制工程量清单时，必须对项目特征进行准确和全面的描述。当有些项目特征用文字往往难以准确和全面描述时，为达到规范、简洁、准确、全面描述项目特征的要求，应按以下原则进行：

① 项目特征描述的内容应按附录中的规定，结合拟建工程的实际，满足确定综合单价的需要。

② 项目特征中，不再反映由施工自行考虑的内容，如"运距""安装高度""吊装质量"等无法按设计图纸准确描述、由投标人需要根据施工现场实际情况自行考虑的特征描述。

③ 若采用标准图集或施工图纸能够全部或部分满足项目特征描述的要求，项目特征描述可直接采用"详见××图集"或"详见××图号"的方式。对不能满足项目特征描述要求的部分，仍应用文字描述。

（4）计量单位。分部分项工程项目清单的计量单位应选用基本单位，遵守工程量计算标准的规定。附录中规定的工程量计算单位具有唯一性，计量单位的有效位数应遵守下列规定：

① 以"t"为单位，应保留三位小数，第四位小数四舍五入。

② 以"m^3""m^2""m""kg"为单位，应保留两位小数，第三位小数四舍五入。

③ 以"个""项"等为单位，应取整数。

（5）工程量。分部分项工程项目清单中所列工程量应按专业工程量计算标准规定的工程量计算规则计算。工程量计算规则主要采用设计图示尺寸计算实体工程量的原则，某些图纸虽然没有，但施工规范有规定的仍需要计算工程量，如计算挖基础土石方的工程量时，将工作面并入计算，但不计算放坡工程量，需由投标人在投标报价中综合考虑。

工程量的计算是一项繁杂而细致的工作，为了快速准确计算并尽量避免漏算或重算，必须依据一定的计算原则及方法：

① 计算口径一致。根据施工图列出的工程量清单项目，必须与工程量计算标准中相应清单项目的口径相一致。

② 按工程量计算规则计算。工程量计算规则是综合确定各项消耗指标的基本依据，也是具体工程测算和分析资料的基准。

③ 按图纸计算。工程量按每一分项工程，根据设计图纸进行计算，计算时采用的原始数据必须以施工图纸所表示的尺寸或施工图纸能读出的尺寸为准进行计算，不得任意增减。

④ 按一定顺序计算。计算分部分项工程量时，可以按照清单分部分项编目顺序或按照施工图专业顺序依次进行计算。对于计算同一张图纸的分项工程量时，一般可采用以下几种顺序：按顺时针或逆时针顺序计算；按先横后纵顺序计算；按轴线编号顺序计算；按施工先后顺序计算。

3. 分部分项工程项目清单列项

分部分项工程项目清单应区分由承包人提供材料、发包人提供材料，或暂估价材料的清单项目分别列项,允许不同供料方式不同消耗不同报价。也就是同样项目特征和工作内容的分部分项工程项目,由于所采用材料的来源不同,报价水平和计价方法也有区别,因此应分别列项。

(1)发包人提供材料的清单项目。发包人提供材料的清单项目应在招标文件中明确(在招标工程量清单编制说明中明确),并在项目特征中说明主材由发包人提供,招标人同时应按计价标准附录G.1的要求填写《发包人提供材料一览表》,便于投标人了解发包人提供材料的规格型号、单位、数量、损耗率等主要信息,依据《发包人提供材料一览表》确定对安装报价的影响。投标人依据项目特征及发包人提供材料的费用归属进行投标报价。

发包人提供材料的,发包人应在招标文件中明确发包人提供材料的名称、档次、规格型号、交货方式及地点,并在招标工程量清单的项目特征中对发包人提供材料予以描述(见表6-14)。

表6-14 含发包人供应材料的清单项目

序号	项目编码	项目名称	项目特征描述	计量单位	工程量	金额(元)	
						综合单价	合价
		(略)					
10	010801004001	木质门	1. 门洞口尺寸:1000mm×2100mm; 2. 门类型:成品套装实木门; 3. 开启方式:平开; 4. 发包人供应	m²	21.00		
		(略)					
				本页小计			
				合计			

发包人应在招标文件中明确发包人提供材料的有效损耗率,其相应有效损耗率可按类似工程同类项目材料损耗率合理确定,并按"24版清单计价标准"附录G.1中的规定填写表G.1.1《发包人提供材料一览表》(见表6-15),表G.1.1中的材料数量应根据招标图纸和相关工程国家及行业工程量计算标准规定计算。

表6-15 发包人提供材料一览表

工程名称: 标段: 第 页 共 页

序号	材料名称、规格、型号	单位	数量	单价(元)	合价(元)	有效损耗率(%)	备注
1	成品套装实木门	m²	21.00	1000.00	10000.00	0	
	(略)						
			本页小计				
			合计				

(2)含暂估价材料的清单项目。材料暂估价的清单项目应在项目特征中明确材料暂估价的金额,并按计价标准附录E.2中的表E.2.3《材料暂估单价及调整表》单独列出材料明细项目及其暂估单价(见表6-16)。

表 6-16　含暂估价材料的清单项目

序号	项目编码	项目名称	项目特征描述	计量单位	工程量	金额（元）	
						综合单价	合价
			（略）				
10	010506001001	现浇混凝土基础及联系梁钢筋	1. 钢筋种类、规格：现浇构件Ⅲ级螺纹钢 ϕ10； 2. 钢筋单价暂定 5300 元/t； 3. 其他详见图纸	t	12.56		
			（略）				
			本页小计				
			合计				

材料暂估价的分部分项工程项目清单，招标人应在清单的项目特征中明确材料暂估价，以便投标人清晰知道清单项目中包含暂估价材料。同时，招标人应按附录 E.2-3《材料暂估单价及调整表》（见表 6-17）的要求，分别列出暂估材料的材料名称、规格型号、计量单位及暂估单价等信息，以便投标人进行投标报价。

表 6-17　材料暂估单价

序号	材料名称	规格型号	计量单位	暂估			确认			调整金额（元）	备注
				数量	单价（元）	合价（元）	数量	单价（元）	合价（元）		
				A_1	B_1	C_1	A_2	B_2	C_2	$D=C_2-C_1$	
	（略）										
2	HRB400	ϕ10	t	94.318	5300.00	499885.40					用于现浇混凝土钢筋项目
	（略）										
			本页小计								
			合计								

6.4.5　措施项目清单编制

措施项目清单应结合招标工程的实际情况和相关部门的有关规定，依据生活、安全、环境保护、临时设施、文明施工等非工程实体方面的要求，考虑水文、气象等要素，按相关工程国家及行业工程量计算标准的措施项目分类规则，以及补充的工程量计算规则，结合招标文件及合同条款要求进行编制。其中安全生产措施项目应按国家及省级、行业主管部门的管理要求和招标工程的实际情况列项。"24 版清单计价标准"取消了单价措施项目，改为全部按项计算，模板以及发包人提供设计图纸并要求承包人按图施工的措施项目，应列入分部分项工程量清单中。措施项目可以采用总价计价或费率计价方式。措施项目清单计价表见表 6-18。

表 6-18 措施项目清单计价表

工程名称：　　　　　　　　　　　标段：　　　　　　　　　　　第　页　共　页

序号	项目编码	项目名称	工作内容	价格（元）	备注
					详见明细表
		本页小计			
		合计			

6.4.6 其他项目清单编制

其他项目清单是应招标人的特殊要求而发生的与拟建工程有关的其他费用项目和相应数量的清单。工程建设标准的高低、工程的复杂程度、工程的工期长短、工程的组成内容、发包人对工程管理要求等都直接影响到其具体内容。当出现未包含在表格中的内容的项目时，可根据实际情况补充其他项目清单的内容，主要包括暂列金额、专业工程暂估价、计日工、总承包服务费，以及合同中可能约定的其他项目。其他项目清单计价表见 6-19。

表 6-19 其他项目清单计价表

工程名称：　　　　　　　　　　　标段：　　　　　　　　　　　第　页　共　页

序号	项目名称	暂估（暂定）金额（元）	结算（确定）金额（元）	调整金额±（元）	备注
1	暂列金额				详见表 6-20
2	专业工程暂估价				详见表 6-21
3	计日工				详见表 6-22
4	总承包服务费				详见表 6-23
5	合同中约定的其他项目				
	合计				—

1. 暂列金额

暂列金额是发包人在工程量清单中暂定并包括在合同总价中，用于招标时尚未能确定或详细说明的工程、服务和工程实施中可能发生的合同价款调整等所预留的费用。暂列金额应根据工程特点按招标文件的要求列项，可按用于暂未明确或不能详细说明工程、服务的暂列金额（如有）和用于合同价款调整的暂列金额分别列项。用于暂未明确或不能详细说明工程、服务的暂列金额应提供项目及服务名称，并根据同类工程的市场竞争合理价格估算暂列金额；用于合同价款调整的暂列金额应按招标图纸设计深度及招标工程实施工期等因素对合同价款调整的影响程度，合理估算其合同价款调整的预留费用。暂列金额明细表见表 6-20。

表 6-20 暂列金额明细表

工程名称：　　　　　　　　　　　　　　　　标段：　　　　　　　　　　　　　　　第　页　共　页

序号	项目名称	计算基础	费率（%）	暂定金额（元）	确定金额（元）	调整金额±（元）	备注
1	合同价格调整暂列金额						
2	未确定工程暂列金额						
2.1							
3	未确定服务暂列金额						
3.1							
4	未确定其他暂列金额						
4.1							
	本页小计				—		—
	合计				—		—

注：1 此表由招标人填写"暂定金额"总额，采用费率计价方式计算暂定金额的，应分别填写"计算基础""费率"列，并计算填写"暂定金额"列；采用总价计价方式计算暂定金额的，可直接填写"暂定金额"列；
　　2 投标人应将上述"暂定金额"填写并计入投标总价；
　　3 结算时应按合同约定计算并填写"确定金额"。

2. 专业工程暂估价

专业工程暂估价是指发包人在工程量清单中提供的，在招标时暂不能确定工程具体要求及价格而预估的含增值税的专业工程费用。在编制工程量清单时，专业工程暂估价应根据招标文件说明的专业工程分类别和（或）分专业列项，并列出明细表，明确其包含的主要内容。其暂估价可根据项目情况，结合同类工程的合理价格或概算金额估算。专业工程暂估价明细表见表 6-21。

表 6-21 专业工程暂估价明细表

工程名称：　　　　　　　　　　　　　　　　标段：　　　　　　　　　　　　　　　第　页　共　页

序号	专业工程名称	暂估金额（元）			确认金额（元）			调整金额±（元）	备注
		不含税价格	增值税	含税价格	不含税价格	增值税	含税价格		
		A_1	B_1	C_1	A_2	B_2	C_2	$D=C_2-C_1$	
	本页小计								
	合计								

注：本表"暂估金额"由招标人填写，投标人应将"暂估金额"填写并计入投标总价。结算时应按合同约定的价格填写"确认金额"。

3. 计日工

计日工是承包人完成发包人提出的零星项目或工作，但不宜按合同约定的计量与计价规则进行计价，而应依据经发包人确认的实际消耗人工工日、材料数量、施工机具台班等，按合同约定的单价计价的一种方式。编制计日工表格时，计日工应在项目特征中说明招标工程实施中可能发生的计日工性质的工种类别、材料及施工机具名称、零星工作项目、拆除修复项目等，并列出每一项目相应的名称、计量单位和合理暂估数量。计日工表见表6-22。

表6-22 计日工表

工程名称：　　　　　　　　　　　标段：　　　　　　　　　　　第 页 共 页

编号	计日工名称	单位	暂定数量	实际数量	综合单价（元）	合价（元）		调整金额±（元）
						暂定	实际	
						A_1	A_2	$B=A_2-A_1$
一	人工							
1								
2								
3								
4								
	人工小计							
二	材料							
1								
2								
3								
4								
	材料小计							
三	施工机具							
1								
2								
3								
4								
	施工机具小计							
	总计							

注：1. 此表计日工名称、暂定数量应由招标人填写。编制最高投标限价时，单价应由招标人按有关计价规定确定；编制投标报价时，单价应由投标人自主报价，并按暂定数量计算合价计入投标总价中。
2. 工程结算时，应按发承包双方确认的实际数量计量合价。发承包双方确认的实际数量详见表E.8.2。

4. 总承包服务费

总承包服务费是指按合同约定，承包人对发包人提供的材料履行保管及其配套服务所需的费用和（或）承包人对合同范围内的专业分包工程（承包人实施的除外）提供配合、协调、施工现场管理、已有临时设施使用、竣工资料汇总整理等服务所需的费用，以及（或）承包人对非合同范围内的发包人直接发包的专业工程履行协调及配合责任所需的费用。总承包服务的相关管理、协调及配合责任等应在招标文件及合同中详细说明。编制工程量清单时，发包人提供的材料、专业分包工程、直接发包的专业工程应分别列出总承包服务项目的名称、内容和要求，同时明确采用总价计价方式或费率计价方式。发包人提供的材料、专业分包工程的总承包服务费可按项或费率计量。按费率计量的，宜以暂估价作为计价基础；直接发包的专业工程的总承包服务费宜以项计量。具体形式见表6-23。

表 6-23　总承包服务费计价表

工程名称：　　　　　　　　　　　　　　标段：　　　　　　　　　　　　　第　页　共　页

序号	项目名称	计算基础 A_1	费率（％）B	金额（元）C_1	确认计算基础 A_2	结算金额（元）C_2	调整金额±（元）$D=C_2-C_1$	备注
1	发包人提供材料							详见表 6-24
2	暂估价专业分包工程							详见表 6-21
3	直接发包的专业工程							详见表 6-25
	本页小计							
	合计	—	—		—		—	

注：1. 此表项目名称、服务内容应由招标人填写。
　　2. 编制最高投标限价及投标报价时，采用费率计价方式计算总承包服务费的，应分别填写"计算基础 A_1""费率 B"列，并计算填写"金额 C_1"列，$C_1=A_1×B$；采用总价计价方式计算总承包服务费的，可直接填写"金额 C_1"列。
　　3. 编制结算时，采用费率计价方式计算总承包服务费的，应填写"确认计算基础 A_2"列，并计算填写"结算金额 C_2"列，$C_2=A_2×B$；采用总价计价方式计算总承包服务费的，可直接填写"结算金额 C_2"列。

（1）发包人提供材料。发包人提供材料的可按承包人负责安装和承包人不负责安装分别列项，承包人负责安装的，发包人提供材料一览表（见表 6-24）中需提供有效损耗率；发包人提供材料且材料供应方负责安装，而承包人不负责安装但提供配合及协调服务的，工程量清单不应列项也不计算其综合单价，但应在其他项目清单中计算其相应的总承包服务费用。

表 6-24　发包人提供材料一览表

工程名称：　　　　　　　　　　　　　　标段：　　　　　　　　　　　　　第　页　共　页

序号	材料名称、规格、型号	单位	数量	单价（元）	合价（元）	有效损耗率（％）	备注
			本页小计			—	—
			合计			—	—

（2）专业分包工程。这里的专业工程应理解为暂估价的专业工程，其明细表见表 6-21。

（3）直接发包的专业工程。直接发包的专业工程应根据招标文件说明发包人直接发包的各专业工程分别列项，并列出明细表（表 6-25）。

表 6-25 直接发包的专业工程明细表

工程名称：　　　　　　　　　　　　　标段：　　　　　　　　　　　　　第 页 共 页

序号	直接发包的专业工程名称	备注

注：本表应由招标人填写，用于计算直接发包的专业工程总承包服务费。

6.4.7 增值税清单编制

增值税应根据政府有关主管部门的规定列项，按增值税税率计算。增值税应以分部分项工程项目清单、措施项目清单、其他项目清单（专业工程暂估价除外）的合计金额作为计算基础，乘以政府主管部门规定的增值税税率计算增值税。具体形式见表 6-26。

表 6-26 增值税计价表

工程名称：　　　　　　　　　　　　　标段：　　　　　　　　　　　　　第 页 共 页

序号	项目名称	计算基础说明	计算基础	税率（%）	金额（元）
		合计			

第7章 最高投标限价

最高投标限价是招标人根据国家法律法规及相关标准、建设主管部门的有关规定，以及拟定的招标文件和招标工程量清单，并结合工程实际情况，按照"24版清单计价标准"规定编制的，限定投标人投标报价的最高价格。最高投标限价是招标人在招标文件中明确的投标人的最高报价，投标人报价时不能超过这一价格。在招标投标活动中，设置最高投标限价的目的在于保障工程质量的前提下，获得合理的价格和竞争性的投标，有效控制项目成本。

7.1 最高投标限价溯源及意义

在建设工程招标投标活动中，通常设定最高投标限价或标底，以提高招标投标的效率，有效控制投资。

7.1.1 最高投标限价溯源

自2000年1月实施《招标投标法》以来，招标期间招标人要编制工程标底并保密，作为评标依据。所谓标底是招标人自行编制或委托中介机构编制的，对招标工程预期价格的估算值。它是招标人对拟建工程项目造价的内部预期或期望值。但设标底招标也会产生一些弊端：设标底时易发生标底泄露及暗箱操作的问题，失去招标的公平公正性；标底的合理性也存在一定问题，一般标底是按预算价格编制，不利于市场竞争。将标底作为衡量投标人报价的基准，导致投标人尽力地去迎合标底，从而使得招标过程反映的不是投标人实力的竞争，而是投标人编制预算文件能力的竞争。

2003年推行工程量清单计价后，各地又开始采用无标底招标。而无标底招标同样存在很多问题，如容易出现围标串标、哄抬报价等现象，给招标人带来投资失控风险；也经常出现低价中标后偷工减料以降低成本的现象，工程质量难以保障，以及发生先低价中标后高价索赔的不良行为。

为了解决上述诸多弊端，各省市区相继出台了控制最高限价的规定，但在名称上有所不同，有"拦标价""最高报价值""预算控制价""最高限价"等名称，要求在招标文件中将其公布，并规定投标人的报价如超过公布的最高限价，其投标将作为废标。《建设工程工程量清单计价规范》（GB 50500—2008）和"13版清单计价规范"采用了"招标控制价"这一概念，"24版清单计价标准"改称"最高投标限价"，这一名称与相关法规及规范文件一致。

《招标投标法实施条例》第二十七条规定：招标人设有最高投标限价的，应当在招标文件中明确最高投标限价或者最高投标限价的计算方法，招标人不得规定最低投标限价。《建筑工程施工发包与承包计价管理办法》（住建部令第 16 号）第六条增强了招标控制价编制的强制性：国有资金投资的建筑工程招标的，应当设有最高投标限价；非国有资金投资的建筑工程招标的，可以设有最高投标限价或者招标标底。对于使用国有资金投资的项目，还是要编制最高投标限价的。

因此，在工程量清单招标活动中，发包人要编制合理最高投标限价，充分发挥招标工程量清单和招标控制价对项目实施过程中造价的预控作用，发挥最高投标限价在造价市场化中的限制和导向作用。

7.1.2 最高投标限价与标底的关系

最高投标限价是推行工程量清单计价过程中对传统标底概念的性质进行界定后所设置的专业术语，它使招标时评标定价的管理方式发生了很大的变化。设标底招标、无标底招标以及最高投标限价招标的利弊分析如下。

1. 设标底招标

（1）设标底时易发生泄露标底及暗箱操作的现象，失去招标的公平公正性，容易诱发违法违规行为。

（2）编制的标底价是预期价格，因较难考虑不同投标人施工方案、技术措施对造价的影响，容易与市场造价水平脱节，不利于引导投标人理性竞争。

（3）标底在评标过程的特殊地位使标底价成为左右工程造价的杠杆，不合理的标底会使合理的投标报价在评标中显得不合理，有可能成为地方或行业保护的手段。

（4）将标底作为衡量投标人报价的基准，导致投标人尽力地去迎合标底，往往招标投标过程反映的不是投标人实力的竞争，而是投标人编制预算文件能力的竞争，或者各种合法或非法的"投标策略"的竞争。

2. 无标底招标

（1）容易出现围标串标现象，各投标人哄抬价格，给招标人带来投资失控的风险。

（2）容易出现低价中标后偷工减料，以牺牲工程质量来降低工程成本，或产生先低价中标，后高额索赔等不良后果。

（3）评标时，招标人对投标人的报价没有参考依据和评判基准。

3. 最高投标限价招标

（1）采用最高投标限价招标的优点。

① 可有效控制投资，防止恶性哄抬报价带来的投资风险。

② 可提高透明度，避免暗箱操作与寻租等违法活动的产生。

③ 可使各投标人根据自身实力和施工方案自主报价，符合市场规律形成公平竞争。

（2）采用最高投标限价招标也可能出现如下问题。

① 若"最高限价"大幅高于市场平均价时，就预示中标后利润很丰厚，只要投标不超过公布的限额都是有效投标，从而可能诱导投标人串标围标。

② 若公布的最高限价远远低于市场平均价，就会影响招标效率。即可能出现只有 1～2 人

投标或出现无人投标的情况,因为按此限额投标将无利可图,超出此限额投标又成为无效投标,导致招标失败或使招标人不得不进行二次招标。

7.1.3　最高投标限价作用

建设项目的投资控制不仅可防止投资突破限额,更积极的意义是促进建设、设计、施工单位等有限的人力、物力、财力资源得到充分利用,取得最佳的经济效益和社会效益。而工程投资失控最明显的表现是"三超"现象的出现,即概算超估算、预算超概算、决算超预算。在招标投标阶段最高投标限价的设置是发包人投资控制的手段之一。整个项目的最高投标限价不超批准的设计概算,实现投资控制目标,最高投标限价成为实现投资目标的重要约束机制。

1. 是投标人投标的最高限价和招标人的拦标价

最高投标限价作为投标报价的最高上限。"24版清单计价标准"中6.1.3规定:"投标人的投标报价不得低于成本价,且不得高于招标人公布的最高投标限价。"《招标投标法实施条例》第五十一条规定:投标报价低于成本或者高于招标文件设定的最高投标限价应当否决其投标。因此,最高投标限价是投标人的投标报价最高上限。最高投标限价在总价上限制了投标报价这一作用,还有效遏制了投标人之间的串标围标、哄抬报价等一系列合谋问题。

2. 是发包人投资控制的手段和投标人合理报价的依据

招标投标阶段是工程价格形成的关键环节,该阶段可直接影响到项目的实施阶段以及最后的竣工结算,施工总承包模式下招标投标之前的决策阶段和设计阶段都是发包人自我投资控制阶段(通过估算—概算—施工图预算进行造价控制),而招标投标阶段编制的最高投标限价是发包人主动控制投资的手段,但其控制主体发生了改变,即从自我控制转变为对投标人的控制。最高投标限价是发包人愿意为拟建项目支付的最高价格,是发包人对招标工程的质量、工期等内容反映在价格上的期望和要求,发包人通过设置最高限价以及采用合适的评标办法来选择合适的承包人,再与其签订科学的合同条款以达到有效的投资控制目的。投标人可以通过最高限价、项目特征以及自身企业的生产水平进行科学的投标决策,避免投标决策的盲目性,增强投标活动的选择性和经济性。

7.1.4　最高投标限价的目的

1. 规范市场竞争、促进合理报价

最高投标限价限制了投标人的报价上限,防止投标人通过不合理的高价串通投标,从而维护市场的公平竞争。

投标人需要在最高投标限价范围内进行报价,这促使投标人更加注重成本控制和报价合理性,避免盲目报价,促进合理报价。

2. 保护招标人利益

最高投标限价是招标人对项目所能承受的最高成本的控制,确保项目投资不会因投标报价过高而超出预算,从而达到控制项目成本的目标。尤其是国有投资屡屡出现预算超概算、结算超预算的情况,可以得到极大的遏制。

3. 推动市场化定价机制

"24版清单计价标准"取消了定额和工程造价管理机构发布的工程造价信息作为最高投标限价的主要编制依据,改为依据市场价格信息、类似工程价格等进行编制,更加注重市场价格信息和工程造价数据库,使工程造价的确定更加贴近市场实际情况,更好地反映市场供求关系。

4. 提高报价透明度和造价管理的灵活性

最高投标限价的编制依据更加明确和透明,有助于投标人更好地理解和评估报价的合理性。在工程变更、价格波动等情况下,最高投标限价的编制依据能够更好地支持综合单价的调整,提高工程造价管理的灵活性。

最高投标限价的设置,旨在规范市场竞争、保护招标人利益、推动市场化定价机制、加强风险控制以及优化综合单价分析,从而实现工程造价的合理确定和有效控制。

7.2 最高投标限价编制要求与依据

7.2.1 编制要求

1. 最高投标限价的一般规定

建设工程招标设有最高投标限价的,应按国家有关规定编制最高投标限价(《招标投标法实施条例》第二十七条:"……招标人设有最高投标限价的,应当在招标文件中明确最高投标限价或者最高投标限价的计算方法。招标人不得规定最低投标限价。"),并在发布招标文件时公布最高投标限价及其编制依据。

虽然"24版清单计价标准"中并未明确做出规定,但从最高投标限价的目的和意义来说,按国有资金投资的建设工程招标,招标人应编制最高投标限价。结合《建筑工程施工发包与承包计价管理办法》(住建部令第16号)的规定也可以知道,国有资金投资的建筑工程招标的,应当设有最高投标限价;非国有资金投资的建筑工程招标的,可以设有最高投标限价或者招标标底。实践中,多数建设单位也会编制最高限价或招标指导价来获取合理的报价。

最高投标限价的编制同工程量清单计价的编制,应由具有编制能力的招标人或受其委托的工程造价咨询人编制。

2. 最高投标限价编制的具体要求

(1)建设工程招标设有最高投标限价的,应按国家有关规定编制最高投标限价,并在发布招标文件时公布最高投标限价及其编制依据。招标人应当拒绝高于最高投标限价的投标报价,即投标人的投标报价若超过公布的最高投标限价,则其投标应被否决。

(2)最高投标限价应由具有编制能力的招标人或受其委托的工程造价咨询人编制。工造价咨询人不得就同一工程既接受招标人委托编制工程量清单、最高投标限价，又接受投标人委托编制投标报价。

（3）招标人可依据招标文件要求、工程实际情况，结合类似工程合理的施工方案及工期数据合理确定计划工期。最高投标限价应基于合理计划工期内完成招标工程所需的费用进行编制，招标人可依据招标工程量清单及同类工程的价格信息和造价资讯等，按相关主管部门规定确定招标工程可接受的最高价格。

（4）最高投标限价超过批准的概算时，招标人应将其报原概算审批部门审核。这是由于我国对国有资金投资项目的投资控制实行的是设计概算审批制度，国有资金投资的工程原则上不能超过批准的设计概算。

（5）投标人经复核认为招标人公布的最高投标限价未按招标文件的要求和国家及行业有关规定进行编制或存在不合理的，可在规定时间内以书面形式向招标人提出异议，招标人应在规定的时间内对投标人的异议做出答复。招标人不在规定的时间内回复，或投标人在得到招标人的异议回复后，认为最高投标限价仍然未按招标文件的要求和国家及行业有关规定进行编制或存在不合理的，可在投标截止前规定时间内向有关行政监督管理部门反映。如最高投标限价经有关行政监督管理部门复查，其结论与原公布的最高投标限价偏差较大的，招标人应做出说明并对其不合理内容进行修订。招标人根据最高投标限价复查结论需要修订及重新公布最高投标限价的，若重新公布之日距原投标截止期不足15d的应延长投标截止期。

7.2.2　最高投标限价的编制依据

招标人可依据招标文件要求、工程实际情况、结合类似工程合理的施工方案及工期数据合理确定计划工期，最高投标限价应基于合理计划工期内完成招标工程所需的费用进行编制，招标人可依据招标工程量清单及同类工程的价格信息和造价资讯等，按相关主管部门规定确定招标工程可接受的最高价格。

最高投标限价的编制依据是指在编制最高投标限价时需要进行工程量计量、价格确认、工程计价的有关参数、费率的确定等工作时所需的基础性资料。最高投标限价的编制依据主要包括：

（1）"24版清单计价标准"和相关国家及行业工程量计算标准。

（2）招标文件（包括招标工程量清单、合同条件、招标图纸、技术标准规范等）及其补遗、澄清或修正。

（3）国家及省级、行业建设主管部门颁发的工程计量与计价相关规定，以及根据工程需要补充的工程量计算规则。

（4）与招标工程相关的技术标准规范。

（5）工程特点及交付标准、地勘水文资料、现场情况。

（6）合理施工工期及常规施工工艺、顺序。

（7）工程价格信息及造价资讯、工程造价数据及指数。

(8) 其他相关资料。

"24版清单计价标准"和"13版清单计价规范"中有关最高投标限价编制依据的比较见表7-1。

表7-1 "24版清单计价标准"与"13版清单计价规范"对最高投标限价编制依据对比

13版清单计价规范	24版清单计价标准
5.2.1 招标控制价应根据下列依据编制与复核：	5.2.1 最高投标限价编制应符合下列要求：
1. 本规范	1. 本标准和相关工程国家及行业工程量计算标准
2. 国家或省级、行业建设主管部门颁发的计价定额和计价办法	2. 招标文件（包括招标工程量清单、合同条款、招标图纸、技术标准规范等）及其补遗、澄清或修改
3. 建设工程设计文件及相关资料	3. 国家及省级、行业建设主管部门颁发的工程计量与计价相关规定，以及根据工程需要补充的工程量计算规则
4. 拟定的招标文件及招标工程量清单	4. 与招标工程相关的技术标准规范
5. 与建设项目相关的标准、规范、技术资料	5. 工程特点及交付标准、地勘水文资料、现场情况
6. 施工现场情况、工程特点及常规施工方案	6. 合理施工工期及常规施工工艺、顺序
7. 工程造价管理机构发布的工程造价信息，当工程造价信息没有发布时，参照市场价	7. 工程价格信息及造价资讯、工程造价数据及指数
8. 其他的相关资料	8. 其他相关资料

编制依据相较于"13版清单计价规范"的主要变化有以下几个方面：

（1）取消"计价定额""施工方案"作为基础编制最高投标限价的相关条款，取而代之的是以常规施工工艺和工程价格信息及造价资讯、工程造价数据等市场价格数据作为最高投标限价的编制依据。

（2）将"国家或省级、行业建设主管部门颁发的计价定额和计价办法"调整为"国家及行业工程量计算标准及以及根据工程需要补充的工程量计算规则"和"国家及省级、行业建设主管部门的有关规定"。

（3）将"工程造价管理机构发布的工程造价信息，当工程造价信息没有发布时，参照市场价"调整为"工程价格信息及造价资讯、工程造价数据及指数（见图7-1）"。工程价格信息及造价资讯主要包括：近期完成的类似工程最高投标限价、施工图预算、设计概算、成本估算的价格；近期获得的类似工程市场竞争合理投标单价；近期确定的类似清单项目结算单价；近期签订的类似工程合同价格；通过市场询价获得的人工、材料、施工机具、清单项目综合单价等相关合理工程价格；近期人工、材料、施工机具使用的市场价格和相关价格指数或投标价格指数等。在应用工程价格信息及造价资讯编制最高投标限价时，应依据其建设时期、建设地点、建设规模、交付标准等的差异影响，在合理调整价格后计算。

工程造价信息与工程价格信息及造价资讯的区别，工程造价信息是各省市建设工程主管部门发布的建筑建材市场指导价，具有一定的滞后性。工程价格信息及造价资讯的工程价格信息具有多元性、市场性和多变性，是指具体的价格数据，如建筑材料、装修材料、安装材料、人工工资、施工机械等实时的市场价格，随着建设时期、建设地点、建设规模、交付标

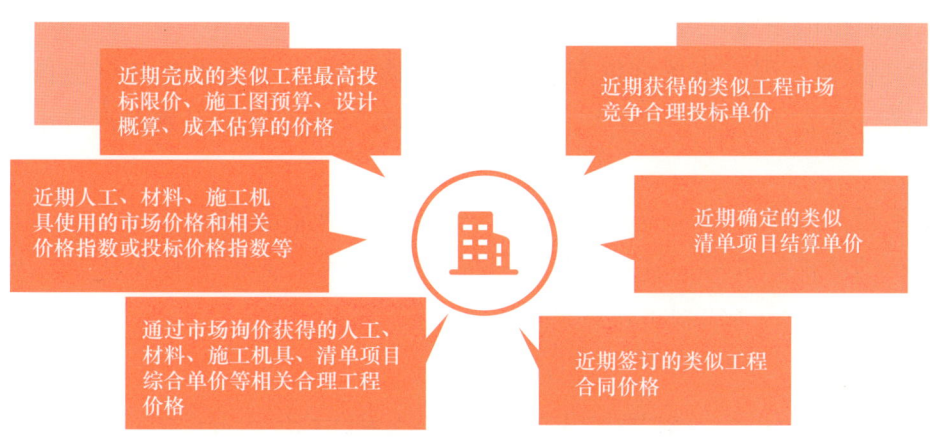

图 7-1 工程价格信息及造价资讯

准等的不同而不同，更具有指导性。

（4）将"招标文件（包括招标工程量清单、合同条款、招标图纸、技术标准规范等）及其补遗、澄清或修改"调整到第 2 款，提升招标文件在编制最高投标限价时的作用。

（5）强调了工期是确定最高投标限价的一个重要依据，在编制最高投标限价前，首先要合理确定计划工期，基于这一计划工期确定完成招标工程的费用。

7.2.3 最高投标限价编制改革

统一定额已经不是编制最高投标限价的法定依据，最高投标限价也逐渐走向由市场决定的发展方向。为实现最高投标限价能真正反映市场实际价格水平的目的，可以在编制方法、编制依据和编制手段三个方面进行改革。

（1）编制方法的改革。优化招标工程量清单的编制方法。为便于市场化计价，招标工程量清单在编制时，可参考市场常用的做法，在现行国标工程量清单的基础上，调整清单项目划分，优化清单工作内容和特征描述，合理确定清单综合单价组成内容，简化清单综合单价分析表，不再通过与定额的关联对综合单价的工料机含量进行分析。

（2）编制依据的改革。倡导多元化组价形式，明确统一定额的参考地位，针对不同类型项目的特点，分别可按照参考定额、参照历史数据、市场询价、工程造价指标定价等多种清单组价方式。价格组成应与招标工程量清单要求相匹配。具体内容包括：

① 采用通用施工工艺的常规工程量清单项目，根据企业自身的消耗量和自身经验确定综合单价，对于工料机价格根据市场取定，地方发布的人工定额价、材料信息价和机械台班价仅作参考。

② 土石方、幕墙等专业化、市场化程度高的工程量清单项目，可参考类似项目的专业承包市场价格确定综合单价，或以专业分包总包价的形式进行组价，并综合考虑利润和管理费。

③ 应用新材料、新结构、新技术、新工艺的工程量清单项目，既可以采用市场询价确定综合单价，也可以分包综合总价的形式进行组价，并综合考虑管理费和利润。

④ 通过可靠、有效、完全的工程造价指标和指数体系的构建，作为最高投标限价的编制、

复核和合同价款调整的参考。

⑤ 采用参考类似工程、市场询价方式确定价格的，最终选定价格数据应保证数据来源达到一定数量标准（通常不应少于3个），施工危险性较大的部分采用数据来源中的最高价进行编制。

（3）编制手段的改革。随着互联网、大数据、人工智能的快速发展，在编制手段上，除了充分利用现有的造价软件外，还应借助数据库技术、数字造价等技术优势，保证编制最高投标限价的准确性，并提高编制工作效率。

7.3 最高投标限价的编制方法与内容

建设工程的最高投标限价由分部分项工程费、措施项目费、其他项目费和增值税组成。

7.3.1 编制资料准备工作

这里所讲的编制资料准备主要涉及招标文件、合同工期、市场价格信息等，其他需要的准备工作此处不再赘述。

（1）招标文件。包括招标工程量清单、合同条款、招标图纸、技术标准规范、施工工艺、总平面布置图、招标补遗、澄清或修改等。

（2）合同工期。计价标准重点强调了工期对造价的影响，故将工期计划及具体的工期铺排单独作为重要的最高限价编制资料。

（3）市场价格信息。收集招标期间的人工费、材料费用、税费、安全文明措施费等政府强制性取费信息等。例如钢筋的价格信息可以参照"我的钢铁网"对应招标期间的各种钢筋的价格，铜、不锈钢、铝锭等可以查询"长江有色金属网""上海有色金属网"等网站，砂石、混凝土等地材可以向项目所在地供应商进行询价。

同时，可以通过查询近期人工、材料、施工机具的市场价格指数，来判断招标价格的变动趋势。如图7-2所示，螺纹钢市场价格指数的获得。

（4）造价资讯。包括同一时期、类似工程、相同业态的合同价格、结算数据等。同一时期通常指半年内，如材料价格变动频繁，可要求三个月内，通常获取的工程造价信息时间越接近，越具有参考性。类似工程指在用途、结构形式、建筑标准、建设地区等方面与拟建工程具有相似性的已完成或在建的工程项目。相同业态是指项目定位、建筑装修标准、配置要求等与拟建工程具有相似性的已完成或在建的工程项目。合同价格、结算数据包括清单级的价格数据（主要用于在确定分部分项工程项目清单综合单价时，结合项目实际情况调整后形成最终清单项目综合单价，一般包括类似工程市场竞争合理投标单价和类似清单项目结算单价）和综合价格指标（主要用于工程价格确定之后，判断整体价格是否合理，例如建筑平方米单方指标、单公里公路造价指标、园林绿化面积单方指标等）。

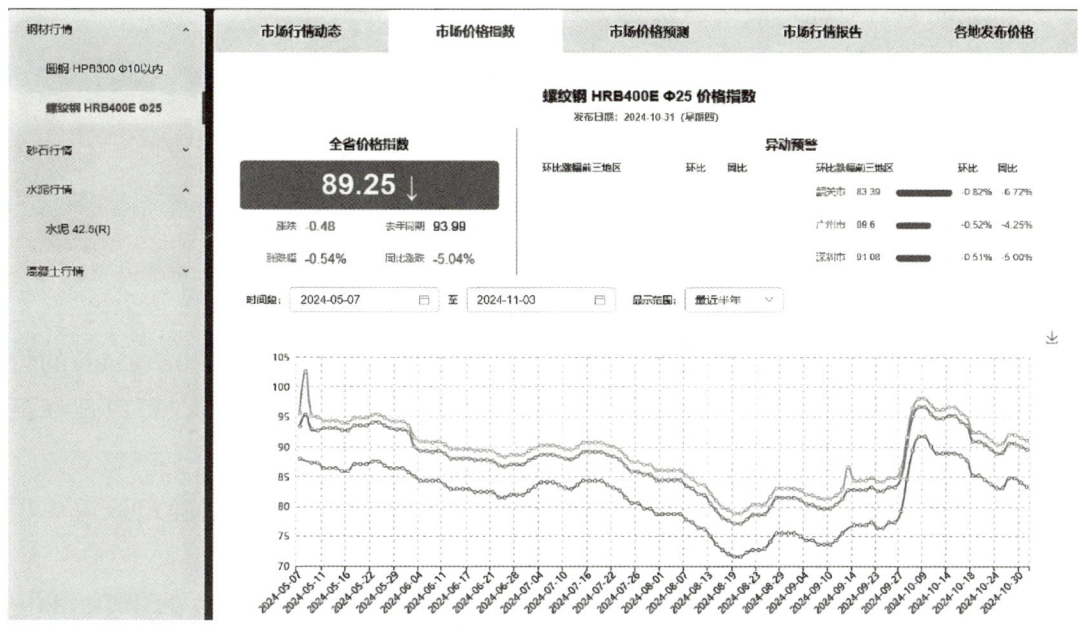

图 7-2　螺纹钢市场价格指数的获得

7.3.2　分部分项工程费的编制

分部分项工程费的编制主要是确定分部分项工程项目的综合单价。

1. 综合单价的确定方法

分部分项工程项目的综合单价应根据招标文件和招标工程量清单明确的承包人提供材料、发包人提供材料、材料暂估价、按项计价要求等,结合类似工程的价格信息、价格指数及市场造价资讯等确定。

为使最高投标限价与投标报价所包含的内容一致,综合单价中应包括招标文件中要求投标人所承担的风险内容及其范围(幅度)产生的风险费用。

(1) 对于技术难度较大和管理复杂的项目,可考虑一定的风险费用,并纳入综合单价中。

(2) 对于材料价格的市场风险,应依据招标文件的规定,工程所在地或行业工程造价管理机构的有关规定,以及市场价格趋势考虑一定比率的风险费用,纳入综合单价中。

(3) 增值税和法律、法规、规章和政策变化等风险费用不应纳入综合单价。

2. 综合单价确定示例

以该项目最常见的钢筋工程为例,某现浇混凝土基础钢筋,项目特征为:

(1) 钢筋等级:HRB400φ14mm;

(2) 设计(包括规范规定)标明的钢筋搭接计算工程量,其他施工搭接不计算工程量,在综合单价中综合考虑。

分析其工作内容,含钢筋制作、运输、绑扎、安装等所有工序。确认项目特征后,对人工费、主材、辅材及机械费、管理费、利润等进行大数据分析及比对。

第一步对人工费进行组价,经分析目前市场上同类项目现浇构件钢筋均按吨需包工计价,市场价在 1100~1300 元/t 波动,该费用包含了企业的社保、保险等费用,经过与本公司同类型项目、外部竞品项目对标,最终确认为 1200 元/t,见表 7-2。

表 7-2 现浇构件钢筋人工费最高限价的确定

项目名称	项目特征	计量单位	综合单价(元/t)			
			最高限价	本公司类似项目(某项目三期二标)	外部竞品项目 1	外部竞品项目 2
现浇构件钢筋	HRB400φ14mm	t	1200	1150	1200	1175

第二步是主材价格的确定,这个相对简单,投标期间的钢筋 HRB400φ14mm 的价格可以在"我的钢铁网"直接查询到,考虑到"我的钢铁网"会每日更新价格,可以选择最高限价发布前一个月的算术平均值计入。

同样参考上述方法确定辅材、机械费、管理费、利润等价格,从而确定该清单项目的综合单价为 5741.70 元/t。综合单价的组成见表 7-3。

表 7-3 综合单价分析

项目名称	主要项目特征	计量单位	工程量合计 A	人工费 B	主材费			辅材费 D	机械费 E	管理费 F 15.00% 计算公式: $(B+E) \times f\%$	利润 G 10.00% 计算公式: $(B+E) \times g\%$	综合单价 计算公式: $B+C+D+E+F+G$
					主材单价	主材损耗率(%)	主材费 $C=$主材单价 $\times(1+$损耗率$)$					
现浇基础钢筋	HRB400 φ14mm	t	549.3	1200.00	3984.51	0.02	4064.20	40.00	110.00	196.50	131.00	5741.70

7.3.3 措施项目费的编制

最高投标限价的措施项目费用可结合招标工程的工程背景、建筑业态、建筑规模、交付标准,参照类似工程结合招标工程的差异,可按以下计算规则修正后编制相应措施项目费用。

(1) 房屋建筑工程:用类似工程相应措施项目费用总额除以总建筑面积而得的每平方米单价,再乘以本项目的建筑面积并进行价格调整;

(2) 道路工程:用类似工程相应措施项目费用总额除以道路总长度而得的每米单价,再乘以本项目的道路总长度并进行价格调整;

(3) 其他工程:用类似工程相应措施项目费用总额除以分部分项工程合同价款总额而得的百分比,再乘以本项目分部分项工程项目清单总额并进行价格调整。

上述案例中,按照同一时期、类似工程可参考数据,结合本项目总平面布置、交通环境、场地特征等进行调整,初步确定措施费的指标为 211.4 元/m²,然后根据指标计算相关措施项目的费用。需要注意的是,安全生产措施费是不可竞争费用,应按国家及省级、行业主管部门的相关规定执行。某项目措施项目费用指标见表 7-4。

表 7-4　某项目措施项目费用指标

工程名称：某项目四期建安工程

序号	措施项目名称	工作内容及包含范围	指标确定方法	计量单位	工程量 56#高层	综合费用指标（元）
1	安全文明施工（含环境保护、文明施工、安全施工、临时设施）	1. 环境保护包含范围：现场施工机械设备降低噪声、防扰民措施费用等 2. 文明施工包含范围："五牌一图"的费用等 3. 安全施工包含范围：安全资料、特殊作业专项方案的编制，"三宝""四口"等	建筑面积单价包干（条文1.1～1.4）	m²	12936.41	35.00
2	夜间施工、赶工增加费	夜间固定照明灯具和临时可移动照明灯具的设置、拆除	建筑面积单价包干	m²	12936.41	0.50
3	二次搬运费	包括由于施工场地条件限制而发生的材料、成品、半成品等一次运输不能到达堆放地点，必须进行二次或多次搬运的费用	建筑面积单价包干	m²	12936.41	0.60
4	冬雨季施工增加费	冬雨（风）季施工时增加的临时设施（防寒保温、防雨、防风设施）的搭设、拆除	建筑面积单价包干	m²	12936.41	1.50
5	大型机械设备进出场及安拆	大型机械设备进出场包括施工机械整体或分体自停放场地运至施工现场，或由一个施工地点运至另一个施工地点，所发生的施工机械进出场运输及转移费用，由机械设备的装卸、运输及辅助材料费等构成	建筑面积单价包干	m²	12936.41	6.00
6	施工排水、降水费	施工排水、降水	建筑面积单价包干	m²	12936.41	0.50
7	已完工程及设备保护费	指竣工验收前施工过程中，对已完工程及设备进行保护所需费用，按规定执行，总包全面监督管理，并承担相应管理责任	建筑面积单价包干	m²	12936.41	0.50
8	脚手架费	1. 场内、场外材料搬运 2. 搭、拆脚手架、斜道、上料平台 3. 安全网的铺设 4. 选择附墙点与主体连接 5. 测试电动装置、安全锁等 6. 拆除脚手架后材料的堆放 7. 包括本工程所需要发生的所有各类脚手架的总和费用	建筑面积单价包干	m²	12936.41	85.00
9	垂直运输费	1. 垂直运输机械的固定装置、基础制作、安装 2. 行走式垂直运输机械轨道的铺设、拆除、摊销 3. 包括完成本工程项目所需发生的各类垂直运输机械费、超层超高施工增加费等	建筑面积单价包干	m²	12936.41	50.00

注：表中的指标包括人工费、材料费、机具使用费、管理费和利润。

7.3.4 其他项目费的编制

1. 暂列金额

暂列金额按招标工程量清单中列出的相关金额计价。

2. 专业工程暂估价

专业工程暂估价按招标工程量清单中列出的相关金额计价。

3. 计日工

计日工按招标工程量清单中列出的工程内容和要求确定不含增值税的计日工综合单价，包括考虑计日工项目随时、少量特性的影响。

4. 总承包服务费

总承包服务费按招标工程量清单列出的，需要投标人提供服务的发包人提供材料、专业分包工程、直接发包的专业工程，结合招标工程的建筑业态、建设规模、交付标准、招标文件内的合同条款规定承包人应承担的相关合同责任，以及类似工程价格信息和造价资讯等分别确定各清单项目的服务费或费率并计价。参照类似工程确定最高投标限价中总承包服务费时，可依据下列计算方法，对比修正与招标工程的差异后进行编制：

（1）房屋建筑工程用类似工程相应总承包服务项目费用总额除以总建筑面积得到的每平方米单价。

（2）道路工程用类似工程相应总承包服务项目费用总额除以道路总长度得到的每米单价。

（3）其他工程用类似工程相应总承包服务项目费用总额除以分部分项工程合同价款总额得到的百分比。

7.3.5 增值税的编制

增值税应以分部分项工程项目清单、措施项目清单、其他项目清单（专业工程暂估价除外）的合计金额作为计算基础，乘以政府主管部门规定的增值税税率计算税金。

增值税＝（分部分项工程费＋措施项目费＋其他项目费－专业工程暂估价）×税率

(式 7-1)

7.4 最高投标限价编制质量及控制

7.4.1 编制质量控制点

（1）应该正确、全面地选用行业和地方的计价依据、标准、办法和市场化的工程造价信息。其中采用的材料价格应是通过市场调查确定。

（2）施工机械设备的选型直接关系到综合单价水平，应根据工程项目特点和施工条件，本着经济适用的原则确定。

（3）安全生产措施费和增值税等非竞争性费用应按国家有关规定计算。

7.4.2 最高投标限价质量标准

在最高投标限价质量可参照《建设工程造价咨询成果文件质量标准》（CECA/GC 7—2012）中的有关规定：

最高投标限价编制的过程文件应包括提交资料清单、工作计划及实施方案、工作交底单、编制人的编制工作底稿、审核人的审核工作底稿、审定人的审定工作底稿、现场踏勘记录、材料和工程设备询价汇总表及询价记录、成果文件形成相关的电子版文件、数据和资料移交单。

编制人的工作底稿应包括询价记录、相关费用计算或确定的过程文件等。审核人工作底稿应包括人工、材料、机械价格审核记录、参数或率值计算或审核记录、相关费用计算或审核记录等。

数据和资料移交单应明确文件存档或移交的单位，其内容包括招标控制价编制委托合同、拟定的招标文件（包括工程量清单）及其补疑文件、招标施工图、施工现场地质、水文、地上情况等资料和影响招标控制价的其他相关资料等。

同一招标项目，造价咨询企业采用招标人发布的工程量清单，单独编制最高投标限价的，招标控制价的综合误差率应小于3%。同一招标项目，造价咨询企业同时编制工程量清单和最高投标限价的，最高投标限价的综合误差率应小于5%。

最高投标限价不合理，过高或过低都会产生不利影响。最高投标限价过高，起不到拦标的作用，甚至会增加投标人串标的可能，通过"协定"中标人的方式，达到高价中标，实现超额利润的目的，损害发包人的利益。过低会影响招标投标的效率，导致无人投标或出现无效投标最终导致招标失败，需要重新招标。

案例1 某项目最高投标限价，具体清单项目综合单价过高影响招标投标。表7-5中灰土回填的综合单价887.59元/m^3，显然过高。同时招标文件还规定，分部分项清单报价高于、低于最高投标限价分部分项清单价的10%要扣分。如果投标人按887.59元向下浮动10%投标报价的话依然偏高，在清标过程中可能会以投标报价不合理处理。若不在这个范围内报价，又有可能扣分。

表7-5 某项目最高投标限价中的综合单价过高

序号	项目编码	项目名称	单位	工程量	综合单价组成					综合单价（元）（除税单价）
					人工费	材料费（除税单价）	机械费（除税单价）	计费基础	管理费（除税和利润）	
1	040103001001	台背回填 10%石灰土 1. 密实度要求：压实度≥96%（重型压实标准）； 2. 填方材料品种：10%石灰土； 3. 分层厚度：100mm	m^3		85.62	761.68	7.66	100.1	32.63	887.59

7.4.3 最高投标限价合理性分析

可以通过对标确定限价合理性。编制完成的招标最高限价与施工图预算、合约规划、历史项目、外部对标项目进行对比分析，以确定最高限价的合理性。

（1）最高限价须在投资概算和施工预算范围内；

（2）与合约规划进行对比在合约规划范围内；

（3）与历史项目对比，半年内定标的同类历史工程中标价须在单方、主要单价（人工、材料、机械）、主要综合单价、措施费用等方面进行对比，如历史工程定标期不在半年内的，需将因时间差异所引起价格差异修正后再进行对比；

（4）与竞品对标项目对比，与当地外部企业类似项目在单方、主要单价（人工、材料、机械）、主要综合单价、措施费用等方面进行对比。

案例 2 表 7-6 为某最高投标限价合理性分析。按最新造价信息和数据确定最高限价后，通过整体造价指标、分部分项工程造价指标、措施费等进行对比，以下为整体造价指标的对比，与内部和外部同一时期、类似业态的造价指标相比，基本处于合理的价格区间。

表 7-6 整体造价指标的对比

		最高限价		内部项目		外部项目 1		外部项目 1	
序号	分项工程名称	建筑面积（m²）	建筑单方（元/m²）	建筑面积	建筑单方（元/m²）	建筑面积	建筑单方（元/m²）	建筑面积	建筑单方（元/m²）
1	55♯地上工程（住宅）	12980.89	1400.03	15714.01	1283.60	81586.21	1329.61	6828.06	1280.47
……	……								
10	总包管理配合费	166493.79	7.00	136351.96	6.00	106444.41	6.50	206008.00	8.01
11	措施项目费	166493.79	211.00	136351.96	190.00	106444.41	220.00	206008.00	195.00
12	总价	166493.79	1619.12	136351.96	1590.00	107375.00	1539.69	206008.00	1676.77

另外，因招标文件的补遗、答疑、异议澄清或修正等引起最高投标限价变化的，招标人应相应修正最高投标限价，并按相关要求和程序重新公布。

7.4.4 最高投标限价异议处理

"24版清单计价标准"取消"向招标投标监督机构和工程造价管理机构投诉"，规定最高投标限价的异议和修正程序。有关异议的程序可以参考招标投标中的异议程序。

1. 投标人向招标人提出异议

投标人经复核认为招标人公布的最高投标限价未按招标文件的要求和国家及行业有关规定进行编制或存在不合理的，可在规定时间内以书面形式向招标人提出异议。

2. 招标人书面答复

应当在规定的时间对投标人的异议作出答复。招标人不在规定的时间内回复，或投标人在得到招标人的异议回复后，认为最高投标限价仍然未按招标文件的要求和国家及行业有关规定进行编制或存在不合理的,可在投标截止前规定时间内向有关行政监督管理部门反映。

3. 修订的最高限价重新公布

招标人根据最高投标限价复查结论需要修订及重新公布最高投标限价的,应按相关要求和程序重新公布。

第8章 投标报价

投标报价是投标人响应招标工程设计文件及技术标准规范、招标工程量清单、招标文件的合同条款等要求,在投标文件中的投标总价及已标价工程量清单中标明的合价及其综合单价等价格。

8.1 投标报价要求及准备工作

投标人应该根据招标文件要求和自身情况,自主确定投标报价,并对报价一致性和合理性负责,承担投标报价风险。

8.1.1 投标报价的要求

1. 投标报价不得低成本竞标

投标报价的基本原则与要求是不得以低于工程成本竞标,即按照"24版清单计价标准""6.1.3 严禁投标人的投标报价低于成本价,高于招标人公布的最高投标限价"的规定,报价不得低成本竞标,不得高于招标人最高投标限价。

依据《招标投标法》第三十三条"投标人不得以低于成本的报价竞标……"和《评标委员会和评标方法暂行规定》(七部委令第23号)修订第二十一条:"在评标过程中,评标委员会发现投标人的报价明显低于其他投标报价或者在设有标底时明显低于标底,使得其投标报价可能低于其个别成本的,应当要求该投标人作出书面说明并提供相关证明材料。投标人不能合理说明或者不能提供相关证明材料的,由评标委员会认定该投标人以低于成本报价竞标,应当否决其投标"的规定,因此,投标报价不得低于工程成本,这是《招标投标法》中的基本原则与要求。

2. 投标人对投标报价的合理性负责

投标人可依据"24版清单计价标准"规定和招标文件要求自主确定投标报价,并应对已标价工程量清单填报价格的一致性及合理性负责,承担不合理报价及总价合同的工程量清单缺陷等风险。

已标价工程量清单填报价格的一致性及合理性具体包括:

(1) 投标时填报价格充分代表投标人的意愿,投标总价大小写要一致。
(2) 投标总价与已标价工程量清单项目填报的价格累计总额要一致。
(3) 分部分项工程项目清单综合单价不存在非合理性的偏高或偏低。
(4) 措施项目清单价格与施工方案反映的价格情况保持一致等内容。

如果存在不一致及不合理的情况，在清标环节检查出问题，则由投标人进行修正、澄清或承担废标的风险。在清标环节未检查出问题，在后续施工阶段由投标人承担不合理报价带来的相关风险。

3. 投标人根据招标文件要求合理确定投标工期

工期是影响价格的要素之一，工期不同分部分项工程项目的综合单价就有可能不一样，措施项目费用影响更明显。例如，合理工程是100d，招标人要求工程为70d，投标人的施工组织及周转箱材料安排、临时设施、施工顺序等都应按70d考虑，在此基础上填报综合单价和措施项目的合价。

因此，投标人首先应根据自身的实施方案、施工技术、管理水平、合同履约风险及专业分包工程工期等合理确定投标工期（投标工期不得超过招标人的计划工期或澄清修正的计划工期），然后再进行投标报价工作。

4. 投标人对招标文件要复核、要质疑、要完善、要补充

不论总价合同还是单价合同，投标报价前都应对招标工程量清单进行复核，而且总价合同及不论单价还是总价合同的措施项目，投标人有复核的义务，并承担缺项责任。

（1）分部分项工程项目。

① 单价合同，分部分项工程项目清单的完整性和准确性由招标人负责。

a. 投标人复核后认为存在疑问或异议时，以书面形式提请招标人澄清或修正，招标人审查后以书面形式通知所有投标人；

b. 投标人按照招标文件及补遗文件的内容进行投标报价。

② 总价合同，已标价分部分项工程项目清单的完整性和准确性由投标人负责。

a. 投标人应依据招标图纸全面复核招标工程量清单，认为存在缺陷或异议时，以书面形式提请招标人修正或澄清；

b. 无论招标人修正与否，投标人均应自行补充完善或在投标报价中综合考虑，已标价工程量清单存在缺陷时不作调整。

（2）措施项目。

① 复核是否完整和适用，有疑问或异议应及时提请招标人澄清或修正；

② 无论招标人修正与否，投标人需要增加措施项目的，应自行补充列项及报价。

（3）风险费的规定。

投标报价要考虑招标文件中规定的由投标人承担的风险费。投标人在投标报价时，需要考虑由投标人承担的一定范围与幅度内的风险费用，相关的风险因素可参考"24版清单计价标准"第3.3节的有关规定，如合同约定的风险幅度范围内的物价变动等情况，所以招标文件应明确相应的风险责任，有利于投标人根据招标文件中明确的风险责任确定合理的报价，避免风险界定不清所带来的争议或纠纷。

（4）暂估价和暂列金额的规定。

对于暂估价材料等要按招标文件要求计入相应清单项目综合单价，暂列金额和专业工程暂估价应按招标文件准确填写，否则会导致废标。

8.1.2 投标报价的准备工作

为使投标报价更加合理并具有竞争性，通常投标报价的编制应遵循一定的程序，包括前期准备工作、调查询价收集信息、投标报价编制，见图8-1。

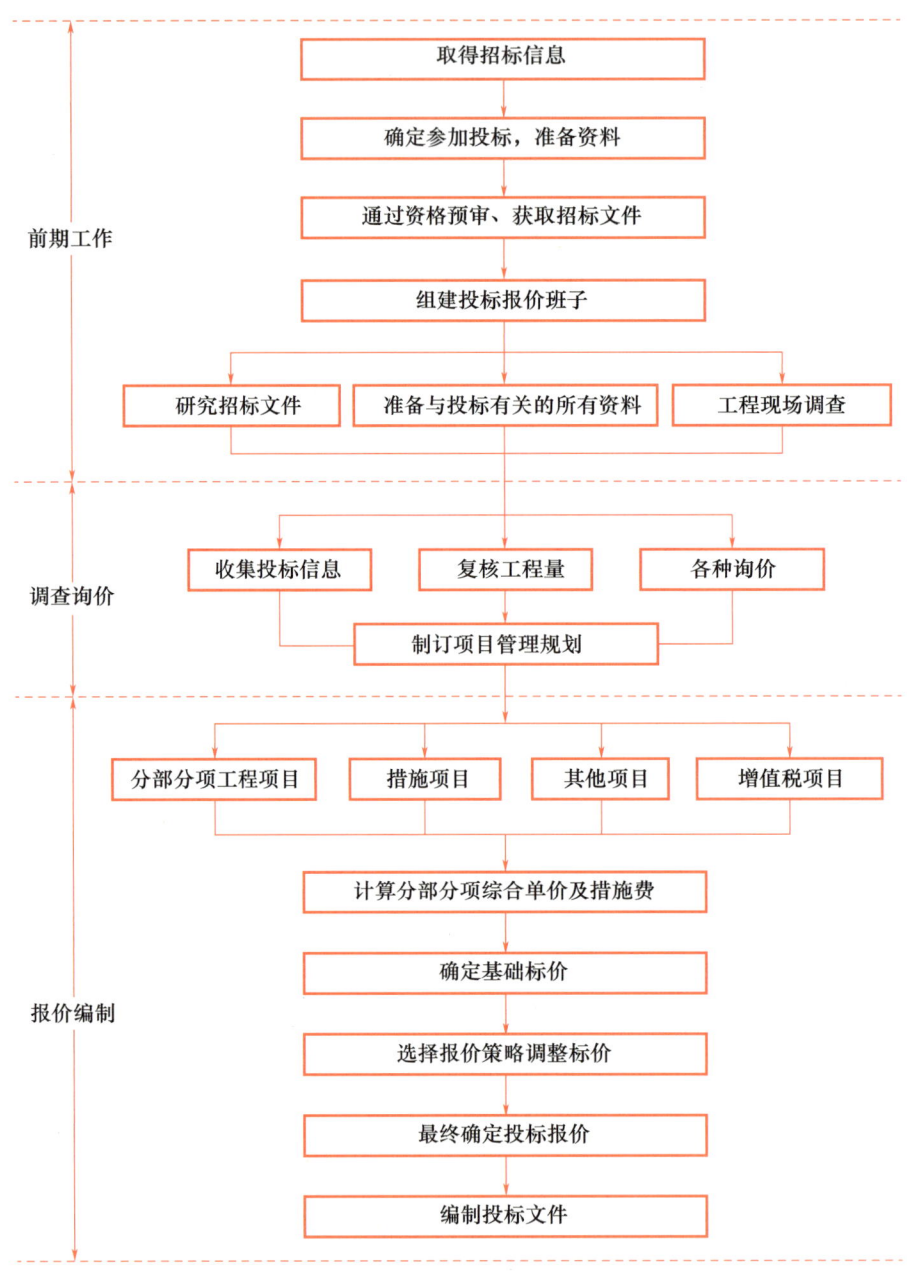

图 8-1 投标报价编制流程

1. 研究招标文件

投标人取得招标文件后，为保证工程量清单报价的合理性，应对投标人须知、合同条件、技术标准规范、招标图纸和工程量清单等重点内容进行分析，准确理解招标文件的要求和招标人的意图。

(1) 投标人须知。

投标人须知反映了招标人对投标的要求，特别要注意项目的资金来源、投标书的编制和递交、投标保证金、是否允许递交备选方案、评标方法等，重点在于防止投标被否决。

(2) 合同分析。

① 合同背景分析。投标人有必要了解与拟承包工程有关的合同背景，了解监理方式，了解合同的法律依据，为报价和合同实施及索赔提供依据。

② 合同形式分析。主要分析承包方式（如分项承包、施工承包、设计与施工总承包和管理承包等）、计价方式（如单价方式、总价方式、成本加酬金方式等）。

③ 合同条款分析，主要包括：

a. 承包人的任务、工作范围和责任。

b. 工程变更及相应的合同价款调整。

c. 付款方式、时间。应注意合同条款中关于工程预付款、材料预付款的规定。根据这些规定和预计的施工进度计划，计算出占用资金的数额和时间，从而计算出需要支付的利息数额并计入投标报价。

d. 施工工期。合同条款中关于合同工期、开竣工日期、部分工程分期交付工期等规定，这是投标人制定施工进度计划的依据，也是报价的重要依据。要注意合同条款中有无工期奖罚的规定，尽可能做到在工期符合要求的前提下报价有竞争力，或在报价合理的前提下工期有竞争力。

e. 业主责任。投标人所制定的施工进度计划和做出的报价，都是以业主履行责任为前提的。所以应注意合同条款中关于业主责任措辞的严密性，以及关于索赔的规定。

(3) 工程技术标准规范分析。

工程技术标准规范是按工程类型来描述工程技术和工艺内容特点，对设备、材料、施工和安装方法等所规定的技术要求，有的是对工程质量进行检验、试验和验收所规定的方法和要求。它们与工程量清单中各子项工作密不可分，报价人员应在准确理解招标人要求的基础上对有关工程内容进行报价。任何忽视技术标准的报价都是不完整、不可靠的，有时可能导致工程承包重大失误和亏损。

(4) 图纸分析。

图纸是确定工程范围、内容和技术要求的重要文件，也是投标者确定施工方法等施工计划的主要依据。

图纸的详细程度取决于招标人提供的施工图设计所达到的深度和所采用的合同形式。详细的设计图纸可使投标人比较准确地估价，而不够详细的图纸则需要估价人员采用综合估价方法，其结果一般不是很精确。

2. 调查工程现场

招标人在招标文件中一般会明确是否组织工程现场踏勘以及组织进行工程现场踏勘的时间和地点。投标人对一般区域调查重点注意以下几个方面：

(1) 自然条件调查。自然条件调查主要包括对气象资料，水文资料，地震、洪水及其他自然灾害情况，地质情况等的调查。

（2）施工条件调查。施工条件调查的内容主要包括：工程现场的用地范围、地形、地貌、地物、高程，地上或地下障碍物，现场的三通一平情况；工程现场周围的道路、进出场条件、有无特殊交通限制；工程现场施工临时设施、大型施工机具、材料堆放场地安排的可能性，是否需要二次搬运；工程现场邻近建筑物与招标工程的间距、结构形式、基础埋深、新旧程度、高度；市政给水及污水、雨水排放管线位置、高程、管径、压力、废水、污水处理方式，市政、消防供水管道管径、压力、位置等；当地供电方式、方位、距离、电压等；当地煤气供应能力，管线位置、高程等；工程现场通信线路的连接和铺设；当地政府有关部门对施工现场管理的一般要求、特殊要求及规定，是否允许节假日和夜间施工等。

（3）其他条件调查。其他条件的调查主要包括各种构件、半成品及商品混凝土的供应能力和价格，以及现场附近的生活设施、治安环境等情况的调查。

3. 询价工作

询价是投标报价中的一个重要环节。工程投标活动中，投标人不仅要考虑投标报价能否中标，还应考虑中标后所承担的风险。因此，在报价前必须通过各种渠道，采用各种方式对所需人工、材料、施工机具等要素进行系统的调查，掌握各要素的价格、质量、供应时间、供应数量等数据。这个过程称为询价。询价除需要了解生产要素价格外，还应了解影响价格的各种因素，这样才能够为报价提供可靠的依据。询价时要特别注意两个问题，一是产品质量必须可靠，并满足招标文件的有关规定；二是供货方式、时间、地点，有无附加条件和费用。

（1）询价的渠道。

① 直接与生产厂商联系；

② 了解生产厂商的代理人或从事该项业务的经纪人；

③ 了解经营该项产品的销售商；

④ 向咨询公司进行询价，通过咨询公司所得到的询价资料比较可靠，但需要支付一定的咨询费用，也可向同行了解；

⑤ 通过互联网查询；

⑥ 自行进行市场调查或通过信函询价。

（2）生产要素询价。

① 材料询价。材料询价的内容包括调查对比材料价格、供应数量、运输方式、保险和有效期、不同买卖条件下的支付方式等。在施工方案初步确定后，立即发出材料询价单，并催促材料供应商及时报价。收到询价单后，应将从各种渠道所询得的材料报价及其他有关资料汇总整理。对同种材料从不同经销部门所得到的所有资料进行比较分析，选择合适、可靠的材料供应商的报价。

② 施工机具询价。在外地施工需用的施工机具，有时在当地租赁或采购可能更为有利，因此，事前有必要进行施工机具的询价。必须采购的施工机具，可向供应厂商询价。对于租赁的施工机具，可向专门从事租赁业务的机构询价，并应详细了解其计价方法。例如，各种

施工机具每台班的租赁费、最低计费起点、施工机具停滞时租赁费及进出场费的计算，燃料费及机上人员工资是否在台班租赁费之内，如需另行计算，这些费用项目的具体数额为多少等。

③ 劳务询价。如果承包人准备在工程所在地招募工人，则劳务询价是必不可少的。劳务询价主要有两种情况：一种是承建制的劳务公司，相当于劳务分包，一般费用较高，但素质较可靠，工效较高，承包人的管理工作较轻；另一种是劳务市场招募零散劳动力，这种方式虽然劳务价格低廉，但有时素质达不到要求或工效较低，且承包人的管理工作较繁重。投标人应在对劳务市场充分了解的基础上决定采用哪种方式，并以此为依据进行投标报价。

（3）分包询价。

承包人可以确定拟分包的项目范围，将拟分包的专业工程施工图纸和技术说明送交预先选定的分包单位，请他们在约定的时间内报价，以便进行比较选择，最终选择合适的分包人。对分包人询价应注意以下几点：分包标函是否完整；分包工程单价所包含的内容；分包人的工程质量、信誉及可信赖程度；质量保证措施；分包报价。

4. 复核工程量清单

工程量清单作为招标文件的组成部分，是由招标人提供的。工程量的大小是投标报价最直接的依据。复核工程量的准确程度，将影响承包人的经营行为：一是根据复核后的工程量与招标文件提供的工程量之间的差距，从而考虑相应的投标策略，决定报价宽裕度；二是根据工程量的大小采取合适的施工方法，选择适用、经济的施工机具设备、投入使用相应的劳动力数量等。复核工程量应注意以下几方面：

（1）投标人应认真根据招标说明、图纸、地质资料等招标文件资料，计算主要清单工程量，复核工程量清单。其中特别注意，按一定顺序进行，避免漏算或重算；正确划分分部分项工程项目，与"24版清单计价标准"保持一致。

（2）对于由发包人承担工程量清单缺陷责任的部分，复核工程量的目的不是修改工程量清单，即使有误，投标人也不能修改招标工程量清单中的工程量，因为修改了清单将导致在评标时认为投标文件未响应招标文件而被否决；对于承包人承担工程量清单缺陷责任的部分，可根据复核结果对工程量清单进行增补列项。

（3）针对招标工程量清单中工程量的遗漏或错误，是否向招标人提出修改意见取决于投标策略。投标人可以向招标人提出，由招标人统一修改并把修改情况通知所有投标人；也可以运用一些报价的技巧提高报价的质量，争取在中标后能获得更大的收益。

（4）通过工程量计算复核还能准确地确定订货及采购物资的数量，防止由于超量或少购等带来的浪费、积压或停工待料。

在核算完全部招标工程量清单中的细目后，投标人应按大项分类汇总主要工程总量，以便把握整个工程的施工规模，并据此研究采用合适的施工方法，选择适用的施工设备等。

5. 复核计划工期

投标人应在接收招标文件后，在规定时间内根据招标文件说明的工程特点及合同要求复查招标文件中计划工期的可行性及其风险与影响，对计划工期存有疑问或异议的，应按招标文件的规定以书面形式提请招标人澄清或修正。投标人对计划工期或招标人澄清或修正后的计划工期无疑问或无异议的，投标人应根据自身的实施方案、施工技术、管理水平、合同履约风险及专业分包工程工期等合理确定投标工期并投标报价。投标工期不得超过招标人的计划工期或澄清修正的计划工期。

8.2 投标报价的编制原则与依据

8.2.1 投标报价编制原则

报价是投标的关键性工作，报价是否合理不仅直接关系到投标的成败，还关系到中标后企业的盈亏。投标报价的编制原则如下。

（1）自主报价原则。投标人应依据相关计量与计价标准的规定及自身条件自主确定投标报价，并承担不合理报价引起的风险。投标报价应由投标人或受其委托的工程造价咨询人编制。

（2）不低于成本原则。《招标投标法》第四十一条规定："中标人的投标应当符合下列条件……（二）能够满足招标文件的实质性要求，并且经评审的投标价格最低；但是投标价格低于成本的除外。"《评标委员会和评标方法暂行规定》（七部委第12号令）第二十一条规定："在评标过程中，评标委员会发现投标人的报价明显低于其他投标报价或者在设有标底时明显低于标底的，使其投标报价可能低于其个别成本的，应当要求该投标人做出书面说明并提供相关证明材料。投标人不能合理说明或者不能提供相关证明材料的，由评标委员会认定该投标人以低于成本报价竞标，应当否决该投标人的投标。"根据上述法律、规章的规定，特别要求投标人的投标报价不得低于工程成本。

（3）风险分担原则。投标报价要以招标文件中设定的发承包双方责任划分，作为考虑投标报价费用项目和费用计算的基础，发承包双方的责任划分不同，会导致合同风险不同的分摊，从而导致投标人选择不同的报价；根据工程发承包模式考虑投标报价的费用内容和计算深度。

（4）发挥自身优势原则。以施工方案、技术措施等作为投标报价计算的基本条件；以反映企业技术和管理水平的企业定额作为计算人工、材料和机具台班消耗量的基本依据；充分利用现场考察、调研成果、市场价格信息和行情资料，编制基础标价。

（5）科学严谨原则。报价计算方法要科学严谨，简明适用。

8.2.2 投标报价编制依据

"24版清单计价标准"规定，投标报价应根据下列依据编制：

（1）本标准和相关工程国家及行业工程量计算标准。

（2）招标文件（包括招标工程量清单、合同条件、招标图纸、技术标准规范等）及其补遗、答疑、异议澄清或修正。

（3）国家及省级、行业建设主管部门颁发的工程计量与计价相关规定，以及根据工程需要补充的工程量计算规则。

（4）与招标工程相关的技术标准规范等技术资料。

（5）工程特点及交付标准、地勘水文资料、现场踏勘情况。

（6）投标人的工程实施方案及投标工期。

（7）投标人企业定额、工程造价数据、市场价格信息及价格变动预期、装备及管理水平、造价资讯等。

（8）其他相关资料。

相较于"13版清单计价规范"，"24版清单计价标准"中投标报价依据作出了较大调整，见表8-1。

表8-1 投标报价编制依据的变化对比

24版清单计价标准	13版清单计价规范
6.2.1 投标报价编制应符合下列要求：	6.2.1 投标报价应根据下列依据编制和复核：
1. 本标准和相关工程国家及行业工程量计算标准	1. 本规范
2. 招标文件（包括招标工程量清单、合同条款、招标图纸、技术标准规范等）及其补遗、答疑、异议澄清或修正	2. 国家或省级、行业建设主管部门颁发的计价办法
3. 国家及省级、行业建设主管部门颁发的工程计量与计价相关规定，以及根据工程需要补充的工程量计算规则	3. 企业定额，国家或省级、行业建设主管部门颁发的计价定额和计价办法
4. 与招标工程相关的技术标准规范等技术资料	4. 招标文件、招标工程量清单及其补充通知、答疑纪要
5. 工程特点及交付标准、地勘水文资料、现场踏勘情况	5. 建设工程设计文件及相关资料
6. 投标人的工程实施方案及投标工期	6. 施工现场情况、工程特点及投标时拟定的施工组织设计或施工方案
7. 投标人企业定额、工程造价数据、市场价格信息及价格变动预期、装备及管理水平、造价资讯等	7. 与建设项目相关的标准、规范等技术资料
8. 其他相关资料	8. 市场价格信息或工程造价管理机构发布的工程造价信息
—	9. 其他的相关资料

通过表8-1可以看出，投标报价依据主要变化体现在以下几点：

（1）提高了招标文件的重要性和优先级。将"招标文件（包括招标工程量清单、合同条款、招标图纸、技术标准规范等）及其补遗、答疑、异议澄清或修正"的条款顺序调前，调整到条文第2款，投标文件作为要约，必须对招标文件进行实质性的响应，否则就是废标。实质性响应招标文件内容是投标报价的编制的基本要求，对投标人编制质量起到关键性的作用。

（2）进一步落实市场询价、自主报价。将"投标人企业定额、工程造价数据、市场价格信息及价格变动预期、装备及管理水平、造价资讯等"作为投标报价的编制依据。投标人报价时，投标企业应结合自身施工装备、施工技术水平和管理水平合理确定既能反映企业自身生产力水平又具备竞争力的投标报价，同时不断提高造价数据积累的意识和成本精细化管理的能力。

（3）明确将投标人的工程实施方案作为编制依据。投标报价要与施工组织设计或施工方案相匹配，报价时投标人根据工程实际情况制定出可实施的施工方案，并以此为基础对措施项目清单进行补充完善，报出体现企业竞争能力的报价。

（4）明确将投标工期作为编制依据。投标工期对工程的进度计划、采购计划和施工方案都会产生影响，并对劳务及材料采购、机械租赁、管理人员工资、措施项目等费用都会产生直接的影响，投标报价的时候要充分考虑投标工期给价格带来影响因素，确定与工期相匹配的投标报价，报出有竞争力的价格。

8.3 投标报价的编制方法

投标报价的编制过程，应首先根据招标人提供的工程量清单编制分部分项工程项目清单计价表和措施项目清单计价表，其他项目清单计价表和增值税计价表，编制完成后，汇总得到工程项目清单汇总表，从而形成投标总价，其过程见图8-2。

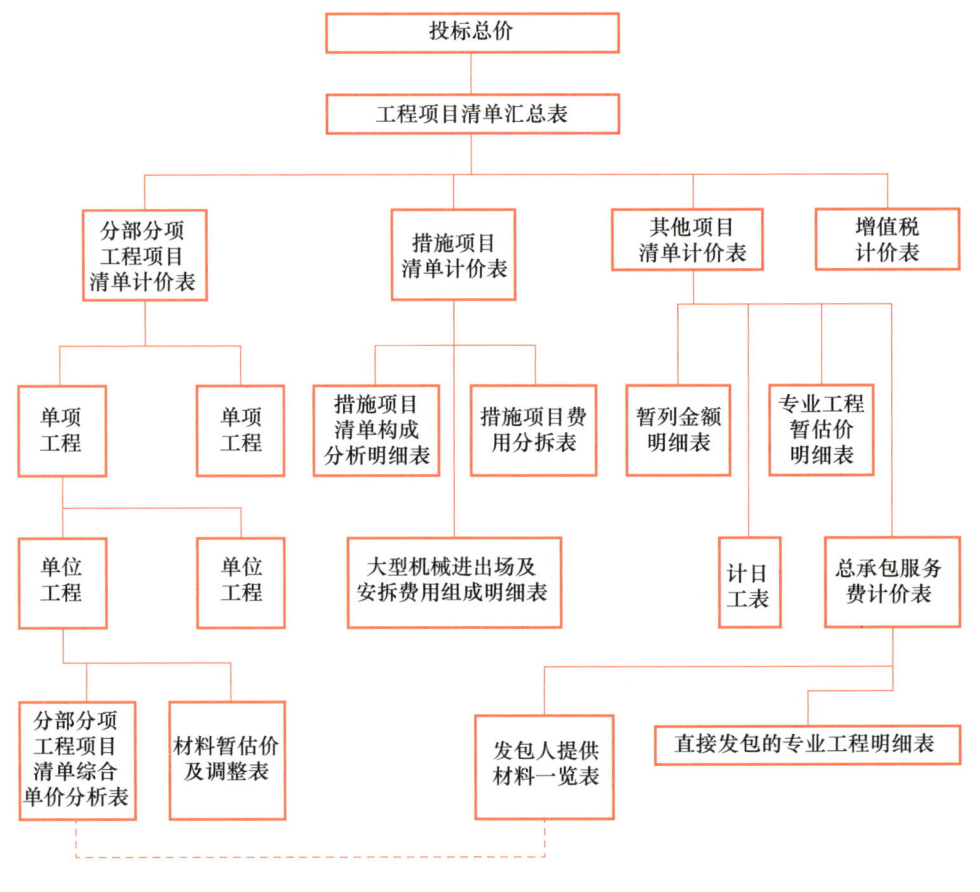

图8-2 投标报价过程

图8-2中的"发包人提供材料一览表"和"直接发包的专业工程明细表"本身并不是工程项目清单汇总表的组成部分，只是作为确定总承包服务费的计算基数。

8.3.1 分部分项工程项目投标报价

分部分项工程项目投标报价核心是确定综合单价。如前文所述，综合单价包括完成一个规定清单项目所需的人工费、材料费、施工机具使用费、企业管理费和利润，同时要考虑因素及风险。

1. 综合单价的影响因素

投标人应按照"24版清单计价标准"附录D.4的表D.4.1"工程量清单计算规则说明"中规定的国家及行业工程量计算标准规定和补充的工程量计算规则，对分部分项工程项目清单的所有清单项目进行报价，其报价应满足下列因素对价格的要求，见图8-3。

（1）工程数量对材料采购及人工价格的影响。

（2）招标文件规定物价变化进行价格调整的清单项目，在调整的范围和波动幅度内市场物价变动及调整时段带来的承包风险的影响。

（3）招标文件未规定物价变化进行价格调整的清单项目的材料费、人工费、施工机具使用费等市场价格波动的影响。

（4）单价合同履行本标准第8.2节的工程量清单缺陷价格调整和本标准第8.9节的工程变更计价规定的工程数量变化带来的承包风险的影响。

（5）总价合同履行本标准第6.1.7条规定的工程量清单缺陷责任及价格包干规定，以及履行本标准第8.9节规定的工程变更计价规则带来的承包风险的影响。

（6）除履行本标准第8章规定的合同价格调整外，总价合同及单价合同中综合单价不作调整规定所引起的承包风险的影响。

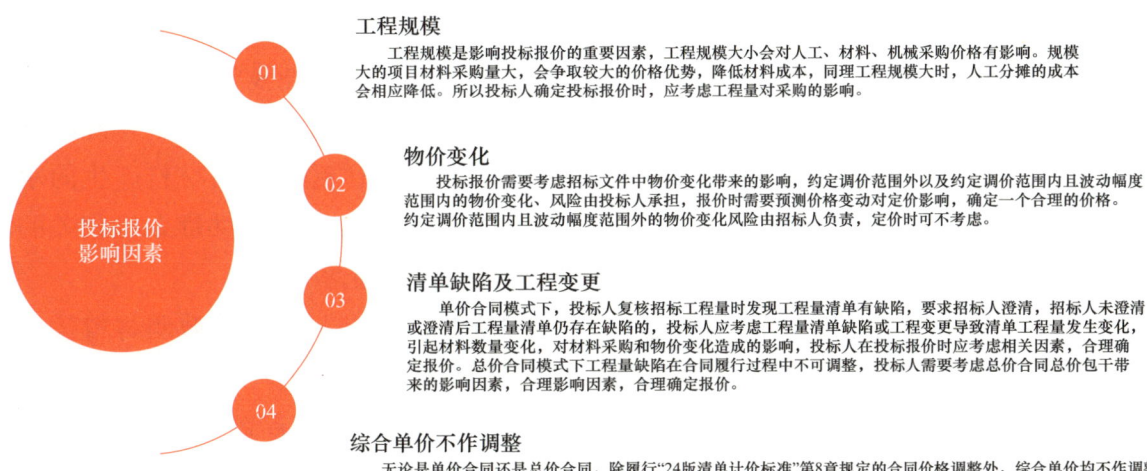

图8-3 投标报价影响因素

案例1 华东某地区开发的住宅项目，需建设3套展示区样板房（约450m²），样板房的交付标准与实际交付标准相同，但工期仅有30d，该项目需要批量精装交付套数约300套（约5万m²），精装施工工期为60d，我们通过结果导向，来看工程数量、工期对投标报价的影响。

根据展示区样板房的精装修工程和批量装修定标合同的结果，对比分析对投标报价的影响，见表8-2。

表 8-2 某项目投标报价影响因素分析对比

项目	展示区样板房（450m²）	批量精装（5 万 m²）	差异比例（样板房/批量）
主材	小批量石材、瓷砖、金属线条、定制木作、饰面等	标准化材料（集采）	材料单价高 20%～30%
人工费	需 24 小时轮班赶工，人工单价加 50%	正常排班，工人效率优化	人工成本高 30%～50%
返工率	频繁设计调整，返工率约 20%	标准化施工，返工率<5%	损耗成本高 4 倍
管理成本	专业交叉施工，管理协调费增加 30%	流水线作业，管理成本摊薄	管理成本高 2 倍
总造价	约 2500 元/m²	约 1500 元/m²	单方造价高 60%

通过上述数据对比，因工程规模和工期的影响，样板房的单方造价高于批量精装修造价约 60%。

2. 综合单价确定时的注意事项

（1）按项计价的分部分项工程。对分部分项工程项目清单中按项计价的项目，投标人应按其项目特征的工作内容、自身的实施方案、市场合理价格，以及履行招标图纸和技术标准规范要求、按"24 版清单计价标准"第 8.9 节规定执行工程变更价格调整引起的承包风险，对按项计价项目进行投标报价。除合同另有约定外，按项计价项目报价为包干价，工程结算时不应作调整。

（2）含发包人供应材料的分部分项工程项目。对分部分项工程项目清单中发包人提供材料的清单项目，投标人应按招标文件说明的发包人提供材料的规格型号、品牌档次和"24 版清单计价标准"第 3.6 节的规定，对发包人提供材料的清单项目进行安装报价，并应满足工程数量对人工价格变化、招标文件规定的有效损耗率、自身原因超耗使用材料产生的承包风险等要求。投标报价的综合单价及投标总价不应包含发包人提供材料的供货人将相关的材料运抵交货地点、完成卸货的费用。发包人供应材料自身的价格指落地价。

（3）含材料暂估价的分部分项工程项目。对分部分项工程项目清单中载明材料暂估价的清单项目，应按工程量清单载明的材料暂估单价（不含增值税）计入综合单价。投标人对分部分项工程项目清单中的材料暂估价清单项目的报价，应满足工程数量对人工价格变化、履行"24 版清单计价标准"第 8.4 节规定的材料暂估价调价规则产生的价格变化等要求，并按招标文件提供的材料暂估价单价在本标准附录 E.2 中的表 E.2.3"材料暂估单价及调整表"列出。投标人应参阅工程量清单提供的材料暂估价，按自身完成该项目的供应及安装所需的费用，核算及填报工程量清单内材料暂估价项目的综合单价。暂估价材料在调价时只计取税金，材料暂估价以暂定价格计入分部分项工程项目清单的综合单价，在投标报价时，投标人应充分考虑材料暂估价调价规则产生的价格变化对报价影响，进行投标报价。

3. 综合单价的计算方法

假如是基于企业定额计算综合单价，具体方法如下。

（1）确定计算基础。计算基础主要包括消耗量指标和生产要素单价。应根据本企业的实际消耗量水平，并结合拟定的施工方案确定完成清单项目需要消耗的各种人工、材料、施工机具台班的数量。计算时应采用企业定额或参照与本企业实际水平相近的国家、地区、行业计价依据和计价标准，并通过调整来确定清单项目的工料机单位用量。各种人工、材料、施工机具台班的单价，则应根据询价的结果和市场行情综合确定。

（2）分析每一清单项目的工程内容。在招标工程量清单中，招标人已对项目特征进行了准确、详细的描述，投标人根据这一描述，再结合施工现场情况和拟定的施工方案确定完成各清单项目实际应发生的工程内容，必要时可参照国家及行业工程量计算标准中提供的工程内容。

（3）计算工程内容的工程数量与清单单位的含量。每一项工程内容都应根据企业定额的工程量计算规则计算其工程数量，当企业定额的工程量计算规则与清单的工程量计算规则相一致时，可直接以工程量清单中的工程量作为工作内容的工程数量。

当采用清单单位含量计算人工费、材料费、施工机具使用费时，还需要计算每一计量单位的清单项目所分摊的工作内容的工程数量，即清单单位含量。

$$清单项目单位含量 = \frac{清单项目工作内容企业定额工程量}{清单项目工程量} \quad (式8\text{-}1)$$

（4）分部分项工程人工、材料、施工机具使用费用的计算。以完成每一计量单位的清单项目所需的人工、材料、施工机具用量为基础计算，即：

$$每一计量单位清单项目某种资源的使用量 = 该资源企业定额消耗指标 \times 相应工作内容单位含量 \quad (式8\text{-}2)$$

再根据预先确定的各种生产要素的单位价格可计算出每一计量单位清单项目的分部分项工程的人工费、材料费与施工机具使用费。

$$综合单价人工费 = \sum 完成单位清单项目人工消耗量 \times 人工工日单价 \quad (式8\text{-}3)$$

$$综合单价材料费 = \sum 完成单位清单项目消耗材料量 \times 材料单价 \quad (式8\text{-}4)$$

$$综合单价机械费 = \sum 完成单位清单项目消耗机械台班量 \times 台班单价 \quad (式8\text{-}5)$$

当招标人提供的其他项目清单中列示了材料暂估价时，应根据招标人提供的价格计算材料费，在分部分项工程项目清单与计价表中表现出来（具体见第五章）。

（5）计算综合单价。企业管理费和利润的计算可按照规定的取费基数以及一定的费率取费计算，若以人工费与施工机具使用费之和为取费基数，则：

$$企业管理费 = (人工费 + 施工机具使用费) \times 企业管理费费率 \quad (式8\text{-}6)$$

$$利润 = (人工费 + 施工机具使用费) \times 利润率 \quad (式8\text{-}7)$$

在投标报价时要注意，并不是每个清单项目综合单价中管理费和利润水平都一样，清单项目不一样，要考虑报价的差异性。比如，土石方的利润水平和砌体工程利润水平在投标时可以采用不同的比例计算。

将上述五项费用汇总，并考虑合理的风险费用后，即可得到清单综合单价。根据计算出的综合单价，可编制分部分项工程项目清单计价表，如表8-3所示。

表 8-3　分部分项工程项目清单计价（投标报价）

工程名称：××中学教学楼工程　　　　　标段：　　　　　　　　　　第　页　共　页

序号	项目编码	项目名称	项目特征描述	计量单位	工程量	金额/元	
						综合单价	合价
		……					
		0105 混凝土及钢筋混凝土工程					
6	010502005001	基础联系梁	C30 预拌混凝土	m³	208	356.14	74077.12
7	010506001001	现浇混凝土基础及联系梁钢筋	螺纹钢 Q235，φ14	t	200	4787.16	957432
		……					
		本页小计					2432419.12
		合计					5362497.40

为表明综合单价的合理性，投标人应对其进行单价分析，以作为评标时的判断依据。综合单价分析表的编制应反映上述综合单价的编制过程，并按照规定的格式进行，根据工程招标要求和合同约定，可编制分部分项工程项目清单综合单价分析表（见表 8-4）或分部分项工程项目清单综合单价分析表（简版）（见表 8-5）。

表 8-4　分部分项工程项目清单综合单价分析

工程名称：××中学教学楼工程　　　　　标段：　　　　　　　　　　第　页　共　页

项目编码	010506001001	项目名称	现浇混凝土基础及联系梁钢筋	计量单位	t
项目特征		螺纹钢 Q235，φ14			

序号	费用项目	单位	数量	计算基础（元）	费率（%）	单价（元）	合价（元）
1	人工费	工日	1.68			175.24	294.75
2	材料费						4327.70
2.1	螺纹钢 Q235，φ14	t	1.07			4000.00	4280.00
2.2	焊条	kg	8.64			4.00	34.56
2.3	其他材料费						13.14
3	施工机具使用费						62.42
3.1	钢筋切断机	台班	0.63			45.71	28.80
3.2	钢筋弯曲机	台班	0.85			25.45	21.63
3.3	其他施工机具使用费						11.99
4	1+2+3 小计						4684.87
5	管理费			294.75	20		58.95
6	利润			294.75	14.7		43.34
	综合单价						4787.16

表 8-5　分部分项工程项目清单综合单价分析（简版）

工程名称：××中学教学楼工程　　　　　　　　　　　　　标段：　　　　　　　　　　　　　　　　第　页　共　页

序号	项目编码	项目名称	项目特征描述	计量单位	综合单价组成明细/元					
					人工费	材料费	施工机具使用费	管理费	利润	综合单价
……										
7	010506001001	现浇混凝土基础及联系梁钢筋	螺纹钢 Q235，φ14	t	294.75	4327.70	62.42	58.95	43.34	4787.16
……										

案例 2　某企业投标中，综合单价的考虑因素及计取过程，见图 8-4。

图 8-4　某项目土建工程综合单价组价明细（1）

（1）人工费：按公司招标平台，投标报价时，参考当地以往项目价格，结合项目当地市场价（采用公司集中采购的项目除外），综合考虑不平衡报价法，进行组价，见表 8-6。

表 8-6　某项目主体劳务分包的合同价

1	混凝土工程（综合各种混凝土标号、含底板细石防水保护层）	地上住宅	搅拌站外加剂的添加、输送泵泵管安装及拆除（包括超高泵送）；混凝土的浇筑、振捣、养护、压光等以及其他所有为完成混凝土工程而采取的人工和措施，综合大体积混凝土、钢管内混凝土和钢骨料混凝土、超高混凝土等不同部位综合考虑，具体为完成施工图所示全部混凝土工作。综合单价中包含止水条安装、剔凿、打磨至满足规范及甲方质量要求等相关费用。	m³	43.69	1.31	45.00
		地下室及商业、公建		m³	40.78	1.22	42.00

注：上表为项目开工后，正式招标的主体劳务分包的合同价（不含税单价），即该分项工程的成本价。因采用不平衡报价法及项目进行招标时会对价格进行调整，投标报价与最终的价格会略有差别。此项为亏损项。

（2）主材费：按公司招标平台，投标报价时，参考当地以往项目价格，结合项目当地市场价（引用公司集中采购的项目除外），综合考虑不平衡报价法，进行组价，见图 8-5。

图 8-5　某项目土建工程综合单价组价明细（2）

注：上图为项目开工后，正式招标的混凝土分供的合同价（不含税单价），即该分项工程的成本价。因采用不平衡报价法及项目进行招标时会对价格进行调整，投标报价与最终的价格会略有差别。此项为亏损项。

(3) 辅材费：按公司投标习惯，辅材费＝主材费×主材损耗率，见图 8-6。

日期	名称	浇注位置	规格	泵送方式	对账单数量	数量	单价	金额
2020/6/27	混凝土	3#22层梁板	C30	泵送	5	72	430	30960

注：上图为投标清单主材损耗率，投标时按公司内控损耗率执行，略高于消耗量定额。

图 8-6 投标清单主材损耗率

(4) 机械费：混凝土工程的机械费主要为混凝土的泵送机械费，投标报价时，主要参考公司集中采购价格，综合考虑不平衡报价法，进行组价，见表 8-7。

表 8-7 租用机械设备名称、型号、数量、费用明细

序号	设备名称	规格型号	暂定工程量（m³）	含增值税综合价（元/m³）	其中：增值税3%（元）	不含增值税综合单价（元）	含增值税合价（元）	备注
1	汽车泵-根据混凝土方量计算	56米及以下	17119.25	19.57	0.570	19.00	335023.80	
2	汽车泵-根据混凝土方量计算	60米及以上	3423.85	20.085	0.585	19.50	68768.04	
3	汽车泵-根据混凝土方量计算	不区分型号	13695.40	12.875	0.375	12.50	176328.32	

注：上表为项目开工后，正式招标的混凝土泵车的合同价（不含税单价），即该分项工程的成本价。因泵送会结合现场条件采用不同形式的泵送方式，投标报价时进行综合考虑，与最终的价格会略有差别。此项为盈利项。

(5) 管理费、利润：采用公司内控指标，施工总承包项目直接费×6%，见图 8-7。

单价编号	项目	单位	综合单价	综合单价组价明细（元）						
				人工费	主材费	辅材费	机械费	管理费 6.00%	利润 2.00%	规费 0.50%	增值税税金 10.00%
土建23033	直形墙模板 H≤3.6	m²	62.59	33.94	15.04	2.45	0.99	3.15	1.05	0.28	5.69
土建23034	直形墙模板 H≤5.4	m²	64.17	33.94	16.37	2.45	0.99	3.23	1.08	0.29	5.83
土建23035	直形墙模板 H≤7.5	m²	65.76	33.94	17.70	2.45	0.99	3.30	1.10	0.30	5.98

某城市乐园项目土建工程综合单价组价明细表（住宅）

图 8-7 某项目土建工程综合单价组价明细（3）

8.3.2 措施项目投标报价

1. 措施项目清单的复核、修正与细化

招标工程无论是采用单价合同还是总价合同，措施项目清单的完整性及准确性均应由投标人负责，投标人应承担其报价合理性的风险。因此投标人应在接收招标文件后，在规定时间内根据工程特点、合同要求及现场踏勘情况，复查措施项目清单列项的完整性和适用性。如投标人对措施项目清单有疑问或异议的，可按招标文件的规定以书面形式提请招标人澄清或修正，若投标人认为需要增加措施项目的，可在措施项目中补充列项及报价。

除了复核与修正外，投标时还应该对措施项目进行细化。以表 8-8 为例，对环境保护、文明施工、安全施工、临时设施等措施项目进行细化。

表 8-8　措施项目清单计价

序号	项目编码	项目名称	工作内容	价格（元）	备注
1	011601008001	环境保护	（略）	116230	
1.1		排污处理费		49265	
1.2		噪声控制费		28615	
1.3		限制尘埃费，含按当地政府及主管部门要求的相关扬尘防治等费用		29500	
1.4		其他环境保护费		8850	
2	011601007001	文明施工		1930984	
2.1		安全警示标志牌		969917	
2.2		现场围挡		379917	
2.3		五板一图		206500	
2.4		企业标志		177000	
2.5		场容场貌		38350	
2.6		材料堆放		38350	
2.7		现场防火		82600	
2.8		其他		38350	
3	011601009001	安全施工		236000	
3.1		临口临边防护		84665	
3.2		垂直方向交叉作业防护		49265	
3.3		高空作业防护		28615	
3.4		安全用电费用（含车库照明）		29500	
3.5		安全用品		8850	
3.6		其他安全施工费		35105	
4	011601006001	临时设施		763417	
4.1		办公、生活设施		379917	
4.2		临时用电费用。现场临时电未通，总承包人需自行办理开通手续，并完成临时电的开通及搭设（包括场内、场外）		206500	
4.3		临时用水费用。现场临时水未通，总承包人需自行办理开通手续，并完成临时水的开通及搭设（包括场内、场外）		177000	
4.4		现场排水		38350	
4.5		现场通讯		38350	
4.6		施工通道（含因工程需要进行的多次铺设或拆除）		82600	
4.7		场地平整（红线内所有场地平整）		38350	
4.8		其他临时设施		8850	

2. 措施项目清单报价时应考虑的因素

投标人应按自身的工程实施方案及投标工期对措施项目清单进行自主报价，其中安全生产措施费应符合国家及省级、行业主管部门的相关规定。措施项目清单的报价应满足下列因素对价格影响的要求：

(1) 招标工程的特点及其标段划分和完工交付标准。

(2) 工程地质条件、邻近建筑物、现场设施情况、周边道路、交通、水文、环境。

(3) 招标文件说明的相关合同责任。

(4) 招标文件规定的承包风险。

(5) 发包人提供材料的货物供应、专业分包工程、直接发包的专业工程的总承包管理服务（仅适用于总承包合同的投标报价）。

(6) 除工程变更、暂列金额中未能完全预见或详细说明的工程、新增工程、工程索赔等引起的措施项目费用调整外，执行措施项目费用包干引起的承包风险。

3. 措施项目计价表格

"24版清单计价标准"对措施项目的计价表格有较大修订。除了措施项目清单计价表（示例见表8-9），还增加了措施项目清单构成明细表（示例见表8-10）、措施项目分拆表（表8-11）、大型机械进出场及安拆费用组成明细表（示例见表8-12）。

表8-9 措施项目清单计价（投标报价）

工程名称：××学校礼堂建设项目　　　　标段：　　　　第1页 共1页

序号	项目编码	项目名称	工作内容	价格（元）	备注
1	011601001001	脚手架	搭设脚手架、斜道、上料平台，铺设安全网，铺（翻）脚手板，转运、改制、维修维护，拆除、堆放、整理，外运、归库等	143687.44	详见明细表8-10
2	011601002001	垂直运输	垂直运输机械进出场及安拆，固定装置、基础制作、安装，行走式机械轨道的铺设、拆除，设备运转、使用等	91897.29	详见明细表8-10
3	011601009001	安全生产	施工现场安全施工所需的各项措施	431985.41	详见明细表8-10
		略		343963.92	
本页小计				1011534.06	
合计				1011534.06	

表8-10 措施项目清单构成明细

工程名称：××学校礼堂建设项目　　　　标段：　　　　第1页 共1页

序号	项目编码	措施项目名称	计算基础	费率(%)	价格（元）	价格构成明细（元）					备注
						人工费	材料费	施工机具使用费	管理费	利润	
1	011601001001	脚手架			143687.44	76816.87	27906.33	8819.73	14729.69	15414.82	
2	011601002001	垂直运输			91897.29			67983.84	11681.86	12231.59	
2.1		卷扬机			91897.29			67983.84	11681.86	12231.59	
3	011601009001	安全生产	11368037.2	3.8	431985.41	129595.62	211672.86	21599.27	43198.54	25919.12	
		略			343963.92	103189.18	168542.32	17198.19	34396.39	20637.84	
		合计			1011534.06	309601.67	408121.51	115601.03	104006.48	74203.37	

注：采用费率计价方式的，应分别填写"计算基础""费率""价格"列数值；采用总价计价方式的，可只填"价格"列数值。

表 8-11 措施项目费用分拆

工程名称：××学校礼堂建设项目　　　　　　标段：　　　　　　　　　　第1页　共1页

序号	项目编码	措施项目名称	价格（元）	初始设立费用		中期运行费用		后期拆除费用	
				占比（%）	金额（元）	占比（%）	金额（元）	占比（%）	金额（元）
1	011601001001	脚手架	143687.44			100	143687.44		
2	011601002001	垂直运输	91897.29	20	18379.46	70	64328.10	10	9189.73
3	011601009001	安全生产	431985.41	100	431985.41				
		略	343963.92		55402.16		196598.08		91963.68
		本页小计	1011534.06	—	505767.03	—	404613.62	—	101153.41
		合计	1011534.06	—	505767.03	—	404613.62	—	101153.41

表 8-12 大型机械进出场及安拆费用组成明细

工程名称：示例工程　　　　　　标段：　　　　　　　　　　第1页　共1页

序号	大型机械名称、规格、型号	数量	进出场次数	进出场费用单价（元） $C=C_1+C_2+C_3$			合价（元）	备注
				机械安拆费	机械装卸运输费	固定装置安拆费		
		A	B	C_1	C_2	C_3	$D=A\times B\times C$	
1	塔吊	2	1	7078.06	8766.03	13044.26	57776.70	
2	履带式起重机	2	2		6057.34		24229.36	
	本页小计						82006.06	—
	合计						82006.06	—

注：1. 相同大型机械进出场价格不同时需分别列项；
　　2. 有厂家特别说明要求的在备注栏列明。

8.3.3　其他项目投标报价

1. 其他项目投标报价要求

投标报价时要符合招标文件的要求，比如暂列金额、专业工程暂估价等要按招标文件填写。计日工和总承包服务根据招标文件要求自主报价。

（1）投标人应按招标工程量清单中提供的暂列金额、专业工程暂估价金额，准确填报在相应投标总价内。

（2）投标人应按计日工清单中提供的清单项目及其暂定数量和"24版清单计价标准"第3.2.10条、第8.6节的相关规定，对计日工清单项目进行投标报价。

（3）投标人应按工程实施方案和对各专业分包工程、直接发包的专业工程的工期安排，以及对发包人提供材料的供应履行管理及协调责任、对各专业分包工程履行管理和协调及配合责任、对各直接发包的专业工程履行协调及配合责任等招标文件规定的总承包服务内容及要求，对其他项目清单中的各项总承包服务费进行投标报价，并应满足"24版清单计价标准"第8.5节规定的总承包服务费计价风险的要求。

2. 其他项目投标报价的计价表格

其他项目清单计价见表8-13，计日工计价见表8-14，总承包服务费计价见表8-15。其他表格参见其他章节。

表 8-13　其他项目清单计价表

工程名称：××学校礼堂建设项目　　　　标段：　　　　　　　　　　　　第 1 页　共 1 页

序号	项目名称	暂估（暂定）金额（元）	结算（确定）金额（元）	调整金额±（元）	备注
1	暂列金额	1343673.30			
2	专业工程暂估价	850000			
3	计日工	32000			明细详见表 8-14
4	总承包服务费	55308.68			明细详见表 8-15
	合计	2280981.98			—

表 8-14　计日工表

工程名称：××学校礼堂建设项目　　　　标段：　　　　　　　　　　　　第 1 页　共 1 页

编号	计日工名称	单位	暂定数量	实际数量	综合单价（元）	合价（元）		调整金额±（元）
						暂定	实际	
						A_1	A_2	$B=A_2-A_1$
一	人工							
1	普工	工日	100		180.00	18000.00		
2	技工	工日	50		280.00	14000.00		
3								
4								
	人工小计					32000.00		
二	材料							
	材料小计							
三	施工机具							
	施工机具小计							
	总计					32000.00		

表 8-15　总承包服务费计价表

工程名称：××学校礼堂建设项目　　　　标段：　　　　　　　　　　　　第 1 页　共 1 页

序号	项目名称	计算基础	费率（％）	金额（元）	确认计算基础	结算金额（元）	调整金额±（元）	备注
		A_1	B	C_1	A_2	C_2	$D=C_2-C_1$	
1	发包人提供材料			23808.68				
	预拌 S6～S8 防水混凝土（泵送）碎石粒径综合考虑 C35	286842.93	1	2868.43				
	略			20940.25				
2	专业分包工程			25500				
	消防工程	850000	3	25500				
3	直接发包的专业工程			6000				
3.1	市政管网接驳			6000				
	本页小计			55308.68				
	合计	—	—	55308.68				—

8.3.4 增值税计价

投标人依据完成报价的分部分项工程项目清单、措施项目清单、其他项目清单（扣除专业工程暂估价）的清单总价汇总后，将其汇总的项目清单总价乘以增值税税率确定增值税报价，编制增值税计价表（见表8.16）。

表 8-16 增值税计价表

工程名称：××学校礼堂建设项目　　　　　标段：　　　　　　第1页 共1页

项目名称	计算基础说明	计算基础	税率（%）	金额（元）
增值税	分部分项工程项目＋措施项目＋其他项目，其中：专业工程暂估价	13810553.24	9	1242949.79
合计				1242949.79

8.3.5 投标报价的汇总

投标人的投标总价应当与分部分项工程项目清单、措施项目清单、其他项目清单、增值税的合价总额一致，如投标总价与合价总额不相符的，应在保持投标总价不变的前提下，按投标报价澄清或说明调整后已标价工程量清单，编制工程项目清单汇总表（见表8-17）。

表 8-17 工程项目清单汇总表

工程名称：××学校礼堂建设项目　　　　　标段：　　　　　　第1页 共1页

序号	项目内容	金额（元）
1	分部分项工程项目	11368037.20
	（略）	
2	措施项目	1011534.06
2.1	其中：安全生产措施项目	431985.41
3	其他项目	2280981.98
3.1	其中：暂列金额	1343673.30
3.2	其中：专业工程暂估价	850000.00
3.3	其中：计日工	32000.00
3.4	其中：总承包服务费	55308.68
4	增值税	1242949.79
	合计	15903503.03

第9章　投标报价澄清或说明及合同价款约定

招标人在招标过程中，在维持投标人报价竞争力不变的情况下，通过采用核对、比较、筛选等方法，对投标报价文件中的基础性数据进行分析和整理工作，找出投标文件可能存在疑义、显著异常的数据或其他风险，并要求投标人进行澄清或说明，并出具澄清或说明书面报告的活动，称为清标。

投标报价的合理性是影响后续项目顺利进行的重要因素，在投标报价澄清或说明环节，检查报价合理性，可以提前发现项目存在的潜在问题和风险，避免因价格问题影响到项目施工过程中的工期与质量，同时为项目结算等后续过程提供基础和依据，有利于项目顺利完成。"24版清单计价标准"中增加清标一节，细化了由于算术误差、细微偏差、报价合理性、报价完整性（漏报或未报）的清标质疑和澄清或补正规则。补正后的综合单价及其合价可作为中标后合同约定进度款计算和工程变更等合同价款调整计价的依据，有效避免后续争议，保障项目有序推进。

招标人通过投标报价的澄清或说明对投标文件客观、专业、负责的核查和分析，找出投标报价中存在的问题，剖析原因，给出专业意见，并提供给评标委员会或建设单位作评标或定标的参考。通过澄清或说明提前识别与发现投标报价文件的潜在风险，在不改变投标总价的前提下，尽可能确保清单综合单价的合理性，用更合理的清单价格指导合同价款调整。对保障招标公平公正、提高招标效率、降低招标风险、保证项目质量、促进项目的顺利进行有重要意义。

确定中标人后，发包人与承包人需要签订书面合同，确定合同价格。发承包双方从便于提前预测与规避合同履约风险、合理确定工程价格、保障资金的有序管控与支付等方面着手，要对合同价款有关的事项进行约定，在计量计价活动中考虑合同约定对定价的影响，提高合同履行性。

9.1　投标报价澄清或说明程序及原则

9.1.1　投标报价澄清或说明的程序

1. 相关依据

依据《招标投标法实施条例》第五十二条："投标文件中有含义不明确的内容、明显文字或者计算错误，评标委员会认为需要投标人作出必要澄清、说明的，应当书面通知该投标人。投标人的澄清、说明应当采用书面形式，并不得超出投标文件的范围或者改变投标文件的实质性内容。评标委员会不得暗示或者诱导投标人作出澄清、说明，不得接受投标人主动提出的澄清、说明。"

2019年12月，住房城乡建设部《关于进一步加强房屋建筑和市政基础设施工程招标投标监管的指导意见》（建印规〔2019〕11号），明确要求"各地探索推进评定分离方法"。评定分离是指评标委员会按照招标文件确定的评标办法评标并推荐中标候选人，招标人按照招标文件确定的定标办法从中标候选人中自主确定中标人。也就是说，评标专家负责"评"，招标人负责"定"。这一调整打破了现有评标专家对评标定标的决定性作用，突出了招标人的定标权。

自此以后，各地陆续出台指导意见，鼓励招标人探索推进评定分离方法，择优确定中标人。"评定分离"改革充分体现了招标人招标环节主体责任。主要意义如下：

（1）推进招标人主体地位回归。招标人在编标文件过程中，负责确定定标择优因素和评判标准，同时赋予招标人定标权利，招标人可以充分实现选优配强的目标，也有利于招标人对后期项目建设进度、安全、质量、履约等方面的管控。

（2）推动公共资源交易市场健康发展。"评定分离"改革模式的推广，可以有效抑制借用资质投标、串通投标、弄虚作假、低价竞标等招标投标活动中存在的各类违法违规行为，大大降低标后异议投诉率，为项目快速推进提供有力支撑。

（3）促进营商环境政策落实。"评定分离"改革通过制定符合项目特点的定标规则，既可以满足重特大项目"招大招强"要求，也可以兼顾一般项目实施对中小企业的培育和扶持。

2. 投标报价澄清或说明的程序

投标报价澄清或说明是在开标后、评标前进行的，是对投标报价文件存在的问题进行质疑，要求投标人做出相关澄清确认或补正。可由招标人或受其委托的工程造价咨询人进行清标，即有清标能力的招标人可以自行开展，也可以委托工程造价咨询人开展。澄清或说明工作环节和内容见图9-1。

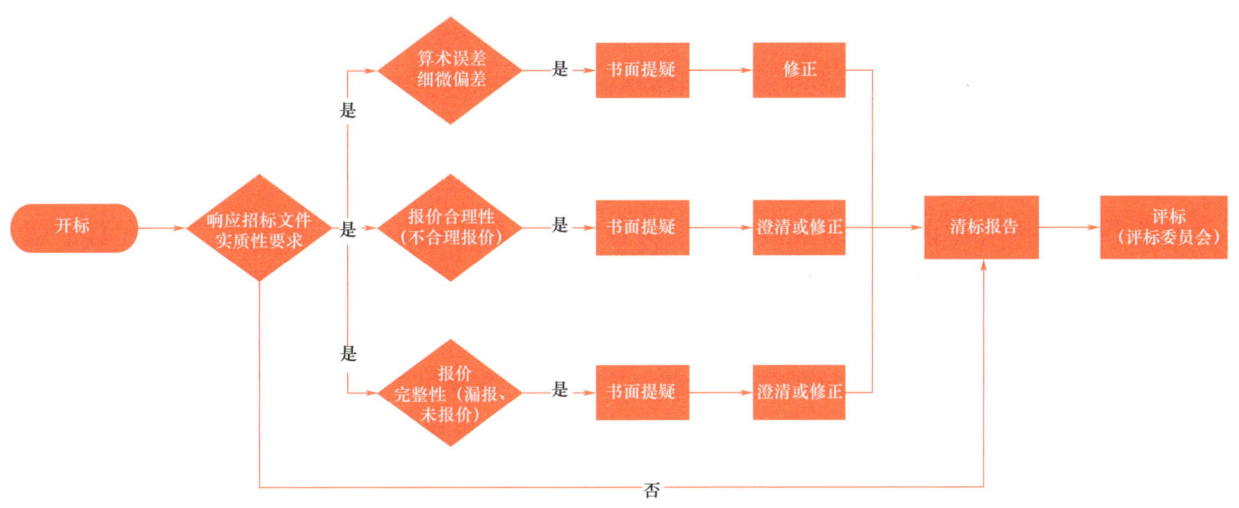

图9-1 投标报价澄清或说明工作环节和内容

具体的工作程序如下。

（1）启动。对不响应招标文件实质性要求的投标文件，应在投标报价澄清或说明报告中列出不响应的内容及其与招标文件要求的偏差，供评标委员会（或定标委员会）依据招标文件要求和相关规定决定是否作为无效投标处理。如不作为无效投标处理的、对响应招标文件实质性要求的投标文件，可就投标文件中的算术误差、细微偏差、报价合理性、报价完整性（漏报或未报）等要求投标人澄清或说明。

（2）进行。招标工程进行投标报价澄清或说明的，澄清或说明应在工程开标后至定标前进行。要求澄清或说明的文件应以书面形式发出给相关投标人，投标人应以书面形式予以回复，投标人回复的投标报价澄清或说明文件应包括定需提供的证明其报价合理的支持文件，但不应涉及要求澄清或说明文件中未要求回复的内容。

（3）报告。在完成投标报价澄清或说明后，应对澄清或说明情况进行书面记录，编制投标报价澄清或说明报告，投标报价澄清或说明报告应载明澄清或说明工作程序、存在的主要问题、要求澄清或说明的问题、相应回复意见的简述等内容。投标报价澄清或说明报告不得就投标人是否实质性响应招标文件进行评价，应将要求澄清或说明的问题、投标人的相应回复意见等内容进行完整编排，并作为澄清或说明报告附件。

9.1.2　投标报价澄清或说明的原则

（1）要求投标人澄清或说明的文件以及投标人的澄清或说明文件不可变更招标文件规定的工程范围、工期要求及合同条件，也不可对投标总价和投标工期进行修改。

（2）投标报价澄清或说明过程不可要求投标人通过确认或撤回不响应的投标文件转变为响应招标文件实质性要求的投标文件。

（3）要求澄清或说明的文件及回复文件在评标、定标过程中应严格保密。

（4）投标报价澄清或说明报告供评标委员会（或定标委员会）作评标（或定标）参考。所有投标文件的符合性评审、完整性评审及详细评审，应由评标委员会（或定标委员会）负责。

9.2　投标报价澄清或说明的修正规则

解决投标中的算术误差、细微偏差、报价合理性（不平衡报价）、报价完整性（漏报或未报）、不该中标而中标等，尽量减少在合同履行过程中出现纠纷。在招标过程中提前识别与发现投标报价文件潜在风险，对保障招标公平公正、提高招标效率、降低招标风险、保证项目质量、促进项目的顺利结算进行有重要意义。在于维持投标人报价竞争力不变的情况下，尽可能保障清单综合单价趋近于合理，用更合理的清单价格指导合同价款调整。

9.2.1　投标报价的符合性修正

对不响应招标文件实质性要求的投标文件，应在投标报价澄清或说明报告中列出不响应的内容及其与招标文件要求的偏差，供评标委员会（或定标委员会）依据招标文件要求和相关规定决定是否作为无效投标处理。投标报价澄清或说明过程不可要求投标人通过确认或撤回不响应的投标文件转变为响应招标文件实质性要求的投标文件。

案例1 某市2021年市政道路改造工程进行公开招标，招标预算金额为5000万元，在招标公告中明确投标最高限价为4800万元，其中暂列金额为300万元。

在投标阶段共有6家单位参与投标。商务标开标后，其中A公司报价4200万元，其暂列金额为0万元。经招标人委托的造价咨询公司进行清标，清标环节通过电子招标投标系统自动筛查，发现A公司报价中没按招标文件要求填报暂列金额，系统标注"异常"，不符合招标文件实质性内容。要求投标人进行说明修正以符合招标文件要求，否则将在清标报告中说明A投标人未对招标文件作出实质性响应。

9.2.2　算术错误及细微偏差修正

"24版清单计价标准"给出了算术误差及细微偏差常见的七种"不一致"情形及处理方式，见表9-1。

表 9-1　算术误差及细微偏差修正规则

澄清与说明内容	具体情形	处理方式
算术误差细微偏差	投标总价大写金额与小写金额不一致	以大写金额为准
	投标总价与清单价格累计总额不一致	以投标总价为准
	投标总价中所列的暂列金额、专业工程暂估价、材料暂估价与招标工程量清单内提供的金额不一致	以供评标委员会（或定标委员会）决定是否作为无效投标处理；不作为无效投标处理的，招标工程量清单内提供的金额为准
	清单项目合价与其项目数量乘以综合单价计算结果不一致	以综合单价为准修正合价；合价除以其工程数量得到的综合单价与相同清单项目的综合单价相符，以清单项目合价为准修正其综合单价；综合单价小数点有明显错误或明显不合理的，应以清单项目合价为准修正其综合单价
	单价计价的已标价工程量清单项目综合单价与其综合单价分析表中的综合单价不一致	以已标价工程量清单项目综合单价为准，修正其分析表的报价
	总价计价的清单项目价格与其构成明细分析表中的价格不一致	以清单项目价格为准，修正其分析表的报价
	完成算术修正的投标总价与投标函内的投标总价不一致	应按总误差金额占分部分项工程项目清单报价总额（不含材料暂估价项目）的比率分摊到各分部分项工程清单项目（不含材料暂估价项目）的综合单价及其合价上

注：增值税的修正：依据修正后的分部分项工程项目清单、措施项目清单、其他项目清单总价乘以税率修正其报价

完成算术修正的投标总价与投标函内的投标总价存在误差的处理方法：应按总误差金额占分部分项工程项目清单报价总额（不含材料暂估价项目）的比例分摊到各分部分项工程清单项目的综合单价及其合价上。

案例2 投标人的投标文件存在算术误差及细微偏差的澄清（说明）

针对投标已标价工程量清单项目，如出现清单合价不等于综合单价×数量，需判断清单综合单价是否合理，如综合单价合理，以综合单价为准，修正合价；如综合单价明显不合理，以合价为准，修正综合单价，见表9-2。

表9-2 综合单价修正

项目编码	项目名称	项目特征描述	计量单位	工程量	金额（元）	
					综合单价	合价
010103001001	平整场地	土石类别：二类土	m²	600.00	483.00	2898.00

以表9-2所示，清单计算合价：600×483＝289800（元），与报出合价2898元明显不一致，且此时判断平整场地综合单价483元与市场价差异过大，疑为缺失小数点导致。此时，应按照修正原则，以清单合价为准，修正清单综合单价为4.83元。

计算修正后的算术投标总价与投标函内的投标总价存在误差的，应按总误差金额占分部分项工程项目清单报价总额（不含材料暂估价和按项计价项目）的比例计算总误差调整率，并分摊到各分部分项工程清单项目的综合单价及其合价上，经分摊调整后的修正综合单价及其合价可作为中标后合同约定进度款计算和工程变更等合同价款调整计价的依据（修正后的综合单价作为结算的依据，即合同单价），但分摊后综合单价内所含的材料暂估价仍应按招标工程量清单提供的材料暂估价计算（材料暂估价不能按总误差调整率调整）。

为保障投标总价不变，本条文对修正后价格分摊计算方式进行了明确，包含以下两个步骤：

① 计算总误差调整率＝$\dfrac{（计算投标总价金额－报出投标总价金额）}{分部分项清单报价总额（不含材料暂估价）}$。

② 针对投标报价中所有分部分项部分清单，计算修正后的清单综合单价＝原始清单综合单价×(1－总误差调整率)，清单合价同时调整。

案例3 某工程项目的投标报价，投标总价12823312.09元，其中，不含材料暂估价的分部分项工程项目合计11033488.5元，措施项目合计665910元。分部分项工程项目清单计价见表9-3。

表9-3 分部分项工程项目清单计价

工程名称：××工程土石方　　　　　　标段：第一标段　　　　　　第1页　共1页

序号	项目编码	项目名称	项目特征描述	计量单位	工程量	金额（元）	
						综合单价	合价
1	010102002001	挖沟槽土方	1. 土类别； 2. 开挖深度； 3. 基底处理方式	m³	2220.87	452	10038.33
2	010102007001	回填方	1. 填方部位； 2. 材料品种； 3. 密实度	m³	1170	18.81	18007.7
3～6条略							108731.36

续表

序号	项目编码	项目名称	项目特征描述	计量单位	工程量	金额（元）	
						综合单价	合价
7	010403004001	石挡土墙	1. 石料种类、规格； 2. 石表面加工要求； 3. 勾缝要求； 4. 砂浆强度等级、配合比； 5. 墙（柱）高度浆砌毛石挡墙	m³	26938.05	404.51	10896710.61
			合计				11033488.5

表9-3中，可发现清单第1条挖沟槽土方（010102002001）、第2条回填方（010102007001）出现清单综合单价与合价不一致情况，按照修正原则，需分别对以上两条清单进行清单综合单价、清单合价修正，修正后清单价格见表9-4。

表9-4　修正后的分部分项工程项目清单计价

工程名称：××工程土石方　　　　　标段：第一标段　　　　　第1页　共1页

序号	项目编码	项目名称	项目特征描述	计量单位	工程量	金额（元）	
						综合单价	合价
1	010102002001	挖沟槽土方	1. 土类别； 2. 开挖深度； 3. 基底处理方式	m³	2220.87	4.52	10038.33
2	010102007001	回填方	1. 填方部位； 2. 材料品种； 3. 密实度	m³	1170	18.81	22007.7
			3～6条略				108731.36
7	010403004001	石挡土墙	1. 石料种类、规格； 2. 石表面加工要求； 3. 勾缝要求； 4. 砂浆强度等级、配合比； 5. 墙（柱）高度浆砌毛石挡墙	m³	26938.05	404.51	10896710.61
			合计				11037488.5

经修正后，投标总价算术报价应为12827312.09元，而实际投标报价为12823312.09元，其中不含材料暂估价分部分项工程部分总价为11033488.5元、措施项目合计665910元。按照摊回计算方式：

$$\text{计算总误差调整率} = \frac{(12827312.09 - 12823312.09)}{11033488.5} \times 100\% = 0.036\%$$

按照总误差调整率对清单综合单价及合价进行分摊，计算所得结果见表9-5。

表 9-5 分摊后的分部分项工程项目清单计价

工程名称：××工程土石方　　　　　标段：第一标段　　　　　第1页 共1页

序号	项目编码	项目名称	项目特征描述	计量单位	工程量	金额（元）	
						综合单价	合价
1	010102002001	挖沟槽土方	1. 土类别； 2. 开挖深度； 3. 基底处理方式	m³	2220.87	4.52	10034.69
2	010102007001	回填方	1. 填方部位； 2. 材料品种； 3. 密实度	m³	1170	18.81	21999.72
3~6 条略							108693.59
7	010403004001	石挡土墙	1. 石料种类、规格； 2. 石表面加工要求； 3. 勾缝要求； 4. 砂浆强度等级、配合比； 5. 墙（柱）高度	m³	26938.05	404.36	10892760.55
合计							11033488.5

以表9-5第7条清单为例：石挡土墙（010403004001），原始综合单价404.51元，原始清单合价10896710.61元，则修正后价格为：

综合单价=404.51×（1−0.036％）=404.36（元）

清单合价=10896710.61×（1−0.036％）=10892760.55（元）

那么，若以上投标单位中标，且约定的合同形式为单价合同，则石挡土墙需在合同中明确修正后的综合单价404.36元，并将此单价作为工程变更等合同价款调整计价的依据。

9.2.3 投标报价合理性修正

投标报价合理性修正主要涉及暂估项目、发包人供应材料的报价及报价过高或过低（明显的不平衡报价）等情形的修正。具体见表9-6。

表 9-6 投标报价合理性修正规则

澄清与说明内容	具体情形	处理方式
报价合理性	材料暂估价清单项目报价不合理	投标人提供证明其所报综合单价不低于成本价或报价合理的支持资料；投标人在不改变投标总价的前提下，提供用于已标价工程量清单所列清单项目数量增减的计价和工程变更计价的合理修正综合单价
	由发包人提供材料的清单项目综合单价报价不合理	
	分部分项工程清单项目的综合单价报价不合理	

案例4 某依法需要招标的项目，招标文件及招标工程量清单中明确HRB400的钢筋暂定价格为5300元/t。在清标过程发现，投标人A的报价中，涉及暂估价清单项目的综合单价中HRB400的钢筋单价按4300元/t填报。应该在不改变投标总价的前提下，将所涉清单项目中的钢筋单价调整为5300元/t，并修正综合单价。

分部分项工程清单项目的综合单价报价不合理，即明显过高或过低。投标人实施不平衡报价并不违背诚实信用原则，是投标人投标策略的应用。不平衡报价是指投标总价基本确定后，通过调整工程量清单内部分部分项工程综合单价的构成，以期既不抬高总价也不影响中标，又能在结算时获得更多收益的投标报价方法。虽然不平衡报价不违背诚实信用原则，但明显的不平衡报价诱致道德风险，承包人在履行过程中基于自身利益最大化做出损害发包人利益的行为。招标人在招标过程中一般都会作出对不平衡报价的限制性规定。如《四川省房屋建筑和市政工程工程量清单招标投标报价评审办法》（川建行规〔2021〕3号）第二十四条规定了不平衡报价评审：

（一）不平衡报价项目的确定不平衡报价项目包含分部分项工程量清单综合单价项目和措施项目。

1. 分部分项工程量清单综合单价项目不平衡报价的确定

（1）当投标人综合单价高于或低于最高投标限价相应综合单价±（15%～25%）时；

（2）当投标人综合单价与施工方法、工艺相关联时（如土方开挖方式、运距，回填土石方获取方式及运距等），该单价高于或低于最高投标限价相应综合单价±（20%～30%）时。

2. 措施项目不平衡报价的确定

当投标人措施项目（安全生产措施费除外）总价高于或低于最高投标限价±（25%～35%）时（仅供参考），视为不平衡报价。

在市场定价模式下如何分析、处理工程量清单综合单价的合理性呢？"13版清单计价规范"宣贯教材中以招标控制价中相应综合单价为依据，偏差范围超过15%认为不合理。

在市场定价模式下，可有效发挥工程造价数据库的价值，使用同一时期、同类项目的市场竞争合理价格作为比对基准，以此来判断本项目报价是否存在不合理问题。同类工程同期市场竞争合理价格，一般为经过认证的类似项目合理价，具体实施时可依据项目具体情况、依据各地评标办法、项目经验等确定。此类数据对工程量清单综合单价合理性分析具有参考意义，一般涵盖如下：①同类项目或本项目的最高投标限价：最高投标限价一般按照市场价格进行合理性编制的价格；②同类项目历史合理投标报价：在历史项目中，已开展过清标，并明确为合理价格的投标报价；③同类项目或本项目的投标报价平均值：结合一个或多个投标报价的平均值，或按照一定标准进行去高、去低后计算的平均值，也可结合最高投标限价、中标价等，按照合理比例折算后的算术平均值；④同类项目历史中标价格：中标价格为经过评审确认的合理价格；⑤项目同期的合理市场价：结合人工、材料等合理市场价组成的同期工程量清单价格。报价合理性分析的精准性取决于基准数据的精准性。

在整个计价活动开展过程中，需采用合理、科学手段，不断加深对行业数据、历史数据的积累，并结合市场动态变化、按照行业业态、项目特点进行精细化管理，数据越丰富、越精细，对合理性价格分析的指导意义就越高，在市场化背景下，就越能够避免项目开展过程中的报价合理性风险。除基准价格外，分析非合理性偏低或偏高还需依据一定的偏差范围。此处可根据工程拟建所在地评标办法、招标文件或项目经验，结合参考项目所处时期、地域等因素带来的价格影响，来确定工程量清单综合单价与比较基准价格存在的偏差金额或偏差

案例5 某市政景观绿化招标工程，采用公开招标方式进行招标，招标控制价为1488.04万元，采用合理低价中标法进行评标，技术标评标均合格后进行商务部开标，商务标开标后委托造价咨询公司进行清标。

商务标清标情况：通过分析投标总价、分部分项工程价格、综合单价、取费、税金等多维度价格对比，并与市场合理价格进行对标，查找并分析报价存在的问题。

1. 清标报价对比分析

（1）符合性评审。投标报价汇总对比见表9-7，综合单价对比见表9-8。

表9-7 投标报价汇总对比（节选）

序号	项目	招标控制价	各投标单位报价（元）				
			投标单位A	投标单位B	投标单位C	投标单位D	…
1	回标价格	14880353	12209813	13001077	13677425	13699752	
2	修正算数误差	14880353	12209813	13001077	13677425	13699752	
3	名次	/	1	2	3	4	
4	与最低价差额	2670540	0	791263	1467611	1489939	
5	与最低标差额比率	21.87%	0.00%	6.48%	12.02%	12.20%	
6	与控制价差额	—	−2670540	−1879277	−1202929	−1180601	
7	与控制价差额比率	—	−17.95%	−12.63%	−8.08%	−7.93%	

表9-8 综合单价对比（节选）

序号	招标清单				招标控制价		各投标单位报价						
							投标单位A						
	项目	项目特征	计量单位	工程量	综合单价	合价	项目名称	项目特征	单位	工程量	合价	综合单价	差异比例VS控制价
1	100厚C15混凝土垫层	略	m³	35	590	20650	100厚C15混凝土垫层	略	m³	35	20246.8	578.48	正常 −1.95%
2	100厚C20素混凝土垫层	略	m³	1041	590	614190	100厚C20素混凝土垫层	略	m³	1041	613856.88	589.68	正常 −0.05%
3	C25钢筋混凝土基础	略	m³	179	610	109190	C25钢筋混凝土基础	略	m³	179	145278.19	811.61	↑ 33.05%
4	续表												

经初步价格对比分析，通过对清标表格工具或招标系统的清标工具对进入商务标评标环节的所有投标报价进行清标对比：

① 清单项目的一致性：所有有效投标报价项目与招标清单项目进行一致性对比，是否有漏项、非招标文件要求的自主增项等。

② 项目特征的一致性：所有有效投标报价的项目特征与招标清单的项目特征进行一致性对比。

③ 单位的一致性：所有有效投标报价的单位与招标清单的单位进行一致性对比。

④ 工程量的一致性：所有有效投标报价的工程量与招标清单的工程量进行一致性对比，是否有更改、漏项等。

所有投标单位不存在算术误差、细微偏差、报价完整性问题，即修正算术误差后的价格与原投标报价均相同，下一步清标工作重点是不平衡报价、是否存在报价呈规律性变化或一致性错误等串标风险。

如存在算术误差、细微偏差、报价完整性问题的，按"24版清单计价标准"3.5.3的清标修正规则进行处理。

（2）报价的合理性对比与不平衡报价。

① 不平衡报价。投标人根据招标人提供工程量清单，先按市场平均价格水平或企业个体成本水平生成总价，在保持总价基本不变的前提下，以不损害投标人自身利益为原则，对工程量清单项目进行报价调整，使工程量清单报价与市场价格正常值不发生异常偏离。

投标人通过不平衡报价，对有利于工程款提前兑现、可能有利润提升潜力的项目报高价，而对在招标范围内可能减少甚至取消承包工作的项目尽量报低价。两类报价高低相互抵消，表面上总价上与正常基本一致，但潜在"地雷"多，一旦中标形成合同，竣工结算时"地雷"爆炸后承包人可获取超额利润。

② 如何确定不合理价格与不平衡报价。不平衡报价项目包含分部分项工程量清单综合单价项目和措施项目。

a. 分部分项工程量清单综合单价项目不平衡报价的确定。当投标人综合单价高于或低于合理价格相应综合单价±（15%～30%）时；当投标人综合单价与施工方法、工艺相关联时（如土方开挖方式、运距，回填土石方获取方式及运距等），该单价高于或低于合理限价相应综合单价±（20%～30%）时。

b. 措施项目不平衡报价的确定。当投标人措施项目（安全生产措施费除外）总价高于或低于合理价格±（25%～35%）时（仅供参考），视为不平衡报价。

另外，招标文件评标办法中设定综合单价和措施项目偏差超过一定幅度扣分。如可用控制价中单价占权重70%，所有投标人平均单价占权重30%，加权平均值作为基准值，投标人投标报价超过基准值20%视为不平衡报价。最后由地产成本部门给出价格发承包人认定。

（3）确定不平衡报价的流程。

本次招标的控制价编制不是作为最高限价，而是作为合理价格并评估回标价格的合理性；在市场定价模式下，可有效发挥工程造价数据库的价值，使用同一时期、同类项目的市场竞争合理价格作为比对基准，以此来判断本项目报价是否存在不合理问题。

本次控制价编制过程中，依据招标人近期合同的结算价格（一般不超1年）编制，考虑了主要材料设备的价格变动，同时与项目所在地、同一时期的同类竞品的市场价进行对标后，对控制价总价、分部分项工程综合单价、措施费等均进行合理性调整，作为清标的依据。

本次通过所有有效投标报价的单位的综合单价、措施费与招标控制价进行对比，确定偏差比例，如招标控制价的 C25 钢筋混凝土基础的综合单价为 610 元/m³，投标单位 A 的报价为 811.61 元/m³，偏高 33.05%，通过表格公式设置当投标单位综合单价与最高限价综合单价偏差超过+30%为标价异常，结果显示本项异常偏高。

（4）其他异常回标的分析。除上述一般的符合性分析和价格合理性分析外，还可以通过清标表格或清标系统工具，对回标文件属性（MAC 地址）、编制人、投标报价是否呈规律性等进行围标串标分析，提报给评标委员会评审。

2. 清标（澄清）疑问卷编制

对响应招标文件实质性要求的投标文件，可就投标文件存在的算术误差、细微偏差、报价合理性、报价完整性（漏报或未报），向投标人提出相关质疑，并要求投标人进行澄清或补正。

借助清标表格或清标系统的成果，结合招标人对不平衡报价的要求，招标人委托的造价咨询公司编制清标疑问卷，见表 9-9。

表 9-9 某市政景观绿化招标工程商务询标问卷

_____工程招标

致：_____公司

序号	询标问题	投标单位回复
	年 月 日的投标总价	
	贵司须充分考虑下述所有商务询标文件问题的澄清，不得改变投标总价；如存在综合单价偏高或偏低的，须在投标总价范围内调整。	
一	土建专业	
	别墅部分	
1	零星砌砖清单综合单价：677.86 元，综合单价偏高	
2	直形楼梯综合单价：179.07 元，综合单价偏高	
3	略	
	其他部分	
1	安全文明费明显偏低，严重低于政策文件要求	
2	《计日工明细表》中的人工工日 420 元/工日，价格偏高	
3	略	
二	安装专业	
1	因投标答疑中已回复潜污泵为总包采购，潜污泵清单名称中请删除"甲供"二字	
2	略	
三	其他项目	
1	贵司须确认已清楚了解所有招标文件、技术标准及规范的要求，包括无论是明确表明还是用其他方法表示，只要使本项目工程顺利进行并完成所必需的费用均已包括在投标单价之内	
2	贵司须确认投标报价已包括长沙市政府现行法例所规定税收及费用	
3	略	

投标单位盖章
日　　期：

注：以上询标问题以总包招标为示例说明，各专业招标以实际清标问题为准。

3. 投标人对清标疑问的回复

（1）投标人不对未做要求回复的内容进行澄清和回复。

（2）招标人应以书面形式发出质疑和澄清，投标人应以书面回复。

（3）清标报告应将招标人的质疑和要求澄清的问题、投标人的相应回复意见等内容作为附件，但不得就投标人是否实质性响应招标文件进行评价。

投标人对清标疑问的回复作为投标文件的组成部分。

9.2.4 投标报价完整性修正

投标报价完整性修正主要涉及综合单价漏报、措施项目价格漏报等。具体的情形和处理方式见表9-10。

表9-10 投标报价完整性修正规则

澄清与说明内容	具体情形	处理方式
报价完整性（漏报或未报）	总价合同中分部分项工程项目清单综合单价及合价漏报或未报	视为已包含在其他的清单项目综合单价、合价及投标总价中，不作调整
	措施项目清单、按项计价的分部分项工程项目清单价格漏报或未报	不作调整
	单价合同中分部分项工程项目清单的综合单价及合价漏报或未报	可要求投标人补充澄清或补正未填报清单项目的综合单价及合价，由此增加的清单项目合价从措施项目清单的报价总额中扣减，不足部分可按比例分摊到各分部分项工程量项目清单中

清单漏报或未报时，不做重新计价或调整，分为两种情况：①合同模式为总价合同的，不做重新计价或调整；②合同模式为单价合同，但漏报或未报清单类型为措施项目清单、按项计价的分部分项工程清单的，不做重新计价或调整。

清单漏报或未报时，需澄清或补正：当合同模式为单价合同，分部分项工程项目清单出现综合单价及合价漏报或未报时，需要求投标人补充澄清或补正未填报清单项目价格。投标人补正未填报项目价格后，仍需保证投标总价不变。因漏报或未报补正后相应增加的费用，应优先在措施项目清单报价总额中进行扣减。特殊情况下，若措施项目清单报价总额不足扣减，不足部分再按照比例分摊至各分部分项工程量清单项目。

案例6 某工程项目招标文件约定为单价合同，某投标单位投标总价16852009.32元，其中措施费用合计：1360025.78元。在分部分项工程清单中，存在以下清单漏报，见表9-11。

表9-11 分部分项工程项目清单计价（漏报）

项目编码	项目名称	项目特征描述	计量单位	工程量	金额（元）	
					综合单价	合价
010502006	钢筋混凝土柱	1. 混凝土种类 2. 混凝土强度等级	m³	150.20		

按照价格补正原则,招标人应要求投标人补充澄清或补正未填报清单项目的综合单价及合价,投标人补正未填报价格,见表9-12。

表9-12 分部分项工程项目清单计价(补正)

项目编码	项目名称	项目特征描述	计量单位	工程量	金额(元)	
					综合单价	合价
010502006	钢筋混凝土柱	1. 混凝土种类 2. 混凝土强度等级	m³	150.20	867.32	130271.46

在保证投标总价不变的情况下,补正后增加的价格130271.46元,应在措施费中直接扣除,最终措施费调整为:1360025.78－130271.46＝1229754.32(元)。

9.2.5 投标报价澄清或说明应用

投标报价澄清或说明报告应将招标人的质疑和要求澄清的问题、投标人的相应回复意见等内容进行完整编排,并作为投标报价澄清或说明报告附件,内容具体如下。

1. 投标报价澄清或说明报告

清标报告应载明:
(1)清标工作程序,即何时何地何人开展了清标工作。
(2)存在主要问题:对主要问题进行描述。
(3)质疑和要求澄清的问题、回复意见简述:对质疑及澄清补正内容进行简述。

2. 清标报告附件

应将招标人质疑及要求澄清的问题、投标人回复意见进行完整编排作为附件。

投标报价澄清或说明报告可作为评委委员会评标和招标人定标的依据和参考。经过澄清与说明的单价形成合同单价,可以作为变更调价的依据。

案例7 某单价合同工程的清单,招标工程量是500m,中标人的投标综合单价报价是90元/m,招标人发现该报价偏高,经过质疑、澄清、修正确定合理价格为60元/m(质疑澄清后变更用合同单价),但仅用于进度款支付和工程变更计价需要。即合同单价有两个,90元/m和60元/m。

1. 进度款支付

(1)招标工程量500m内的,发包人按照90元/m的单价(构成合同金额的合同单价)乘以完成工程量计算进度款;

(2)假设工程变更增加不超过招标工程量15%,即75m以内的,采用"相同施工条件下实施相同项目特征的清单项目,应采用相应的合同单价"规则,则发包人按照合同单价60元/m计算进度款;

(3) 假设工程变更增加超过招标工程量15%，如100m，则75m按（2）计算，剩余25m，双方采用"结合因增加工程数量引起的人工及材料采购价格优惠的影响，在合理下调其合同单价及新增综合单价后，计算相应清单项目价格，调整合同价格"规则，重新协商确定新的单价，最终双方确定为58元/m，则剩余25m的进度款按照58元/m计算。

2. 结算时

结算时与进度款支付方法一致，对90元/m、60元/m、58元/m单价应用如下：

清单项目价格＝500×90＋500×15%×60＋（100－500×15%）×58＝45000＋4500＋1450＝50950（元）

案例8 本章案例5中，根据清标分析结果，某最低价单位存在不平衡报价问题，前期施工的混凝土垫层价格偏高，后期施工的灌木的价格偏低。清标后形成调整后的单价（见表9-13），作为变更调价的依据。

表9-13 不平衡调整建议（与单价合理性分析相对应）

序号	项目	单位	工程量	拟中标报价	控制价	内部对标	外部对标	调整建议	调整值	影响金额	备注
1	C20垫层	m³	1067.33	676.83	610	568.16	576.88	600	－76.83	－82,002.96	
2	C30垫层	m³	588.88	738.87	637.63	590.32	605.51	630	－108.87	－64,111.37	
3	C15垫层	m³	107.55	694.87	588.17	568.09	565.48	615	－79.87	－8,590.02	
4	大叶黄杨	m²	885	72	90	90	—	115	43	38055.00	
5	金边黄杨	m²	1436	72	104	104	—	115	43	61748.00	
20	合计									0	

注：根据价格合理性分析结果，针对存在不平衡价格的清单项调整建议如上，请评标委会评定。

经向该投标人发送清标疑问卷后，投标人做如下回复，将C20垫层的投标价格由676.83元/m³调整为600元/m³，将C30垫层投标价格由738.87元/m³调整为630元/m³，将C15垫层投标价格由694.87元/m³调整为615元/m³。

同时将大叶黄杨和金边黄杨的投标价格由72元/m²调整为115元/m²，其他投标报价也根据合理价格进行综合调整，投标总价不调整。

经调整的C20垫层的价格600元/m³作为结算的依据，即合同单价。

9.3 合同价格影响因素及约定

9.3.1 合同价格约定的要求

实行招标的工程，合同价格应由发承包双方依据招标文件和投标文件在合同中约定，合同约定不得背离招标文件中关于工程范围、工期、价款、质量等实质性内容。即前文"法定优先，有约从约"基本原则的体现。《招标投标法》第四十六条："招标人和中标人不得再行订立背离合同实质性内容的其他协议。"《司法解释（一）》第二条（黑白合同）："招标人和中标人另行签订的建设工程施工合同约定的工程范围、建设工期、工程质量、工程价款等实质性内容，与中标合同不一致，一方当事人请求按照中标合同确定权利义务的，人民法院应予支持。招标人和中标人在中标合同之外就明显高于市场价格购买承建房产、无偿建设住房配套设施、让利、向建设单位捐赠财物等另行签订合同，变相降低工程价款，一方当事人以该合同背离中标合同实质性内容为由请求确认无效的，人民法院应予支持。"当然，在合同正常履行中合同范围、质量标准、价款、工期的变更调整不构成黑白合同。

"13版清单计价规范"第7.1.1条规定：实行招标的工程合同价款应在中标通知书发出之日起30天内，由发承包双方依据招标文件和中标人的投标文件在书面合同中约定。合同约定不得违背招标、投标文件中关于工期、造价、质量等方面的实质性内容。招标文件与中标人投标文件不一致的地方，应以投标文件为准。这条规定有个前提条件，中标人的投标文件实质响应了招标文件，否则"招标文件与中标人投标文件不一致的地方，应以投标文件为准"不成立。根据《司法解释（一）》第二十二条规定："当事人签订的建设工程施工合同与招标文件、投标文件、中标通知书载明的工程范围、建设工期、工程质量、工程价款不一致，一方当事人请求将招标文件、投标文件、中标通知书作为结算工程价款的依据的，人民法院应予支持。"

案例9 投标人没有按招标文件要求填报暂列金额而中标的，在合同履行中，不能以合同约定的价格为准，应认为合同价格中已包含了暂列金额。这一点可以从《招标投标法实施条例》第八十一条规定中看出："依法必须进行招标的项目的招标投标活动违反招标投标法和本条例的规定，对中标结果造成实质性影响，且不能采取补救措施予以纠正的，招标、投标、中标无效，应当依法重新招标或者评标。"所谓修正就是根据招标文件的要求，在合同价格中扣减出暂列金额，以确保合同的效力，否则合同归于无效。

9.3.2 合同价格影响因素及约定内容

1. 发承包双方应在合同条款中进行约定的事项

（1）发承包双方的合同义务、责任。

（2）工程保险的类型、范围、投保责任及保险费用支付。

（3）办理工程保函的类型、保证金金额及相关保函的撤回时间。

（4）工程质量标准，以及主要材料设备要求。

（5）工期变化的适用情况，以及工期奖励与承包人原因造成的误期赔偿费。

（6）人工费的金额或比例、支付方式、支付周期和建筑工人工资专用账户。

（7）预付款的比例或金额、支付时间和扣回方式。

（8）过程结算的节点和计量、计价、支付的依据、程序、比例、时限。

（9）工程质量保证的方式和金额、预留方式及其时限。

（10）工程量清单缺陷、暂列金额、暂估价、总承包服务费、计日工、物价变化、法律法规及政策性变化、工程变更、工程索赔等合同价款调整的内容、方法、程序、支付及时限。

（11）违约责任以及发生合同价款争议的解决方式、时间。

（12）竣工结算计量、计价、支付的依据、程序、方法、时限。

（13）与合同履行及工程价款相关的其他事项。

2. 需重点关注的三个方面

（1）发承包双方应提前在合同中约定工程保险的类型、范围、投保责任及保险费用支付。保险的类型及费用承担原则详见"24版清单计价标准"第8.11.16条要点说明（无条件保函）。

（2）为确保付出劳动的建筑工人按时足额获得工资报酬，切实保障建筑工人合法权益。发承包双方在合同条款中应对人工费的金额或比例、支付方式、支付周期和建筑工人工资专用账户进行约定。

依据《保障农民工工资支付条例》（中华人民共和国国务院令第724号）第二十四条"建设单位应当向施工单位提供工程款支付担保。建设单位与施工总承包单位依法订立书面工程施工合同，应当约定工程款计量周期、工程款进度结算办法以及人工费用拨付周期，并按照保障农民工工资按时足额支付的要求约定人工费用。人工费用拨付周期不得超过1个月。建设单位与施工总承包单位应当将工程施工合同保存备查"的规定，明确人工费用拨付周期不得超过1个月。

（3）为了减轻企业负担、避免建筑业企业在工程建设中需缴纳过多过繁的各类保证金，降低成本，结合国务院办公厅《关于清理规范工程建设领域保证金的通知》，转变保证金缴纳方式。对保留的投标保证金、履约保证金、工程质量保证金、农民工工资保证金，推行银行保函制度，建筑业企业可以银行保函方式进行缴纳。

第 10 章　合同工程计量与合同价款调整

10.1　合同工程计量与合同价款调整概述

10.1.1　合同工程计量概述

1. 合同工程计量规则及周期

合同工程应以承包人按合同要求已完成且应予计量的工程进行计量。工程数量应按发承包双方约定的相关工程国家及行业工程量计算标准及补充的工程量计算规则计算。发承包双方应在合同约定的时间节点、工程形象目标节点或工程进度节点进行工程计量，合同约定执行物价变化价格调整的分部分项工程项目清单，应按约定的调价周期相对应的已完成工程进行分段计量。

2. 不应予计量的情形

承包人实施的下列工程及工作不应予计量：

（1）承包人为完成永久工程所实施的临时工程，合同约定应予计量的临时工程除外。

（2）承包人原因引起超出合同约定工程范围的工程。

（3）承包人所完成、但不符合合同图纸及合同规范要求的工程。

（4）承包人拆除及迁离不符合合同图纸及合同规范要求的工程或工作。

（5）承包人责任造成的其他返工。

3. 合同工程计量的程序

（1）承包人应以书面形式提交相关工程的计量成果给发包人核对，发包人收到承包人的计量成果后应在约定时间内将核对结果以书面形式通知承包人。发包人未在约定时间内提供核对结果的，可视为承包人提交的计量成果已获得发包人认可，除合同另有约定外，承包人提交的该计量成果可作为工程价款的计算依据，但不应作为相关工程已合格交付的依据。

（2）承包人收到发包人核对结果后应在约定的时间内以书面形式确认，或以书面形式向发包人提交复核结果存在偏差的意见和详细计算资料。承包人提交复核结果意见的，发包人收到后应在约定时间内以书面形式确认，或将复查结果以书面形式通知承包人，发包人未在约定时间内提供复查结果的，可视为承包人提交的复核结果意见已获得发包人认可。如承包人未在约定时间内对发包人核对的结果予以书面确认或提交复核意见的，可视为发包人核对的计量成果已获得承包人认可。除合同另有规定外，发包人提交的核对计量成果可作为工程价款的计算依据。

发承包双方应在达成一致的相关工程计量成果上签署确认。发承包双方通过核对、复核、复查仍无法达成一致的，可按标准规定的争议解决方式处理。

4. 合同工程计量结果的效力

发承包双方签署确认的工程计量成果应作为合同价款调整、工程结算的依据，合同另有约定或发承包双方明确仅作为工程进度款支付依据及工程计量成果为粗略估算的除外。

10.1.2 合同价款调整概述

1. 合同价款调整的事项

合同履行过程发生下列事项，发承包双方可调整相关合同价款：工程量清单缺陷、暂列金额、暂估价、总承包服务费、计日工、物价变化、法律法规及政策性变化、工程变更、新增工程、工程索赔、发承包双方约定的其他调整事项。

2. 合同价款调整的程序

（1）合同履行过程中发生合同价格调整事项的，承包人应按标准规定计算价格调整事项的工程量，依据标准规定计算调整价格，并在约定时间内与相关资料一并提交给发包人核对。

（2）发包人在收到承包人合同价格调整报告及相关资料后应在约定时间内对其进行核实，予以确认的，应书面通知承包人；不予确认的，应将价格调整核对意见书面回复承包人；未确认也未提出核对意见的，应视为承包人提交的合同价格调整报告已被发包人认可。

（3）发包人提出价格调整核对意见的，承包人在收到核对意见后应在约定时间内对其进行复核，予以认可的，应书面通知发包人，不予认可的，应将相关复核意见书面回复发包人，未确认也未提出复核意见的，应视为发包人提出的意见已被承包人认可。

（4）发承包双方对合同价格调整通过核对、复核仍不能达成一致意见的，可按标准争议解决相关规定处理。除法律法规规定或合同另有约定外，发承包双方在争议解决期间应继续履行合同义务，直到争议得到解决。

3. 调整合同价款的支付

发承包双方应在确定的合同价格调整相关计量与计价成果文件上签署，作为合同价款支付的依据。经发承包双方确认调整的追加（减）合同价款，应与工程进度款和施工过程结算款同期支付。

10.2 工程量清单缺陷修正及计价规则

10.2.1 单价合同工程

采用单价合同的工程，应重新计量合同图纸的分部分项工程项目清单的所有清单项目及工程量，并调整其与已标价工程量清单存在差异的工程量清单缺陷引起的合同价格。

（1）工程量清单缺陷引起清单项目变化（项目增减），或清单工程量增加或减少且增减工程量未超过相应清单项目合同清单所含工程量的15%（含15%）的，按下列规定确定综合单价并计价，调整合同价格：

① 相同施工条件下实施相同项目特征的清单项目，应采用相应的合同单价；

② 相同施工条件下实施类似项目特征的清单项目或类似施工条件下实施相同项目特征的清单项目，应采用类似清单项目的合同单价换算调整后的综合单价；

③ 相同施工条件下实施不同项目特征的清单项目或不同施工条件下实施相同项目特征的清单项目，可依据工程实施情况，结合类似项目的合同单价计价规则及报价水平，协商确定市场合理的综合单价；

④ 不同施工条件下实施不同项目特征的清单项目，可依据工程实施情况，结合同类工程类似清单 项目的综合单价，协商确定市场合理的综合单价。

（2）工程量清单缺陷引起清单工程量增加或减少，且增减工程量超过相应清单项目合同清单所含工程量的15%（不含15%）的，应按下列规定调整合同价格：

① 如工程量清单缺陷引起增加清单项目及相应清单项目工程量的，结合因增加工程数量引起的人工及材料采购价格优惠的影响，在合理下调其合同单价及新增综合单价后，计算相应清单项目价格，调整合同价格；

② 如工程量清单缺陷引起减少清单项目及相应清单项目工程量的，结合因减少工程数量引起的人工及材料采购价格失去优惠的影响，在合理上调其合同单价及新增综合单价后，计算相应清单项目价格，调整合同价格。

采用单价合同的工程，除安全生产措施项目、以综合单价形式计价在分部分项工程项目清单中所列属于措施项目的模板等工程及合同约定应予计量的其他措施项目外，合同清单的措施项目清单及合同工期均不应调整。

案例1 高压喷射注浆桩空桩是否属于合同清单缺项？

某项目为单价合同，计价方式为工程量清单计价。基础形式采用高压喷射注浆桩，合同清单项目中只有高压喷射注浆桩清单子目，空桩部分无单独清单子目，在结算时，双方对高压喷射注浆桩子目的计价发生争议。

发包人认为合同清单项中高压喷射注浆桩清单为实桩部分清单项目，结算时实桩部分应按合同综合单价计取，空桩部分重新组价或只计算实桩工程量，不计算空桩工程量。

承包人认为高压喷射注浆桩综合单价综合考虑了实桩和空桩，工程量应按实桩加空桩计算。

观点：根据《市政工程工程量计算规范》（GB 50857—2024）规定，高压喷射注浆桩工程量清单项目特征应描述：①地层类别；②空桩长度、桩长；③桩径；④旋喷类型、方法；⑤水泥强度等级掺量。与之配套的工程量计算规则为"按设计图示桩体尺寸以体积计算"，结算时依据发承包双方确认的工程量与已标价工程量清单的综合单价计算。经查双方认可的相关资料，已标价工程量清单的"高压旋喷桩"综合单价为实桩综合单价，不包含空桩的费用。根据所提供的图纸显示，地基处理桩顶设计标高为井刃脚面，刃脚面以下为实喷（实桩），刃脚面以上为空喷（空桩），"高压喷射注浆桩空桩"清单项目属于合同清单缺项。

10.2.2 总价合同工程

采用总价合同的工程，合同价格及合同工期不应因合同清单缺陷而调整。如存在合同约定的分部分项工程项目清单工程量为暂定数量单价计价的项目，可按单价合同工程的相关规定调整。

案例 2 总价合同工程约定冲突时工程量清单错漏项引起的争议。

某工程通用条款采用《建设工程施工合同（示范文本）》（GF-2017-0201），采用工程量清单招标，合同约定价格形式为总价合同，对于工程量清单错漏项是否可以计取双方发生争议。

发包人认为合同价格形式为总价合同，工程量清单错漏项不应计算。

承包人认为合同协议书中关于工程承包范围有如下约定："健康智汇园创业孵化器工程，包括制集孵化、研发、符合 GMP 生产一体化标准厂房和配套生活区等，工程内容具体详见施工图设计。为了完成前述工程内容，承包人应施工完成至符合验收和交付条件所需全部辅助性工作或服务，包括工程量清单中未列入或所列数量不足的项目，也均属工程承包范围，由承包人承担施工，其费用按实际发生结算。"虽然合同价格形式为总价合同，是采用工程量清单方式形成的总价，不是施工图纸范围内容的总价，错漏项应依据合同条款按实际发生结算。

观点：本项目合同价格形式虽为总价合同，但其总价包干范围界定不明、前后约定内容有冲突（既约定为总价合同，又约定工程量清单中未列入或所列数量不足的项目费用按实际发生结算），同时专用条款亦无相应约定，根据合同通用条款中第1.13条工程量清单错误的修正约定"除专用合同条款另有约定外，发包人提供的工程量清单，应被认为是准确的和完整的。出现下列情形之一时，发包人应予以修正，并相应调整合同价格：①工程量清单存在缺项、漏项的；②工程量清单偏差超出专用合同条款约定的工程量偏差范围的；③未按照国家现行计量规范强制性规定计量的。"故缺项、漏项的应修正清单项，并相应调整合同价格。

案例 3 合同图纸中的部分工作内容是按新增清单项目还是包含在综合单价中的争议。

某医院扩建工程幕墙工程项目，合同采用清单计价方式，按图纸总价包干。项目首层采用石材幕墙，对于门窗洞口侧壁及顶（上下）面的计价，发承包双方产生争议。

发包人认为，根据合同清单"石材幕墙（铝合金龙骨干挂30厚石材）"项目特征中描述报价需综合考虑安装、侧边及上下边封口，涉及争议的收口收边工作内容不属于新增清单项目，在投标报价的清单综合单价中已考虑，不予另行计价。

承包人认为，项目特征描述中关于侧边、上下封边口包含在综合单价中是指侧面、上下封口不可见光部分的饰面及铁皮封口，但见光面外饰面均应遵循合同约定，属于新增清单项目，工程量按设计图示框外围尺寸以面积计算。

观点：根据合同专用条款"承包人投标时应在认真审核合同图纸、材料技术说明书、考虑施工图详细设计的影响、相关资料及勘察现场后对招标文件提供的工程量清单作出投标报价。报价工程量清单必须为承包人投标时经过计算、核实的准确数量，对于错算、漏算的工程量、工作内容及投标价，由承包人负责，合同图纸有反映该部分的工作内容，但工程量清单中没有这一项目或工程量与合同图纸有出入的部分，承包人应把此风险充分考虑在投标报价内，发包人和承包人均认为该部分造价已包含在承包人报价中，在实施或结算时，发包人将均不予支付""承包人根据合同图纸进行施工图详细设计而产生的补充的收口大样、设计说明、细化设计需要而增加的内容不属新增项目"的规定，本项目为合同图纸总价方式，石材幕墙洞口侧壁及顶（上下）面的计价应包含在综合单价中，不另行计算。

10.3 暂列金额调整及计价规则

10.3.1 暂列金额调整及计价规则

合同总价内的暂列金额应由发包人掌握，依据发包人发出的指令使用。合同价格应按所确定的调整价格与暂列金额的差异进行调整；在合同履行过程中没有发生暂列金额调整事件的，合同总价包括的暂列金额应在结算时全部扣除。

合同总价内的暂列金额用于未能完全预见或详细说明的工程的，发承包双方应根据双方确认的施工图纸计算分部分项工程项目清单工程量，按合同单价计算调整价格；合同总价内的暂列金额用于工程合同价格调整的，合同价格应按所确定的调整价格与暂列金额的差异进行调整。

发生工程变更、工程索赔而引起措施项目、合同工期变化的，应按规定调整措施项目费用和合同工期，合同价格应按所确定的调整价格与暂列金额的差异调整；发生其他用于合同价格调整的暂列金额事件的，合同清单的措施项目费与合同工期均不应做调整。

10.3.2 暂列金额调整事件的管理

发生暂列金额调整事件的，发承包双方应按相关规定进行暂列金额调整价格的申报、核实及确定。

（1）申报：合同履行过程中发生合同价格调整事项的，承包人应按相关规定计算价格调整事项的工程量、计算调整价格，并在约定时间内与相关资料一并提交给发包人核对。

（2）核实：发包人在收到承包人合同价格调整报告及相关资料后应在约定时间内对其进行核实，予以确认的，应书面通知承包人；不予确认的，应将价格调整核对意见书面回复承包人；未确认也未提出核对意见的，应视为承包人提交的合同价格调整报告已被发包人认可。

发包人提出价格调整核对意见的，承包人在收到核对意见后应在约定时间内对其进行复核，予以认可的，应书面通知发包人，不予认可的，应将相关复核意见书面回复发包人，未确认也未提出复核意见的，应视为发包人提出的意见已被承包人认可。

（3）解决争议：发承包双方对合同价格调整通过核对、复核仍不能达成一致意见的，可按争议解决相关规定处理。除法律法规规定或合同另有约定外，发承包双方在争议解决期间应继续履行合同义务，直到争议得到解决。

（4）确认与支付：发承包双方应在确定的合同价格调整相关计量与计价成果文件上签署，作为合同价款支付的依据。经发承包双方确认调整的追加（减）合同价款，应与工程进度款和施工过程结算款同期支付。

10.4 材料暂估价调整及计价规则

10.4.1 材料暂估价的调整及计价

工程量清单中给定暂估价的材料属于依法必须招标的，应以招标确定的材料税前价格取代暂估价，调整合同价格。不属于依法必须招标的，可由承包人进行市场采购询价或自主报价，经发包人确认价格后以税前价格取代暂估价，或可由发承包双方共同询价确认价格后以税前价格取代暂估价，并计算相应价格调整引起的增值税变化，调整合同价格。

工程量清单中给定材料暂估价的清单项目价格调整，应只调整综合单价的材料暂估价价格，合同清单中该清单项目的综合单价的其他费用不宜做调整。

10.4.2 材料暂估价的确定程序

依据"24版清单计价标准"，材料暂估价的具体规定，见表10-1。

表10-1 材料暂估价的具体规定

采购方式	实施方式及费用承担		
	发包人作为招标人	承包人作为招标人	发包人和承包人共同作为招标人
依法必须招标的	发包人应承担组织招标工作有关的费用。需要承包人配合的，承包人应自行承担其配合费用	承包人应承担组织招标工作有关的费用，其费用应被认为已经包括在承包人的投标总价（合同签订价格）中。需要发包人配合的，发包人应自行承担其配合费用	发承包双方应各自承担相应的费用

根据《建设工程施工合同（示范文本）》（GF-2017-0201），暂估价项目确定：

（1）依法必须招标的暂估价项目。

对于依法必须招标的暂估价项目，采取以下第1种方式确定。合同当事人也可以在专用合同条款中选择其他招标方式。

第1种方式：对于依法必须招标的暂估价项目，由承包人招标，对该暂估价项目的确认和批准按照以下约定执行：

① 承包人应当根据施工进度计划，在招标工作启动前14d将招标方案通过监理人报送发包人审查，发包人应当在收到承包人报送的招标方案后7d内批准或提出修改意见。承包人应当按照经过发包人批准的招标方案开展招标工作。

② 承包人应当根据施工进度计划，提前14d将招标文件通过监理人报送发包人审批，发

包人应当在收到承包人报送的相关文件后 7d 内完成审批或提出修改意见；发包人有权确定招标控制价并按照法律规定参加评标。

③ 承包人与供应商、分包人在签订暂估价合同前，应当提前 7d 将确定的中标候选供应商或中标候选分包人的资料报送发包人，发包人应在收到资料后 3d 内与承包人共同确定中标人；承包人应当在签订合同后 7d 内，将暂估价合同副本报送发包人留存。

第 2 种方式：对于依法必须招标的暂估价项目，由发包人和承包人共同招标确定暂估价供应商或分包人的，承包人应按照施工进度计划，在招标工作启动前 14 天通知发包人，并提交暂估价招标方案和工作分工。发包人应在收到后 7 天内确认。确定中标人后，由发包人、承包人与中标人共同签订暂估价合同。

（2）不属于依法必须招标的暂估价项目。

除专用合同条款另有约定外，对于不属于依法必须招标的暂估价项目，采取以下第 1 种方式确定：

第 1 种方式：对于不属于依法必须招标的暂估价项目，按本项约定确认和批准：

① 承包人应根据施工进度计划，在签订暂估价项目的采购合同、分包合同前 28d 向监理人提出书面申请。监理人应当在收到申请后 3d 内报送发包人，发包人应当在收到申请后 14d 内给予批准或提出修改意见，发包人逾期未予批准或提出修改意见的，视为该书面申请已获得同意。

② 发包人认为承包人确定的供应商、分包人无法满足工程质量或合同要求的，发包人可以要求承包人重新确定暂估价项目的供应商、分包人。

③ 承包人应当在签订暂估价合同后 7d 内，将暂估价合同副本报送发包人留存。

第 2 种方式：承包人按照第 10.7.1 项〔依法必须招标的暂估价项目〕约定的第 1 种方式确定暂估价项目。

第 3 种方式：承包人直接实施的暂估价项目

承包人具备实施暂估价项目的资格和条件的，经发包人和承包人协商一致后，可由承包人自行实施暂估价项目，合同当事人可以在专用合同条款约定具体事项。

（3）因发包人原因导致暂估价合同订立和履行迟延的，由此增加的费用和（或）延误的工期由发包人承担，并支付承包人合理的利润。因承包人原因导致暂估价合同订立和履行迟延的，由此增加的费用和（或）延误的工期由承包人承担。

10.5 专业工程暂估价调整及计价规则

10.5.1 专业工程暂估价调整及计价

工程量清单中给定暂估价的专业工程属于依法必须招标的，应以招标确定的含税专业分包工程价格取代暂估价，调整合同价格。承包人参加由发包人作为招标人的暂估价专业工程投标并中标的，发承包双方应扣除合同总价中计取的相应专业分包工程、直接发包的专业工程的总承包服务费。

工程量清单中给定暂估价的专业工程不属于依法必须招标的，可按新增工程的相关规定确定含增值税专业工程价格，并以此取代专业工程暂估价，或可由发承包双方共同招标确定含增值税专业分包工程价格取代专业工程暂估价，调整合同价格。

10.5.2 专业工程暂估价的确定程序

专业工程暂估价的确定程序与上节材料暂估价的确定程序相同。

10.6 总承包服务费调整及计价规则

10.6.1 总承包服务费可以调整的情形

若合同约定的发包人提供材料变更为承包人提供的，应扣除合同总价中计取的相应发包人提供材料的总承包服务费。

若合同履行过程中发生合同约定的承包人提供材料变更为发包人提供的，发承包双方应计算发包人提供材料所增加的总承包服务费，调整合同价格。

若合同履行过程中发生暂估价专业分包工程、发包人直接发包的专业工程取消，或确定由承包人负责完成，承包人参加由发包人作为招标人的暂估价专业工程投标并中标的，或在承包人的合同工程已竣工且撤离现场后进行的，发承包双方应扣除合同总价中计取的相应专业分包工程、直接发包的专业工程的总承包服务费。

10.6.2 总承包服务费调整的计价规则

1. 总承包服务费以项计价

总承包服务费除上述情形外，应为风险包干，工程结算不应作调整。

2. 总承包服务费以费率计价，且合同未约定费率计价基础或约定不明

总承包服务费在工程结算时可按专业分包工程、直接发包的专业工程的合同价、发包人提供材料的供货合同价进行计算。

3. 专业工程的实质性工期改变

发包人批准的专业分包工程发生工程变更或发包人原因引起相关专业分包工程、直接发包的专业工程的实质性工期改变，发承包双方可按下式计算调整受影响的专业分包工程（或直接发包专业工程）总承包服务费：

$$总承包服务费调整价款 = 受影响专业分包工程（或直接发包专业工程）延误的工期 \times \frac{受影响专业分包工程（或直接发包专业工程）总承包服务费}{受影响专业分包工程（或直接发包专业工程）工期}$$

(式 10-1)

10.7 工程变更计量及计价规则

10.7.1 工程变更计量规则

工程变更引起的应予计量的工程量,应按合同约定的工程量计算规则、适用的国家及行业工程量计算标准计算,具体见表 10-2。

表 10-2 工程变更引起的应予计量的工程量

计量项目	单价合同的工程变更	总价合同的工程变更
分部分项工程清单项目	应按发包人颁发或确认的变更指令及实际施工图纸重新计算分部分项工程清单项目及工程量,并与已纠正工程量清单缺陷的工程量清单项目及其工程量进行比较,确定增减变更项目及其工程量	应按发包人颁发或确认的变更指令及实际施工图纸与合同图纸进行比较,差异部分的分部分项工程项目清单即为工程变更项目
措施项目	应按发包人批准的承包人专为工程变更拟定的实施方案或实际发生内容,计算其因工程变更而需要增加投入的施工管理人员、增加搭设的临时设施及其他增加的施工措施工程(工作)量	
合同工期变化	应依据发包人批准的工期延长或缩短的时间,可按下式计算合同工期影响的措施项目调增(减)价格: 措施项目调增(减)价格 = 延长(缩短)工期 $\times \dfrac{\text{措施项目中期运行费用}}{\text{合同工期}}$	

10.7.2 工程变更计价规则

1. 单价合同工程

采用单价合同的工程,因工程变更引起分部分项工程的清单项目变化(项目增减),或清单工程量发生变化且工程量变化不超出 15%(含 15%)时,发承包双方应按下列规定确定综合单价并计价,调整合同价格:

(1) 相同施工条件下实施相同项目特征的清单项目,应采用相应的合同单价。

(2) 相同施工条件下实施类似项目特征的清单项目或类似施工条件下实施相同项目特征的清单项目,应采用类似清单项目的合同单价换算调整后的综合单价。

(3) 相同施工条件下实施不同项目特征的清单项目或不同施工条件下实施相同项目特征的清单项目,可依据工程实施情况,结合类似项目的合同单价计价规则及报价水平,协商确定市场合理的综合单价。

(4) 不同施工条件下实施不同项目特征的清单项目,可依据工程实施情况,结合同类工程类似清单项目的综合单价,协商确定市场合理的综合单价。

(5) 因减少或取消清单项目的工程变更显著改变了实施中的工程施工条件,可根据实施工程的具体情况、市场价格、合同单价计价规则及报价水平协商确定工程变更的综合单价。

与项目特征变化相关的下列因素引起相应清单项目的价格变化有:

① 材料的变化;
② 施工方法的变化;

③ 对其他分部分项工程项目的变化；

④ 其他项目特征变化。

与施工条件变化相关的下列因素引起相应清单项目的价格变化有：

① 工程基础的变化；

② 工程高度的变化；

③ 构件（如钢结构）规格的变化；

④ 施工季节的变化；

⑤ 在已竣工的区域施工，成品保护措施的变化；

⑥ 在工地进驻限制下施工的变化；

⑦ 材料运输方式的变化；

⑧ 机具使用余量的变化；

⑨ 总承包服务费中配合费（如专业分包工程量的减少或增加）的变化；

⑩ 其他施工条件变化。

采用单价合同的工程，因工程变更引起分部分项工程的清单工程量发生变化，且工程量变化超出 15%（不含 15%）时，按下列规定调整合同价格：

（1）如工程变更引起增加清单项目及相应清单项目工程量的，结合因增加工程数量引起的人工及材料采购价格优惠的影响，在合理下调其合同单价及新增综合单价后，计算相应清单项目价格，调整合同价格。

（2）如工程变更引起减少清单项目及相应清单项目工程量的，结合因减少工程数量引起的人工及材料采购价格失去优惠的影响，在合理上调其合同单价及新增综合单价后，计算相应清单项目价格，调整合同价格。

> **案例 4** 承包方自行变更施工再申请变更设计产生的工程量是否计量争议？
>
> 某工程基坑支护原设计方案为两级放坡，承包人自行按三级放坡施工，而后申请将两级放坡变更为三级放坡，导致工程量增加，发、承包双方对增加的工程量是否计量产生争议。
>
> 发包人认为原设计方案基坑支护为两级放坡，方案已经通过专家论证，承包方在未经发包人、监理单位的允许下先按三级放坡施工，后再申请变更三级放坡，为确保满足建设行政部门的日常检查，发包方在《工程联系单》和《监理例会会议纪要》也明确"同意设计出具具体方案，但施工单位不予增加造价"，变更增加的工程量应不予计量。
>
> 承包方认为，原设计图纸（标高）与现场实际情况不一致，二级放坡顶面位置与周边原状地面存在 4.8m 高差，现场开挖直接形成三级放坡，考虑到施工安全及该区域持力层情况和靠近总承包施工道路情况，设计单位也已重新下发三级放坡图纸，变更产生非承包人原因，产生的增加工程量应计量。
>
> 观点：应对变更方案进行专家论证，若经论证应采用三级放坡的，则由此增加的造价按方案计价，由建设单位支付；否则采用三级放坡方案引起工程造价增加，则按照建设单位不宜增加造价的意见执行。

2. 总价合同工程

采用总价合同的工程，按合同约定合同单价适用于工程变更计价的，因工程变更引起工程量清单项目及其工程数量发生变化时，可依据单价合同工程的有关规定调整合同价格；若合同约定合同单价不适用于工程变更计价的，工程变更发生的清单项目可由发承包双方根据工程实施情况、市场价格，结合已标价工程量清单计价规则及报价水平协商确定综合单价并计价。

3. 合同工期实质性延长或缩短

工程变更或发包人责任事件引起合同工期实质性延长或缩短的，发承包双方可按下式计算合同工期影响的措施项目调增（减）价格：

$$措施项目调增（减）价格 = 延长（缩短）工期 \times \frac{措施项目中期运行费用}{合同工期}$$

(式10-2)

式中：延长（缩短）工期——发包人批准的工期延长或缩短的时间；

措施项目中期运行费用——措施项目费用分拆表计算合同清单中所有受影响措施项目的中期运行费用总额。

> **案例5** 工期顺延引起的费用补偿。
>
> 工程招标时合同工期为666d，实际工期基础工程757d，结构及装饰工程692d。双方就工期延长达成一致意见，但对发生的大型机械租赁延长、脚手架使用延期、承包人租赁的临时设施搭建场地延期等三项费用增加有争议。
>
> 发包人：承包人在投标时对拟定的工期无异议并编制了在拟定工期内完工的施工组织方案，实际工期虽然超出合同约定的工期，但依据合同约定"合同双方当事人在签订合同前已确认合同工期为合理及可实施的，而实现合同工期所需之任何赶工措施、费用和利润均视作已考虑在合同价款中"，因此不应再予补偿工期延长所发生的费用。
>
> 承包方：招标时未提供施工图，采用模拟清单招标，中标后发包人提供的施工图中人防面积比例及结构造型超常规，且空间小、深度高，结构复杂，结构楼梯多，裙楼存在特殊结构节点、双层飘板穿插造型等情况，造成实际施工工期增加，既然发承包双方已对工期顺延进行了核准确认，并符合合同"合同履行期间，因下列原因造成关键线路工程延误的，承包人有权要求发包人增加由此发生的费用和（或）顺延工期"的约定，因此应予补偿工期延长所发生的费用。
>
> 观点：工程实施期间，发生因招标文件表述项目需求或设计要求与实际施工图纸不一致的情形，发承包双方已对工期顺延达成一致的，因工期顺延造成费用增加应予补偿计算。

4. 措施项目费用

为完成工程变更而需增加的额外措施项目，且该费用未包括在其他计价范围的，增加的措施项目费用应按下列规定计算：

（1）完成工程变更所需增加的（现场没有的）施工机具，应按实际发生施工机具的型号、台数及其耗用台班计量，并按合同清单中的计日工清单的相关施工机具单价进行计价。若合同清单中没有相应计日工清单，可按下列规定确定计日工综合单价：

① 人工费、材料费、施工机具使用费可按合同约定的市场价格信息来源所发布工程价格信息确定。合同没约定或约定不明的，可依据工程所在地工程造价管理部门或行业发布的工程价格信息中的不含税人工、材料、施工机具租赁市场价格信息，以及合同清单中类似清单项目综合单价分析表中的明细价格组成等确定相应计日工综合单价。

② 工程所在地工程造价管理部门及行业发布的工程价格信息中没有相关市场价格信息的，可依据经发承包双方确认的承包人采购单价，以及合同清单中类似清单项目综合单价分析表中的明细价格组成等确定相应计日工综合单价。

（2）完成工程变更所需增加设置的（现场没有的）临时设施，应按实际发生临时设施的类型、数量及使用时间进行计量，按发承包双方协商确定的合理市场价格进行计价。

工程变更涉及合同工程范围、工期、质量、合同规范等实质性内容变化并引起措施项目发生改变时，发承包双方的不利一方提出调整措施项目费的，应在实施前将拟实施的方案提交另一方审核，并详细说明与原方案措施项目对比的变化情况。拟实施的方案经发承包双方确认后执行的，可按调整措施项目费。

案例6 高支模方案变化的计价。

工程合同图纸结构顶标高27.47米，施工图结构顶标高变更为28.27米，梁截面加宽加高，高支模施工方案重新编审，对比投标时高支模方案钢管间距加密。

发包人：结构顶标高变化不大，且招标清单说明也明确了支模高度发生调整时相应调价的原则，故应按合同约定的方式计价。

承包人：因结构梁截面变化较大，导致重新编审高大支模安全专项施工方案，专家论证评审过的施工方案用材增加、施工难度加大，增加费用超出合同约定根据标高变化调整原则计算出的费用，故应按实施方案计算增加高支模支撑费用。

观点：本项目结构发生变更，导致高支模发生变化，应按工程变更事件调整措施项目费的约定调整合同价款。

案例7 关于设计变更导致重新搭设电梯井脚手架费用的争议。

某项目在原有建筑内加装电梯，合同图纸显示加装四台电梯，东、西侧各两台，共四个电梯井道，采用工程量清单计价方式，合同价格形式为单价合同。由于设计变更导致井道扩大，两台电梯之间需要加装防护隔离网。加装防护隔离网的设计变更单下发前电梯井脚手架已拆除，为安装该防护隔网需重新搭设操作平台，发、承包双方对重新搭设的两座电梯井脚手架费用产生争议。

发包人认为重新搭设的两座电梯井脚手架费用属于措施项目费，不予调整。

承包人认为重新搭设的两座电梯井脚手架费用应按照实际发生费用结算。

观点：重新搭设的两座电梯井脚手架费用是因加装防护隔离网设计变更引起的，属于工程变更引起的措施项目变化，应按工程变更事件调整措施项目费的约定调整合同价款。

如果发承包双方的不利一方在约定时间内未提出调整措施项目费用的，应视为工程变更不引起措施项目费用的变化或不利一方放弃调整措施项目费用的权利。如果另一方未在约定时间内对不利一方提出的调整措施项目费用进行确认或提出审核意见的，应视为认可不利一方提出的调整措施项目费用。

案例 8　工程变更估价时未同时含措施费用，结算时能否增加？

管道敷设方式由架空式变更为地埋式，属于合同约定的价款调整事项；结算时，承包人提出该变更估价时因当时变更图纸未包含施工中因地质条件恶劣而增加的钢板桩、碎石换填、混凝土换填、管沟排水降水等措施而漏算相应的措施费用。

发包人：作为有经验的承包人在变更估价时理应考虑措施费用，因此该变更才予通过审批，现变更估价已经审批，故结算不另行计算措施费用。

承包人：施工中因地质条件恶劣产生的钢板桩、碎石换填、混凝土换填、管沟排水降水等措施费用需按经批准的施工方案才能计算，无法在工程变更估价时计算，结算应增加计算措施费用。

观点：虽然具备合同约定、措施相关费用可计量计取的客观条件，但是没有在实施前提出调整措施项目费用，应视为工程变更不引起措施项目费用的变化或不利一方放弃调整措施项目费用的权利。

5. 取消合同中的某项原定工作或工程

非承包人原因，发包人提出的工程变更取消了合同中的某项原定工作或工程，且承包人发生的费用或（和）应得的收益没有包括在其他已支付或应支付的项目中或在任何替代的工作或工程中，发包人应补偿承包人的损失费用及合理的预期收益。

案例 9　取消精装修工程是否扣减措施费？

某项目采用总价合同，约定措施费用不作调整，但在实施过程中出现工程变更事件，发包人取消了部分办公区域的精装修工程，双方就被取消精装修工程相关的措施费是否扣减产生争议。

发包人认为，虽然合同约定措施费包干，但由于大范围取消了精装修工程，属于合同图纸范围内取消的内容，根据公平公正原则，取消项目应按照造价比例扣减原精装修部分措施费。

承包人认为，此事件为图纸变更，根据合同专用条款约定"投标文件中措施项目所报费用和其他项目清单所报费用为包干价格，施工期间无论发生何种情况，结算时均不予调整（新增加项目除外）"，因此，本项目取消了精装修工程，但措施费仍按不予扣减。

观点：本项目承包方式为按合同图纸总价包干，是基于合同图纸和技术规范以及相应的合同条款下的总价包干。但在实施过程中，取消了精装修工程，导致原合同约定的工程范围发生变化，属于合同实质性内容的更改，改变了合同签订时的基础和目的，原约定的总价包干的条件也相应发生重大变化。取消精装修工程属于双方未能预见范围，因此该工程变更引起相关的措施费用变化应予相应调整。同时，若取消精装修工程导致承包人损失的，发包人应补偿承包人的损失费用及合理的预期收益。

案例 10 取消工程是否扣减相关措施费争议？

某项目采用单价合同形式，约定了措施费用不作调整，在实施过程中发包人取消了取水工程办公楼工程，双方就被取消办公楼工程相关的措施费是否扣减产生争议。

发包人认为，措施项目费不予扣减的前提是承包人完成招标文件所提供的工程量清单项目范围内所需的全部措施，因此对于取消的办公楼在结算时应扣除其全部报价（含措施费）。

承包人认为，根据招标文件投标人须知（三）第 23 款"完成招标文件所提供的工程量清单项目范围内的所需的全部措施费……措施项目费不予调整"和投标人须知（四）第 29 款"结算时工程量按实际完成工作量计算。增加的工程，只调监理和招标人确认的实体工程，对应的措施费不计算"的规定，措施费应为包干价格，结算时不应扣减。

观点：在项目实施过程中发包人取消了取水工程办公楼工程，导致原合同约定的工程范围发生较大变化，更改了合同实质性内容，改变了合同签订时的基础和目的，原约定的工程措施费包干的条件也相应发生重大变化，本项目的措施项目费应予相应调整，具体调整方式由发承包双方协商确定。同时，若取消精装修工程导致承包人损失的，发包人应补偿承包人的损失费用及合理的预期收益。

《建设工程施工合同（示范文本）》（GF-2017-0201）中有关工程变更的规定如下：

1. 变更的范围

除专用合同条款另有约定外，合同履行过程中发生以下情形的，应按照本条约定进行变更：

（1）增加或减少合同中任何工作，或追加额外的工作；

（2）取消合同中任何工作，但转由他人实施的工作除外；

（3）改变合同中任何工作的质量标准或其他特性；

（4）改变工程的基线、标高、位置和尺寸；

（5）改变工程的时间安排或实施顺序。

2. 变更权

发包人和监理人均可以提出变更。变更指示均通过监理人发出，监理人发出变更指示前应征得发包人同意。承包人收到经发包人签认的变更指示后，方可实施变更。未经许可，承包人不得擅自对工程的任何部分进行变更。

涉及设计变更的，应由设计人提供变更后的图纸和说明。如变更超过原设计标准或批准的建设规模时，发包人应及时办理规划、设计变更等审批手续。

3. 变更程序

发包人提出变更的，应通过监理人向承包人发出变更指示，变更指示应说明计划变更的工程范围和变更的内容。

监理人提出变更建议的，需要向发包人以书面形式提出变更计划，说明计划变更工程范围和变更的内容、理由，以及实施该变更对合同价格和工期的影响。发包人同意变更的，由监理人向承包人发出变更指示。发包人不同意变更的，监理人无权擅自发出变更指示。

承包人收到监理人下达的变更指示后，认为不能执行，应立即提出不能执行该变更指示的理由。承包人认为可以执行变更的,应当书面说明实施该变更指示对合同价格和工期的影响,且合同当事人应当按照第10.4款变更估价约定确定变更估价。

4. 变更估价

(1) 变更估价原则。除专用合同条款另有约定外,变更估价按照本款约定处理:

① 已标价工程量清单或预算书有相同项目的,按照相同项目单价认定;

② 已标价工程量清单或预算书中无相同项目,但有类似项目的,参照类似项目的单价认定;

③ 变更导致实际完成的变更工程量与已标价工程量清单或预算书中列明的该项目工程量的变化幅度超过15%的,或已标价工程量清单或预算书中无相同项目及类似项目单价的,按照合理的成本与利润构成的原则,由合同当事人按照第4.4款商定或确定变更工作的单价。

(2) 变更估价程序。承包人应在收到变更指示后14天内,向监理人提交变更估价申请。监理人应在收到承包人提交的变更估价申请后7天内审查完毕并报送发包人,监理人对变更估价申请有异议,通知承包人修改后重新提交。发包人应在承包人提交变更估价申请后14天内审批完毕。发包人逾期未完成审批或未提出异议的,视为认可承包人提交的变更估价申请。

因变更引起的价格调整应计入最近一期的进度款中支付。

10.8 计日工计量、计价规则及价格调整

10.8.1 计日工计量规则

1. 适用计日工计量计价的情形

合同工程发生不宜按合同约定和相关工程国家及行业工程量清单计价标准等计价的,发承包双方可采用计日工方式进行计价。如承包人认为有关项目或工作采用计日工的规定进行计量的,承包人应在合同约定时间内向发包人提出,发包人应在约定时间内批复。如承包人未在约定时间内提出,应视为承包人放弃按计日工方式进行计量的需求;若发包人未在约定时间内批复的,应视为同意承包人按照计日工方式进行计量。

计日工见表10-3。计日工名称、暂定数量应由招标人填写。编制最高投标限价时,单价应由招标人按有关计价规定确定;编制投标报价时,单价应由投标人自主报价,并按暂定数量计算合价计入投标总价中。工程结算时,应按发承包双方确认的实际数量计量合价。

表10-3 计日工

工程名称: 标段: 第 页 共 页

编号	计日工名称	单位	暂定数量	实际数量	综合单价(元)	合价(元)		调整金额±(元)
						暂定 A_1	实际 A_2	$B=A_2-A_1$
一	人工							
1								

续表

编号	计日工名称	单位	暂定数量	实际数量	综合单价（元）	合价（元） 暂定 A_1	合价（元） 实际 A_2	调整金额±（元）$B=A_2-A_1$
2								
3								
4								
	人工小计							
二	材料							
1								
2								
3								
4								
	材料小计							
三	施工机具							
1								
2								
3								
4								
	施工机具小计							
	总计							

下列工程项目及零星工作可采用计日工计量计价：

(1) 不能依据施工图纸、工程变更及合同约定计量规则进行计量的增加工程或替代工程。

(2) 按发包人要求增加的短工期、零星、有限工程范围、少量工程数量的工程项目。

(3) 极端变化的工作条件引起的非正常操作。

(4) 进行紧急工程引起其他工程损坏的修复。

(5) 按发包人要求打开已隐蔽的工程，但相关工程通过检测证明符合合同要求的。

(6) 修复其他承包人完成工作后周边受影响工程的费用。

(7) 因发包人暂缓（停）工程引起工程延期而必须更换材料的费用。

(8) 合同范围外发包人特殊要求的清扫和清场工作。

(9) 合同范围外发包人要求的测试运行。

(10) 非承包人原因引起的修复和恢复被损坏的微小工程（大规模的损坏恢复应按工程变更规定计量与计价）。

2. 计日工报表的内容及管理

采用计日工计价的任何一项工作，在该项工作实施过程中的每一天，承包人应将每天发生计日工内容的报表和有关凭证报送给发包人核实。"24版清单计价标准"和《建设施工合同（示范文本）》（GF-2017-0201）中规定的计日工报表或签证报告的内容见表10-4。

表 10-4　计日工报表或签证报告内容对比

	24 版清单计价标准	《建设工程施工合同（示范文本）》
计日工内容	（1）工作名称、内容和数量； （2）投入该工作的所有人员的姓名、专业、工种、级别和耗用工时； （3）投入该工作的材料类别和数量； （4）投入该工作的施工设备型号、台数和耗用台时； （5）其他有关资料和凭证	1 工作名称、内容和数量； 2 投入该工作所有人员的姓名、工种、级别和耗用工时； 3 投入该工作的材料名称、类别、规格、品牌和数量； 4 投入该工作的施工机具型号、数量和耗用台班； 5 发包人要求提交的其他资料和凭证

任何一项非当天完成的计日工工作持续进行时，承包人应在该项工作实施结束后，在约定的时间内向发包人提交计日工签证报告，内容应包括每天计日工记录的汇总。

发包人应在收到承包人提交报表后的约定时间内以书面形式通知承包人相关的核实结果，并在收到承包人提交的计日工签证报告后，在约定时间内进行复核。如发包人未在约定时限内提供核实结果或复核结果的，应视为承包人提交的报表或计日工签证报告中的内容已获得发包人认可。

10.8.2　计日工计价规则

采用计日工方式进行计价的工程或工作，应依据合同清单中计日工清单项目的综合单价计价。合同清单中没有已标价计日工清单项目或已标价计日工清单项目没有适用综合单价的，可按下列规定确定计日工综合单价：

（1）人工费、材料费、施工机具使用费可按合同约定的市场价格信息来源所发布工程价格信息确定。合同没约定或约定不明的，可依据工程所在地工程造价管理部门或行业发布的工程价格信息中的不含税人工、材料、施工机具租赁市场价格信息，以及合同清单中类似清单项目综合单价分析表中的明细价格组成等确定相应计日工综合单价。

（2）工程所在地工程造价管理部门及行业发布的工程价格信息中没有相关市场价格信息的，可依据经发承包双方确认的承包人采购单价，以及合同清单中类似清单项目综合单价分析表中的明细价格组成等确定相应计日工综合单价。

10.8.3　计日工的价格调整

采用计日工计价的，计日工综合单价应包括计日工项目随机发生、少量发生等特点造成的额外增加费用和计日工项目发生的措施项目费用，合同总价中的措施项目费用不应因发生计日工而调整。

工程结算时，按合同约定应予计算的计日工项目应全部计算在结算总价内，但合同总价包含的合同清单中计日工清单项目应从结算总价中扣除。

10.9　返工工程计量及计价规则

10.9.1　返工工程计量规则

工程变更或发包人责任事件引起承包人已完成的部分或全部工程的返工，或引起承包人已采购及已加工的材料报损或报废的，承包人应在合同约定时间内以书面形式向发包人提出返工确认要求，并提供相关的证明资料。承包人未在约定时间内提出相关返工确认要求的，应视为相关工程变更指令或发包人责任事件未造成工程返工或已采购及已加工材料的报损或报废，返工工程量不应计量，相关的费用不应补偿。

发包人应按约定时间参与承包人完成的返工工程的确认，如发包人未按约定参与返工工程确认且未提出异议的，承包人可与监理人共同完成相关的确认，其确认结果应视为已获得发包人认可。

发承包双方应在完成确认后签署相关的返工确认单。返工确认单应符合下列规定：

（1）返工工程的工程量可以按相关的施工图纸或工程变更指令计量的，应在返工确认单中明确用于计算返工工程的施工图纸或变更指令；

（2）返工工程的工程量不能按相关的施工图纸或工程变更指令计量的，发承包双方应在返工确认单中确定返工的项目及其工程量；

（3）报损或报废的已采购及已加工材料，发承包双方应在返工确认单中确定其材料的名称、规格、品牌、数量、单价或总价及处理方式。

发生返工工程的项目应按合同约定明确发承包双方责任，返工引起的相关费用应由责任方承担。属于工程变更或发包人责任原因的，返工确认单内的返工工程项目及其工程量、报损或报废的已采购及已加工材料及其数量，应为相关返工工程的计量工程量，并作为合同价款调整计算返工工程价格的依据；属于承包人责任原因的，返工工程相关工程量不应计量。

10.9.2　返工工程计量及计价规则

返工工程引起合同工期实质性变化的，发承包双方可按下式计算合同工期影响的措施项目调增（减）价格：

$$措施项目调增（减）价格 = 延长（缩短）工期 \times \frac{措施项目中期运行费用}{合同工期} \quad (式10\text{-}3)$$

合同实践中，返工工程可按以下方式执行计价：

若计日工清单内存在返工项目的单价，则应按计日工内的返工单价计价。

若计日工清单内不存在返工项目的单价，则可按采取合同单价换算而得的相关单价计价，但应对相关合同单价作出所需之合理调整，例如：

（1）采用"模板"单价换算"拆除模板"的单价时，应用适当调整系数扣除"安装"与"拆除"之定位精度差异引致的差异单价；

（2）采用"钢筋"单价换算"拆除钢筋"的单价时，可用钢筋单价之综合单价分析表中的"安

装费"单价计价,并用适当调整系数扣除"安装"与"拆除"之定位精度差异引致的差异单价;

(3) 运抵现场的报废钢筋的运走费用可用"钢筋"单价中所含的"运费"计价,但报废钢筋在承包人工地外材料加工场的不需考虑此等"运费";

(4) 报废钢筋补偿费的计价中,箍筋及小于3米长的直筋因加工费用更昂贵而可按全部报废处理,不小于3米长的直筋则应按发承包双方协商确定的再利用率进行计价;

(5) 使用机电设备清单项目的合同单价中所含的"供应单价",进行需拆除及运走之相关材料设备的计价。

10.10 物价变化价格调整及调价规则

10.10.1 可调价的范围及幅度

合同约定因物价变化引起合同清单的分部分项项目清单的人工费、材料费、施工机具使用费中的燃料动力费进行价格调整的,应依据合同约定的市场价格信息来源所发布的合同基准日与调价时间区段相关人工费、材料费、施工机具使用费中的燃料动力费市场价格信息所反映的价格波动幅度,计算调价区段超出合同约定幅度的人工费、材料费。

除合同另有约定外,承包人按合同履行及完成工程所发生的下列费用不应因物价变化而调整合同总价和合同单价:

(1) 施工耗材费用;

(2) 中小型工具使用费;

(3) 措施项目费用;

(4) 除按"24版清单计价标准"第8.7.1条~第8.7.4条规定调整价格的施工机具使用费的燃料动力费外,其他的施工机具使用费用;

(5) 除"24版清单计价标准"第8.7.3条规定的价格异常波动外,不属于合同约定调价项目的材料费;

(6) 超出合同约定调价范围及幅度的价格变化,或调价项目的物价变化幅度未超出"24版清单计价标准"第8.7.2条规定的人工费、材料费、施工机具使用费的燃料动力费;

(7) 管理费及利润;

(8) 承包人自身原因产生的费用。

合同约定调整的人工费、材料费、施工机具使用费中的燃料动力费市场价格波动超出合同约定幅度,如合同未约定幅度或约定不明,其市场价格波动幅度超出5%时,可调整合同价格。

10.10.2 不属于合同约定调整的物价变化

若不属于合同约定调整的人工费、材料费、施工机具使用费中的燃料动力费的其他材料费市场价格出现异常变动,且是发承包双方在订立合同时无法预见的重大变化,继续履行合同对于受不利影响的合同一方明显不公平的,发承包双方可按风险合理分担原则,协商合同风险幅度或费用分担比例，承担相关部分的增（减）价差或据实调整合同价格。

10.10.3 合同工程工期延长期间物价变化

合同工程出现工期延长的，应按下列规定确定及调整合同履行期由于物价变化影响的价格：

（1）因发包人原因引起工期延长的，计划进度日期后续工程的价格，采用计划进度日期与实际进度日期两者的较高者。

（2）因承包人原因引起工期延长的，计划进度日期后续工程的价格，采用计划进度日期与实际进度日期两者的较低者。

（3）因非发承包双方原因引起工期延长的，计划进度日期后续工程的价格应按合同约定调整的人工费、材料费、施工机具使用费中的燃料动力费市场价格波动超出合同约定幅度，如合同未约定幅度或约定不明，其市场价格波动幅度超出5%时，可调整合同价格。合同另有约定或法律法规及政策另有规定除外。

案例11 可调材料价差范围的理解适用。

工程合同专用条款约定的可调材料价差范围为水泥、砂、石、砖、钢筋、管材，现发承包双方就混凝土是否列入可调价范围计算价差产生争议。

发包人：混凝土为商品混凝土，是单独的一种建筑材料，不在合同约定可调价格的主要材料（水泥、砂、石、砖、钢筋、管材）范围，结算时不进行价格调整。

承包人：混凝土由合同约定可调价格的主要材料（水泥、沙、石子）构成，是本工程用量最多、造价占比最大的材料。工程竣工工期因非承包人原因，由2018年2月15日延期至2019年11月13日，实际施工期间物价涨落超出承包人的投标预计，故结算应按合同专用条款约定的调价方法对混凝土价格进行调整。

观点：本工程合同专用条款约定的可调材料价差范围不包括预拌（商品）混凝土。因工程存在工期延期情形，发承包双方应厘清工期延期的原因、责任，若由于非承包人原因导致工期延期，在延期的施工期间预拌（商品）混凝土价格上涨导致承包人损失的，承包人可向发包人进行索赔。

案例12 物价波动价差计算方法。

某工程合同专用条款约定"主要材料（钢材、水泥、商品混凝土、铜材）上涨或下降超过10%（含10%）给予调整，调整方法：按照合同工程发生的上述主要材料的数量和合同履行期与基准日期相应价格或单价对比的价差的乘积计算"，竣工结算时发承包双方就主要材料上涨或下降超过10%时价差调整是否剔除10%以内的风险费用产生争议。

发包人：主要材料合同履行期价格相对于基准价格上涨或下降超过10%（含10%）时，仅对超出10%以外部分计算价差，风险幅度在10%以内的风险费用则由承包人承担或受益。

承包人：合同约定调差范围内的材料只要上涨或下降超过10%（含10%）时，10%以内及以外的均应给予计算材料价差。

观点：合同专用条款不仅约定前述四种材料涨跌超过10%（含10%）时给予调整，也明确了其调整方法按可调价差材料的数量和合同履行期与基准日期相应价格或单价对比的价差乘积计算，其价差调整不剔除10%以内的费用。

10.11 法律法规及政策性变化价格调整及调价规则

10.11.1 合同工程实施期间发生法律法规及政策性变化

合同工程实施期间，在合同基准日后发生以下四种情形：新增的法律法规及政策性规定、修改原有的法律法规及政策性规定、废止原有的法律法规及政策性规定、政府对相关法律法规的解释发生了变化，引起合同价款增减变化和（或）工期延误的，发承包双方应按合同约定和国家、省级或行业建设主管部门及其授权的工程造价管理机构据此发布的规定调整合同价格及（或）工期。

法律法规及政策性变化引起合同价格调整的，其合同总价及合同单价内的管理费及利润不应做调整。但是合同履行过程中，如国家财税政策变化调整增值税税率的，调整税率实施后的工程计价及所支付的工程价款应按调整后的税率计算增值税，并与按原依据合同基准日税率计算的相应增值税的差额调整合同价格。

10.11.2 工期延长期间出现法律法规及政策性变化

因承包人原因引起工期延长，合同价格调增的不应予调整，合同价格调减的应予以调整。

因发包人原因引起工期延长，合同价格调减的不应予调整，合同价格调增的应予以调整。

因非发承包双方原因导致工期延长，合同价格应按实调整，合同另有约定或法律法规及政策另有规定的除外。

案例13 基准日期对应的信息价时点争议案例。

工程投标截止日期为2024年9月17日。合同通用条款约定基准日期指投标截止之日前28d，合同专用条款约定工程概算、施工图预算编制时人工、材料及机械价格按基准日期对应的×市造价部门最新颁发的造价文件及政府有关部门相关文件规定执行。

发包人：基准日期为2024年8月，应采用造价部门发布的8月工程价格信息。

承包人：查询基准日期2024年8月19日对应造价部门最新颁发的文件是2024年7月工程价格信息，故应采用7月工程价格信息。

观点：按照造价管理部门发布价格信息的方式，基准日期当期材料价格往往需要延后1个多月发布。投标人无法做到依据造价管理部门当时尚未发布的基准日期8月价格信息进行报价，只能是依据基准日所能获取的最新颁发的价格数据，故本工程编制预算时工料机基准日期价格按7月的工程价格信息执行。

案例 14 中标后施工围挡标准变化。

工程中标后承包人按投标时本市行政主管部门规定在施工区域设置了装配式夹芯板围挡，工程实施过程中，相关行政主管部门发布了施工围挡新标准文件，承包人按照该文件要求拆除已安装完成的装配式夹芯板施工围挡，更换为带喷淋系统的钢结构横向多孔面板式围挡，并在后续施工区域围挡按新标准施工，对比招投标时成本费用差别较大。

发包人：合同专用条款约定"现场施工围栏、围挡、围墙（包括交通安全防护）等所有安全措施必须符合本市城建部门要求，费用由承包人在中标降幅中综合考虑"，且以上内容均在发包人约定的包干风险内，故不调整费用。

承包人：合同专用条款对现场施工围栏包干结算风险的约定，未包括法律、法规、规章和政策在合同工程基准日期后发生变化而引起费用增加的风险。因政府部门在工程中标后对施工围挡提出了新的要求，导致围挡材质、高度及附属设施有重大变化，应按照实际确认的施工围挡工程量增加计算费用，计算规则结合省建设工程标准定额站发布的有关依据进行计价。

观点：行政主管部门在中标后颁布施工围挡新标准，执行新标准导致费用增加，已按旧标准施工的围挡需计取其施工、拆除费用，仅按新标准施工的围挡只计算因围挡标准发生变化而增加的工程费用。

10.12　新增工程计量及计价规则

10.12.1　新增工程计量

承包人完成的新增工程可按单价合同计算，分部分项工程项目清单（含属于措施项目的模板等工程）的单价计价清单项目应依据发包人提供的工程实际施工图纸及颁发和确认的变更指令，按照合同约定的国家及行业工程量计算标准及补充的工程量计算规则进行重新计量，可作为计算分部分项工程项目清单价格的依据。

承包人为实施新增工程所发生的措施项目，应按发包人批准的承包人专为新增工程拟定的实施方案或实际发生内容，计算其因新增工程而需要增加投入的施工管理人员、增加搭设的临时设施及其他增加的施工措施工程（工作）量。

新增工程引起合同工期变化的，应依据发包人批准的工期延长或缩短的时间可按下式计算合同工期影响的措施项目调增（减）价格：

$$措施项目调增（减）价格 = 延长（缩短）工期 \times \frac{措施项目中期运行费用}{合同工期} \quad (式10\text{-}4)$$

10.12.2　新增工程计价

1. 新增工程的计价规则

承包人按发包人要求完成合同约定工程范围外的新增工程，发承包双方可按合同约定的国家及行业工程量计算标准规定的清单项目列项要求、工程量计算规则和补充的工程量计算规则、合同单价及投标报价水平计算新增工程价格，也可重新协商确定新增工程的计量与计价规则计算新增工程价格，并签订相关新增工程合同或补充协议。

承包人应在新增工程实施前将其施工组织设计或实施方案、施工进度计划、自身要求费用的报价单（包括分部分项工程项目清单及措施项目清单等）提交给发包人审核，发包人应在合理时间内予以审定。

新增工程宜在发承包双方协商确定了新增工程的合同工期、合同单价、合同总价，并已签订了新增工程合同或补充协议后实施。

除合同另有约定外，新增工程不应影响合同约定的合同工程工期、缺陷责任期、进度款支付、施工过程结算及其价款支付、竣工结算及其价款支付、误期赔偿费等。

2. 新增工程的费用计算

新增工程的分部分项工程项目清单采用合同单价的，可按"24版清单计价标准"第8.7节、第8.8节规定的调整合同单价及按工程变更的计价规则确定，并满足下列差异因素所引起的价格影响的要求：

（1）合同单价内包括的人工费、材料费、施工机具使用费的单价与新增工程实施时市场合理价格的差异；

（2）合同单价对应的清单项目工程量与新增工程相关项目工程量的差异引起的批量或少量采购对人工费、材料费的影响；

（3）合同单价内存在的偏低或偏高单价的修正；

（4）招标市场竞争确定的合同单价与协商确定的新增工程综合单价之间的差异。

新增工程的措施项目费用，应包括承包人完成新增工程所需发生的下列费用：

（1）增加的施工机具费，包括延期使用现有相关施工机具及新增施工机具的费用；

（2）增加的临时设施费，包括延期使用现有临时设施及新增工程专用临时设施的费用；

（3）增加的安全生产、文明施工、环境保护等措施费用；

（4）增加的与措施项目相关的现场管理人员费用；

（5）新增工程其他必要的措施项目费用。

新增工程发生工程变更的，可依据承包人所报并获得发包人审定的报价单中的综合单价及工程变更的规定计价。

第 11 章　工程索赔计量计价规则及处理

11.1　工程索赔概述

合同履行过程中，因非己方的原因而发生不属于工程量清单缺陷、暂列金额、暂估价、总承包服务费、计日工、物价变化、法律法规及政策性变化、工程变更、新增工程的事项，且造成自身经济损失及费用增加和（或）工期延误（或延长）等事件，并应由合同另一方承担义务的，发承包双方均可依据合同约定和法律法规规定，以及自身蒙受的损失按相关规定向另一方提出经济损失赔偿或补偿和（或）工期调整等工程索赔，并相应调整合同价款。

合同的一方向另一方提出工程索赔时，应在合同约定的期限内提出，并有合理的工程索赔理由和有效的依据、证明材料，且应符合合同约定和法律法规规定。

有关工程索赔需要注意以下几点：

（1）是当事人一方向对方提出的，即不是被索赔人向索赔人主动做出的；

（2）是针对非己方原因所引致的索赔事件，即索赔事件的责任方可能是合同的另一方，也可能是第三方，但非必然是合同的另一方；

（3）引致后果是造成经济损失、费用增加或工期延误（或延长），即一定是引致相关后果的；

（4）责任判定依据是合同约定或法律法规的规定，即有约从约，合同内没有约定的按法律法规的相关规定处理，当然所有合同条款的约定均必须是合法的；

（5）费用赔偿责任是由责任方承担补偿或赔偿义务，即由索赔事件的责任方负责承担，即便索赔人是要求由合同的另一方承担；

（6）处理结果包括经济损失赔偿或补偿和（或）工期调整，即处理结果可能是工期调整、损失补偿、损失赔偿、工期调整＋损失补偿、工期调整＋损失赔偿。

在工程索赔处理的条文规定内，"赔偿"是指索赔费用中应包括利润，"补偿"是指索赔费用中不应包括利润（即损失多少补多少、不多也不少）。损失和（或）直接费用是按"补偿"处理。除非合同内另有规定，在通常的合同实践中，对承包人引致的以下损失不予补偿：

（1）措施项目费用；

（2）现场使用之其他所有物品的费用；

（3）耗材及小型工具的费用；

（4）工期延长所引致人工费、材料费、施工机具使用费等的涨价费用；

（5）少数量采购材料所发生的额外增加费；

（6）燃油的费用；

（7）施工津贴或奖金；

（8）内部分包人的要求费用；

（9）国家关于保险、公积金、养老金等的政策性变动引致的增加缴费；

（10）通货膨胀引致的费用；

（11）财务费用；

（12）计算损失和（或）直接费用所发生的费用；

（13）总部管理费；

（14）利润；

（15）间接损失及间接费用。

有关损失和（或）直接费用需注意以下几点：

（1）"损失"（也叫"直接损失"）是指补偿事件给承包人直接造成的不能从合同约定的合同价格调整中获得恢复的原预期收益，即不能考虑在物价变化、法律法规或政策性变化、工程变更、计日工、新增工程等合同约定价格调整途径内已经考虑了的相关调整价格；

（2）"直接费用"是指补偿事件给承包人造成的为了完成同样结果的工程所发生的增加费用，即承包人完成项目特征及工程量均未发生变化的清单项目所指工程所发生的额外增加费，及按发包人指示完成的、与完成工程相关的工作之费用。

11.2 发包人违约工程索赔

11.2.1 承包人向发包人提出工程索赔应符合的规定

（1）承包人应在工程索赔事件发生后合同约定的期限（合同未约定的为 28d）内，向发包人提交相关事件的书面工程索赔意向通知书，说明索赔事件发生的原因及索赔意向。承包人逾期未发出工程索赔意向通知书的，可按合同约定处理。

（2）承包人应在工程索赔意向通知书发出后合同约定的期限（合同未约定的为 28d）内，向发包人提交相关的书面工程索赔报告，详细说明索赔事件发生的原因、索赔依据的合同条款及要求索赔的费用或（和）工期延长天数，并提供必要的记录和证明材料及索赔费用的计算明细表。

（3）承包人提出的索赔事件同时涉及费用增加及工期延长的，应一并提出。

（4）工程索赔事件具有连续影响的，承包人应按合同约定的期限（合同未约定的不超过 28d）或合理时间间隔持续提交延续相关工程索赔意向通知书，说明持续影响索赔事件的实际情况和提供相关记录，列出累计的索赔费用和（或）工期延长天数。

（5）承包人应在连续影响工程索赔事件结束后按合同约定的期限（合同未约定的为 28d）内，向发包人提交相关的最终工程索赔报告，详细说明整个索赔事件发生的原因、索赔依据的合同条款及要求索赔的合计费用或（和）工期延长天数，并提供必要的记录和证明材料及索赔费用的计算明细表。

11.2.2 发包人应按下列规定处理承包人提出的工程索赔

（1）发包人应在收到承包人的工程索赔意向通知书后在规定时间内审核承包人提交的记录和证明材料，如认为需要补充的，应在收到意向通知书后按合同约定的期限（合同未约定的为14d）内，书面向承包人提出进一步提交证明材料的要求。

（2）发包人应在收到承包人的工程索赔报告或补充证明材料后按合同约定的期限（合同未约定的为28d）内，将相关的工程索赔处理意见书面回复承包人。若发包人逾期回复或未作出回复的，可按合同约定处理，合同未约定的可视为已认可承包人要求的工程索赔。

（3）当承包人提出的索赔事件同时涉及费用增加和工期延长的，发包人应根据相应索赔事件一并作出相关费用索赔及工期延长的审批。

（4）发承包双方协商确定工程索赔费用后，发包人应将索赔费用在当期的进度款、施工过程结算款支付中按合同约定付款比例支付给承包人，在竣工结算款中支付剩余费用。

11.2.3 发包人的原因引起的承包人损失

"24版清单计价标准"中对发包人原因引起承包人损失的规定见表11-1。

表11-1 "24版清单计价标准"中对发包人原因引起承包人损失的规定

因发包人责任原因的索赔，承包人可向发包人索赔工期、经济损失及费用增加，并可索赔利润；因发包人的原因引起下列事件给承包人造成经济损失和（或）工期延长的，发包人应合理延长受影响的工期，并补偿给承包人造成的损失和（或）直接费用，不包括利润					
序号	条文号	事件类别	可补偿或赔偿内容		
			工期	费用	利润
1	8.11.10	发包人将合同中的某项工作改变为其他承包人负责完成	√	√	√
2	8.11.10	发包人延迟提供施工图纸或施工场地	√	√	√
3	8.11.10	发包人提供材料的质量不合格、延迟提供、改变交货地点等引起工程不合格	√	√	√
4	8.11.10	发包人原因引起承包人测量放线错误、工程返工	√	√	√
5	8.11.10	发包人对施工场地额外限制、未按时履约审批、干扰正常施工顺序等	√	√	√
6	8.11.10	发包人原因引起工期延误、暂停施工、工程暂停后无法按时复工	√	√	√
7	8.11.10	发包人在工程竣工前提前占用工程	√	√	√
8	8.11.10	发包人原因引起缺陷责任期内的工程缺陷或损坏的修复	√	√	√
9	8.11.11	按发包人或监理人的要求对材料和工程（包括已覆盖的隐蔽工程）进行重新检测、且检测结果质量合格引起的直接费用，以及修复受影响工程的费用	√	√	—
10	8.11.11	额外增加的检查、检验、试验等的直接费用	√	√	—
11	8.11.11	工程试运行失败引起的直接费用	√	√	—
12	8.11.11	其他情况的直接损失和（或）费用	√	√	—

续表

序号	条文号	事件类别	可补偿或赔偿内容		
			工期	费用	利润
因发生提前竣工（赶工）事件引起的工程索赔，可按下列原则承担相应费用，并调整合同价格和工期					
1	8.11.17	发包人要求合同工程提前竣工的，承包人应制定合理的加快工程进度的措施并修订进度计划，经发包人同意后实施，由此增加的提前竣工费用（赶工补偿）应由发包人承担	—	√	—
发承包双方均应采取措施避免和减少因索赔事件引起的损失扩大，应采取措施的一方当事人不采取积极措施引起损失扩大的，应对扩大的损失承担责任					

注：计算工期延误（或延长）及其引起的索赔费用时，索赔工期所对应的工作应是关键线路上的工作，或索赔事件引起关键线路改变的工作，发包人按合同约定批准给承包人的工期延长应是合同工期延长的时间。发包人对承包人的所有工期延误（或延长）的索赔费用应对每一索赔事件进行独立评估，不应包括前期发生的工期延误（或延长）对后期进行的工程造成相应延误（或延长）的费用索赔。

"24 版清单计价标准"第 8.11.10 条规定"因发包人的责任原因发生下列事件，给承包人造成经济损失及费用增加和（或）工期延长的，承包人除可按本标准第 8.11.9 条的规定进行经济损失及费用增加和（或）工期延误索赔外，还可索赔利润"，即该条款说明的下述索赔事件应按"赔偿"处理。

（1）发包人延迟提供施工场地，违背了适时提供工地的合同基本责任。

影响发包人适时提供工地包括但不限于以下原因，但非发包人可免除前述合同责任的理据：

① 发包人负责设计的建设项目尚未获得（或完全获得）当地建设行政主管部门审批（如尚存在与航空管制相关的高度限制之项目审批问题）；

② 发包人尚未取得当地建设行政主管部门颁发的施工许可证；

③ 承包人的施工受到与发包人存在利益关系的第三方的阻碍；

④ 承包人的施工受到临近住户或其他第三方所施加的干扰；

⑤ 发包人移交的工地不满足合同约定的交付条件。

发包人未正确履行适时提供工地的责任，会造成承包人无法执行施工，等于阻止了承包人的合同履约，可能引致合同受到挫折。

如发包人移交的工地不能保障承包人享有自由出入工地的权利，则即便移交了也等于未履行提供工地的合同责任，发包人仍应承担给承包人造成的所有相关损失。

如移交的工地不满足合同约定交付条件，则亦等于未提供工地，承包人有权拒绝接收，开工日应从满足交付条件之日起计，合同工期应按合同开工日与满足交付条件之日的差异日历天相应延长；即便承包人已按指示进驻了工地，开工日仍应从满足交付条件之日起计，合同工期仍应相应延长，发包人并应承担承包人提前进驻工地所发生的增加费用。

如发包人延期开工或延期提供满足合同约定交付条件之工地的日期构成实质性延期，则合同单价及合同总价可能已因市场价格显著变动而不再适用，双方均有权选择放弃合同，发包人并应赔偿给承包人所造成的损失。

如发承包双方在构成实质性延期下协定继续履行合同，则受影响的工期相应延长，发包人应承担从合同基准日至实际开工日的期间发生之所有清单项目的物价变化上涨费用（其中不限于合同约定适用于物价变化价格调整的项目）及法律法规或政策性变化引致的承包人增加费用，双方并应按完成前述价格调整后的合同单价及合同总价执行合同。

（2）发包人延迟提供施工图纸，违背了适时提供图纸、资料和详图的合同基本责任。发包人未正确履行前述合同责任，会造成承包人无法按经审批的施工进度计划及与合同单价相对应的合理施工成本完成材料采购、施工人员组织和施工，等于阻止了承包人的合同履约。

发包人提供施工图纸及设计文件的时间，应按考虑到合同原定的竣工日或当时已按合同条款规定批准的工期延长后，与承包人执行相关工程所应获得相关施工图纸或设计文件的日期相差不太远、亦不太近的"适当时间"而确定，发承包双方应在合同履行中约定此等"适当时间"，例如：

① 素混凝土工程：因承包人可从自身或市场上的商品混凝土搅拌站及时订购所需标号及数量的混凝土，故其适当时间可能是执行相关工程或工程变更前的 7d。

② 钢筋混凝土工程：因承包人需提前订购所需等级或规格及数量的钢筋并按设计要求预先完成钢筋加工，故其适当时间可能是执行相关工程或工程变更前的 28d。

③ 砌筑工程：因承包人需提前订购所需类别或规格及数量的砌块，故其适当时间可能是执行相关工程或工程变更前的 14d。

④ 抹灰工程：因承包人仅需较短时间完成相关材料的订购，故其适当时间可能是执行相关工程或工程变更前的 7d。

如发包人未能在前述"适当时间"提供图纸、资料和详图，发包人应赔偿给承包人造成的经济损失和增加费用，受影响的工期相应顺延。

（3）发包人将合同中的某项工作改变为其他承包人负责完成，违背了不能另行分包工程的合同基本责任。"某项工作"是指合同约定工程范围内的工程（即合同图纸所绘画及合同清单所列出的清单项目所指的工程）。发包人对此等工程有权发出减少、取消、替代类的工程变更指示，承包人应按发包人的指示执行，并按合同约定的变更计价规则与发包人确定相关的工程变更增减费，不能因之提出工程索赔；但合同未赋予发包人将前述工程改为由其他承包人或分包人负责完成的权力（除非此等另行分包已获得承包人的同意），更未赋予发包人将所有工程都分包出去的权力。在发包人发生前述违约行为下，发包人应赔偿承包人的相关利润损失。

（4）发包人提供材料的质量不合格、延迟提供、改变交货地点等引起工程不合格。由于发包人提供材料的材料及其供货人是由发包人选定，故发包人应承担材料质量原因所引致工程不合格的责任，但承包人应承担施工质量原因所引致工程不合格的责任。

如承包人已按整体总承包工程的工期和施工进度而对发包人提供材料的供货人正确履行了供货管理及协调责任，发包人应承担延迟交货责任及对承包人引致的增加费用，受影响的工期相应顺延，但发包人可按供应合同的相关约定而向供货人进行延期交货的索赔。

发包人应承担改变发包人提供材料的合同约定交货地点对承包人引致的增加费用，受影响的工期相应顺延；如承包人要求将此等材料运送至合同约定交货地点外的中转场地，则承包人应负责从中转场地再运回现场的工作及发生费用，受其影响的工期不予顺延。

（5）发包人原因引起承包人测量放线错误、工程返工，此等工程索赔属于合同文件存在差异的索赔类别。由于建设项目是由发包人委托的设计人负责完成设计，故发包人负责确定工程所需的标高、提供现场主要水准点、提供有比例的施工图纸给承包人，承包人负责按照发包人提供的主要水准点及施工图纸完成工程的定位或基准线设置或整体工程的定位及放线并免费提供给专业分包人、发包人直接发包的承包人使用，及按发包人发出的图纸、资料或详图执行施工。

如因发包人提供的主要水准点、施工图纸的错误引致承包人的测量放线错误、定位错误、工程返工，发包人应赔偿给承包人造成的增加费用，受影响的工期相应延长。

但此类索赔对承包人按合同负责设计及施工的工程（如设计＋建造、EPC、工程总承包）不适用，此类合同通常要求承包人在投标时按照"发包人需求"及法规的要求完成项目的设计、施工、报价并按包干合同总价完成工程，只要未发生发包人所指示且构成"发包人需求"改变的工程变更或发包人要求的额外增加限制，合同总价即不做调整。

（6）发包人对施工场地额外限制，索赔提出理据是，发包人违背了不能干扰工程进度的合同基本责任；发包人按合同承担的"适时提供工地"责任也意味着，不能对承包人的工地使用施加合同内没有约定的限制，如要求承包人在特定时期或时间段不能施工或不能进行产生噪声或恶臭气味等工程的"施工时间限制"，要求承包人在特定时期不能使用工地内有关区域或占用工地内有关区域的"工地使用限制"，除非此等限制已经说明于招标文件内，从而使承包人可在投标时将相关的工期影响、费用影响包括在投标工期及投标总价内。

如发包人在合同履行中施加了"施工时间限制"或"工地使用限制"，则会造成承包人的现场临时设施布置、施工组织方案、施工进度计划的修改，即使承包人不能按合同工期、经审批的施工进度计划及与合同总价相对应的合理施工成本完成工程，发包人应承担由此造成承包人的施工降效责任及增加费用，并给予承包人合理工期延长。

（7）发包人未按时履约审批，索赔提出的依据是，发包人违背了适时履行审批责任的合同基本责任。

发包人应在合同约定的时限内，对承包人在订购相关材料或执行相关工程前的"适当时间"提交之合同规定的主要材料、样本、文件、方案等完成审批，包括适时通知承包人重新提供经审批确认为不符合合同要求的报审材料、样本、文件、方案等供发包人重新审批，以使承包人可在获得审批后展开主要材料的批量采购或执行相关工程的施工。

如承包人已在"适当时间"正确履行了前述报审责任，但发包人未适时完成审批且没有合理理由，则会引致承包人无法开始订购相关材料或执行相关工程，或无法按正常的施工顺序、工期及与合同单价相对应的合理施工成本完成工程，发包人应承担由此造成的承包人增加费用，受影响的工期相应顺延。

（8）发包人干扰正常施工顺序等发包人原因引起工期延误、暂停施工、工程暂停后无法按时复工。"工程干扰"即正常施工顺序的打破，包括发包人对施工场地的额外限制、发包人指示引致承包人按非正常的施工顺序执行工程及工程变更、按发包人指示推迟进行相关的工程、发包人原因引起的工期延误或暂停施工或工程暂停后无法按时复工等。

由于合同工期是按承包人依据正常施工顺序（如土护降工程、主体结构工程、砌筑工程、找平抹灰等粗装修工程、金属工程、门窗工程、饰面工程、油漆工程、室外工程）执行及完成工程所编制的施工组织设计及施工进度计划核定的投标工期而确定，其中为所有分包工程的施工预留了合理时间，但无法包括发包人造成的"工程干扰"所引致的时间，故在发生"工程干扰"下，发包人应给与承包人受影响工期的相应延长。

由于合同总价内的措施项目费用是承包人按照正常施工顺序及投标工期而确定，并是以按正常施工顺序完成工程为前提而价款包干，其中通过为所有分包工程预留执行施工的合理时间而考虑了允许分包人免费使用承包人在现场设置的、现成的施工机械及临时设施的合同责任履行所引致费用，但无法包括发包人造成的"工程干扰"所引致时间的相关发生费用、不负责保障此等施工机械及临时设施可满足各具体分包工程的施工需要，且此等施工机械及临时设施须配合整体工程的施工进行而改动和迁离，故发包人应支付给承包人"工程干扰"引致的延期提供或重新提供施工机械及临时设施以完成发包人指示的工程变更、延期履行工地看管责任或工程管理责任所发生的增加费用。

由于合同单价是与承包人在投标时核定的正常施工顺序相配合的现场施工机械及临时设施提供相关（如合同单价内所含的人工及材料运输费用是与塔吊、脚手架、外用电梯等的使用紧密相关），合同总价内的措施项目费用中所含的成品保护措施费是与在正常施工顺序下进行工程所需的成品保护措施相对应，故在发生按非正常施工顺序进行工程或工程变更下，发包人应支付给承包人重新提供相关施工机械和临时设施、以及变化了的人工及材料运输方式完成施工、增加设置成品保护措施等所发生的增加费用。

发包人有权发出指示要求承包人推迟进行相关的工程，但合同未赋予发包人推迟进行所有工程的权利。工程进行的推迟会打乱承包人的正常施工顺序，使承包人不能按原定的进度计划、物料供应链、分包安排执行工程，甚至引致承包人按增加了的施工成本完成符合合同规定的同样工程（这是考虑与所造成的需进行工程的施工顺序改变相对应，如为了容纳分包人，此等施工顺序的变化很有可能会引致承包人按重新安排的进度计划执行施工），故发包人应承担所有相关的责任及费用，受影响的工期相应延长。

发包人推迟进行相关的工程还会造成承包人对延期进行工程之合同单价承担的价格包干风险期的延长，甚至引致相关单价因市场价格显著上涨而不再适用；在此等情况下，无论是总价合同还是单价合同，也无论合同内是否存在物价变化价格调整规定或特定的调价项目，承包人均有权要求发包人补偿市场价格上涨所引致延期进行工程的增加费用。

发包人原因引起的工期延误或暂停施工或工程暂停后无法按时复工对承包人引致的工期及费用影响同上所述，发包人应给与承包人相应的工期延长，并赔偿给承包人引致的相关经济损失及增加费用。

发包人原因造成的工期延长或暂停施工还会导致相关的材料或已完成工程由于时间过长而变质，如结构体甩出的连接钢筋或钢材生锈、木材腐烂等，从而引致承包人须在复工后进行除锈处理或更换，发包人应承担承包人发生的此等直接费用。

（9）发包人在工程竣工前提前占用工程，索赔提出理据是，发包人违背了不能干扰工程进度的合同基本责任。

如发包人在工程进行中占用完成建设的部分工程，则会引致承包人增加设置的现场临时设施（如与占用工程相隔离的围挡、围板等），受施工顺序及（或）施工效率的不利影响，从而导致相关的延长工期及增加费用，承包人有权向发包人索回相关的损失。

此等索赔通常按招标文件内是否明确了"分期竣工"的安排而处理。如招标文件内已明确，承包人应已在投标时将其引致的工期影响包括在投标工期内，将其引致的现场临时设施调整或增设费用包括在投标总价内所含的措施项目费用中，将其引致的单价影响包括在受影响工程的投标单价及其投标价款内，承包人在合同履行中提出的相关工程索赔不获接纳；如招标文件内未明确或发包人在合同履行中增加了"分期竣工"工程，则由于其所引致的工期影响及费用影响未包括在投标工期、投标总价及投标单价中，发包人应赔偿对承包人引致的所有相关增加费用，受影响的工期相应延长。

在合同实践中，"分期竣工"的工程是按"分期竣工"处理结算及其相关事宜，即：

① 工程接收证书：发包人应向承包人分别发出，相关的工程视为已在该证书上注明的日期完成，承包人应随即将相关的工程移交予发包人。

② 缺陷责任期：自相关工程的"工程接收证书"发出之日起计。

③ 仍进行工程的误期赔偿费：应按扣除"分期竣工"工程的合同价款后之合同价款总额占合同总价的比例相应降低。

④ 竣工结算：发包人应与承包人分期而个别的办理完成。

⑤ 履约保函的相关履约保证金：发包人应在接收"分期竣工"的工程后，将按"分期竣工"工程的合同价款占合同总价的比例确定的相关履约保证金金额先行释放给承包人。

⑥ 工程竣工结算款：发包人应在接收"分期竣工"的工程后，将按照"分期竣工"工程的合同价款占合同总价的比例确定的相关工程竣工结算款先行支付给承包人。

⑦ 工程质量保证金：发包人应在"分期竣工"工程的缺陷责任期已满及其"缺陷责任期终止证书"发出后，将按照"分期竣工"工程的合同价款占合同总价的比例确定的工程质量保证金先行支付给承包人。

（10）发包人原因引起缺陷责任期内的工程缺陷或损坏的修复，合同条款的规定始终是，承包人应保障竣工时移交的按合同完成施工的工程是全新的、未曾使用过的、并全面符合合同约定交付标准的。

发包人原因造成的工期延长可能引致已完成工程内的相关原合格材料由于材料变质周期在缺陷责任期内已被超越而恶化所导致不得不更换或需采取昂贵的保护措施；尽管此等事项不属于合同条款规定可调整合同价格的内容，但却是发包人的责任所造成，故发包人应赔偿给承包人造成的更换相关材料的费用。

发包人应承担工程在缺陷责任期内由于发包人或其他第三方的疏忽或错误使用或承包人不能控制的其他原因所造成损坏的修复责任及其费用，承包人不负责此等损坏的维修。

如承包人在履行工程保修责任期间对完成建设的项目所造成的损坏是发包人原因而引致，发包人应承担承包人修复此等损坏的费用。

承包人在"工程接收证书"发出后没有责任再接收和实施发包人颁发的工程变更指示，如承包人接收和实施此等变更指示，发包人应承担实施此等变更对完成建设的项目所必然造成损坏的修复费用。

"24版清单计价标准"第8.11.11条规定"因发包人的原因引起下列事件给承包人造成经济损失和（或）工期延长的，发包人应合理延长受影响的工期，并补偿给承包人造成的损失和（或）直接费用，不包括利润"，即该条款说明的下述索赔事件应按"补偿"处理：

（1）按发包人或监理人的要求对材料和工程（包括已覆盖的隐蔽工程）进行重新检测、且检测结果质量合格引起的直接费用，工程进度的合同基本责任。

发包人有权指示承包人将已掩蔽的工程挖开检查或对材料（不论安装与否）或已完成的工程进行附加试验或检查，承包人应按发包人的指示执行。

若通过检查或附加试验证明相关的材料或工程合格，发包人应承担检查或试验所发生的费用、事后的修补费用和给其他工程所造成损坏的修复费用，受检查或试验影响的工期相应顺延；若通过检查或附加试验证明相关的材料或工程不合格，承包人应承担前述所有费用，受试验或检查影响的工期不予顺延。

（2）额外增加的检查、检验、试验等的直接费用。含义及事件处理同（1）项所述，但需注意的是此等检查、检验、试验等是指按发包人要求额外增加的，承包人为了证明自身提供的材料或完成的工程符合合同要求所需进行之检查、检验、试验的费用则已包括在合同总价内。

（3）工程试运行失败引起的直接费用。含义及事件处理同（1）项所述，但需注意的是，此等试运行是指按发包人要求额外进行的，承包人为了证明自身完成的工程符合合同要求所需进行之工程试运行的费用则已包括在合同总价内。

（4）其他情况的直接损失和（或）费用。所述之"其他情况"，是指与（1）至（3）项所述事件性质相同的情况。

11.3 承包人违约工程索赔

11.3.1 发包人向承包人提出工程索赔应符合的规定（除误期赔偿费外）

（1）发包人应在工程索赔事件发生后按合同约定的期限（合同未约定的为28d）内，向承包人提交相关事件的书面工程索赔意向通知书，说明索赔事件发生的原因及索赔意向。发包人逾期未发出工程索赔意向通知书的，可按合同约定处理。

（2）发包人应在工程索赔意向通知书发出后合同约定的期限（合同未约定的为28d）内，向承包人发出相关事件的书面工程索赔报告，详细说明索赔事件发生的原因、索赔依据的合同条款及要求索赔的费用，并提供必要的记录和证明材料及索赔费用的计算明细表。

（3）工程索赔事件具有连续影响的，发包人应按合同约定的期限（合同未约定的不超过

28d）或合理时间间隔持续向承包人发出相关工程索赔意向通知书，在连续影响工程索赔事件结束后按合同约定的期限（合同未约定的为28d）内，向承包人发出相关的最终工程索赔报告，详细说明整个索赔事件发生的原因、索赔依据的合同条款及要求索赔的合计费用，并提供必要的记录和证明材料及索赔费用的计算明细表。

11.3.2 承包人应按下列规定处理发包人提出的工程索赔

（1）承包人应在收到发包人的工程索赔报告后在规定时间内审核发包人提交的记录和证明材料，并在合同约定的期限（合同未约定的为28d）内，将相关的工程索赔处理意见书面回复发包人。若承包人逾期回复或未作出回复的，可按合同约定处理，合同未约定的可视为已认可发包人要求的工程索赔。

（2）发承包双方协商确定工程索赔费用后，发包人可从当期支付给承包人的进度款、施工过程结算款或竣工结算款中将确定的索赔费用扣除。

11.3.3 承包人的原因引起的发包人经济损失

"24版清单计价标准"中对承包人原因引起发包人经济损失的规定见表11-2。

表11-2 "24版清单计价标准"中对承包人原因引起发包人经济损失的规定

因承包人原因发生下列事件，引起工期延误和（或）给发包人造成经济损失的，发包人可根据工期受影响延误的时间和（或）经济损失，提出下列一项或多项索赔：					
序号	条文号	事件类别	可补偿内容		
			工期	费用	利润
1	8.11.18	承包人未尽承包义务、未按合同约定执行发包人的工程指令等引起发包人发生的额外费用或额外支出	△	√	—
2	8.11.18	承包人不按合同要求履行对发包人提供材料、专业分包工程、直接发包的专业工程的总承包服务造成发包人的损失	△	√	—
3	8.11.18	承包人责任事件造成的发包人向政府部门缴纳的罚款或向第三方的赔偿费用	△	√	—
4	8.11.18	承包人原因引起合同工程发生误期造成发包人的损失	△	√	—
5	8.11.18	承包人完成的工程质量不符合合同约定要求引起发包人的损失	△	√	—
6	8.11.18	发包人可举证的上述费用之外的其他损失	△	√	—
因承包人原因引起发包人的损失，发包人可选择下列一项或多项方式获得补偿					
1	8.11.19	延长质量缺陷保修期限			
2	8.11.19	要求承包人支付受影响发生的额外费用			
3	8.11.19	要求承包人支付误期赔偿费			
4	8.11.19	要求承包人按合同的约定支付违约金			
因发生提前竣工（赶工）事件引起的工程索赔，可按下列原则承担相应费用，并调整合同价格和工期					
1	8.11.17	非发包人要求，因承包人原因自行提前竣工的，应征得发包人的同意，由此增加的费用应由承包人承担	—	√	—
发承包双方均应采取措施避免和减少因索赔事件引起的损失扩大，应采取措施的一方当事人不采取积极措施引起损失扩大的，应对扩大的损失承担责任					

注：由于发包人无法直接向承包人索赔工期，发包人可选择通过：①延长质量缺陷保修期限；②要求承包人支付受影响的额外费用；③要求承包人支付误期赔偿费；④要求承包人按合同的约定支付违约金的方式获得补偿。

"24版清单计价标准"第8.11.18条规定"因承包人原因发生下列事件，引起工期延误和（或）给发包人造成经济损失的，发包人可根据工期受影响延误的时间和（或）经济损失，提出下列一项或多项索赔"，此条款规定之下述索赔事件处理的含义如下：

（1）承包人未尽承包义务引起发包人发生的额外费用或额外支出。

承包人应对发包人发出的图纸、标准、规范或资料内是否存在差异、分歧或遗漏正确履行复核义务，并及时通知发包人自身发现的问题，发包人应在收到承包人的通知后立即做出澄清。如承包人未正确履行前述复核义务，承包人提出的"发包人原因引起承包人测量放线错误、工程返工"的工程索赔和（或）工期延长可能不获接纳，承包人应自行承担由此造成的工程返工损失及工期损失。

由于承包人在合同上是施工的专家，故承包人应对发包人提供的施工图纸或设计文件是否存在违反法规、规范或将会产生质量缺陷履行复核义务。如承包人依据自身专业知识和经验而判定按照此等设计文件执行施工将会产生前述问题，承包人有义务将相关的情况如实和及时地通知发包人；如发包人在收到承包人的通知后仍坚持按原设计文件执行施工，则承包人应予以执行，但不再承担由此引致的任何相关责任。

合同实践中，上述责任一般是按发包人是否在相关工程进行前的"适当时间"提供了相关图纸及设计文件供承包人有充分时间执行复核及差异及分歧的存在内容而判定，即：

① 如发包人是在"适当时间"提供和（或）差异或分歧属于可轻易发现的（如结构图与建筑图的轴线或标高差异），承包人应承担相关的返工费用，受影响的工期不予顺延；

② 如发包人不是在"适当时间"提供和（或）差异或分歧属于不易发现的（如结构图与建筑图的细部尺寸差异），发包人应承担相关的返工费用，受影响的工期相应顺延。

但承包人按合同承担的仅是复核义务，项目的设计责任始终是由发包人负责承担，承包人的上述损失承担不应减免发包人承担的前述合同责任，承包人有权从发包人获得相关比例损失的赔偿。

承包人应在相关工程进行前的"适当时间"履行提交主要材料的报审资料及样本等供发包人审批的责任，并在获得发包人审批后方可进行批量采购。如承包人未履行前述报审责任或按不符合合同约定的材料进行报审，承包人应承担由此引致的时间虚耗、增加费用及延期完成审批引致的材料订购增加费和（或）施工增加费，受影响的工期不予延长。

承包人应按"24版清单计价标准"第8.4.5条的规定而在相关工程进行前的"适当时间"履行提交暂估价材料的报价及价格调整资料或与发包人共同招标或询价的计划供发包人审批的责任，并在获得审批后方可进行相关材料的采购或实施相关的招标或询价计划。如承包人未履行前述责任，承包人应承担延期完成审批或暂估价调整价格确认所引致的材料订购增加费和（或）施工增加费，受影响的工期不予延长。

承包人应在按经批准的施工进度计划进行相关工程前的"适当时间"履行书面要求发包人提供相关施工图纸、详图或标高的义务。如承包人未在"适当时间"提出前述要求，承包人提出的"发包人延迟提供施工图纸"的工程索赔和（或）工期延长可能不获接纳。

承包人应在工程具备隐蔽条件及完成自检后履行通知发包人执行隐蔽检查和中间验收的义务，由发包人与承包人一起执行联合中间验收。如承包人未通知发包人执行检验即进行了下一道工序，承包人提出的"额外增加的检查、检验、试验等的直接费用"的工程索赔和（或）工期延长不获接纳，发包人有权要求执行再检验，且无论通过再检验证明相关的工程合格与否，承包人应承担执行再检验所发生的费用、事后的修补费用和给其他工程所造成损坏的修复费用，受再检验影响的工期不予延长。

承包人应向发包人履行保障完成建设的工程在缺陷责任期内皆是良好的及能满足合同规定交付条件的责任，以及由于自身使用的材料或施工技术不符合合同规定所引致的施工质量缺陷修复费用、正常磨损所引致损坏的修复费用、执行工程保修期间对完成建设的项目所造成损坏的修复费用。如承包人未按发包人的合理要求完成缺陷责任期内的工程保修，发包人有权按"24版清单计价标准"第8.11.19条第1款"因承包人原因引起发包人的损失，发包人可选择下列一项或多项方式获得补偿：延长质量缺陷保修期限"的规定延长合同约定的缺陷责任期，或在履行了合同规定的对承包人预先通知程序下委托其他承包人完成维修、并从按合同预留的工程质量保证金内扣除支付给此等承包人的所有费用。

（2）承包人未按合同约定执行发包人的工程指令引起发包人发生的额外费用或额外支出。

承包人违背了以持续有恒的进度有规律地或不懈地执行及完成工程、不能在竣工前无理停工、适时执行发包人的指示的合同基本责任。

合同实践中，若承包人未在合理时间内执行发包人的指示、并在收到发包人催促执行指示的书面通知后的合同约定时限内仍未执行，发包人有权另聘其他承包人执行该指示要求进行的工程，并从按合同应付或将会支付给承包人的款项内扣除此等承包人发生的费用（其中包括可能高于按承包人负责的合同规定确定之相关工程价款的所有费用），或在扣款不足下由承包人作为债项全额偿还给发包人。

（3）承包人责任事件造成的发包人向政府部门缴纳的罚款或向第三方的赔偿费用。

承包人应遵循国家及地方政府、对合同有管辖权的或自身承包的工程需与其系统接驳的市政设施管理部门的法令、法规、规章、条例和通知，并应呈交所需的资料、申请和支付需承包人缴纳的所有法定费用和税项。

承包人应负责承担合同履行全过程内发生的与工程相关的国家或当地要求缴纳的任何企业所得税、增值税、城市维护建设税、教育费附加费、地方教育附加费等当地现行的附加税和税费，及当地建设行政主管部门对工程征收的各种收费。

承包人应确保自身所有雇员均已按国家法律规定缴纳了个人所得税及社会保障费等。

承包人应在施工期间配合发包人的一切合理指示而提供一切合理妥善的措施，以保障任何第三方免受工程所引致的损伤、死亡或其他侵害，并承担因之而向第三方的赔偿费用。

承包人应配合发包人的一切合理指示保护受工程影响的公共财产、道路、公共设施、邻近财产及现存管线等，并自费修复因自身疏忽所造成的一切损坏。

承包人应正确履行合同赋予的现场扬尘管控、安全文明施工等现场管理责任，并应采取一切必要合理措施以降低工程进行所造成的尘埃和噪声等干扰，及负责缴纳当地建设行政主管部门就自身责任履行不妥所做出的罚款。

如因承包人未缴纳其所负责缴纳的前述费用和罚款等而引致发包人按照有关法律法规的规定代为缴纳，承包人应全额补偿发包人的代缴费用。

如因承包人的过失而使发包人被当地市政主管部门征收清理渠道、修筑路面等市政设施的费用或其他任何同类费用，发包人可从按合同应支付给承包人的款项中全部扣除。

（4）承包人原因引起合同工程发生误期造成发包人的损失。

承包人违背了以持续有恒的进度有规律地或不懈地执行及完成工程、不能在竣工前无理停工的合同基本责任。

如合同的原定竣工日或依据当时已按合同累计批准给承包人的工期延长后确定的调整后竣工日因承包人的工期延误变为明显的不能实现，发包人有权要求承包人增加人工、施工机具等资源和优先完成一个或多个部分的工程或加班赶工，承包人提出的"赶工补偿费"的工程索赔不获接纳，工期、合同总价及合同单价均不应因之而做出调整。

如按合同开工日、实际竣工日确定的"实施工期"减去"合同工期"及包括延迟移交工地之工期延长在内的发包人累计批准的"工期延长"后仍存在"工期延误"，承包人应按"24版清单计价标准"第8.11.19条第3款"因承包人原因引起发包人的损失，发包人可选择下列一项或多项方式获得补偿：要求承包人支付误期赔偿费"的规定赔偿给发包人按照工期延误天数及误期赔偿费约定确定的误期赔偿费。

（5）承包人完成的工程质量不符合合同约定要求引起发包人的损失。

承包人违背了不能拒绝遵循或顽固漠视发包人要求移走及更换不符合规格的工程或物料的指示、从而使工程受到实质性影响的合同基本责任。

承包人应按发包人提供的施工图纸及设计文件完成工程的准确定位，并应事先核实相关的尺寸或标高。如承包人未能完成工程的准确定位，承包人应承担由此引致的一切错误、返工及增加费用，受影响的工期不予延长。

承包人应确保自行供应的材料均能符合图纸及合同规范的要求，并能取得国家及当地建设行政主管部门的使用批准。如前述使用材料不符合前述要求，发包人有权要求承包人自费迁离工地（不论安装与否）并用合格材料重新完成工程，承包人应承担由此引致的所有增加费用，受影响的工期不予延长。

承包人应确保所有完成的工程均能符合图纸、合同规范及发包人发出的工程变更指令的要求。如承包人完成的工程不符合前述要求，发包人有权要求承包人执行返工、将任何不合格的工程自费迁离工地、重新施工，承包人应承担由此引致的增加费用，受影响的工期不予延长。

如因承包人拆除已安装的不合格材料或已完成的不合格工程而造成其他工程的损坏，承包人应承担其他承包人修复损坏所发生的费用及其提出的相关工程索赔，发包人可按"24版清单计价标准"第 8.11.19 条第 2 款"因承包人原因引起发包人的损失，发包人可选择下列一项或多项方式获得补偿：要求承包人支付受影响发生的额外费用"的规定，从按合同应支付给承包人的款项内扣除其他承包人要求的增加费用及工程索赔。

（6）承包人不按合同要求履行对发包人提供材料、专业分包工程、直接发包的专业工程的总承包服务造成发包人的损失。

如承包人对发包人提供材料的供货人未正确履行适时完成供货的管理及协调责任，承包人提出的"发包人提供材料的延迟提供"的工程索赔和（或）工期延长不获接纳，承包人应承担延迟交货责任、自身的增加费用、此等供货人要求的相关索赔费，工期不予延长，合同总价内包括的相关总承包服务费不作调整。

如承包人对专业分包人未正确履行适时完成专业分包工程的管理、协调及配合责任，承包人提出的"发包人原因引起工期延误"的工程索赔和（或）工期延长不获接纳，承包人应承担此等工期延误责任、自身的增加费用、专业分包人要求的相关索赔费，工期不予延长，合同总价内包括的相关总承包服务费不作调整。

如承包人对发包人直接发包的承包人未正确履行适时完成独立承包工程的协调及配合责任，承包人提出的"发包人原因引起工期延误"的程索赔和（或）工期延长不获接纳，承包人应承担此等工期延误责任、自身的增加费用、前述承包人要求的相关索赔费，工期不予延长，合同总价内包括的相关总承包服务费不作调整。

（7）发包人可举证的上述费用之外的其他损失。

所述"其他损失"是指因承包人不履行合同责任或履行不妥或违约造成的发包人损失。

未征得发包人事先书面同意，承包人不得将工程或其中的任何部分转让给任何第三方；除了获得发包人认可的承包人的劳务分包外，承包人不得将工程的部分或全部以任何形式分包给任何第三方。

发包人有绝对权力阻止承包人进行自行施工工程的分包，即便发包人事先未曾阻止承包人的分包，发包人仍有权摒弃承包人的任何分包人，并有绝对权力要求任何前述分包人即时撤离现场，承包人应承担由此发生的费用及延误时间。

即便对发包人认可的承包人的分包，此等分包亦不能减轻或免除承包人按合同承担的任何责任及义务，承包人仍应对此等分包人的任何行动、错误或疏忽当作完全由自身造成的一般负全责，并应妥善处理此等分包引起的一切纠纷，及保障发包人对此等纠纷处理免负法律上、时间上、费用上的任何责任。

承包人与其分包人签订的分包合同中必须有一条款明确规定，分包人按分包合同的聘用在承包人按承包合同的规定而终止合同时（不论任何原因），亦必须同时的一齐终止。

如承包人违背了上述之"不能转让或转包工程"的合同基本责任，发包人有权终止合同，承包人并需赔偿给发包人造成的所有损失。

11.4 不可抗力工程索赔

11.4.1 由于不可抗力引起的经济损失和（或）工期延误

"24版清单计价标准"中由于不可抗力引起的经济损失和（或）工期延误的规定见表11-3。

表 11-3 "24版清单计价标准"中由于不可抗力引起的经济损失和（或）工期延误的规定

除合同约定发包人购买工程一切险及第三者责任险和（或）合同另有约定外，因不可抗力事件引起的人员伤亡、财产损失、费用增加和（或）工期延误等工程索赔，发承包双方应遵循下列原则承担相应损失及费用					
序号	条文号	事件类别	承担方	
			发包人	承包人
1	8.11.12	永久工程、已运至施工现场的材料的损坏及修复费用，以及因不可抗力事件引起施工场地内及工程损坏造成的第三方人员伤亡和财产损失应由发包人承担	√	
2	8.11.12	承包人施工机具的损坏及停工损失和措施项目的损坏、清理、修复费用，以及因承包人原因发生的第三方人员伤亡和财产损失应由承包人承担		√
3	8.11.12	发承包双方应承担各自人员伤亡和本条第1款、第2款规定外的其他财产的损失			
4	8.11.12	因不可抗力引起暂停施工的，停工期间按照发包人要求照管、清理、修复工程的费用和发包人要求留驻施工现场必要的管理与保卫人员工资，以及按发包人要求留驻现场待工人员的工资应由发包人承担	√	
5	8.11.12	因不可抗力影响承包人履行合同约定的义务，引起工期延误的，应当顺延工期，发包人要求赶工的，由此增加的赶工费用应由发包人承担	√	
6	8.11.12	其他情形按法律法规规定执行			

"24版清单计价标准"第8.11.12条规定"除合同约定发包人购买工程一切险及第三者责任险和（或）合同另有约定外，因不可抗力事件引起的人员伤亡、财产损失、费用增加和（或）工期延误等工程索赔，发承包双方应遵循下列原则承担相应损失及费用"，该条款说明的下述索赔事件处理的含义如下：

（1）永久工程、已运至施工现场的材料的损坏及修复费用，以及因不可抗力事件引起施工场地内及工程损坏造成的第三方人员伤亡和财产损失应由发包人承担。

如合同约定发包人购买工程一切险及第三者责任险且保险已生效，则此等损失应由发包人按通过前述保险单获得的保险赔偿而负责承担。

在发包人向保险公司提交了一切险索赔后，承包人应负责迅速复原被损坏了的工程、替换或修补或迁离或处理被损失了或损坏了的未安装材料及任何残砾和继续按照合同的规定执行及完成工程，并负责在保险赔偿尚未发放前垫付工程抢险的费用。

发包人应随期中付款而将扣除保险办理发生之顾问费后的保险赔偿支付给承包人，保险条款规定免赔额部分和超出理赔部分的损失和增加费用应由发承包双方按照"24版清单计价标准"第8.11.12条的规定分别负责相应费用的承担。

如发包人未按合同约定购买工程一切险及第三者责任险或所购买的保险未生效，承包人复原被损坏了的工程，替换或修补或迁离或处理被损失了或损坏了的未安装材料及任何残砾的发生费用应由发包人负责承担，按相关保险条款规定免赔额部分和超出理赔部分的相应损失和增加费用应由发承包双方按照"24版清单计价标准"第8.11.12条的规定分别负责相应费用的承担。

（2）承包人施工机具的损坏及停工损失和措施项目的损坏、清理、修复费用，以及因承包人原因发生的第三方人员伤亡和财产损失应由承包人承担。

如合同约定由发包人购买工程一切险及第三者责任险且保险范围包括承包人的施工机具、人员伤亡的保险且保险已生效，则题述损失应按"24版清单计价标准"第8.11.16条第1款"……承包人可通过发包人按保险条款向保险人理赔本标准第8.11.12条第1款～第4款规定的相应损失和增加的费用，保险条款规定免赔额部分和超出理赔部分的相应损失和增加的费用应按本标准第8.11.12条的规定由发承包双方相应承担"的规定处理。

在发包人向保险公司提交了一切险索赔后，承包人应迅速的更换被损坏了的施工机具，替换或修补或迁离或处理被损坏了的措施项目和继续按照合同的规定执行及完成工程，并负责在保险赔偿尚未发放前垫付工程抢险的费用。

发包人应随期中付款而将扣除保险办理发生之顾问费后的相关赔偿款支付给承包人，除了通过保险获得的前述款项外，承包人不能要求发包人对损坏的施工机具，替换或修补或迁离或处理被损坏了的措施项目支付任何其他费用。

如发包人未按合同约定购买工程一切险及第三者责任险或所购买的保险未生效，则此等损失应按"24版清单计价标准"第8.11.16条第2款"……按本条第1款规定的承包人可通过发包人按相关保险条款向保险人理赔的相应损失和费用应由发包人承担，按相关保险条款免赔额部分和超出理赔部分的相应损失和增加费用应按本标准第8.11.12条的规定由发承包双方相应承担"的规定处理。

如发包人按合同约定购买的工程一切险及第三者责任险的保险范围不包括承包人的施工机具或人员伤亡，则前述损失应由承包人负责承担，除非合同内另有约定。

不可抗力事件引起的承包人停工损失，及因承包人原因发生的第三方人员伤亡和财产损失，均由承包人负责承担。

（3）发承包双方应承担各自人员伤亡和本条第1款、第2款规定外的其他财产的损失。

由于不可抗力是非发承包双方原因所造成，故发包人应承担不可抗力造成的工程延期对自身导致的融资增加费、项目管理增加费等及其他所有财产损失，承包人应承担不可抗力造成的工程延期对自身导致的项目管理增加费、增加措施项目费用等及其他所有财产损失，承包人以不可抗力引致工期延长为理由提出的索赔或补偿费用不获接纳。

不可抗力引致的发承包双方的人员伤亡损失，按照"24版清单计价标准"第8.11.12条及8.11.16条的相关规定处理。

（4）因不可抗力引起暂停施工的，停工期间按照发包人要求照管、清理、修复工程的费用和发包人要求留驻施工现场必要的管理与保卫人员工资，以及按发包人要求留驻现场待工人员的工资应由发包人承担。

如发包人要求承包人在不可抗力引起的暂停施工期间履行现场看管及照管工程的责任，发包人应承担承包人按照发包人要求留驻现场的必要管理人员、保卫人员的工资，及承包人履行工程看管责任的费用。

如发包人要求承包人在不可抗力引起的暂停施工期间在现场留驻相关的待工人员，发包人应承担此等待工人员的工资。

非发包人要求的承包人的其他所有管理人员、保卫人员、工人等的工资及此等人员在暂停施工发生后退场及日后再进场的费用，均由承包人自行承担。

(5) 因不可抗力影响承包人履行合同约定的义务，引起工期延误的，应当顺延工期，发包人要求赶工的，由此增加的赶工费用应由发包人承担。

如因不可抗力而影响承包人继续执行工程，发包人应批准给承包人受不可抗力影响的工期延长，承包人就此等工期延误不需向发包人支付误期赔偿费。

如发包人要求承包人进行赶工以追回受不可抗力影响的延误工期且获得承包人的接纳，发包人应承担承包人发生的赶工费。

(6) 其他情形按法律法规规定执行。所述"其他情形"是指除以上所述外的与不可抗力发生相关的其他情形，应按法律法规的相关规定处理。

① 具有不可抗力性质的例外事件引起的经济损失和（或）工期延误

因发生具有不可抗力性质的下列例外事件引起工期延误的，受影响的工期应相应顺延，发承包双方应各自承担相应的损失。

a. 动乱和暴动等类似事件（不包括工地现场发生的）。

指当地发生的动乱、暴动及其同类事件；工地现场发生的此等事件不属于具有不可抗力性质的例外事件，此等事件应按合同内的相关规定处理，并由引致事件发生的责任方负责。

b. 因国家及地方政府主管部门要求而必需的停工、暂停（暂缓）施工、间断施工或区域性施工管控造成的影响。

指国家及地方政府主管部门根据当地管理需要所指示且实际发生的停工、暂停（暂缓）施工、间断施工或区域性施工管控。如此等停工等是因发承包双方中任何一方的原因而引致，则不属于具有不可抗力性质的例外事件，应按合同条款的相关规定处理，并由发承包双方中引致事件发生的责任方负责，即如因发包人原因而引致，则受影响的工期相应延长，发包人并应补偿承包人的直接损失；如因承包人原因所引致，则受影响的工期不予顺延，承包人并应承担给其他所有相关方造成的直接损失。

c. 国家及地方政府主管部门就安全、环保要求停止施工造成的影响。

指国家及地方政府主管部门按整体市场的安全、环保管理需要等而要求的停工。如此等停工要求是因承包人按合同负责的安全、环保等存在问题而发出，如现场扬尘管控、安全文明施工等，则不属于具有不可抗力性质的例外事件，受影响的工期不予顺延，承包人并应按合同条款的规定负责。

d. 国家及地方政府主管部门就健康卫生防疫管控要求停止施工造成的影响。

指国家及地方政府主管部门根据当地整个城市或地区的气候影响、健康卫生防疫事宜所发出的管控要求而引致的停工。如此等停工要求是因承包人按合同负责的健康卫生防疫管理问题而发出，则不属于具有不可抗力性质的例外事件，受影响的工期不予顺延，承包人并应承担自身的所有损失、增加费用、地方政府主管部门要求停工整改的损失及罚款。

② 工期延长期间的责任分配

a. 因发生不可抗力事件引起工期延长，且在延长工期内遭遇物价变化、法律法规及政策性变化的，所引起的影响费用应按"24版清单计价标准"第8.7节、第8.8节、第8.11.9条的规定处理，调整受影响项目的合同价格。

b. 因发承包双方中的任一方原因引起工期延误，且在延长的工期内发生不可抗力事件的，不可抗力事件产生的损失应由引起工期延误的责任方承担。发承包双方对工期延误均有责任，且在延长的工期内发生不可抗力事件的，可按双方责任分担比例承担相应责任。在合同工期内发生不可抗力事件的，按照本标准第8.11.9条、第8.11.12条的规定执行。

11.5 非发承包违约事件索赔

11.5.1 因非承包人的原因发生事件类别及损失

"24版清单计价标准"中对因非承包人的原因发生事件类别及损失的规定见表11-4。

表11-4 "24版清单计价标准"中对因非承包人的原因发生事件类别及损失的规定

因非承包人的原因发生下列事件，给承包人造成经济损失及费用增加和（或）工期延误的，承包人可按蒙受的经济损失及费用增加和（或）受影响延误的工期，提出一项或多项索赔		
序号	条文号	事件类别
1	8.11.9	因停工、待工、降效、工期延长等造成的人工、材料、施工机具、水电消耗等的费用损失，若政府主管部门要求的暂停施工可按本标准第8.11.13条的规定执行
2	8.11.9	因合同工期调整引起的人工费、材料费、施工机具费物价变化增减的直接费用，但本标准第8.7.4条规定调整的除外
3	8.11.9	因停工、复工、维护施工现场等（包括建设、使用、拆除）发生的必要措施费用
4	8.11.9	因返工、拆改与修复等发生的直接费用，以及报废（损）的材料直接损失
5	8.11.9	因额外增加的检查、检验、试验等发生的相关费用
6	8.11.9	因合同价款未能按合同约定支付引起的损失
7	8.11.9	因发掘出文物、古迹以及具有地质研究或考古价值的遗迹、化石、钱币或物品造成的暂缓、间断施工或停工的影响
8	8.11.9	承包人可举证的其他损失和增值税
9	8.11.9	因事件影响造成的延误（或延长）的合理工期

11.5.2 合同约定发包人负责购买工程一切险及第三者责任险

"24版清单计价标准"中对合同约定发包人负责购买工程一切险及第三者责任险的规定见表11-5。

表 11-5　"24 版清单计价标准"中对合同约定发包人负责购买工程一切险及第三者责任险的规定

合同约定发包人负责购买工程一切险及第三者责任险，且保险范围包括相关的施工机具、人员伤亡的，如发生不可抗力事件，发承包双方应按下列原则承担相应损失和增加费用		
序号	条文号	事件类别
1	8.11.16	发包人按合同约定购买工程一切险及第三者责任险的，承包人可通过发包人按保险条款向保险人理赔本标准第 8.11.12 条第 1 款第 4 款规定的相应损失和增加的费用，保险条款规定免赔额部分和超出理赔部分的相应损失和增加的费用应按本标准第 8.11.12 条的规定由发承包双方相应承担
2	8.11.16	发包人未按合同约定购买工程一切险及第三者责任险或购买的保险未生效的，按本条第 1 款规定的承包人可通过发包人按相关保险条款向保险人理赔的相应损失和费用应由发包人承担，按相关保险条款免赔额部分和超出理赔部分的相应损失和增加费用应按本标准第 8.11.12 条的规定由发承包双方相应承担

"24 版清单计价标准"第 8.11.16 条第 1 款"……承包人可通过发包人按保险条款向保险人理赔本标准第 8.11.12 条第 1 款～第 4 款规定的相应损失和增加的费用，保险条款规定免赔额部分和超出理赔部分的相应损失和增加的费用应按本标准第 8.11.12 条的规定由发承包双方相应承担"的规定处理。

在发包人向保险公司提交了一切险索赔后，承包人应迅速更换被损坏了的施工机具，替换或修补或迁离或处理被损坏了的措施项目和继续按照合同的规定执行及完成工程，并负责在保险赔偿尚未发放前垫付工程抢险的费用。

发包人应随期中付款而将扣除保险办理发生之顾问费后的相关赔偿款支付给承包人，除了通过保险获得的前述款项外，承包人不能要求发包人对损坏的施工机具，替换或修补或迁离或处理被损坏了的措施项目支付任何其他费用。

如发包人未按合同约定购买工程一切险及第三者责任险或所购买的保险未生效，则此等损失应按"24 版清单计价标准"第 8.11.16 条第 2 款"……按本条第 1 款规定的承包人可通过发包人按相关保险条款向保险人理赔的相应损失和费用应由发包人承担，按相关保险条款免赔额部分和超出理赔部分的相应损失和增加费用应按本标准第 8.11.12 条的规定由发承包双方相应承担"的规定处理。

如发包人按合同约定购买的工程一切险及第三者责任险的保险范围不包括承包人的施工机具或人员伤亡，则前述损失应由承包人负责承担，除非合同内另有约定。

不可抗力事件引起的承包人停工损失，及因承包人原因发生的第三方人员伤亡和财产损失，均由承包人负责承担。

11.6　工程索赔注意事项

（1）发承包双方均应采取措施避免和减少因索赔事件引起的损失扩大，应采取措施的一方当事人不采取积极措施引起损失扩大的，应对扩大的损失承担责任。

（2）在相关索赔事件发生后，发承包双方应按规定的程序处理，并应对调整的工期和索赔的费用进行确认签署，作为工程进度款和工程结算价款的依据。

（3）除合同另有约定外，在发承包双方已按合同约定完成了工程竣工结算书签署确定及已办理了竣工结算确认后，双方均不应再向对方提出关于竣工结算前所发生事件的工程索赔。

（4）当发生工期延误事件时，可根据批准的施工进度计划，确定该事件是否发生在关键线路上，以及是否引起关键线路上的工期延误，发承包双方计算索赔工期应符合下列规定：

① 延误事件为关键线路上的工作，则延误的时间为索赔的工期；

② 延误事件为非关键线路上的工作，当该工作由于延误超出总时差而成为关键线路上的工作时，其延误时间与总时差的差值为索赔的工期；

③ 工期延误后事件仍为非关键线路上的工作，则不发生工期索赔。

（5）发承包双方宜通过协商方式解决工程索赔，经协商不能达成一致意见的，可按争议解决的相关规定处理（"24 版清单计价标准"第 11 章）；引起合同解除的，可按合同解除（"24 版清单计价标准"第 10.4 节）的规定处理。

> **案例** 关于误期赔偿费计算的争议
>
> 某工程合同协议书、招标投标文件以及中标通知书中都已明确约定总工期为 300d，合同履行时实际工期为 611d，实际工期与合同工期有较大偏差，结算时双方就误期赔偿费的计算发生争议。
>
> 发包人认为项目的招标投标工期和合同工期均为 300d，并要求投标人在投标报价中考虑赶工措施费用，承包人在投标时对招标工期并无异议并按招标文件的要求填报了赶工措施费，中标后也以合同工期为目标提交了施工组织设计方案，总工期应按招标文件及合同的约定执行，误期赔偿费应按实际工期减去合同工期计算违约金。
>
> 承包人认为合同工期为 300d，按《省建设工程施工标准工期定额（2011）》计算的标准工期为 696d，合同工期只达到标准工期的 43%，结合《建设工程质量管理条例》（国务院令第 279 号）、《省住房和城乡建设厅关于建设工程施工工期的管理办法》（粤建法〔2012〕112 号）等有关政策精神，合同工期不合理，不应支付误期赔偿费。
>
> 观点：判断招标时拟定的合同工期是否合理，双方应依据招标时的相关资料按照现行的《省建设工程施工标准工期定额（2011）》相关规定计算施工标准工期，与合同工期对比后，再依据不同的对比结果选择处理方法：
>
> （1）如合同压缩工期在施工标准工期的 20% 以内，或者合同工期虽短于施工标准工期的 80% 但通过论证是可行的，并且已要求投标人考虑赶工措施费用，则误期赔偿费应按合同约定计算。
>
> （2）如合同工期短于施工标准工期的 80% 但未通过论证可行的，则发包人缺乏充分的依据证明招标工期的合理性，或证明自身没有违背《建设工程质量管理条例》（国务院令第 279 号）第十条"建设工程发包单位不得迫使承包方以低于成本的价格竞标，不得任意压缩合理工期"的规定，可能导致由于未能提供事实可行的工期目标从而让投标人未能在充分考量的基础上合理报价，故发包人应对合同工期的合法合规承担责任；同时，承包人在招标投标阶段未对工期是否合理、依据是否充分提出质疑，未能尽到一个有经验承包商的应有之责。因此，发承包应结合双方过错程度、过错与损失之间的因果关系等因素，协商确定误期赔偿费的计算。

第 12 章　合同价款的期中支付

12.1　预付款分解、支付、扣回及保函提交

12.1.1　预付款分解

发包人应按合同约定向承包人支付预付款，不应向承包人收取预付款的利息。承包人应将预付款专用于合同工程，可用于为履行合同而预先采购材料、租赁或采购相关施工机具、搭设现场临时设施、组织施工人员进场等工程施工前发生的必要费用。

跨年度实施的重大工程的预付款，可按已获发包人批准的承包人施工组织设计及年度工程进度计划、合同清单的合同价款等，分解形成符合相应年度计划中应完成工程的合同价款总额，并按合同约定的预付款支付比例逐年预付。

12.1.2　预付款支付

1. 预付款的支付比例

合同工程的预付款金额可依据合同约定按合同价款及预付款支付比例计算确定。预付款支付比例应符合国家及省级、行业有关部门的规定，预付款计算依据的合同价款应扣除合同总价所包含的暂列金额、计日工价款及专业工程暂估价。

2. 预付款的支付时间

"24 版清单计价标准"和《建设工程施工合同（示范文本）》（GF-2017-0201）关于预付款支付时间的差异对比见表 12-1。

表 12-1　关于预付款支付时间的差异对比

"24 版清单计价标准"	承包人应在合同约定时间内将预付款支付申请提交给发包人审核，发包人应在收到支付申请后按合同约定的时间完成审核并向承包人支付预付款。发包人不按合同约定时间支付预付款的，承包人可催告发包人预付，发包人在催告后的约定时间内仍不按要求预付的，承包人有权暂停施工，并按有关规定向发包人提出索赔，发包人应承担违约责任
《建设工程施工合同（示范文本）》（GF-2017-0201）	预付款的支付按照专用合同条款约定执行，但至迟应在开工通知载明的开工日期前 7d 支付

12.1.3　预付款扣回

预付款应按合同约定在履行过程扣回，合同没约定或约定不明的，可选择当累计完成工

程总值达到合同总价的一定比例后一次扣回或分次扣回的方式。选择分次扣回方式的，预付款可从每一个支付期应支付给承包人的工程进度款或施工过程结算款中按比例扣回，直到扣回的金额达到合同约定的预付款金额为止。提前解除合同的，尚未扣回的预付款应在合同终止结算时全部扣回。

12.1.4 保函提交

1. 保函与保证金的区别

保函与保证金在定义、形式和资金占用方面的差异对比，见表12-2。

表12-2 保函与保证金在定义、形式和资金占用方面的差异对比

定义	保函	由银行或金融机构出具，承诺在特定条件下向受益人支付一定金额的书面文件，常用于担保合同履行或支付义务
	保证金	合同一方预先支付给另一方的现金或等价物，作为履行合同义务的担保
形式	保函	书面文件，通常由银行或金融机构签发
	保证金	现金或等价物，直接支付给合同另一方
资金占用	保函	不直接占用申请人的资金，但需支付手续费
	保证金	直接占用申请人的资金，影响其现金流

保函与保证金相比，优点在于其灵活性更高，企业无须一次性支付大笔资金，只需向银行或金融机构申请开立保函，即可作为履约担保。这不仅减轻了资金压力，还能保持资金的流动性，便于企业运营。此外，保函具有法律效力，能有效保障受益人的权益，且适用范围广。

2. 保函办理

"24版清单计价标准"和《建设工程施工合同（示范文本）》（GF-2017-0201）关于保函办理的差异对比，见表12-3。

表12-3 关于保函办理的差异对比

"24版清单计价标准"	如合同约定承包人需提供预付款保函的，发包人应按合同约定在承包人提供预付款保函后支付预付款，预付款保函的保证金应与预付款金额一致
《建设工程施工合同（示范文本）》（GF-2017-0201）	发包人要求承包人提供预付款担保的，承包人应在发包人支付预付款7d前提供预付款担保，专用合同条款另有约定除外。在预付款完全扣回之前，承包人应保证预付款担保持续有效。发包人在工程款中逐期扣回预付款后，预付款担保额度应相应减少，但剩余的预付款担保金额不得低于未被扣回的预付款金额

12.2 安全生产措施费分解及支付

12.2.1 费用分解

措施项目清单中的安全生产措施费包括的内容和使用范围，应符合合同约定和国家及省级、行业主管部门有关文件及工程量计算标准的规定。承包人对安全生产措施费应专款专用，

不得挪作他用，并应在财务账目中单独列项备查，否则发包人有权责令其限期改正；逾期未改正的，可责令其暂停施工，由此增加的费用和（或）延误的工期由承包人承担。

根据财政部、应急部于2022年11月21日印发的《企业安全生产费用提取和使用管理办法》（财资〔2022〕136号），建设工程施工企业安全生产费用应当用于以下支出：

（一）完善、改造和维护安全防护设施设备支出（不含"三同时"要求初期投入的安全设施），包括施工现场临时用电系统、洞口或临边防护、高处作业或交叉作业防护、临时安全防护、支护及防治边坡滑坡、工程有害气体监测和通风、保障安全的机械设备、防火、防爆、防触电、防尘、防毒、防雷、防台风、防地质灾害等设施设备支出；

（二）应急救援技术装备、设施配置及维护保养支出，事故逃生和紧急避难设施设备的配置和应急救援队伍建设、应急预案制修订与应急演练支出；

（三）开展施工现场重大危险源检测、评估、监控支出，安全风险分级管控和事故隐患排查整改支出，工程项目安全生产信息化建设、运维和网络安全支出；

（四）安全生产检查、评估评价（不含新建、改建、扩建项目安全评价）、咨询和标准化建设支出；

（五）配备和更新现场作业人员安全防护用品支出；

（六）安全生产宣传、教育、培训和从业人员发现并报告事故隐患的奖励支出；

（七）安全生产适用的新技术、新标准、新工艺、新装备的推广应用支出；

（八）安全设施及特种设备检测检验、检定校准支出；

（九）安全生产责任保险支出；

（十）与安全生产直接相关的其他支出。

12.2.2 费用支付

（1）发包人应在工程开工后28d内预付不低于安全生产措施费总额的50%给承包人，其余部分应按照提前安排的原则进行分解，并与工程进度款同期支付。对跨年度实施的重大工程，预付的安全生产措施费总额可按年度工程进度计划分解计算。发承包双方在计算应付工程进度款时，不应扣回预付的安全生产措施费。

（2）发包人未按合同约定的时间支付安全生产措施费的，承包人可催告发包人支付；发包人在催告后的约定时间内仍未支付的，承包人有权暂停施工，发包人应承担违约责任。

12.3 进度款申请及支付

12.3.1 进度核定

发承包双方应按合同约定的时间或工程形象进度节点、程序和方法，在每个计量周期进行已完工程进度款计量与支付，计量周期应与支付周期一致。合同中进度款计量周期约定不明的，可以月为单位分期计量与支付。发承包双方确认的合同价款调整金额应列入当期累计完成的进度款中，进度款的增值税应按政府主管部门规定的现行增值税率计算。

承包人完成履行合同义务的每个计量周期的工程量及价款经发包人核对无误后，发承包双方应对每个计量周期的历次计量报表进行汇总，并在汇总表上签署确认。合同约定或发承包双方商定已完工程量或工程进度款采用粗略计量的，应在工程进度款支付文件或相应的文件中明确说明其仅作为工程进度款支付使用，不作为工程结算的依据。

发承包双方可按下式确定应予支付的各期进度款的金额：

当期应付进度款＝[累计已完成工程总值（包括已确认的合同价格调整价款）×支付比例－累计预付款扣回（包括当期扣回价款）－前期累计已支付进度款]－发包人累计扣除的款项（不含预付款扣回）

（式 12-1）

前期累计已支付进度款应按上一期进度款支付证书所列明的累计应付进度款计算，不应考虑发包人实际支付进度款的金额与进度款支付证书所列应付金额的差异。

进度款核定的主要内容，见表 12-4。

表 12-4 进度款核定费用表

费用项目	单价合同	总价合同
分部分项工程项目清单	可按合同约定适用的国家及行业工程量计算标准的计算规则及补充的工程量计算规则，重新计量确定累计完成的相应清单项目工程量，乘以合同单价（合同单价发生调整的，按发承包双方确认的调整单价）计算累计进度价款。采用以项总价计价方式的分部分项工程项目清单可按总价合同的规定计算	可依据发承包双方确认的清单项目累计已完成工程量占合同清单中相应的清单项目的总工程量的比例，乘以相应清单项目合价计算分部分项工程项目清单累计进度价款。采用暂定数量单价计价的分部分项工程项目清单可按单价合同的规定计算
措施项目清单	可按发承包双方约定的支付分解方式计算累计完成的措施项目进度款，约定不明的可按累计完成分部分项工程项目清单合价占分部分项工程项目清单总价的比例计算累计完成的措施项目进度款。支付分解方式可按措施项目费用分拆表计算，累计完成的安全生产措施进度款可按有关规定计算	
其他项目清单	其他项目清单的累计进度款计算应符合下列规定： 1 总承包服务费应按服务事项的计价方式计算。以总价计价的，应按当期发包人确认的专业分包工程累计进度款占专业分包工程合同价的比例乘以相应的服务费总价计算各专业分包工程累计完成的总承包服务费；以费率计价的，应按当期发包人确认的专业分包工程累计进度款乘以相应的费率计算各专业分包工程累计完成的总承包服务费；发包人提供材料及直接发包的专业工程可按专业分包工程计价方法计算累计完成的总承包服务费。 2 专业工程暂估价项目应按至当期发包人确认的专业工程项目累计完成的进度款计算。 3 计日工、暂列金额（用于未能完全预见或详细说明的工程、服务等）应按至当期累计完成的进度款进行计算	

"24 版清单计价标准"和《建设工程施工合同（示范文本）》（GF-2017-0201）关于进度核定的差异对比，见表 12-5。

表 12-5 关于进度核定的差异对比

"24 版清单计价标准"	发包人认为需要进行现场进度计量核实的，核实前应适时通知承包人，承包人应为核实提供便利条件并派人参加。当发承包双方均同意核实结果时，应签字确认。承包人收到通知后不派人参加核实的，应视为认可发包人的进度计量核实结果。发包人不按约定时间通知承包人，致使承包人未能派人参加核实的，核实结果无效

续表

《建设工程施工合同（示范文本）》 （GF-2017-0201）	发包人和监理人对承包人的进度付款申请单有异议的，有权要求承包人修正和提供补充资料，承包人应提交修正后的进度付款申请单。监理人应在收到承包人修正后的进度付款申请单及相关资料后7天内完成审查并报送发包人，发包人应在收到监理人报送的进度付款申请单及相关资料后7天内，向承包人签发无异议部分的临时进度款支付证书。存在争议的部分，按照争议解决的约定处理

发包人在发出当期进度款支付证书前，应将拟发出的当期进度款支付证书提交给承包人确认，承包人应按下列规定进行确认或提出修正意见：

（1）如对当期进度款支付证书没有异议，承包人应在约定时间内向发包人提交书面确认；

（2）如对当期进度款支付证书存有异议，承包人应在约定时间内向发包人提交书面的复核报告，并说明有权获得应予支付的缺漏项目及其价款、累计完成工程总值计算存在的价款差异、当期应付进度款中存在的计算错误等，并在约定时间内与发包人进行核对。

如进度款支付中存在遗漏、重复或错误，发包人和承包人均有权提出修正申请，在下一期的进度款支付中支付或扣除。

发包人应按相关专业分包合同的约定完成专业分包工程的进度款核对，在确定其进度款支付证书后，将其进度款支付证书送达承包人并抄送相关专业分包人；发包人应在合同约定的最迟付款日或之前将专业分包工程进度款支付证书中载明的当期应付进度款支付给承包人；承包人应在专业分包合同约定的最迟付款日或之前将专业分包工程进度款支付证书中载明的当期应付进度款支付给相关专业分包人。

承包人完成履行合同义务的每个计量周期的工程量及价款经发包人核对无误后，发承包双方应对每个计量周期的历次计量报表进行汇总，并在汇总表上签署确认。

合同约定或发承包双方商定已完工程量或工程进度款采用粗略计量的，应在工程进度款支付文件或相应的文件中明确说明其仅作为工程进度款支付使用，不作为工程结算的依据。

12.3.2　付款申请

1. "24版清单计价标准"关于进度款付款申请的要求

承包人应在合同约定的每个计量周期及付款核定日或之前及时向发包人提交已完工程进度款支付申请，说明本期认为应得到的价款，包括建筑工人工资的申请金额和专业分包人已完工程的进度款，并附上计算依据。支付申请应包括下列内容：

（1）累计完成工程总值。

① 累计完成合同清单的价款；

② 累计发生工程量清单缺陷调整价款（包括单价合同的重新计量调整价款、总价合同的暂定数量调整价款）；

③ 累计发生暂列金额价款（用于未能完全预见或详细说明的工程、服务）；

④ 累计发生暂估价调整价款（包括材料暂估价、承包人实施的专业工程暂估价）；

⑤ 累计发生总承包服务费调整价款；

⑥ 累计发生计日工价款；

⑦ 累计发生物价变化调整价款;

⑧ 累计发生法律法规及政策性变化调整价款;

⑨ 累计发生工程变更价款;

⑩ 累计发生新增工程价款;

⑪ 累计发生工程索赔价款。

(2) 累计已扣回预付款（包括当期扣回价款）。

(3) 累计应付进度款。

(4) 前期累计支付进度款。

(5) 发包人应扣除的价款。

(6) 本期应付进度款。

2. 《建设工程施工合同（示范文本）》（GF-2017-0201）关于进度款付款申请的要求

(1) 单价合同进度付款申请单的提交。单价合同的进度付款申请单，按照第 12.3.3 项单价合同的计量约定的时间按月向监理人提交，并附上已完成工程量报表和有关资料。单价合同中的总价项目按月进行支付分解，并汇总列入当期进度付款申请单。

(2) 总价合同进度付款申请单的提交。总价合同按月计量支付的，承包人按照第 12.3.4 项总价合同的计量约定的时间按月向监理人提交进度付款申请单，并附上已完成工程量报表和有关资料。总价合同按支付分解表支付的，承包人应按照第 12.4.6 项支付分解表及第 12.4.2 项进度付款申请单的编制的约定向监理人提交进度付款申请单。

(3) 其他价格形式合同的进度付款申请单的提交。合同当事人可在专用合同条款中约定其他价格形式合同的进度付款申请单的编制和提交程序。

除专用合同条款另有约定外，监理人应在收到承包人进度付款申请单以及相关资料后 7d 内完成审查并报送发包人，发包人应在收到后 7d 内完成审批并签发进度款支付证书。发包人逾期未完成审批且未提出异议的，视为已签发进度款支付证书。

12.3.3 进度款支付

发包人应在与承包人完成进度款支付证书的确认或核对修正后，在合同约定最迟付款日或之前，将进度款支付证书内载明的当期应付进度款支付给承包人。

"24 版清单计价标准"和《建设工程施工合同（示范文本）》（GF-2017-0201）关于进度款支付的差异对比。

表 12-6 关于进度款支付的差异对比

"24 版清单计价标准"	发包人应在收到承包人进度款支付申请后在合理时间内对申请内容予以核对，确认后向承包人出具进度款支付证书并依时支付进度款。若发承包双方对部分清单项目的计量与计价结果存有争议，发包人应按无争议部分的清单项目计量与计价结果向承包人出具进度款支付证书并支付进度款。 发包人不按合同约定支付进度款或逾期不支付的，承包人可就因合同价款未能按合同约定支付引起的损失向发包人索赔
《建设工程施工合同（示范文本）》（GF-2017-0201）	除专用合同条款另有约定外，发包人应在进度款支付证书或临时进度款支付证书签发后 14 天内完成支付，发包人逾期支付进度款的，应按照中国人民银行发布的同期同类贷款基准利率支付违约金

12.4　建筑工人工资分解及支付

12.4.1　费用分解

发承包双方在各期应付工程价款中应包括承包人按合同约定需支付给建筑工人的工资，工程价款支付证书中应按合同约定的比例；若合同未约定的可按发承包双方商定的比例或按当期累计完成分部分项工程价款占合同工程分部分项工程总价款的比例，计算并单独列出当期应支付的建筑工人工资价款。

12.4.2　费用支付

建设领域的农民工工资来源于工程款中的人工费用部分。建设单位在资金没有保证的情况下开工建设，甚至要求施工单位垫资施工，不能及时拨付工程款是导致拖欠农民工工资案件高发的重要原因之一，也是施工单位以发生工程款纠纷为由拒绝结算农民工工资的情况时有发生的主要原因。《保障农民工工资支付条例》（国令第724号）中第二十四条明确："建设单位应当向施工单位提供工程款支付担保。建设单位与施工总承包单位依法订立书面工程施工合同，应当约定工程款计量周期、工程款进度结算办法以及人工费用拨付周期，并按照保障农民工工资按时足额支付的要求约定人工费用。人工费用拨付周期不得超过1个月。"

发承包双方的合同条款中应明确人工费的金额或比例、支付方式、支付周期和建筑工人工资专用账户。承包人应按合同及相关规定的时间、程序和方法支付建筑工人工资，不得挪作他用。

12.5　分部分项工程项目费用支付及要求

12.5.1　费用支付

1. 费用计算

单价合同工程的分部分项工程项目清单进度款可按合同约定适用的国家及行业工程量计算标准的计算规则及补充的工程量计算规则，重新计量确定累计完成的相应清单项目工程量，乘以合同单价（合同单价发生调整的，按发承包双方确认的调整单价）计算累计进度价款。采用以项总价计价方式的分部分项工程项目清单可按总价合同的规定计算。

总价合同工程的分部分项工程项目清单进度款可依据发承包双方确认的清单项目累计已完成工程量占合同清单中相应的清单项目的总工程量的比例，乘以相应清单项目合价计算分部分项工程项目清单累计进度价款。采用暂定数量单价计价的分部分项工程项目清单可按单价合同的规定计算。

2. 支付程序

进度款申请：承包人按合同约定提交进度款申请，附上已完成工程量的计量报告及相关资料。

审核与确认：监理工程师或发包人在规定时间内审核并确认工程量及金额。

支付：发包人按合同约定支付进度款。

12.5.2 支付要求

发包人应按合同约定及时支付，支付金额应准确，依据实际完成的应予计量的工程量及合同单价计算，支付过程需符合相关法律法规及合同约定，确保合法合规。

12.6 其他措施项目费用分解及支付

12.6.1 费用分解

措施项目费用可按发承包双方约定的支付分解方式计算累计完成的措施项目费，约定不明的，可按施工过程结算项目中的分部分项工程项目清单合价占合同工程分部分项工程项目清单总价的比例乘以合同工程措施项目费用总价计算施工过程结算价款。

12.6.2 费用支付

措施项目费用仅用于计算和支付施工过程结算价款，不作为工程竣工结算价款确定的依据。在合同工程整体竣工后进行工程竣工结算时，措施项目费用应依据合同约定重新计算确定，并按计算确认的结果相应调增或调减。

12.7 总承包服务费支付及要求

12.7.1 费用支付

1. 总承包服务费的计算

总承包服务费应按服务事项的计价方式计算。以总价计价的，应按当期发包人确认的专业分包工程累计进度款占专业分包工程合同价的比例乘以其相应的服务费总价计算各专业分包工程累计完成的总承包服务费；以费率计价的，应按当期发包人确认的专业分包工程累计进度款乘以相应的费率计算各专业分包工程累计完成的总承包服务费；发包人提供材料及直接发包的专业工程可按专业分包工程计价方法计算累计完成的总承包服务费。

施工过程结算时，可按发承包人确认的专业分包工程累计已完成的价款占专业分包工程合同价的比例乘以其按"24版清单计价标准"第8.5节规定调整后的服务费总价计算各专业分包工程累计完成的施工过程结算的总承包服务费；发包人提供材料及直接发包的专业工程可按专业分包工程计价方法计算累计完成的总承包服务费。

2. 总承包服务费的变更

（1）若合同约定的发包人提供材料变更为承包人提供的，发承包双方应按"24版清单计价标准"第3.6.6条的规定调整相应分部分项工程项目清单的综合单价，并扣除合同总价中计取的相应发包人提供材料的总承包服务费。

（2）若合同履行过程中发生合同约定的承包人提供材料变更为发包人提供的，发承包双方应按"24版清单计价标准"第3.7.4条的规定计算变更为发包人提供材料所增加的总承包服务费，调整合同价格。

（3）若合同履行过程中发生暂估价专业分包工程、发包人直接发包的专业工程取消，或确定由承包人负责完成，或承包人按"24版清单计价标准"第8.4.8条的规定中标，或在承包人的合同工程已竣工且撤离现场后进行的，发承包双方应扣除合同总价中计取的相应专业分包工程、直接发包的专业工程的总承包服务费。

（4）若总承包服务费以项计价的，总承包服务费除可按"24版清单计价标准"第8.4.8条、第8.5.1条～第8.5.3条、第8.5.5条的规定扣减或调整外，应为风险包干，工程结算不应作调整。如总承包服务费以费率计价，且合同未约定费率计价基础或约定不明的，总承包服务费应按"24版清单计价标准"第8.4.8条、第8.5.1条～第8.5.3条、第8.5.5条的规定进行调整，工程结算时可按专业分包工程、直接发包的专业工程的合同价、发包人提供材料的供货合同价进行计算。

（5）发包人批准的专业分包工程发生工程变更或发包人原因引起相关专业分包工程、直接发包的专业工程的实质性工期改变，发承包双方可按下式计算调整受影响的专业分包工程（或直接发包专业工程）总承包服务费：

总承包服务费调整价款＝受影响专业分包工程（或直接发包专业工程）延误的工期×
受影响专业分包工程（或直接发包专业工程）总承包服务费×
受影响专业分包工程（或直接发包专业工程）工期　　（式12-2）

3. 支付方式

支付方式由合同约定，常见方式包括：

（1）分期支付：按工程进度或时间节点分期支付。

（2）一次性支付：工程竣工后一次性支付。

（3）其他方式：合同双方协商的其他支付方式。

12.7.2　支付要求

总承包服务费的支付要求：

（1）服务完成：总承包人按合同要求完成服务。

（2）验收合格：专业分包工程通过验收。

（3）资料提交：总承包人提交完整的服务资料。

总承包服务费仅用于计算和支付施工过程结算价款，不作为工程竣工结算价款确定的依据。在合同工程整体竣工后进行工程竣工结算时，总承包服务费应依据合同约定重新计算确定，并按计算确认的结果相应调增或调减。

12.8 合同调整价格支付及要求

12.8.1 费用支付

经发承包双方确认调整的追加（减）合同价款，应与工程进度款和施工过程结算款同期支付。

12.8.2 支付要求

发承包双方应在确定的合同价格调整相关计量与计价成果文件上签署，作为合同价款支付的依据。

12.9 已完工程总值核定及要求

12.9.1 已完工程总值核定

1. 累计完成工程总值包含的内容

（1）累计完成合同清单的价款。

（2）累计发生工程量清单缺陷调整价款（包括单价合同的重新计量调整价款、总价合同的暂定数量调整价款）。

（3）累计发生暂列金额价款。

（4）累计发生暂估价调整价款（包括材料暂估价、承包人实施的专业工程暂估价）。

（5）累计发生总承包服务费调整价款。

（6）累计发生计日工价款。

（7）累计发生物价变化调整价款。

（8）累计发生法律法规及政策性变化调整价款。

（9）累计发生工程变更价款。

（10）累计发生新增工程价款。

（11）累计发生工程索赔价款。

2. 当期累计已完成工程总值的计算

单价合同工程的分部分项工程项目清单进度款可按合同约定适用的国家及行业工程量计算标准的计算规则及补充的工程量计算规则，重新计量确定累计完成的相应清单项目工程量，乘以合同单价（合同单价发生调整的，按发承包双方确认的调整单价）计算累计进度价款。总价合同工程的分部分项工程项目清单进度款可依据发承包双方确认的清单项目累计已完成工程量占合同清单中相应的清单项目的总工程量的比例，乘以相应清单项目合价计算分部分项工程项目清单累计进度价款。

总价合同工程的分部分项工程项目清单进度款可依据发承包双方确认的清单项目累计已完成工程量占合同清单中相应的清单项目的总工程量的比例，乘以相应清单项目合价计算分部分项工程项目清单累计进度价款。单价合同工程的分部分项工程项目清单进度款可按合同约定适用的国家及行业工程量计算标准的计算规则及补充的工程量计算规则，重新计量确定累计完成的相应清单项目工程量，乘以合同单价（合同单价发生调整的，按发承包双方确认的调整单价）计算累计进度价款。

措施项目清单的进度款可按发承包双方约定的支付分解方式计算累计完成的措施项目进度款，约定不明的可按累计完成分部分项工程项目清单合价占分部分项工程项目清单总价的比例计算累计完成的措施项目进度款。支付分解方式可按措施项目费用分拆表计算，累计完成的安全生产措施进度款可按以下四条规定计算。

（1）措施项目清单中的安全生产措施费包括的内容和使用范围，应符合合同约定和国家及省级、行业主管部门有关文件及工程量计算标准的规定。

（2）发包人应在工程开工后28d内预付不低于安全生产措施费总额的50%给承包人，其余部分应按照提前安排的原则进行分解，并与工程进度款同期支付。对跨年度实施的重大工程，预付的安全生产措施费总额可按年度工程进度计划分解计算。发承包双方在计算应付工程进度款时，不应扣回预付的安全生产措施费。

（3）发包人未按合同约定的时间支付安全生产措施费的，承包人可催告发包人支付；发包人在催告后的约定时间内仍未支付的，承包人有权暂停施工，发包人应承担违约责任。

（4）承包人对安全生产措施费应专款专用，不得挪作他用，并应在财务账目中单独列项备查，否则发包人有权责令其限期改正；逾期未改正的，可责令其暂停施工，由此增加的费用和（或）延误的工期由承包人承担。

3. 其他项目清单的累计进度款计算

（1）总承包服务费应按服务事项的计价方式计算。以总价计价的，应按当期发包人确认的专业分包工程累计进度款占专业分包工程合同价的比例乘以其相应的服务费总价计算各专业分包工程累计完成的总承包服务费；以费率计价的，应按当期发包人确认的专业分包工程累计进度款乘以相应的费率计算各专业分包工程累计完成的总承包服务费；发包人提供材料及直接发包的专业工程可按专业分包工程计价方法计算累计完成的总承包服务费。

（2）专业工程暂估价项目应按至当期发包人确认的专业工程项目累计完成的进度款计算。

（3）计日工、暂列金额应按至当期累计完成的进度款进行计算。

4. 合同价款调整金额

发承包双方确认的合同价款调整金额应列入当期累计完成的进度款中。

5. 进度款的增值税

进度款的增值税应依据分部分项工程项目清单、措施项目清单、其他项目清单（专业工程暂估价除外）的合计金额作为计算基础，乘以政府主管部门规定的增值税税率计算税金，按政府主管部门规定的现行增值税率计算。

12.9.2　保留金扣除

1. 预付款

预付款应按合同约定在履行过程扣回，合同没约定或约定不明的，可选择当累计完成工程总值达到合同总价的一定比例后一次扣回或分次扣回的方式。选择分次扣回方式的，预付款可从每一个支付期应支付给承包人的工程进度款或施工过程结算款中按比例扣回，直到扣回的金额达到合同约定的预付款金额为止。提前解除合同的，尚未扣回的预付款应在合同终止结算时全部扣回。

2. 安全生产措施费

发承包双方在计算应付工程进度款时，不应扣回预付的安全生产措施费。

12.9.3　当期付款确定

1. "24版清单计价标准"中当期付款的内容

承包人应在合同约定的每个计量周期及付款核定日或之前及时向发包人提交已完工程进度款支付申请，说明本期认为应得到的价款，包括建筑工人工资的申请金额和专业分包人已完工程的进度款，并附上计算依据。

支付申请应包括下列内容：

（1）累计完成工程总值：累计完成合同清单的价款；累计发生工程量清单缺陷调整价款（包括单价合同的重新计量调整价款、总价合同的暂定数量调整价款）；累计发生暂列金额价款；累计发生暂估价调整价款（包括材料暂估价、承包人实施的专业工程暂估价）；累计发生总承包服务费调整价款；累计发生计日工价款；累计发生物价变化调整价款；累计发生法律法规及政策性变化调整价款；累计发生工程变更价款；累计发生新增工程价款；累计发生工程索赔价款。

（2）累计已扣回预付款（包括当期扣回价款）。

（3）累计应付进度款。

（4）前期累计支付进度款。

（5）发包人应扣除的价款。

（6）本期应付进度款。

当期付款核定流程：

发包人认为需要进行现场进度计量核实的，核实前应适时通知承包人，承包人应为核实提供便利条件并派人参加。当发承包双方均同意核实结果时，应签字确认。承包人收到通知后不派人参加核实的，应视为认可发包人的进度计量核实结果。发包人不按约定时间通知承包人，致使承包人未能派人参加核实的，核实结果无效。

发包人应在收到承包人进度款支付申请后在合理时间内对申请内容予以核对，确认后向承包人出具进度款支付证书并依时支付进度款。若发承包双方对部分清单项目的计量与计价结果存有争议，发包人应按无争议部分的清单项目计量与计价结果向承包人出具进度款支付证书并支付进度款。

发包人不按合同约定支付进度款或逾期不支付的，承包人可按"24版清单计价标准"规定向发包人索赔。

承包人完成履行合同义务的每个计量周期的工程量及价款经发包人核对无误后，发承包双方应对每个计量周期的历次计量报表进行汇总，并在汇总表上签署确认。

合同约定或发承包双方商定已完工程量或工程进度款采用粗略计量的，应在工程进度款支付文件或相应的文件中明确说明其仅作为工程进度款支付使用，不作为工程结算的依据。

2. 《建设工程施工合同（示范文本）》（GF-2017-0201）中关于当期付款的内容

（1）计量周期。除专用合同条款另有约定外，付款周期应按照除专用合同条款另有约定外，工程量的计量按月进行。

（2）当期付款内容。除专用合同条款另有约定外，进度付款申请单应包括下列内容：截至本次付款周期已完成工作对应的金额；根据合同"变更"约定应增加和扣减的变更金额；根据合同"预付款"约定应支付的预付款和扣减的返还预付款；根据合同"质量保证金"约定应扣减的质量保证金；根据合同"索赔"应增加和扣减的索赔金额；对已签发的进度款支付证书中出现错误的修正，应在本次进度付款中支付或扣除的金额；根据合同约定应增加和扣减的其他金额。

3. 当期付款申请单提交

单价合同进度付款申请单的提交。单价合同的进度付款申请单，按照"单价合同的计量"约定的时间按月向监理人提交，并附上已完成工程量报表和有关资料。单价合同中的总价项目按月进行支付分解，并汇总列入当期进度付款申请单。

总价合同进度付款申请单的提交。总价合同按月计量支付的，承包人按照"总价合同的计量"约定的时间按月向监理人提交进度付款申请单，并附上已完成工程量报表和有关资料。总价合同按支付分解表支付的，承包人应按照"支付分解表"及"进度付款申请单的编制"的约定向监理人提交进度付款申请单。

其他价格形式合同的进度付款申请单的提交。合同当事人可在专用合同条款中约定其他价格形式合同的进度付款申请单的编制和提交程序。

4. 当期付款审核、支付

除专用合同条款另有约定外，监理人应在收到承包人进度付款申请单以及相关资料后7d内完成审查并报送发包人，发包人应在收到后7d内完成审批并签发进度款支付证书。发包人逾期未完成审批且未提出异议的，视为已签发进度款支付证书。

发包人和监理人对承包人的进度付款申请单有异议的，有权要求承包人修正和提供补充资料，承包人应提交修正后的进度付款申请单。监理人应在收到承包人修正后的进度付款申请单及相关资料后7d内完成审查并报送发包人，发包人应在收到监理人报送的进度付款申请单及相关资料后7d内，向承包人签发无异议部分的临时进度款支付证书。存在争议的部分，按照第20条"争议解决"的约定处理。

除专用合同条款另有约定外，发包人应在进度款支付证书或临时进度款支付证书签发后

14d内完成支付，发包人逾期支付进度款的，应按照中国人民银行发布的同期同类贷款基准利率支付违约金。

发包人签发进度款支付证书或临时进度款支付证书，不表明发包人已同意、批准或接受了承包人完成的相应部分的工作。

在对已签发的进度款支付证书进行阶段汇总和复核中发现错误、遗漏或重复的，发包人和承包人均有权提出修正申请。经发包人和承包人同意的修正，应在下期进度付款中支付或扣除。

12.9.4 履约保函提交

发包人需要承包人提供履约担保的，由合同当事人在专用合同条款中约定履约担保的方式、金额及期限等。履约担保可以采用银行保函或担保公司担保等形式，具体由合同当事人在专用合同条款中约定。

因承包人原因导致工期延长的，继续提供履约担保所增加的费用由承包人承担；非因承包人原因导致工期延长的，继续提供履约担保所增加的费用由发包人承担。

12.10 付款证书确认及颁发

"24版清单计价标准"和《建设工程施工合同（示范文本）》（GF-2017-0201）关于付款证书确认及颁发的差异对比，见表12-7。

表12-7 关于付款证书确认及颁发的差异对比

"24版清单计价标准"	发包人在收到承包人提交竣工结算价款支付申请后，应在规定时间内予以核实，向承包人签发竣工结算支付证书。发包人在收到承包人提交的竣工结算价款支付申请后，在规定时间内不予核实，也不向承包人签发竣工结算支付证书的，应视为承包人的竣工结算价款支付申请已被发包人认可，发包人应在收到承包人提交的竣工结算价款支付申请后的规定时间内，按照承包人提交的竣工结算价款申请列明的金额向承包人支付结算款
《建设工程施工合同（示范文本）》（GF-2017-0201）	（1）除专用合同条款另有约定外，监理人应在收到竣工结算申请单后14天内完成核查并报送发包人。发包人应在收到监理人提交的经审核的竣工结算申请单后14天内完成审批，并由监理人向承包人签发经发包人签认的竣工付款证书。监理人或发包人对竣工结算申请单有异议的，有权要求承包人进行修正和提供补充资料，承包人应提交修正后的竣工结算申请单。 发包人在收到承包人提交竣工结算申请单后28天内未完成审批且未提出异议，视为发包人认可承包人提交的竣工结算申请单，并自发包人收到承包人提交的竣工结算申请单后第29天起视为已签发竣工付款证书。 （2）除专用合同条款另有约定外，发包人应在签发竣工付款证书后的14天内，完成对承包人的竣工付款。发包人逾期支付的，按照中国人民银行发布的同期同类贷款基准利率支付违约金；逾期支付超过56天的，按照中国人民银行发布的同期同类贷款基准利率的两倍支付违约金。 （3）承包人对发包人签认的竣工付款证书有异议的，对于有异议部分应在收到发包人签认的竣工付款证书后7天内提出异议，并由合同当事人按照专用合同条款约定的方式和程序进行复核，或按照第20条"争议解决"约定处理。对于无异议部分，发包人应签发临时竣工付款证书，并按本款第（2）项完成付款。承包人逾期未提出异议的，视为认可发包人的审批结果

第 13 章 工程结算与支付

13.1 施工过程结算与支付

13.1.1 施工过程结算的相关规定

1. 相关政策

2014 年，住房城乡建设部《关于进一步推进工程造价管理改革的指导意见》（建标〔2014〕142 号）首次提出：完善建设工程价款结算办法，转变结算方式，推行过程结算，简化竣工结算。

2016 年，国务院办公厅《关于全面治理拖欠农民工工资问题的意见》（国办发〔2016〕1号）中，首次明确要求全面推行施工过程结算。

2017 年，住房城乡建设部《关于加强和改善工程造价监管的意见》（建标〔2017〕209 号）中再次提出推行工程价款施工过程结算制度。

2020 年 7 月，住房和城乡建设部办公厅《关于印发工程造价改革工作方案的通知》（建办标〔2020〕38 号）明确："严格施工合同履约管理。加强工程施工合同履约和价款支付监管，引导发承包双方严格按照合同约定开展工程款支付和结算，全面推行施工过程价款结算和支付，探索工程造价纠纷的多元化解决途径和方法，进一步规范建筑市场秩序，防止工程建设领域腐败和农民工工资拖欠。"

2022 年 6 月，财政部、住房城乡建设部《关于完善建设工程价款结算有关办法的通知》（财建〔2022〕183 号）中明确："当年开工、当年不能竣工的新开工项目可以推行过程结算。发承包双方通过合同约定，将施工过程按时间或进度节点划分施工周期，对周期内已完成且无争议的工程量（含变更、签证、索赔等）进行价款计算、确认和支付，支付金额不得超出已完工部分对应的批复概（预）算。经双方确认的过程结算文件作为竣工结算文件的组成部分，竣工后原则上不再重复审核。"

2. 相关法规

依据《行政事业性国有资产管理条例》第二条："行政事业性国有资产，是指行政单位、事业单位通过以下方式取得或者形成的资产：（一）使用财政资金形成的资产；（二）接受调拨或者划转、置换形成的资产；（三）接受捐赠并确认为国有的资产；（四）其他国有资产。"第三十一条："各部门及其所属单位采用建设方式配置资产的，应当在建设项目竣工验收合格后及时办理资产交付手续，并在规定期限内办理竣工财务决算，期限最长不得超过 1 年。"

《司法解释（一）》第二十九条："当事人在诉讼前已经对建设工程价款结算达成协议，诉讼中一方当事人申请对工程造价进行鉴定的，人民法院不予准许。"

3. 现实意义

通过推行施工过程结算，可将原竣工结算进行按节点细分和前置，从而加强工程施工合同履约和价款支付，简化竣工结算，避免因过程资料缺失、管理人员变动、工程变更签证不及时等情况引起工程结算耗时长、价款支付拖沓等"结算难"的问题。

13.1.2 过程结算管理存在的主要问题

1. 市场主体对过程结算行为的性质认知不统一

过程结算文件双方签署后在相应结算节点以前，如果存在计算错误、遗漏、不符合合同约定等现象能否在后续过程结算中或最终竣工结算时进行修改，存在较大分歧，对过程结算行为的性质并未达成共识。

2. 政府有关部门对过程结算文件的认可度差异较大

财政、审计等部门对投资的监管仍依赖竣工结算，较普遍地存在财政、审计等部门并不认可过程结算文件现象。从部分省市过程结算政策性文件的发布来看，分为三种情况：由住房和城乡建设厅、发展和改革委员会、财政厅等三部门联合发布；由住房和城乡建设厅联合发展和改革委员会（或财政厅）等两部门联合发布；仅由住房和城乡建设厅发布。

3. 市场主体过程结算管理的履约意识及能力不足

为避免项目过程结算结果偏差造成的投资失控，发包人（特别是使用国有资金项目）往往选择经政府审计（或财政评审）的竣工结算作为最终支付依据，对施工过程结算方式存在抵触情绪；市场主体对施工现场造价适时管控能力不够，对项目节点划分与纳入施工过程结算的价款范围不够科学、结算界面的计划安排经验不足。

4. 合同条款对过程结算没有作出专门性约定或约定不明

现有各类合同示范文本均缺少过程结算的相应条款，双方签署的具体合同中也缺少对过程结算的针对性条款，对过程结算的节点划分、价款范围，结算文件提交及审批时间、签署人的资格等重要问题均没有作出明确约定，合同的完备性不足。

13.1.3 施工过程结算的内容和价款调整

合同约定执行施工过程结算的，发承包双方应按合同约定的施工过程结算内容、节点、程序和方法，进行相关施工过程结算的计量与支付。发承包双方在办理施工过程结算过程中，应在合同约定的节点及相关规定时限内完成相关合同价款调整的申报及核对，将应计算且已确认的合同调整价款列入当期施工过程结算，并同期支付。

1. 节点划分

过程结算节点划分应结合资金计划、工程类别、工程规模、施工工艺和工期要求等实际情况，统筹质量验收、进度管理、安全考核和建设投资等管理目标，遵循粗细适宜、界面清晰、便于计价等原则。过程结算节点划分应与进度款、人工费用支付相衔接。施工过程结算节点可采取下列划分方式：

（1）施工周期、形象进度节点、控制性节点；

（2）单项工程、单位工程、分部工程；

（3）专业工程或专业分包工程；

（4）工程主要特征或主要结构；

（5）工程或工作类别。

施工过程结算节点划分示例见表 13-1。

表 13-1 施工过程结算节点划分示例

类别	分部、分项工程	过程结算节点划分	备注
建筑工程	地基与基础	桩基础完成	
		基坑支护完成	
	主体结构	地下室封顶	
		地上主体结构封顶（高层建筑可按楼层分段）	
	建筑装饰装修	外墙装饰工程完成	
		室内装饰装修完成	
	安装工程	室内安装工程完成	
	室外配套工程	室外工程完成	

注：本表仅为示例，具体工程可根据工程承包范围，自行设定。

2. 施工过程结算的内容和价款调整

经发承包双方签署确认的施工过程结算文件，应作为工程竣工结算文件的组成部分，竣工结算不应对其重新计量、计价。但是，施工过程结算中列支的措施项目费用、总承包服务费不应作为工程竣工结算的依据。

采用单价计价方式的项目，分部分项工程项目应按当期完成的工程量进行计量与计价；采用总价计价方式的项目，应遵循总价优先原则，过程结算的内容应限于法律法规政策变化、物价变化、工程变更、新增工程和非承包人原因引起的索赔等可调价款事项。工期奖罚、优质工程奖、标准化工地奖等难以采用过程结算的费用宜在竣工结算中支付。

措施项目费用可按发承包双方约定的支付分解方式计算累计完成的措施项目费，约定不明的，可按施工过程结算项目中的分部分项工程项目清单合价占合同工程分部分项工程项目清单总价的比例，乘以合同工程措施项目费用总价，计算施工过程结算价款。

施工过程结算时，可按发承包人确认的专业分包工程累计已完成的价款占专业分包工程合同价的比例，乘以其按规定调整后的服务费总价，计算各专业分包工程累计完成的施工过程结算的总承包服务费；发包人提供材料及直接发包的专业工程可按专业分包工程计价方法计算累计完成的总承包服务费。总承包服务费仅用于计算和支付施工过程结算价款，不作为工程竣工结算价款确定的依据。在合同工程整体竣工后进行工程竣工结算时，措施项目费用和总承包服务费应依据合同约定重新计算确定，并按计算确认的结果相应调增或调减。

承包人可同时或分开提交合同范围工程与新增工程（如有）的施工过程结算文件，发包人应在约定的结算期内完成合同范围工程的结算核对及价款支付，不应以承包人未提交新增工程的施工过程结算文件、或未与承包人达成新增工程结算价款一致意见为由，拖延办理合同范围工程的施工过程结算及其相关的结算价款支付。若发承包双方对施工过程结算存有异议，且双方经过核对、协商仍无法达成一致意见的，可按争议解决方式处理。

进度款与施工过程结算对比见表 13-2。

表 13-2 进度款与施工过程结算对比

对比维度		进度款	施工过程结算
计量周期		按合同约定的时间或工程形象进度节点；约定不明的，可以月为单位（条文 9.4.1）	按合同约定的施工过程结算时间节点进行计量与支付（条文 10.1.3）
支付比例		应按合同约定确定。合同未约定支付比例的，不宜低于累计完成工程总值的 80%（条文 9.1.7）	不应低于当期施工过程结算价款总额的 80%（条文 10.2.4）
分部分项工程项目清单	单价合同	可按合同约定适用工程量计算规则，重新计量确定累计完成的相应清单项目工程量，乘以合同单价（发生调整的，按发承包双方确认的调整单价）计算（条文 9.4.2）	无规定
	总价合同	可依据发承包双方确认的清单项目累计已完成工程量占合同清单中相应的清单项目的总工程量的比例，乘以相应清单项目合价计算（条文 9.4.3）	无规定
措施项目清单		（1）可按发承包双方约定的支付分解方式计算累计完成的措施项目进度款。 （2）约定不明的，可按累计完成分部分项工程项目清单合价占分部分项工程项目清单总价的比例计算累计完成的措施项目进度款（条文 9.4.4）	（1）可按发承包双方约定的支付分解方式计算累计完成的措施项目费。 （2）约定不明的，可按施工过程结算项目中的分部分项工程项目清单合价占合同工程分部分项工程项目清单总价的比例乘以合同工程措施项目费用总价计算（条文 10.2.5）
其他项目清单		（1）总承包服务费：以总价计价的，应按当期发包人确认的专业分包工程累计进度款占专业分包工程合同价的比例乘以其相应的服务费总价计算；以费率计价的，应按当期发包人确认的专业分包工程累计进度款乘以相应的费率计算；发包人提供材料及直接发包的专业工程可按专业分包工程计价方法计算。 （2）专业工程暂估价项目应按当期发包人确认的专业工程项目累计完成的进度款计算。 （3）计日工、暂列金额（用于未能完全预见或详细说明的工程、服务等）应按至当期累计完成的进度款进行计算（条文 9.4.5）	（1）总承包服务费：可按发承包人确认的专业分包工程累计已完成的价款占专业分包工程合同价的比例，乘以调整后的服务费总价，计算各专业分包工程累计完成的施工过程结算的总承包服务费。 （2）发包人提供材料及直接发包的专业工程可按专业分包工程计价方法计算累计完成的总承包服务费（条文 10.2.6）
文件的效力		如进度款支付中存在遗漏、重复或错误，发包人和承包人均有权提出修正申请（条文 9.1.12）	经发承包双方签署确认的施工过程结算文件，应作为工程竣工结算文件的组成部分，竣工结算不应对其重新计量、计价（条文 10.2.3）

13.1.4 施工过程结算依据和程序

1. 施工过程结算依据

施工过程结算编制应满足下列依据的要求：

(1) 工程施工合同文件及补充协议（包括已标价工程量清单及投标报价澄清或说明文件）；
(2) "24 版清单计价标准"和相关工程国家及行业工程量计算标准；
(3) 合同图纸、实际施工图纸及相关工程勘察与设计资料；
(4) 合同规范、发包人在施工过程中补充的技术规范；
(5) 工程投标文件、招标文件；
(6) 经批准或确认的工程变更、计日工、工程索赔等资料；
(7) 发承包双方已确认计入当期施工过程结算的工程量及其价款；
(8) 发承包双方已确认计入当期施工过程结算的合同调整价款；
(9) 其他相关依据及资料。

2. 程序要求

施工过程结算节点工程完工后，承包人应在规定时间内向发包人提交施工过程结算文件。承包人未提交施工过程结算文件，经发包人催告后仍未按要求提交或没有明确答复的，发包人可根据已有资料编制施工过程结算文件，并提请承包人确认。承包人确认无异议或在约定时间内没有明确答复的，应视为发包人编制的施工过程结算文件已被承包人认可，可作为办理施工过程结算和支付施工过程结算价款的依据。

承包人提交施工过程结算文件时，应同时提交施工过程结算项目的相关质量合格证明等验收资料。但施工过程验收不代替竣工验收，不能免除或减轻在工程竣工验收时质量不合格承包人应承担的整改义务，施工过程结算也不应影响缺陷责任期及质量保修期。

13.1.5 施工过程结算价款支付

1. 支付申请的内容

施工过程结算价款确认后，承包人应向发包人提交施工过程结算款支付申请。支付申请应包括下列内容：

(1) 累计已完成的施工过程结算款。
① 累计已完成的分部分项工程项目费的金额；
② 累计已完成的措施项目费的金额；
③ 累计已完成的其他项目费的金额（包括用于"24 版清单计价标准"第 2.0.13 条规定未能完全预见或详细说明的工程、服务的暂列金额）；
④ 累计已完成合同价款调整的金额；
⑤ 累计应计算的增值税。
(2) 累计已支付的施工过程结算款。
(3) 本期合计应扣减的金额。
① 本期应扣回的预付款；
② 本期应扣回的已支付进度款；
③ 本期发包人应扣减的金额。
(4) 本期应支付的施工过程结算款。

2. 支付要求

发包人在收到承包人提交过程结算价款支付申请后，应在规定时间内予以核实，向承包人签发过程结算支付证书。发包人在收到承包人提交的过程结算价款支付申请后，在规定时间内不予核实，也不向承包人签发过程结算支付证书的，应视为承包人的过程结算价款支付申请已被发包人认可，发包人应在收到承包人提交的过程结算价款支付申请后的规定时间内，按照承包人提交的过程结算价款申请列明的金额向承包人支付结算款。

施工过程结算价款的支付比例应在合同中约定，不应低于当期施工过程结算价款总额的80%。发包人未按合同约定支付施工过程结算款的，承包人可催告发包人支付，并可按规定向发包人索赔。

13.2 合同解除结算及支付

13.2.1 合同解除结算内容

1. 因不可抗力引起合同无法履行

发承包双方应协商确认下列发包人应支付的价款，并在约定时间内办理结算价款的支付：

（1）合同解除前承包人已完成工程的价款；

（2）承包人为合同工程按施工进度计划合理订购且已交付的，或承包人有责任接受交付的材料和其他物品的价款；

（3）发包人要求承包人退货或解除订货合同而产生的费用，或因不能退货或解除合同而产生的损失；

（4）承包人撤离施工现场以及遣散承包人施工人员的费用；

（5）在合同解除前应支付给承包人的其他价款；

（6）发包人应扣减承包人的价款；

（7）发承包双方协商确定的其他价款。

当发包人应扣减的金额超出了应支付的金额的，承包人应在确认结算价款后的约定时间内将其差额退还给发包人。

2. 因发包人违约解除合同

发包人除应按上述因不可抗力引起合同无法履行时向承包人支付各项价款外，还应核算发包人应支付的违约金以及给承包人造成损失或损害的索赔费用。

依据《建设工程造价鉴定规范》（GB/T 51262—2017），发包人违约导致合同解除时应包括以下费用：

（1）已完成永久工程的价款；

（2）已付款的材料设备等物品的金额（付款后归发包人所有）；

（3）临时设施的摊销费用；

（4）签证、索赔以及其他应支付的费用；

(5) 撤离现场及遣散人员的费用；

(6) 发包人违约给承包人造成的实际损失（其违约责任的分担按委托人的决定执行）；

(7) 其他应由发包人承担的费用。

依据《建设工程造价鉴定规范》(GB/T 51262—2017)，发包人违约导致单价合同解除的，单价项目按已完工程量乘以约定的单价计算，其中剩余工程量超过15%的单价项目可适当增加企业管理费计算。总价措施项目已全部实施的，全额计算；未实施完的，按与单价项目的关联度比例计算。未完工程量与约定的单价计算后按工程所在地统计部门发布的建筑企业统计年报的利润率计算利润；发包人违约导致总价合同解除的，承包人请求按照工程所在地同时期适用的计价依据计算已完工程价款，鉴定人可使用这一方式鉴定，供委托人判断使用。

3. 因承包人违约解除合同

核对承包人已完成工程价款，以及按施工进度计划已运至现场的材料货款，并核算承包人给发包人造成的损失或损害的索赔金额。

依据《建设工程造价鉴定规范》(GB/T 51262—2017)，承包人违约导致合同解除时应包括以下费用：

(1) 已完成永久工程的价款；

(2) 已付款的材料设备等物品的金额（付款后归发包人所有）；

(3) 临时设施的摊销费用；

(4) 签证、索赔以及其他应支付的费用；

(5) 承包人违约给发包人造成的实际损失（其违约责任的分担按委托人的决定执行）；

(6) 其他应由承包人承担的费用。

依据《建设工程造价鉴定规范》(GB/T 51262—2017)，承包人违约导致单价合同解除的，单价项目按已完工程量乘以约定的单价计算，总价措施项目按与单价项目的关联度比例计算；承包人违约导致总价合同解除的，鉴定人可参照工程所在地同时期适用的计价依据计算出未完工程价款，再用合同约定的总价款减去未完工程价款计算。

13.2.2 合同解除结算价款支付

1. 因承包人违约解除合同的处理

发包人可暂停向承包人支付工程价款。

发包人同意解除合同的，应在合同解除后的约定时间内核对工程价款，并将结果通知承包人。

发承包双方应在约定时间内予以确认或提出复核意见，并按相关规定办理工程结算。

因承包人违约解除合同的，不应免除承包人对其已完成工程的质量保证责任。

2. 因发包人违约解除合同的处理

索赔费用可由承包人提出，发包人核实并与承包人协商确认后，在规定时间内向承包人签发支付证书并支付价款。退还按合同约定的质量保证金。

3. 双方协商一致解除合同的处理

双方协商一致解除合同的，应按双方达成的协议办理解除合同结算，支付相应价款。

4. 双方不能就解除合同后的结算达成一致的处理

发承包双方不能就解除合同后的结算达成一致的，可按约定的争议解决方式处理。

13.3 工程竣工结算与支付

13.3.1 工程竣工结算内容

工程竣工结算价款项目列项应符合下列规定，并应按其顺序编制相关的工程竣工结算文件：

(1) 合同清单总价。

(2) 工程量清单缺陷调整价款。

(3) 暂列金额调整价款（用于未能完全预见或详细说明的工程、服务）。

(4) 暂估价调整价款：

① 材料暂估价调整价款；

② 专业工程暂估价调整价款（适用于总承包合同）。

(5) 总承包服务费调整价款（适用于总承包合同）。

(6) 计日工调整价款。

(7) 物价变化调整价款。

(8) 法律法规及政策性变化调整价款。

(9) 工程变更增减价款。

(10) 新增工程价款。

(11) 工程索赔价款。

(12) 不按合同约定履行的违约金。

(13) 其他价款（如有）。

工程竣工结算时，发承包双方应对施工过程结算文件的措施项目费用和总承包服务费重新计算确定。

施工过程结算与竣工结算对比见表13-3。

表13-3 施工过程结算与竣工结算对比

对比维度	施工过程结算	竣工结算
计量周期	按合同约定的施工过程结算时间节点进行计量与支付（条文10.1.3）	合同工程整体竣工验收合格，发承包双方应在合同约定的结算期内，办理工程竣工结算（条文10.1.4）
支付比例	不应低于当期施工过程结算价款总额的80%（条文10.2.4）	预留质量保证金以外的全部结算款（条文10.3.15）
递交的依据	承包人提交施工过程结算文件时，应同时提交施工过程结算项目的相关质量合格证明等验收资料（条文10.2.9）	承包人应在经发承包双方确认的施工过程结算的基础上，补充完善相关质量合格验收证明等资料，按合同约定及相关规定编制并向发包人提交完整的工程竣工结算文件（条文10.3.4）

续表

对比维度	施工过程结算	竣工结算
计价文件的精准度要求	1. 经发承包双方签署确认的施工过程结算文件，应作为工程竣工结算文件的组成部分，竣工结算不应对其重新计量、计价（条文10.2.3）； 2. 施工过程结算中计算的措施项目费、总承包服务费仅用于计算和支付施工过程结算款，不作为竣工结算价款确定的依据，竣工结算时需依据合同约定重新计算确定（条文10.2.7）	竣工结算核对完成，发承包双方签字并盖章确认后不应再重复核对（条文10.3.11、10.3.12）

13.3.2 工程竣工结算依据

1. 竣工结算文件的编制

工程竣工后，承包人应在经发承包双方确认的施工过程结算的基础上，补充完善相关质量合格验收证明等资料，按合同约定及相关规定编制并向发包人提交完整的工程竣工结算文件。

2. 竣工结算文件的提交

承包人未在约定的时间内提交工程竣工结算文件，经发包人催告后仍未按要求提交或没有明确答复的，发包人可根据已有资料编制竣工结算文件，并提请承包人确认；承包人确认无异议或在约定时间内没有明确答复的，应视为发包人编制的结算文件已被承包人认可，可作为办理竣工结算和支付结算款的依据。

发包人在收到承包人提交的竣工结算文件后，应在约定时间内予以核对。发包人经核对，认为承包人应进一步补充资料和修改结算文件的，应在约定时间内向承包人提出核对意见，承包人应在收到核对意见后，在约定时间内按发包人提出的合理要求补充资料，修改竣工结算文件，再次提交给发包人复核确认。

发包人在收到承包人再次提交的竣工结算文件后，应在约定时间内予以复核，并将复核结果通知承包人，且应遵守下列规定：

（1）发承包双方对复核结果无异议的，应在约定时间内在工程竣工结算文件上签字并盖章确认，竣工结算确认完毕。

（2）发包人或承包人对复核结果存有异议的，无异议部分应办理不完全竣工结算；有异议部分应由发承包双方协商解决，协商达不成一致意见的，可按争议解决方式处理。

3. 竣工结算的核对

发包人在收到承包人竣工结算文件后约定时间内，未按合同约定核对竣工结算或未提出核对意见的，应视为承包人提交的竣工结算文件已被发包人认可，竣工结算确认完毕。承包人在收到发包人提出的核对（或复核）意见后，在约定的时间内未按合同约定确认也未提出异议的，应视为发包人提出的核对意见已被承包人认可，竣工结算确认完毕。

发包人委托工程造价咨询人核对竣工结算的，经委托人确认后应视同发包人的核对，工程造价咨询人应在约定时间内完成核对，核对结果与承包人竣工结算文件不一致的，应将核对结果提交给承包人复核，同时抄送给发包人；承包人应在约定时间内将同意核对结果或不同意见的说明提交发包人及工程造价咨询人。工程造价咨询人收到承包人提出的异议后，应在约定时间内再次复核，复核无异议的，应按"24版清单计价标准"第10.3.7条第1款的规定办理，复核后仍有异议的，可按"24版清单计价标准"第10.3.7条第2款的规定办理。承包人在收到核对结果后，在约定的时间内，未按合同约定提出书面异议的，应视为工程造价咨询人核对的竣工结算文件已获得承包人认可。

经发包人或发包人委托并确认的工程造价咨询人授权的人员与承包人授权的人员核对后无异议的竣工结算文件，发承包双方应签字并盖章确认。如其中一方不签认的，应承担违约责任，并承担由此造成的损失。

工程竣工结算核对完成，发承包双方签字并盖章确认后，发包人不应要求承包人再与其他工程造价咨询人重复核对竣工结算。

4. 工程质量异议的处理

因承包人原因引起工程质量不合格的，发包人可要求承包人整改合格；承包人经整改不合格或不整改的，发包人可按合同约定要求承包人承担修复、返工等费用，并在工程竣工结算中扣减承包人应承担的修复、返工等费用。由此造成发包人损失的，发包人可依据有关规定向承包人索赔。

发包人对工程质量有异议的，已竣工验收或已竣工未验收但发包人擅自使用的工程，其质量争议应按工程保修合同或合同中有关保修条款执行，竣工结算应按合同约定办理；已竣工未验收且未投入使用的工程以及停工、停建工程的质量争议，发承包双方可就有关争议部分委托有工程质量检测鉴定能力的检测鉴定机构进行检测，并应根据检测结果确定解决方案，或按工程质量监督机构的处理决定执行后办理竣工结算，无质量异议部分的竣工结算应按合同约定办理。

13.3.3 超耗使用发包人提供材料价款扣除

合同履行过程中，因承包人原因引起实际领用数量超过单价合同的施工图纸计算的实际数量或总价合同的合同图纸计算的合理数量及合同约定的材料有效损耗时，超出部分的材料费用应由承包人承担，发包人可按相应供货合同的单价计算确定超领数量的材料费用，并从承包人完成合同工程的竣工结算的价款中扣除。因发包人实际提供材料的规格型号与招标文件中规定的规格型号不同而引起材料实际损耗率超出有效损耗率的，超出部分应由发包人承担。

13.3.4 竣工结算价款支付

1. 竣工结算价款支付申请

工程竣工结算价款确认后，承包人应根据竣工结算文件向发包人提交竣工结算价款支付申请，办理竣工结算。支付申请应包括下列内容：

（1）工程竣工结算价款总额。

（2）累计已实际支付的金额。

(3) 应预留的质量保证金（已提供其他工程质量保证方式的除外）。
(4) 实际应支付的竣工结算款金额。

2. 工程质量保修金扣除

发包人应按合同约定质量保证的方式预留质量保证金，累计预留的质量保证金或以担保保函替代保证金的保函金额不得超过工程结算总价的3%。承包人已经提供履约担保的，在工程项目竣工前发包人不应预留工程质量保证金。

3. 竣工结算价款支付

发包人在收到承包人提交竣工结算价款支付申请后，应在规定时间内予以核实，向承包人签发竣工结算支付证书。发包人在收到承包人提交的竣工结算价款支付申请后，在规定时间内不予核实，也不向承包人签发竣工结算支付证书的，应视为承包人的竣工结算价款支付申请已被发包人认可，发包人应在收到承包人提交的竣工结算价款支付申请后的规定时间内，按照承包人提交的竣工结算价款申请列明的金额向承包人支付结算款。

发包人未按合同约定支付竣工结算款的，承包人可催告发包人支付，并可按有关规定向发包人索赔。

13.4 工程保修结算及质量保函

13.4.1 工程保修结算内容

建设工程质量保证金从应付的工程款中预留，用以保证承包人在缺陷责任期内对建设工程出现的缺陷进行维修的资金。缺陷是指建设工程质量不符合工程建设强制性标准、设计文件，以及承包合同的约定。缺陷责任期一般为1年，最长不超过2年，由发、承包双方在合同中约定。缺陷责任期从工程通过竣工验收之日起计，由于承包人原因导致工程无法按规定期限进行竣工验收的，缺陷责任期从实际通过竣工验收之日起计。由于发包人原因导致工程无法按规定期限进行竣工验收的，在承包人提交竣工验收报告90d后，工程自动进入缺陷责任期。

缺陷责任期内，因承包人原因造成的缺陷或（和）损坏，承包人应负责维修，并承担鉴定及维修费用；承包人拒绝维修或未能在合理期限内修复缺陷或（和）损坏，且经发包人书面催告后仍未修复的，发包人可自行修复或委托第三方修复，承包人应承担修复的费用，发包人可从质量保证金或质量担保保函中扣除。费用超出保证金额的，发包人可向承包人索赔。

缺陷责任期内，因非承包人原因造成的缺陷或（和）损坏，发包人应负责组织维修并承担费用，所发生的费用发包人不应从承包人的质量保证金中扣除。

13.4.2 工程保修结算依据

缺陷责任期终止后，承包人应在约定时间内向发包人提交最终结清申请书和相关证明材料。最终结清申请书应列明预留的质量保证金或担保保函、缺陷责任期内发生的修复费用、最终结清款。发包人应将质量担保保函或剩余的质量保证金返还给承包人，不应计算利息。

最终结清款应为预留的质量保证金扣除缺陷责任期内发生的应由承包人承担的修复费用，如有尚未付清的工程结算价款也应在最终结清款中一并结清。预留的质量保证金或担保保函不足以扣减缺陷责任期内发生的应由承包人承担的修复费用的，承包人应承担不足部分的补偿责任。

13.4.3 最终结清

"24版清单计价标准"与《建设工程施工合同（示范文本）》（GF-2017-0201）关于最终结清的差异对比，见表13-4。

表13-4 "24版清单计价标准"与《建设工程施工合同（示范文本）》关于最终结清差异对比

"24版清单计价标准"	发包人在收到承包人提交的最终结清申请书后，应在约定时间内完成核对并向承包人签发最终结清支付证书。发包人逾期未完成核对，又未提出修改意见的，可视为发包人同意承包人提交的最终结清申请书，且视为已签发最终结清支付证书。 发包人逾期未完成核对，又未提出修改意见的，可视为发包人同意承包人提交的最终结清申请书，且视为已签发最终结清支付证书。 发包人应在签发最终结清支付证书后，在约定时间内完成支付。发包人逾期支付的，应按合同约定或法律法规规定承担违约责任。 承包人对发包人支付的最终结清款有异议的，可按争议解决方式处理
《建设工程施工合同（示范文本）》 （GF-2017-0201）	除专用合同条款另有约定外，发包人应在收到承包人提交的最终结清申请单后14天内完成审批并向承包人颁发最终结清证书。发包人逾期未完成审批，又未提出修改意见的，视为发包人同意承包人提交的最终结清申请单，且自发包人收到承包人提交的最终结清申请单后15天起视为已颁发最终结清证书。 除专用合同条款另有约定外，发包人应在颁发最终结清证书后7天内完成支付。发包人逾期支付的，按照中国人民银行发布的同期同类贷款基准利率支付违约金；逾期支付超过56天的，按照中国人民银行发布的同期同类贷款基准利率的两倍支付违约金。 承包人对发包人颁发的最终结清证书有异议的，按合同"争议解决"的约定办理

根据住房城乡建设部、财政部《关于印发建设工程质量保证金管理办法的通知》（建质〔2017〕138号），发包人在接到承包人返还保证金申请后，应于14天内会同承包人按照合同约定的内容进行核实。如无异议，发包人应当按照约定将保证金返还给承包人。对返还期限没有约定或者约定不明确的，发包人应当在核实后14天内将保证金返还承包人，逾期未返还的，依法承担违约责任。发包人在接到承包人返还保证金申请后14天内不予答复，经催告后14天内仍不予答复，视同认可承包人的返还保证金申请。

第14章 合同价款争议解决

14.1 合同价款争议内容与争议提出

14.1.1 争议内容及解决方式

发承包双方在合同履行过程中,对工程计量、合同价款调整、价款期中支付、工程结算和与其事项相关的工程质量、工程变更、新增工程、工程索赔、工期延长或工期延误存有争议的,应通过友好协商方式解决,并在协商一致后签订相关的补充(和解)协议,所签订的补充(和解)协议对双方均有约束力。如果经协商不能达成一致意见的,发承包双方应按合同约定处理,合同未约定或约定不明的,可按下列争议解决方式处理:

(1)委托争议评审委员会(或机构)进行评审。
(2)委托具有调解能力的调解人(或机构)进行调解。
(3)仲裁或诉讼。

如发承包双方采用争议评审、争议调解方式处理争议,争议评审委员会(或机构)或调解人(或机构)应由发承包双方共同选定,争议评审委员会(或机构)的评审成员、调解人(或机构)的调解员均不应与发承包双方存在利益冲突,争议评审委员会(或机构)和调解人(或机构)应遵循相关规定进行争议处理。

14.1.2 争议提出

发承包双方或任一方提出相关争议的,应在争议评审委员会(或机构)确定后,发承包双方共同将与争议事项相关的工程资料以书面形式提供给争议评审委员会(或机构),或提出相关争议的一方将与争议事项相关的工程资料以书面形式提供给争议评审委员会(或机构),同时提供一份给合同的另一方。

发承包双方发生争议解决事项时,提出争议合理解决的任一方应将相关争议事项的所有文件、工程指令等以书面形式提交调解人(或机构),并书面抄送乎份给合同的另一方,委托调解人(或机构)进行调解。

发承包双方通过争议评审委员会(或机构)或调解人(或机构)的争议处理仍未达成一致意见的,可就争议事项向合同约定的仲裁委员会申请仲裁或向人民法院提起诉讼,并按仲裁委员会的仲裁程序或人民法院的诉讼程序进行解决。

14.2　争议评审解决

14.2.1　"24版清单计价标准"中关于争议评审解决的规定

1. 争议评审委员会（或机构）的组成

发承包双方采用评审方式解决争议的，应在合同中约定或在合同履行过程中共同确定争议评审委员会（或机构）的选择形式、人员构成与数量。争议评审委员会（或机构）的评审人员应由具有良好职业道德、丰富造价管理经验、熟悉法律法规的造价工程师、工程造价调解员、律师或相关工程专业人士担任，其组成人数应为单数。

2. 争议评审的工作流程

发承包双方或任一方提出相关争议的，应在争议评审委员会（或机构）确定后，发承包双方共同将与争议事项相关的工程资料以书面形式提供给争议评审委员会（或机构），或提出相关争议的一方将与争议事项相关的工程资料以书面形式提供给争议评审委员会（或机构），同时提供一份给合同的另一方。

争议评审委员会（或机构）应在收到争议事项文件资料后，全面了解争议事项的发生实情，并在收到争议事项文件资料后的约定时间内将争议处理意见以书面形式同时提供给发承包双方，包括相关的详细说明和依据。

如发承包双方中的任一方对争议评审委员会（或机构）的意见提出异议的，提出的一方应在收到争议评审委员会（或机构）的意见后的规定时间内，将不认可理由的函件以书面形式提供给争议评审委员会（或机构），并同时抄送一份给合同的另一方，包括相关说明、依据及补充提供的支持性资料。争议评审委员会（或机构）应在收到函件后复查自身的意见，并在收到函件后，在约定时间内将维持原意见或修改意见的理由及决定以书面形式同时提供给发承包双方。

3. 争议解决意见的效力

如发承包双方对争议评审委员会（或机构）提出的争议解决意见或修改意见没有异议的，发承包双方应以书面形式签署确认，作为相关争议的和解协议，对发承包双方应均具有约束力，发承包双方都应遵守执行。

如发承包双方中任一方对争议评审委员会（或机构）的处理意见有异议，处理意见对发承包双方不应具有约束力。除合同另有约定或合同已经解除外，发承包双方仍应继续按合同约定实施工程，直至争议解决。

4. 争议评审所需费用分担

处理争议事项需支付给争议评审委员会（或机构）的费用，可按合同约定或争议评审规则确定，或由发承包双方协商确定分担比例，或依据争议评审委员会（或机构）的争议解决决定，费用应由相关争议责任人承担。

通过争议评审委员会（或机构）解决争议引起发承包双方自身发生费用的，应由双方各自承担。

14.2.2 《建设工程施工合同（示范文本）》(GF-2017-0201) 中关于争议评审解决的规定

1. 争议评审小组的确定

合同当事人可以共同选择一名或三名争议评审员，组成争议评审小组。除专用合同条款另有约定外，合同当事人应当自合同签订后 28d 内，或者争议发生后 14d 内，选定争议评审员。

选择一名争议评审员的，由合同当事人共同确定；选择三名争议评审员的，各自选定一名，第三名成员为首席争议评审员，由合同当事人共同确定或由合同当事人委托已选定的争议评审员共同确定，或由专用合同条款约定的评审机构指定第三名首席争议评审员。

除专用合同条款另有约定外，评审员报酬由发包人和承包人各承担一半。

2. 争议评审小组的决定

合同当事人可在任何时间将与合同有关的任何争议共同提请争议评审小组进行评审。争议评审小组应秉持客观、公正原则，充分听取合同当事人的意见，依据相关法律、规范、标准、案例经验及商业惯例等，自收到争议评审申请报告后 14d 内作出书面决定，并说明理由。合同当事人可以在专用合同条款中对本项事项另行约定。

3. 争议评审小组决定的效力

争议评审小组作出的书面决定经合同当事人签字确认后，对双方具有约束力，双方应遵照执行。

任何一方当事人不接受争议评审小组决定或不履行争议评审小组决定的，双方可选择采用其他争议解决方式。

14.2.3 "24 版清单计价标准"与《建设工程施工合同（示范文本）》(GF-2017-0201) 争议评审差异（见表 14-1）

表 14-1 "24 版清单计价标准"与《建设工程施工合同（示范文本）》争议评审差异

对比项	"24 版清单计价标准"	《建设工程施工合同（示范文本）》
评审机构	争议评审委员会	争议评审小组
组成方式	双方约定或共同确定，人数为单数	可选 1 或 3 人，第三名由双方或机构指定
处理时限	合同约定（未明确具体天数）	收到申请后 14d 内
决定效力	未异议则具约束力；异议后不约束	签字后具约束力；否则可选择其他方式
后续步骤	异议后继续履行合同，直至争议解决	不接受决定可选择其他争议解决方式
费用分担	责任人承担，自身费用各自承担	报酬由双方各半承担

14.3 争议调解解决

14.3.1 "24 版清单计价标准"中关于争议调解解决的规定

1. 调解人（或机构）的组建

如发承包双方采用调解方式解决合同履行过程中发生争议事项的，应在合同中约定或在合同履行过程中双方共同选择、确定具有调解能力的调解人（或机构），负责双方在合同履行过程中发生争议事项的调解。

合同履行期间，发承包双方可协议调换或终止任何调解人（或机构）。除非双方另有约定，在最终结清支付证书生效后，调解人（或机构）的任期应即终止。

调解人（或机构）的调解人员应由具有良好职业道德、丰富造价管理经验、熟悉法律法规的造价工程师、工程造价调解员、律师或相关工程专业人士担任，其组成人数应为单数。

2. 争议调解的流程

发承包双方发生争议解决事项时，提出争议合理解决的任一方应将相关争议事项的所有文件、工程指令等以书面形式提交调解人（或机构），并书面抄送平份给合同的另一方，委托调解人（或机构）进行调解。

发承包双方应按照调解人（或机构）提出的要求，提供其所需要的资料、进入现场的权利及相应工作设施条件。

调解人（或机构）收到争议事项文件资料后，应全面了解争议事项的发生实情，听取发承包双方的意见及协调双方的主张，并在收到争议事项文件资料后的约定时间内将自身的争议处理意见以书面形式提供给发承包双方，包括相关的详细说明和依据。

如发承包双方中的任何一方不认可调解人（或机构）的决定，提出异议的一方应在收到调解人（或机构）的决定后，在规定的时间内将不认可理由的函件以书面形式提交给调解人（或机构），并同时抄送一份给合同的另一方，包括相关的详细说明、依据及补充提供的支持性资料。调解人（或机构）应在收到函件后复查自身的意见及协调不认可的主张，并在收到函件后，在约定的时间内将维持决定或修改决定的调整意见书同时提供给发承包双方。

3. 调解书的效力

发承包双方接受调解人（或机构）提出的调解书的，双方应签署确认并作为合同的补充文件，对发承包双方应均具有约束力，双方都应遵守执行。

当发承包双方中任一方对调解人（或机构）的调解书有异议时，应在收到调解书后约定的时间内提出异议的事项和理由。当调解人（或机构）已就争议事项向发承包双方提交了调解书，而任一方在收到调解书后的约定时间内未发出表示异议的通知时，可视为已认可了调解书。

发承包双方未共同签字确认的调解书，除调解协议另有约定或调解书在仲裁裁决、诉讼判决中予以确认外，对发承包双方均不应具有约束力。无论发承包双方是否确认调解人（或机构）的调解书，除非合同另有约定或合同已经解除，发承包双方仍应继续按合同要求实施工程。

4. 争议调解所需费用分担

处理争议事项需支付给调解人（或机构）费用的，可按合同约定或调解协议确定，由发承包双方共同合理分担或按照调解人（或机构）的调解书双方协商确定对相关争议承担责任的一方承担。

通过调解人（或机构）解决争议引起发承包双方自身发生费用的，应由双方各自承担。

14.3.2 《建设工程施工合同（示范文本）》(GF-2017-0201) 中关于争议调解解决的规定

合同当事人可以就争议请求建设行政主管部门、行业协会或其他第三方进行调解，调解达成协议的，经双方签字并盖章后作为合同补充文件，双方均应遵照执行。

14.4 仲裁与诉讼解决

14.4.1 "24 版清单计价标准"中关于争议仲裁与诉讼解决的规定

1. 仲裁和诉讼的条件

发承包双方通过争议评审委员会（或机构）或调解人（或机构）的争议处理仍未达成一致意见的，可就争议事项向合同约定的仲裁委员会申请仲裁或向人民法院提起诉讼，并按仲裁委员会的仲裁程序或人民法院的诉讼程序进行解决。

当发承包双方中的任一方未能遵守双方确认的争议评审意见或调解书的，另一方可按合同约定的争议解决方式将争议事项提交仲裁或诉讼。

在仲裁委员会裁决或人民法院判决前，发承包双方可按仲裁委员会或人民法院的调解程序和方法进行调解。

2. "争议解决不中断履约"原则

仲裁或诉讼可在工程竣工之前或之后进行，除非因发承包双方中的一方违约而引起合同已无法继续履行，或双方协商确定停止施工或合同已经解除，发包人或承包人即使按照提请了争议解决，发承包双方仍应在争议发生后继续履行合同工程，直至仲裁委员会作出裁决或人民法院作出判决。

发承包双方各自的义务不应因在工程实施期间进行仲裁或诉讼而改变。当仲裁或诉讼时，按仲裁委员会或人民法院要求停止施工的，承包人应对合同工程采取保护措施，由此增加的费用应由败诉方承担，或按承担的责任分担。

3. 仲裁或诉讼的最终决定

仲裁或诉讼的最终决定，对发承包双方均有法定约束力，应共同遵守。

14.4.2 《建设工程施工合同（示范文本）》(GF-2017-0201) 中关于争议仲裁与诉讼解决的规定

因合同及合同有关事项产生的争议，合同当事人可以在专用合同条款中约定以下一种方式解决争议：

（1）向约定的仲裁委员会申请仲裁；
（2）向有管辖权的人民法院起诉。

仲裁是指建设工程合同双方在履行合同过程中发生争议时，根据事先或事后达成的仲裁协议，将争议提交至仲裁机构进行裁决的一种纠纷解决方式。相比诉讼，仲裁具有高效性、专业性、保密性等特点，尤其适合解决技术复杂、专业性强的建设工程纠纷。双方选定或委托仲裁机构指定仲裁员，通常为 1 名或 3 名仲裁员（复杂案件多为 3 人）。仲裁庭作出终局裁决，裁决书自作出之日起生效；一方不履行裁决的，另一方可向法院申请强制执行。仲裁或诉讼主要差异对比如表 14-2 所示。

表 14-2　仲裁或诉讼主要差异对比

对比维度	仲裁	诉讼
性质	基于双方自愿达成的仲裁协议（可在合同中约定），由仲裁机构居中裁决	通过法院系统解决纠纷，无需双方事先约定
依据	《中华人民共和国仲裁法》	《中华人民共和国民事诉讼法》
特点	一裁终局，裁决具有强制执行力	两审终审制（可上诉），判决由国家强制力保障执行
启动条件	需双方书面仲裁协议（事前或事后约定）	无需协议，一方可直接起诉
管辖机构	约定的仲裁委员会	法院管辖（地域、级别管辖规则严格）
程序灵活性	程序灵活，当事人可协商规则（如开庭时间、证据提交方式）	程序严格，必须遵守《中华人民共和国民事诉讼法》
审理人员	仲裁员由当事人选定或仲裁委指定（多为行业专家）	法官由法院指派，当事人不可选择
审理期限	一般 6 个月内审结（复杂案件可延长）	一审通常 6 个月，二审 3 个月（可能因程序延长）
公开性	不公开审理，保密性强	公开审理（涉及商业秘密可申请不公开）
救济途径	一裁终局，不可上诉（仅能申请撤销裁决）	可上诉、再审，纠错机会多

14.4.3　"24 版清单计价标准"中关于争议评审、调解、仲裁或诉讼三者对比

争议评审、调解、仲裁或诉讼三者对比，见表 14-3。

表 14-3　争议评审、调解、仲裁或诉讼三者对比

对比维度	争议评审	调解	仲裁或诉讼
解决方式	由专家对争议进行及时评审并给出建议或决定的方式	由调解机构协助双方协商解决争议	由法庭或仲裁庭按照法定程序裁定解决争议的方式
工作流程	1. 发承包双方中任一方在确定争议评审委员会（或机构）后提交书面争议事项资料； 2. 争议评审委员会（或机构）了解实情，向发承包双方提供书面争议处理意见； 3. 有异议方提出书面不认可理由函件，争议评审委员会（或机构）复查并回复； 4. 发承包双方对争议解决意见没有异议的，书面签署确认并作为和解协议	1. 发承包双方中任一方提交书面争议事项资料，委托调解人（或机构）进行调解； 2. 调解人了解实情，向发承包双方提供书面争议处理意见； 3. 不认可方提出书面不认可理由函件，调解人（或机构）复查并回复； 4. 双方接受调解书，书面签署确认并作为合同补充文件	1. 发承包双方可按仲裁委员会或人民法院的调解程序和方法进行调解； 2. 仲裁委员会仲裁或人民法院诉讼
费用承担原则	1. 处理争议事项需支付给争议评审委员会（或机构）的费用，可按合同约定或争议评审规则确定，或由发承包双方协商确定分担比例及费用，或依争议解决决定由相关争议责任人承担； 2. 由于解决争议引起发承包双方自身发生费用的，应由双方各自承担	1. 处理争议事项需支付给调解人（或机构）费用的，由双方共同合理分担或按照调解书中相关争议承担责任的一方承担； 2. 由于解决争议引起发承包双方自身发生费用的，一般由双方各自承担	当仲裁或诉讼时，按仲裁委员会或人民法院要求停止施工的，承包人应对合同工程采取保护措施，由此增加的费用应由败诉方承担，或按承担的责任分担

续表

对比维度	争议评审	调解	仲裁或诉讼
结果约束力	回复意见具有专家咨询意见的效力，但①经发承包双方书面形式签字确认，作为和解协议，对双方均具有约束力；②发承包双方中任一方对处理意见有异议的，处理意见对发承包双方不具有约束力。但是仲裁诉讼时专家意见会予以考虑	解决方案一般是发承包双方已经达成一致意见，但①经发承包双方签署确认并作为合同补充文件的调解书，对双方均具有约束力；②双方未共同签字确认的调解书，对合同双方均不具有约束力。即没有达成一致意见则调解无效	仲裁或诉讼的最终决定，对发承包双方均有法定约束力，应共同遵守

14.5 "评调裁一体化"多元解纷实践

14.5.1 "评调裁一体化"多元解纷工作办法

山东省高院建设工程领域纠纷开展"评调裁一体化"多元解纷工作，推动建设工程领域矛盾实质化解，提升多元解纷能力，促进审判质效提升，成效显著。

争议评审：在调解过程中，如果当事人对工程结算、鉴定意见、计价依据等专业性问题无法达成一致意见，可以根据合同约定的争议评审条款或临时达成的争议评审意向，申请以"争议评审"的非诉讼方式解决争议。

评审启动：评审启动后，由当事人选定或协会指定的评审员组成评审小组，可以采用证据核实、现场勘验、调查讨论、价格测算等方式查明争议事实，并依据争议评审相关规范及规则进行争议评审，形成争议评审决定书。

调解协议：当事人根据争议评审决定书达成一致意见时，调解员应引导即时履行，也可签署和解协议。当事人在争议评审决定书的履行过程中不能达成一致意见的，可申请继续调解。当事人对争议评审决定书的结论存在异议的，原纠纷可依法转入诉讼程序。

调解成功处理：经调解达成调解协议的，按照以下情形处理。

即时履行：当场履行完毕或有其他情形的，当事人不申请司法确认或出具调解书的，填写《调解情况登记表》备案，调解组织或调解员在人民法院调解平台上传当事人撤诉材料，勾选调解成功，结束诉前调解。

司法确认：符合申请司法确认条件的，可依据法律及司法解释的有关规定依法办理。

出具调解协议书：申请法院出具调解书的，由法院依法审查并制作调解书。

14.5.2 建设工程合同纠纷调解典型案例

案例 某综合商业楼工程涉案总造价约1.8亿元，2014年该综合商业楼开始施工，承包人起诉时尚未完工，并且结构形式复杂，施工期间发包人多次更改建筑使用功能，导致变更内容很多、工程量确定难度大、部分单价无法达成一致。因承包人原因工程未完工导致合同解约，承包人退场以后未完项目均是由发包人另外找第三人来施工完成的，承包人因造价纠纷问题起诉至法院。法院经过开庭后，认为可以通过调解解决造价争议问题，于是委托某工程建设标准造价协会调解此案。

1. 案件焦点

（1）清槽的工程量争议问题。发包人将土方工程分包，承包人仅负责人工清槽，双方对该事实无争议，但清槽工程量无签证，双方对此争议较大，发包人主张本工程量无签证不能计入，这样显然对承包人不公平；承包人主张根据当地的建筑工程消耗量定额计算规则，土方开挖总量的95%用机械开挖，剩余5%用人工开挖。由于本项目地下三层，整个土方量非常大，如果采用这一规则，对发包人不公平，双方分歧较大。

（2）室外沥青面层严重不平衡报价问题。沥青面层投标报价 2.06 元/m²，而招标控制价单价为 130.68 元/m²。承包人撤场时只完成路基，未完成沥青面层。现承包人主张按照合同约定时现行国家标准《建设工程工程量清单计价规范》（GB 50500）进行结算，即按照实际完成的工程量结算。如果按照承包人的主张，发包人还要再花 130.68 元/m² 的价格才能将剩余面层施工完毕，那么会导致承包人因不平衡报价而获利 128.62 元/m² [130.68－2.06＝128.62（元/m²）]，这样就会出现因承包人不平衡报价并且中途解约而获得不当得利的问题，有失公平。沥青面层如何结算成为案件焦点。

（3）因基础防水设计变更，如何确定两层 SBS 卷材防水价格。原设计为一层 SBS 卷材防水，后变更为两层 SBS 卷材防水，投标时为一层 SBS 卷材防水，并且没有单价分析表，也没有价格组成明细，那么如何确定两层 SBS 卷材防水价格？

（4）钢结构的预埋螺栓、地下室抗浮锚杆单价、竣工清理单价等其他争议问题。①钢结构的预埋螺栓是否另行计取的问题：钢结构属于暂估价的二次招标内容，签订的是 6700 万元的总价合同，产生了钢结构的预埋螺栓是否包含在钢结构总价中的问题。②地下室抗浮锚杆单价如何确定的问题：投标书中没有抗浮锚杆单价，案卷中有关于抗浮锚杆的批价单，批价单上面有建设单位、监理单位盖章，但没有施工单位盖章。最终是按照批价单计入还是套定额计入？③竣工清理单价问题，竣工清理的定额单价是按照从开工到竣工整个过程完毕以后的价格，因为项目尚未完工，该单价如何确认？

2. 案件难点

（1）因承包人原因工程未完工导致合同解约，承包人退场以后很多未完项目都是由发包人另外找第三人来施工完成的。撤场时，交割界面不清楚。

（2）项目的业态发生过数次重大改变，施工过程产生了大量的改造、拆除加固、改建等工作，这就直接导致了本工程有大量的工作联系单、设计变更、签证单、交割单等过程资料，并且部分资料前后矛盾，另外部分资料缺失。而且到了本项目后期由于工程款拨付的问题，双方关系紧张，导致承包人没有工程竣工就退场了，形成半拉子工程，从而使得本项目的调解工作难度大大增加。

3. 调解方式方法

（1）从专业知识角度，解决清槽的工程量争议问题。调解员根据现场施工经验及施工规范，认为一般挖土后会有 20～30cm 的余土；另外这种情况在新的定额解释中也是按照 30cm 计取的。因此调解小组提出了按 30cm 计取的折中方案。经沟通协调后原被告双方均表示同意接受该方案。从专业的角度促使了当事人对一些争议性问题达成妥协性意见。

(2) 从法律层面，解决室外沥青面层严重不平衡报价问题。沥青面层投标报价 2.06 元/m²，招标控制价单价为 130.68 元/m²。承包人撤场时只完成路基，未完成沥青面层。这个问题如果按照"13版清单计价规范"的规则，承包人把路面的大部分金额都拿走了，剩余部分发包人需要 130.68 元/m² 才能使路面竣工，这样对发包人是不公平的。从法律角度考虑这个问题，如果按照《民法典》第五百八十一条规定：当事人一方不履行债务或者履行债务不符合约定，根据债务的性质不得强制履行的，对方可以请求其负担由第三人替代履行的费用。第三人代替履行是指第三人替代原债务人履行债务的一种情形，通常发生在原合同当事人无法或不愿意继续履行合同义务的情况下。在调解过程中，根据违约者不受益的法律原则，承包人的严重不平衡报价行为需要予以纠正。

(3) 从专业和法律结合点，解决因基础防水设计变更确定卷材防水价格问题。原设计为一层 SBS 卷材防水，后变更为两层 SBS 卷材防水，投标时只有一层 SBS 卷材防水，并且没有单价分析表，也没有价格组成明细。评审小组经过多轮讨论后，利用专业知识和法律知识的融合，找到了解决方案。具体做法为：根据《司法解释（一）》第 19 条规定，因设计变更导致建设工程的工程量或者质量标准发生变化，当事人对该部分工程价款不能协商一致的，可以参照签订建设工程施工合同时当地建设行政主管部门发布的计价方法或者计价标准结算工程价款。于是，在同一个结算文件下同时套两个定额（一个是"平面一层 SBS 改性沥青卷材满铺"定额，另一个是"平面二层 SBS 改性沥青卷材满铺"定额），通过对 SBS 防水卷材材料找差价，使得一层 SBS 防水卷材价格正好为投标书上的价格，这样在同一个结算文件下自然就有了二层 SBS 防水卷材的价格，以此价格计入结算双方均无争议。

(4) 从实际出发多个问题捆绑打包，解决钢结构的预埋螺栓、地下室抗浮锚杆单价、竣工清理单价等其他争议问题。

钢结构属于暂估价的二次招标内容，签订的是 6700 万元的总价合同，争议问题是钢结构的预埋螺栓是否包含在钢结构合同总价当中的问题。发包人主张预埋螺栓属于钢结构不可分割的组成部分，并且预埋螺栓的详图在钢结构图纸内，另外合同已标注"钢结构部分造价是承包人在认真审核施工图纸并充分了解施工现场的基础上核算得出，经双方共同审核后确定的，承包人严格按图纸施工"，因此承包人在钢结构报价时必须充分考虑柱脚螺栓，所以发包人主张该部分金额已包含在钢结构总价合同中。而承包人主张钢结构合同中《钢结构部分综合单价分析表》作为钢结构合同的一部分，其内容未包含现浇混凝土埋设螺栓内容，并且现浇混凝土预埋螺栓属于第四章钢筋及混凝土工程的内容，所以承包人主张该部分金额不包含在钢结构总价合同中。调解小组认真分析了该争议问题后，认为虽然在钢结构的总价合同中承包人没有在其提供的《钢结构部分综合单价分析表》中列有预埋螺栓定额项，那是承包人自主报价的问题，另外定额编制时将预埋螺栓放在第四章与报价时是否套用该定额并无直接关系。钢结构部分在清单描述中也明确是钢结构的成活价，从项目整体看预埋螺栓是钢结构不可分割的一部分，所以调解小组认为钢结构预埋螺栓已包含在钢结构 6700 万元的造价内，不应另行计取。这可能是承包人在投标报价时候的失误，该部分涉案金额为 107015.18 元。

地下室抗浮锚杆单价如何确定的问题。案卷中有关于抗浮锚杆的批价单上面有建设单位、监理单位盖章，但没有施工单位盖章，且原投标报价无此项。如果套定额组价为 334.55 元/m，批价单上面的单价 210 元/m，两者相差 124.55 元/m，总额相差 1055m×124.55 元/m＝131400.25 元。调解小组认为该批价无施工方盖章，属于证据资料不全，虽然批价更接近市场价，但评审小组从证据的角度出发，更倾向于套定额组价。

另外，竣工清理单价问题，因为项目尚未完工，竣工清理定额是在竣工完毕后才可以全部计算的，是整个项目综合考虑的，最终考虑到利益平衡按照定额价七折计入双方无异议。

评审小组把三个问题捆绑在一起进行调解，螺栓预埋问题天平略倾向于发包人，地下室抗浮锚杆单价问题天平略倾向于原告，利用竣工清理单价的确定达到一个综合平衡。这样就找到了双方的利益平衡点。三个问题得以顺利解决。

在解决争议问题时不要让原被告双方均在场，同一个问题先拿出公平折中的解决方案，然后分别跟原告、被告谈判，通过谈判不断缩小双方的争议，最终通过协商和妥协最终达成一致；对于部分确实有争议的问题要考虑利益平衡，争议可以捆绑解决。例如对于 A 争议和 B 争议让原告做一些让步，而 C 争议和 D 争议可以让被告做一些让步，利益平衡后双方就能接受，最终达到数个争议一块解决的目的。

4. 调解结果

案件经过纠纷调解委员会调解，各方当事人达成如下一致协议：

（1）清槽的工程量，按照 30cm 厚度进行计算。

（2）室外沥青面层，根据实际工程量按照控制价的单价 130.68 元/m² 从结算总价中扣减。

（3）根据一层 SBS 报价 50 元/m²，确定二层 SBS 综合单价为 85.72 元/m²。

（4）钢结构的预埋螺栓已在总价中包含不再单独计算，地下室抗浮锚杆单价按定额价 334.55 元/m 计入，竣工清理单价按照定额价七折计入。

第 15 章　工程实例

15.1　某项目营销中心及样板间精装修工程

项目简介：某住宅商业综合体项目营销中心及样板间精装修工程，营销中心共三层，样板间 2 套，装饰面积共计约为 2560㎡，工期 45 天，拟通过邀请招标方式进行招标。

15.1.1　招标工程量清单

【表样】B.1 招标工程量清单封面

【表格说明】封面应填写招标工程项目的具体工程名称，盖章事宜详见"24 版清单计价标准"第 12.1.3 条以及相应条文说明。

<u>××项目营销中心及样板间精装修工程</u>

招标工程量清单

招　标　人：　<u>　××公司　</u>
　　　　　　　　（单位盖章）

造价咨询人：　<u>　××公司　</u>
　　　　　　　　（单位盖章）

××年×月×日

【表样】C.1 招标工程量清单扉页

【表格说明】扉页应填写招标工程项目的具体工程名称，按照发标时签署的发标合同上的名称进行标段名称填写，盖章事宜详见"24版清单计价标准"第12.1.3条以及相应条文说明。

工程名称：××项目营销中心及样板间精装修工程

招 标 工 程 量 清 单

    编制人：×××　　　　　　　　　（造价人员签字及盖章）

    审核人：×××　　　　　　　　　（造价工程师签字及盖章）

    编（审）单位：×××　　　　　　（盖章）

    法定代表人或其授权人：×××　（签字或盖章）

    招标人：××公司　　　　　　　　（盖章）

    法定代表人或其授权人：×××　（签字或盖章）

    编制时间：××年×月×日

【表样】D.1 编制（审核）说明

【表格说明】 编制工程量清单时，本表应描述招标工程项目的概况、招标工程的范围、工程量清单的编制依据，以及针对该工程是否有特殊要求和其他要说明的问题进行描述。

编制说明

工程名称：××项目营销中心及样板间精装修工程

1. 工程概况：本项目位于××省××市××区，某项目示范区售楼部及样板间精装修，售楼部共三层 2 套样板房，装饰面积共计约为 2560.11m^2，计划工期 45 日历天。
2. 工程招标和专业工程发包范围：具体详见合同条款及合同附件施工界面划分。
3. 工程量清单编制依据：
(1) 现行建设工程工程量清单计价标准 GB/T 50500—202×；
(2) 现行各专业工程工程量计算标准 GB/T 50854—202×；
(3) 拟定的招标文件及相关资料；
(4) 施工图纸，版本号 20250501-V2；
(5) 有关的标准、规范、技术资料；
(6) 施工现场情况、地勘水文资料、工程特点及交付标准。
4. 投标人须知：
(1) 应按工程量清单报价格式的要求进行编制、填写、签字、盖章，工程量清单及其报价格式中的任何内容不得随意删除或修改。
(2) 工程量清单计价格式中列明的所有需要填报的综合单价和合价，均应填报，未填报的单价和合价，视为此项费用已经包含在工程量清单的其他单价和合价中，清单编制范围为招标文件界定的工程范围，清单中未单列的项目或清单中未描述的内容，应视为已含在相关项目清单中或措施项目及其他项目中，报价中应充分考虑。
(3) 金额（价格）均应以人民币表示。
(4) 界面划分详附件。
5. 投标人报价要求：
(1) 分部分项工程量清单计价表中原有项目及工程量不得调整，本工程清单的清单项目为合格产品的计价项目，清单项目中的工作细目不作为工作内容的依据。未列入清单的项目或清单中项目名称工作未包括的，投标方若确有必要，增加项目或减少项目以及增减的工程量列入增补清单计价表。
(2) 分部分项工程量清单计价表中的所有项目必须全部进行综合单价分析，分部分项工程量清单综合单价分析表与商务标的其他部分一同装订。
(3) 本工程采用施工图不含税总价包干计价方式。分部分项工程量清单综合单价由承包人自行填报，综合单价包括但不限于完成施工图所需的设计及深化、人工费、材料费（包含损耗）、机械费、利润、规费、管理费、赶工费、保险费、政策性文件规定的费用及材料试验检验费、所有特殊加工费、运输、场内搬运费用、建渣清运、水电费、材料价格波动风险、停水停电应急措施费、验收及除增值税以外的其他税金等至竣工验收合格所有费用和合同、图纸明示或暗示的所有责任、义务和风险一切相关费用。承包人（合同签订后为承包人）报价应充分考虑施工期间各类市场风险和国家政策性调价、政策变化、施工部分工程量变化因素等全部费用。
(4) 材料清单填写说明及要求：材料清单价格表中的材料名称价格要和综合单价分析表中的材料明细对应一致。
(5) 所有墙地面石材、砖若需拉槽、磨边、切割、打蜡、镜面处理、植筋、洁晶防腐处理、六面防护等所有工艺投标人均综合考虑在单价中。所有木质材料均需做防火处理、防虫处理、所有木构件均做防潮处理、所有钢件及铁件均做防锈处理等其费用包含在单价中，不单独计取，满足设计及施工规范要求。
(6) 总包管理配合费用由招标人支付给总包方，投标人需踏勘现场，后期总包可能收取的其他费用、总包塔吊和施工电梯拆除后产生的垂直运输及二次搬运费综合考虑在报价中，不再单独计取。
(7) 本清单最终成型面材料为主材，其他材料为辅材，辅材进入辅材费清单，主材进入主材表。主材因设计选用与报价清单的主材不同但工艺做法相同或相似的，主材价格按主材表或主材核价计取，其余不变。
(8) 本清单包含材料、人工、辅材及机械费、管理费及利润、税金等一切费用，均不因市场风险等因素进行价格调整（税金除外）。
(9) 主材参与取费，施工单位自行考虑主材损耗率（主材损耗率包含加工损耗、施工损耗、运输损耗等所有损耗），清单项目已包含的工作内容不得拆分套用清单。
(10) 本工程税点 9%，投标人需将税金考虑在总价中。
(11) 装修中涉及到需后开的所有孔洞综合考虑在报价中，不再单独列项。
(12) 石材放射性检测、室内空气检测、门窗四性检测等第三方检测费用综合考虑在报价中，不再单独列项。

【表样】E.1 工程项目清单汇总表

【表格说明】编制工程量清单时，招标人在招标文件中提供此表，仅对序号、项目内容列进行填写。

工程项目清单汇总表

工程名称：××项目营销中心及样板间精装修工程　　　　　　　　　　第1页　共1页

序号	项目	不含税金额（元）	装修面积（m²）	单方造价（元/m²）
1	售楼部	0.00	2,294.11	0.00
1.1	一层售卖区	0.00	853.37	0.00
1.2	二层公区	0.00	587.37	0.00
1.3	三层办公区	0.00	853.37	0.00
1.4	安装工程	0.00	853.37	0.00
2	样板间	0.00	266.00	0.00
2.1	124样板间土建	0.00	124.00	0.00
2.2	124样板间安装	0.00	124.00	0.00
2.3	142样板间土建	0.00	142.00	0.00
2.4	142样板间安装	0.00	142.00	0.00
3	措施费	0.00	2,560.11	0.00
4	其他项目			
4.1	其中：暂列金额			
4.2	其中：专业工程暂估价			
4.3	其中：计日工			
5	投标不含增值税总价			
6	增值税金额＝5×（增值税税率9％)			
	投标含增值税总价（5+6）	0.00	2560.11	0.00

注：专业工程暂估价为已含税价格，在计算增值税计算基础时不应包含专业工程暂估价金额。

【表样】E.2 分部分项工程项目清单计价表

【表格说明】 编制工程量清单时，应按照编制说明中的工程量清单编制依据确定分部分项工程项目清单及项目特征，并计算相应清单的工程数量，填入至对应列中，另需注意发包人提供材料、暂估材料、工程量暂定的情形，应在项目特征中进行描述。

分部分项工程项目清单计价表

工程名称：××项目营销中心及样板间精装修工程　　　　　　　　　　第1页　共12页

序号	项目编码	项目名称	项目特征描述	计量单位	工程量	综合单价	合价
			××项目营销中心及样板间精装修工程				
			××项目营销中心：土建				
	L.1		楼地面工程（实践中可按各房间部位分别编制）				
1	011102001001	仿石材砖 8 地砖（正拼/常规铺贴）	1. 基层清理：抹灰面、移交面； 2. 粘贴层：30 厚 1:3 水泥砂浆垫层，10 厚 1:2 干硬性水泥砂浆结合层； 3. 面层：CT-01 瓷砖 800×800，燃烧性能等级 A 级，最终以发包方封样为准； 4. 嵌缝材料种类：美缝剂美缝； 5. 含切割、拉槽、磨边、倒边（含 L 型缝及 V 型缝）、45 度切割（包括海棠角）、粘接等做法。 6. 其他：满足施工验收规范要求。	m²	500.77	194.70	97499.92
2	011102001002	雅柏灰石材	1. 基层清理：抹灰面、移交面； 2. 粘贴层：30mm 厚 1:3 干硬性水泥砂浆结合找平层，10mm 厚益胶泥黏贴（或瓷砖胶、结构胶）； 3. 面层材料规格：ST-02 雅柏灰石材，燃烧性能等级 A 级，最终以发包方封样为准； 4. 酸洗、打蜡要求：含石材勾缝、石材六面防污防护、倒角、磨边、晶面处理等内容	m²	70.77	527.28	37315.61
3	011102002001	保加利亚灰石材门槛石	1. 基层清理：抹灰面、移交面； 2. 粘贴层：30mm 厚 1:2 干硬性水泥砂浆结合层，10mm 厚益胶泥粘贴（或瓷砖胶、结构胶）； 3. 面层材料规格：ST-01 保加利亚灰石材 20 厚，燃烧性能等级 A 级，最终以发包方封样为准； 4. 人工费包含 45 度斜角处理、倒边等费用，零星加工费不单独计算； 5. 嵌缝材料种类：满足设计要求； 6. 酸洗、打蜡要求：含石材勾缝、石材六面防污防护、倒角、磨边、晶面处理等内容； 7. 做法及其他要求等需符合设计或发包方及相关规范要求，包括但不限于完成此项工作所需全部内容，具体详图设计； 8. 具体做法详见设计说明石材地面做法表及大 1-5/DE-01； 9. 其他：满足施工验收规范要求	m²	35.55	685.98	24386.59

续表

序号	项目编码	项目名称	项目特征描述	计量单位	工程量	金额（元）	
						综合单价	合价
		略					
	L.XX	（略）					
		××项目营销中心：安装					
		（略）					
		××项目样板房：土建					
		（略）					
		××项目样板房：安装					
		（略）					
			本页小计				
			合计				

【表样】E.2-3 材料暂估单价及调整表

【表格说明】编制投标报价时，本表按照工程量清单提供的列出即可，应将提供的暂估材料单价计入工程量清单综合单价中。

材料暂估单价及调整表

工程名称：××项目营销中心及样板间精装修工程　　　　　　　　　　第1页　共1页

序号	材料名称	规格型号	计量单位	暂估			确认			调整金额（元）	备注
				数量	单价（元）	合价（元）	数量	单价（元）	合价（元）		
				A_1	B_1	C_1	A_2	B_2	C_2	$D=C_2-C_1$	
1											
2											
			本页小计			—	—	—	—		—
			合　计			—	—	—	—		—

注：此表由招标人填写"暂估单价"栏，并在备注栏说明拟用暂估价材料的清单项目，投标人应将上述材料暂估单价计入工程量清单综合单价。

【表样】E.3 措施项目清单计价表

【表格说明】 编制工程量清单时，可按照国家及行业工程量计算标准的措施项目分类规则以及工程的实际情况等进行列项，填写"项目编码""项目名称""工作内容"。

措施项目清单计价表

工程名称：××项目营销中心及样板间精装修工程　　　　　　　　　　　　　　第1页　共1页

序号	项目编码	项目名称	工作内容	价格（元）	备注
1	011601001001	脚手架	室内精装脚手架搭设、转运、维修维护，拆除、堆放、整理，外运、归库等		
2	011601009001	安全文明施工措施费	施工现场安全施工所需的各项措施		
3	011601004001	二次搬运费	二次搬运材料及多次转运费等措施费；施工场地小或招标人需要等引起的材料二次或多次搬运		
4	011601007001	垃圾清运费	垃圾清运至红线外合法区域，运距由投标单位考虑		
5	011601007001	垂直运输机械	运输瓷砖、水泥、沙子等		
		本页小计			—
		合计			—

【表样】E.3-1 措施项目清单构成明细分析表

【表格说明】 编制最高投标限价时，根据招标文件和招标工程量清单、工程实施要求及常规的施工工艺以及有关规定，确定各措施项目清单的计价方式后，按照各列进行填写。

措施项目清单构成明细分析表

工程名称：××项目营销中心及样板间精装修工程　　　　　　　　　　　　　第1页 共1页

序号	项目编码	措施项目名称	计算基础	费率（%）	价格（元）	价格构成明细（元）					备注
						人工费	材料费	施工机具使用费	管理费	利润	
1											
2											
3											
3											
		合计									

注：采用费率计价方式的，应分别填写"计算基础""费率""价格"列数值；采用总价计价方式的，可只填"价格"列数值。

【表样】E.3-2 措施项目费用分拆表

【表格说明】 编制投标报价时,投标人应填写各项措施项目费用的初始设立费用、中期运行费用、后期拆除费用,在投标文件递交时一并提交。

措施项目费用分拆表

工程名称:××项目营销中心及样板间精装修工程　　　　　　　　　　　　　　　第1页 共1页

序号	项目编码	措施项目名称	价格(元)	1. 初始设立费用		2. 中期运行费用		3. 后期拆除费用	
				占比(%)	金额(元)	占比(%)	金额(元)	占比(%)	金额(元)
1									
2									
3									
		本页小计							
		合计							

【表样】E.3-3 措施项目费分拆表清单计价表

【表格说明】 编制工程量清单时，列明初期、中期、拆除费用，便于工程预付款、进度款等款项统计，以及在计算由于工程变更或发包人责任事件引起合同工期实质性延长或缩短引起的措施项目调增（减）价格时，可作为数据参考依据。

措施项目费用分拆表

工程名称：××项目营销中心及样板间精装修工程　　　　　　　　　　　　　　　第1页　共1页

序号	项目编码	项目名称	价格（元）	进出场及使用期间费用（元）			备注
				进场运费及安装	使用期间费用	拆除及运费	
1	011601001001	脚手架					
		本页小计					
		合计					

【表样】E.4 其他项目清单计价表

【表格说明】编制工程量清单时，汇总"暂列金额""专业工程暂估价"金额填至金额列。

其他项目清单计价表

工程名称：××项目营销中心及样板间精装修工程　　　　　　　　　　　　　　第1页　共1页

序号	项目名称	暂估（暂定）金额（元）	结算（确定）金额（元）	调整金额±（元）	备注
1	暂列金额	150000.00			明细详见表E.4-1
2	专业工程暂估价	109000.00			明细详见表E.4-2
3	计日工				明细详见表E.4-3
	合计	259000.00			

【表样】E.4-1　暂列金额明细表

【表格说明】 编制工程量清单时，用于暂未明确或不能详细说明工程、服务的暂列金额（如有）和用于合同价款调整的暂列金额分别进行列项，并按规定估算暂列金额，以费率计价计算的填写"计算基础"和"费率"，以总价计价计算的可只列"暂定金额"。

暂列金额明细表

工程名称：××项目营销中心及样板间精装修工程　　　　　　　　　　第1页　共1页

序号	项目名称	计算基础	费率（%）	暂定金额（元）	确定金额（元）	调整金额±（元）	备注
1	电动装置大门			150000.00			
	本页小计			150000.00			
	合计			150000.00			

注：
1. 此表由招标人填写"暂定金额"总额，采用费率计价方式计算暂定金额的，分别填写"计算基础""费率"列，并计算填写"暂定金额"列；采用总价计价方式计算暂定金额的，直接填写"暂定金额"列。
2. 投标人应将上述暂定金额填写并计入投标总价。
3. 结算时按合同约定计算并填写"确定金额"。

【表样】E.4-2　专业工程暂估价明细表

【表格说明】 编制工程量清单时，表内应填写各个专业工程的名称（包含工作内容）、暂估金额。

专业工程暂估价明细表

工程名称：××项目营销中心及样板间精装修工程　　　　　　　　　　　　　　第1页　共1页

序号	专业工程名称	暂估金额（元）			确认金额（元）			调整金额±（元）	备注
		不含税价格	增值税	含税价格	不含税价格	增值税	含税价格		
		A_1	B_1	C_1	A_2	B_2	C_2	$D=C_2-C_1$	
1	消防工程	100000.00	9000.00	109000.00					
	本页小计	100000.00	9000.00	109000.00					
	合计	100000.00	9000.00	109000.00					

注：此表"暂估金额"由招标人填写，投标人应将"暂估金额"填写并计入投标总价中。结算时按合同约定的价格填写"确认金额"。

【表样】E.4-3　计日工表

【表格说明】 编制工程量清单时，表内应填写计日工名称、单位、暂定数量。

计日工表

工程名称：××项目营销中心及样板间精装修工程　　　　　　　　　　　第1页　共1页

编号	计日工名称	单位	暂定数量	实际数量	综合单价（元）	合价（元） 暂定	合价（元） 实际	调整金额±（元）
						A_1	A_2	$B=A_2-A_1$
一	人工							
1	普工	工日	50					
2	技工	工日	30					
3								
4								
	人工小计							
二	材料							
1								
2								
3								
4								
	材料小计							
三	施工机具							
1								
2								
3								
	施工机具小计							
	总计							

注：
1. 此表计日工名称、暂定数量由招标人填写。编制最高投标限价时，单价由招标人按有关计价规定确定；编制投标报价时，单价由投标人自主报价，按暂定数量计算合价计入投标总价中。
2. 结算时，按发承包双方确认的实际数量计量合价。发承包确认的实际数量详见表E.8-1。

【表样】G.1 发包人提供材料一览表

【表格说明】编制工程量清单时，应填写发包人提供材料的名称、规格、型号、单位、暂估数量、暂估单价、有效损耗率。

发包人提供材料一览表

工程名称：××项目营销中心及样板间精装修工程　　　　　　　　　　　　　第1页　共1页

序号	材料名称、规格、型号	单位	数量	单价（元）	合价（元）	损耗率（%）	备注
1							
2							
3							
4							
5							
	本页小计					—	—
	合计					—	—

15.1.2 最高投标限价

【表样】B.2 最高投标限价封面

【表格说明】封面应填写招标工程项目的具体工程名称，盖章事宜详见"24版清单计价标准"第12.1.4条以及相应条文说明。

××项目营销中心及样板间精装修工程

最高投标限价

招 标 人：　　　　××公司（盖章）

造价咨询人：　　　　××公司（单位盖章）

××年×月×日

【表样】C.2 最高投标限价扉页

【表格说明】扉页应填写招标工程项目的具体工程名称、标段名称以及最高投标限价金额，盖章事宜详见"24版清单计价标准"第12.1.4条以及相应条文说明。

工程名称：××项目营销中心及样板间精装修工程

最 高 投 标 限 价

最高投标限价（小写）：4174800.89 元
　　　　　　（大写）：肆佰壹拾柒万肆仟捌佰元捌角玖分

编制人：×××　　　　　　　　（造价专业人员签字及盖章）
审核人：×××　　　　　　　　（一级注册造价工程师签字及盖章）
编（审）单位：×××　　　　　（盖章）
法定代表人或其授权人：×××　（签字或盖章）

招标人：××公司　　　　　　　（盖章）
法定代表人或其授权人：×××　（签字或盖章）
编制时间：××年×月×日

【表样】D.1 编制（审核）说明

【表格说明】 编制最高投标限价时，结合招标工程量清单提供的编制（审核）说明，同时考虑合同图纸、计划工期、采用的编制依据、材料市场价格以及综合单价中考虑的风险因素等进行详细说明。

编制（审核）说明

工程名称：××项目营销中心及样板间精装修工程

1. 工程概况：本项目位于××省××市××区，某示范区售楼部及样板间精装修，售楼部共三层2套样板房，装饰面积共计约为 2560.11m²，计划工期45日历天。
2. 最高投标限价包括范围：本次招标的施工图范围内的土建、装饰和安装工程，具体详见合同条款及合同附件施工界面划分。
3. 最高投标限价编制依据：
（1）现行建设工程工程量清单计价标准 GB/T 50500—202×；
（2）招标文件（包括招标工程量清单、合同条款、精装修施工图（版本号 20250501-V2）、技术标准规范等及其补遗、澄清或修改；
（3）现行各专业工程工程量计算标准 GB/T 50854—202×；
（4）有关的标准、规范、技术资料；
（5）施工现场情况、地勘水文资料、工程特点及交付标准；
（6）人工、材料、机械定价参考工程所在地的市场价、相同业态同等规模类似工程结算数据、自积累项目综合指标以及工程造价管理机构××年××月发布的工程造价信息价格信息或价格指数。
4. 其他
（1）本清单最终成型面材料为主材，其他材料为辅材，辅材进入辅材费清单，主材进入主材表。主材因设计选用与报价清单的主材不同但工艺做法相同或相似的，主材价格按主材表或主材核价计取，其余不变。
（2）本清单包含材料、人工、辅材及机械费、管理费及利润、税金等一切费用，均不因市场风险等因素进行价格调整（税金除外）。
（3）主材参与取费，施工单位自行考虑主材损耗率（主材损耗率包含加工损耗、施工损耗、运输损耗等所有损耗），清单项目已包含的工作内容不得拆分套用清单。
（4）本工程税点9%，投标人需将税金考虑在总价中。
（5）装修中涉及到需后开的所有孔洞综合考虑在报价中，不再单独列项。
（6）石材放射性检测、室内空气检测、门窗四性检测等第三方检测费用综合考虑在报价中，不再单独列项。
以下略。

【表样】E.1 工程项目清单汇总表

【表格说明】 编制最高投标限价时，综合考虑价格影响因素，将各项目金额进行计算汇总输出。

工程项目清单汇总表

工程名称：××项目营销中心及样板间精装修工程　　　　　　　　　　　　　第1页　共1页

序号	项目内容	金额（元）
1	售楼部	2,933,636.47
1.1	一层售卖区	1,436,096.32
1.2	二层公区	398,581.13
1.3	三层办公区	674,084.22
1.4	安装工程	424,874.80
2	样板间	504,171.15
2.1	124样板间土建	213,501.53
2.2	124样板间安装	32,711.67
2.3	142样板间土建	222,966.72
2.4	142样板间安装	34,991.23
3	措施费	145,670.26
4	其他项目	
4.1	其中：暂列金额	150,000
4.2	其中：专业工程暂估价	109,000
4.3	其中：计日工	23000
5	投标不含增值税总价	
6	增值税金额＝5×(增值税税率9%)	4,203,560.89

注：
1. 专业工程暂估价为已含税价格，在计算增值税计算基础时不应包含专业工程暂估价金额。
2. 本表适用于按合同标的为工程量清单编制对象的工程汇总计算，以单项工程、单位工程等为工程量清单编制对象的工程可参照本表汇总计算。

【表样】E.2 分部分项工程项目清单计价表

【表格说明】编制最高投标限价时，需要依据招标工程量清单的项目特征描述、基于合理计划工期内所需费用（包含约定范围内的风险）等进行编制，仅填写金额列，发包人提供材料不计入综合单价，暂估材料按照项目特征中描述的单价金额，计入综合单价。

分部分项工程项目清单计价表

工程名称：××项目营销中心及样板间精装修工程　　　　　　　　　　　　　　　　第1页　共3页

序号	项目编码	项目名称	项目特征描述	计量单位	工程量	综合单价	合价
			××项目营销中心及样板间精装修工程				1808267.82
			××项目营销中心-土建				549202.12
	L.1		楼地面工程（实践中可按各房间部位分别编制）				259202.12
1	011102001001	仿石材砖8地砖（正拼/常规铺贴）	1. 基层清理：抹灰面、移交面； 2. 粘贴层：30厚1:3水泥砂浆垫层，10厚1:2干硬性水泥砂浆结合层； 3. 面层：CT-01瓷砖800×800，燃烧性能等级A级，最终以发包方封样为准； 4. 嵌缝材料种类：美缝剂美缝； 5. 含切割、拉槽、磨边、倒边（含L型缝及V型缝）、45度切割（包括海棠角）、黏接等做法。 6. 其他：满足施工验收规范要求	m²	500.77	194.70	97,499.92
2	011102001002	雅柏灰石材	1. 基层清理：抹灰面、移交面； 2. 粘贴层：30mm厚1:3干硬性水泥砂浆结合找平层，10mm厚益胶泥粘贴（或瓷砖胶、结构胶）； 3. 面层材料规格：ST-02雅柏灰石材，燃烧性能等级A级，最终以发包方封样为准； 4. 酸洗、打蜡要求：含石材勾缝、石材六面防污防护、倒角、磨边、晶面处理等内容；	m²	70.77	527.28	37315.61
3	011102002001	保加利亚灰石材门槛石	1. 基层清理：抹灰面、移交面； 2. 粘贴层：30mm厚1:2干硬性水泥砂浆结合层，10mm厚益胶泥粘贴（或瓷砖胶、结构胶）； 3. 面层材料规格：ST-01保加利亚灰石材20厚，燃烧性能等级A级，最终以发包方封样为准； 4. 人工费包含45度斜角处理，倒边等费用，零星加工费不单独计算； 5. 嵌缝材料种类：满足设计要求； 6. 酸洗、打蜡要求：含石材勾缝、石材六面防污防护、倒角、磨边、晶面处理等内容； 7. 做法及其他要求等需符合设计或发包方及相关规范要求，包括但不限于完成此项工作所需全部内容，具体详图设计； 8. 具体做法详见设计说明石材地面做法表及大1-5/DE-01； 9. 其他：满足施工验收规范要求。	m²	35.55	685.98	24386.59

续表

序号	项目编码	项目名称	项目特征描述	计量单位	工程量	金额（元）	
						综合单价	合价
		略					100000.00
	L.XX	（略）					190000.00
		××项目营销中心：安装					424870.8
		（略）					
		××项目样板房：土建					576492.00
		（略）					
		××项目样板房：安装					67702.90
		（略）					
		本页小计					1808267.82
		合计					1808267.82

【表样】E.2-1 分部分项工程项目清单综合单价分析表

【表格说明】在编制最高投标限价时，需要对每一条清单合理确定价格及价格明细进行填写，可选择表 E.2-1 或表 E.2-2 进行呈现。材料费、机械费中仅列出主要材料和机械明细，其他材料和机械可统一计取至其他材料费和其他施工机具使用费中即可。

分部分项工程项目清单综合单价分析表

工程名称：××项目营销中心及样板间精装修工程　　　　　　　　　　第 1 页　共 3 页

项目编码	011102001001	项目名称	仿石材砖 8 地砖	计量单位	m²
项目特征	1. 基层清理：抹灰面、移交面； 2. 粘贴层：30 厚 1:3 水泥砂浆垫层，10 厚 1:2 干硬性水泥砂浆结合层； 3. 面层：CT-01 瓷砖 750×1500，燃烧性能等级 A 级，最终以发包方封样为准； 4. 嵌缝材料种类：美缝剂美缝； 5. 含切割、拉槽、磨边、倒边（含 L 型缝及 V 型缝）、45 度切割（包括海棠角）、黏接等做法； 6. 其他：满足施工验收规范要求				

序号	费用项目	单位	数量	计算基础（元）	费率（%）	单价（元）	合价（元）
1	人工费	—	1			85.00	85.00
1.1	人工费	元	1			85.00	85.00
2	主材费	—	1.05			60.00	63.00
2.1	800×800 瓷砖	m²	1.05			60.00	63.00
3	辅材费	m²					19.00
3.1	水泥砂浆	m	0.03			612.50	18.38
3.2	美缝剂	kg	0.06			10.30	0.62
4	机具使用费	台班	0.01			230.00	2.30
4.1	电动切割机	台班	0.01			230.00	2.30
	1+2+3+4 小计						169.30
5	管理费	—			8		13.54
6	利润	—			7		11.85
	综合单价						194.70

【表样】E.2-2 分部分项工程项目清单综合单价分析表（简版）

【表格说明】 本表是表 E.2-1 的简化，编制最高投标限价时，可选择表 E.2-1 或表 E.2-2 进行呈现。

分部分项工程项目清单综合单价分析表（简版）

工程名称：××项目营销中心及样板间精装修工程　　　　　　　　　　　　　　第1页 共3页

序号	项目编码	项目名称	项目特征描述	计量单位	综合单价组成明细（元）					
					人工费	材料费	施工机具使用费	管理费	利润	综合单价
		××项目营销中心及样板间精装修工程								
		××项目营销中心-土建								
	L.1	楼地面工程（实践中可按各房间部位分别编制）								
2	011102001001	仿石材砖 8 地砖（正拼/常规铺贴）	1. 基层清理：抹灰面、移交面； 2. 粘贴层：30 厚 1:3 水泥砂浆垫层，10 厚 1:2 干硬性水泥砂浆结合层； 3. 面层：CT-01 瓷砖 800×800，燃烧性能等级 A 级，最终以发包方封样为准； 4. 嵌缝材料种类：美缝剂美缝； 5. 含切割、拉槽、磨边、倒边（含 L 型缝及 V 型缝）、45 度切割（包括海棠角）、黏接等做法； 6. 其他：满足施工验收规范要求	m²	85	82	2.3	13.54	11.85	194.7
3	011102001002	雅柏灰石材	1. 基层清理：抹灰面、移交面； 2. 粘贴层：30mm 厚 1:3 干硬性水泥砂浆结合找平层，10mm 厚益胶泥粘贴（或瓷砖胶、结构胶）； 3. 面层材料规格：ST-02 雅柏灰石材，燃烧性能等级 A 级，最终以发包方封样为准； 4. 酸洗、打蜡要求：含石材勾缝、石材六面防污防护、倒角、磨边、晶面处理等内容	m²	75	381.2	2	36.68	32.10	527.28
4	011102002001	保加利亚灰石材门槛石	1. 基层清理：抹灰面、移交面； 2. 粘贴层：30mm 厚 1:2 干硬性水泥砂浆结合层，10mm 厚益胶泥粘贴（或瓷砖胶、结构胶）； 3. 面层材料规格：ST-01 保加利亚灰石材 20 厚，燃烧性能等级 A 级，最终以发包方封样为准； 4. 人工费包含 45 度斜角处理，倒边等费用，零星加工费不单独计算； 5. 嵌缝材料种类：满足设计要求； 6. 酸洗、打蜡要求：含石材勾缝、石材六面防污防护、倒角、磨边、晶面处理等内容； 7. 做法及其他要求等需符合设计或发包方及相关规范要求，包括但不限于完成此项工作所需全部内容，具体详图设计； 8. 具体做法详见设计说明石材地面做法表及大 1-5/DE-01； 9. 其他：满足施工验收规范要求	m²	90	501.5	5	47.72	41.76	685.98
	略									

【表样】E.2-3 材料暂估单价及调整表

【表格说明】 编制投标报价时，本表按照工程量清单提供的列出即可，应将提供的暂估材料单价计入工程量清单综合单价中。

材料暂估单价及调整表

工程名称：××项目营销中心及样板间精装修工程　　　　　　　　　　　　　　　　第1页　共1页

序号	材料名称	规格型号	计量单位	暂估			确认			调整金额（元）	备注
				数量	单价（元）	合价（元）	数量	单价（元）	合价（元）		
				A_1	B_1	C_1	A_2	B_2	C_2	$D=C_2-C_1$	
1											
2											
		本页小计					—	—	—		—
		合计					—	—	—		—

注：此表由招标人填写"暂估单价"栏，并在备注栏说明拟用暂估价材料的清单项目，投标人应将上述材料暂估单价计入工程量清单综合单价。

【表样】E.3 措施项目清单计价表

【表格说明】 编制最高投标限价时，按照工程量清单提供的列项进行价格汇总。

措施项目清单计价表

工程名称：××项目营销中心及样板间精装修工程　　　　　　　　　　　　　　　　第1页　共1页

序号	项目编码	项目名称	工作内容	价格（元）	备注
1	011601001001	脚手架	室内精装脚手架搭设、转运、维修维护、拆除、堆放、整理、外运、归库等	171527.37	详见明细表 E.3-1
2	011601009001	安全文明施工措施费	施工现场安全施工所需的各项措施	87043.74	详见明细表 E.3-1
3	011601004001	二次搬运费	二次搬运材料及多次转运费等措施费：施工场地小或招标人需要等引起的材料二次或多次搬运	117765.06	详见明细表 E.3-1
4	011601007001	垃圾清运费	垃圾清运至红线外合法区域，运距由投标单位考虑	110084.73	
		略			
		本页小计		145670.26	
		合计		145670.26	

【表样】E.3-1 措施项目清单构成明细分析表

【表格说明】 编制最高投标限价时，根据招标文件和招标工程量清单、工程实施要求及常规的施工工艺以及有关规定，确定各措施项目清单的计价方式后，按照各列进行填写。

措施项目清单构成明细分析表

工程名称：××项目营销中心及样板间精装修工程　　　　　　　　　　　　　　　　　　　第1页　共1页

序号	项目编码	措施项目名称	计算基础	费率（%）	价格（元）	价格构成明细（元）					备注
						人工费	材料费	施工机具使用费	管理费	利润	
1	011601001001	脚手架			171527.37	9170.04	3331.33	1052.86	1758.36	1840.15	
2	011601009001	安全文明施工措施费			87043.74	4653.45	1690.52	534.29	892.30	933.81	
3	011601004001	二次搬运费			117765.06	6295.85	2287.18	722.86	1207.23	1263.39	
3	011601007001	垃圾清运费			110084.73	5885.25	2138.02	675.72	1128.50	1180.99	
		略									
		合计			145670.26	77876.91	28291.43	8941.44	14932.95	15627.54	

注：采用费率计价方式的，应分别填写"计算基础""费率""价格"列数值；采用总价计价方式的，可只填"价格"列数值。

【表样】E.4 其他项目清单计价表

【表格说明】编制最高投标限价时，按照有关规定确定各项费用进行汇总，填入"金额（元）"列。

其他项目清单计价表

工程名称：××项目营销中心及样板间精装修工程　　　　　　　　　　　　　第1页　共1页

序号	项目名称	暂估（暂定）金额（元）	结算（确定）金额（元）	调整金额±（元）	备注
1	暂列金额	150000.00			明细详见表E.4-1
2	专业工程暂估价	109000.00			明细详见表E.4-2
3	计日工	23000.00			明细详见表E.4-3
4	总承包服务费	—			明细详见表E.4-4
	合计	282000.00			—

【表样】E.4-1 暂列金额明细表

【表格说明】 编制最高投标限价时,按招标工程量清单中提供的暂列金额、专业工程等明细进行暂定金额填写。

暂列金额明细表

工程名称:××项目营销中心及样板间精装修工程　　　　　　　　　　　　　　第1页　共1页

序号	项目名称	计算基础	费率（%）	暂定金额（元）	确定金额（元）	调整金额±（元）	备注
1	电动装置大门			150000.00			
	本页小计			150000.00			
	合计			150000.00			

注:
1. 此表由招标人填写"暂定金额"总额,采用费率计价方式计算暂定金额的,分别填写"计算基础""费率"列,并计算填写"暂定金额"列;采用总价计价方式计算暂定金额的,直接填写"暂定金额"列。
2. 投标人应将上述暂定金额填写并计入投标总价。
3. 结算时按合同约定计算并填写"确定金额"。

【表样】E.4-2 专业工程暂估价明细表

【表格说明】 编制最高投标限价时，本表填写要求同招标工程量清单。

专业工程暂估价明细表

工程名称：××项目营销中心及样板间精装修工程　　　　　　　　　　　　　　　　　　　第1页　共1页

序号	专业工程名称	暂估金额（元）			确认金额（元）			调整金额±（元）	备注
		不含税价格	增值税	含税价格	不含税价格	增值税	含税价格		
		A_1	B_1	C_1	A_2	B_2	C_2	$D=C_2-C_1$	
1	消防工程	100000.00	9000.00	109000.00					
	本页小计	100000.00	9000.00	109000.00					
	合计	100000.00	9000.00	109000.00					

注：此表"暂估金额"由招标人填写，投标人应将"暂估金额"填写并计入投标总价中。结算时按合同约定的价格填写"确认金额"。

【表样】E.4-3　计日工表

【表格说明】 编制最高投标限价时，按招标工程量清单中列出的工程内容和要求进行计价，填写"综合单价（元）"列。

计日工表

工程名称：××项目营销中心及样板间精装修工程　　　　　　　　　　　　　第1页　共1页

编号	计日工名称	单位	暂定数量	实际数量	综合单价（元）	合价（元） 暂定 A_1	合价（元） 实际 A_2	调整金额±（元） $B=A_2-A_1$
一	人工							
1	普工	工日	50		250.00	12500.00		
2	技工	工日	30		350.00	10500.00		
3								
4								
	人工小计					23000.00		
二	材料							
1								
2								
3								
	材料小计							
三	施工机具							
1								
2								
3								
4								
	施工机具小计							
	总计					23000.00		

注：
1. 此表计日工名称、暂定数量由招标人填写。编制最高投标限价时，单价由招标人按有关计价规定确定；编制投标报价时，单价由投标人自主报价，按暂定数量计算合价计入投标总价中。
2. 结算时，按发承包双方确认的实际数量计量合价。发承包确认的实际数量详见表E.8-1。

【表样】E.4-4　总承包服务费计价表

【表格说明】 编制最高投标限价时，按招标工程量清单列出的需要投标人提供服务的发包人提供材料、专业分包工程、直接发包的专业工程，确定各项目的服务费或费率后计价并填写"计算基础""费率（％）""金额（元）"列。

总承包服务费计价表

工程名称：××项目营销中心及样板间精装修工程　　　　　　　　　　　　第1页　共1页

序号	项目名称	计算基础 A_1	费率（％） B	金额（元） C_1	确认计算基础 A_2	结算金额（元） C_2	调整金额±（元） $D=C_2-C_1$	备注
1								
2								
3								
	本页小计							
	合计							

注：
1. 此表项目名称、服务内容由招标人填写。
2. 编制最高投标限价及投标报价时，采用费率计价方式计算总承包服务费的，分别填写"计算基础 A_1"、"费率 B"列，并计算填写"金额 C_1"列，$C_1=A_1\times B$；采用总价计价方式计算总承包服务费的，直接填写"金额 C_1"列。
3. 编制结算时，采用费率计价方式计算总承包服务费的，填写"确认计算基础 A_2"列，并计算填写"结算金额 C_2"列，$C_2=A_2\times B$；采用总价计价方式计算总承包服务费的，直接填写"结算金额 C_2"列。

【表样】E.4-5　直接发包的专业工程明细表

【表格说明】编制最高投标限价时，按照工程量清单提供的列出即可。

直接发包的专业工程明细表

工程名称：××项目营销中心及样板间精装修工程　　　　　　第1页　共1页

序号	直接发包的专业工程名称	备注
1		

注：此表由招标人填写，用于计算直接发包的专业工程总承包服务费。

【表样】E.5　增值税计价表

【表格说明】 编制最高投标限价时，以分部分项工程项目清单、措施项目清单、其他项目清单（专业工程暂估价除外）的合计金额作为计算基础，按政府有关主管部门规定的增值税税率计算税金，填写各列。

增值税计价表

工程名称：××项目营销中心及样板间精装修工程　　　　　　　　　　　　　第1页　共1页

序号	项目名称	计算基础说明	计算基础	税率（%）	金额（元）
1	增值税	分部分项工程项目＋措施项目＋其他项目－其中：专业工程暂估价	3856477.88	9	347083.01
		合　计			347083.01

【表样】G.1 发包人提供材料一览表

【表格说明】编制最高投标限价时，本表按照工程量清单提供的列出即可。

综合单价应根据招标工程量清单提供的信息，并充分考虑工程数量对人工价格变化、有效损耗率、承包人原因超耗使用材料产生的风险等因素进行编制，发包人提供材料不计入综合单价。

发包人提供材料一览表

工程名称：××项目营销中心及样板间精装修工程　　　　　　　　　　　　　　　第1页　共1页

序号	材料名称、规格、型号	单位	数量	单价（元）	合价（元）	有效损耗率（%）	备注
1							
2							
3							
4							
5							
	本页小计						
	合计						

【表样】G.2 承包人提供可调价主要材料表一

【表格说明】编制最高投标限价时，本表按照招标工程量清单提供的列出即可。

承包人提供可调价主要材料表一
（适用于价格信息调差法）

工程名称：××项目营销中心及样板间精装修工程　　　　　　　　　　　　第1页　共1页

序号	名称、规格、型号	单位	数量	基准价 C_0（元）	投标报价（元）	风险幅度 r（%）	价格信息 C_i（元）	价差 ΔC（元）	价差调整金额 ΔP（元）
1									
	本页小计								
	合计								

注：
1. 本表仅适用于物价变化引起合同价格调整事件使用。其中，招标人填写序号、名称、规格、型号、单位、基准价 C_0（元）、风险幅度栏；投标人根据投标报价填写投标报价栏。
2. "数量"列依据发承包双方在合同中明确的数量计算方式计算确认。

【表样】G.3　承包人提供可调价主要材料表二

【表格说明】编制最高投标限价时，本表按照招标工程量清单提供的列出即可。实际工作中很少会出现两种调差方法同时出现的情况，此表仅为调整示例。

承包人提供可调价主要材料表二
（适用于价格指数调差法）

工程名称：××项目营销中心及样板间精装修工程　　　　　　　　　　第1页　共1页

序号	名称、规格、型号	变值权重 B	基本价格指数 F_0	现行价格指数 F_t	风险幅度（%）	价差调整金额 ΔP（元）	备注
1	/	/	/	/	/	/	
2							
3							
4							
					—	—	—
合计		—	—	—			

注：
1. "名称、规格、型号""基本价格指数"栏由招标人填写，人工也采用本法调整的，由招标人在"名称"栏填写。
2. 本表仅适用于物价变化引起合同价格调整事件使用。
3. 分项计算可调价主要材料价差的，应在"价差调整金额"列分别填写金额，并计算合计金额；整体计算可调价主要材料价差的，可仅在"价差调整金额"列"合计"行填写。

15.1.3　投标报价

【表样】B.3　投标总价封面

【表格说明】封面应填写投标工程项目的具体工程名称，盖章事宜详见"24版清单计价标准"第12.1.4条以及相应条文说明。

<u>××项目营销中心及样板间精装修工程</u>

投标总价

投　标　人：　<u>　　××建筑公司（盖章）　　</u>

年　月　日

【表样】C.3 投标总价扉页

【表格说明】 扉页应填写投标工程项目的具体工程名称、标段名称以及投标总价金额，盖章事宜详见"24 版清单计价标准"第 12.1.4 条以及相应条文说明。

   工程名称：××项目营销中心及样板间精装修工程

投 标 总 价

   投标总价(小写)：3，851，676.33 元
      （大写）：叁佰捌拾伍万壹仟陆佰柒拾陆元叁角叁分

  投标人：×××　　　　　　　　　　　（盖章）
  法定代表人或其授权人：×××　　（签字或盖章）
  编制人：×××　　　　　　　　　　（一级注册造价工程师签字及盖章）
  编制时间：××年×月×日

【表样】D.2 填报说明

【表格说明】 编制投标报价时，结合招标工程量清单提供的编制（审核）说明，应详细描述投标报价编制时的编制依据、投标工期、工程施工方案以及投标报价综合单价中包含的风险因素等。

填报说明

工程名称：××项目营销中心及样板间精装修工程

1. 工程概况：本项目位于××省××市××区，某项目示范区售楼部及样板间精装修，售楼部共三层2套样板房，装饰面积共计约为2560.11m²，计划工期45日历天。
2. 工程招标和专业工程发包范围：具体详见合同条款及合同附件施工界面划分。
3. 工程量清单编制依据：
（1）现行建设工程工程量清单计价标准 GB/T 50500—202×；
（2）现行各专业工程工程量计算标准 GB/T 50854—202×；
（3）拟定的招标文件及相关资料；
（4）施工图纸，版本号 20250501-V2；
（5）有关的标准、规范、技术资料；
（6）施工现场情况、地勘水文资料、工程特点及交付标准。
4. 投标人须知：
（1）应按工程量清单报价格式的要求进行编制、填写、签字、盖章，工程量清单及其报价格式中的任何内容不得随意删除或修改。
（2）工程量清单计价格式中列明的所有需要填报的综合单价和合价，均应填报，未填报的单价和合价，视为此项费用已经包含在工程量清单的其他单价和合价中，清单编制范围为招标文件界定的工程范围，清单中未单列的项目或清单中未描述的内容，应视为已含在相关项目清单中或措施项目及其他项目中，报价中应充分考虑。
（3）金额（价格）均应以人民币表示。
（4）界面划分详附件。
5. 投标人报价要求：
（1）分部分项工程量清单计价表中原有项目及工程量不得调整，本工程清单的清单项目为合格产品的计价项目，清单项目中的工作细目不作为工作内容的依据。未列入清单的项目或清单中项目名称工作未包括的，投标方若确有必要，增加项目或减少项目以及增减的工程量列入增补清单计价表。
（2）分部分项工程量清单计价表中的所有项目必须全部进行综合单价分析，分部分项工程量清单综合单价分析表与商务标的其他部分一同装订。
（3）本工程采用施工图不含税总价包干计价方式。分部分项工程量清单综合单价由承包人自行填报，综合单价包括但不限于完成施工图所需的设计及深化、人工费、材料费（包含损耗）、机械费、利润、规费、管理费、赶工费、保险费、政策性文件规定的费用及材料试验检验费、所有特殊加工费、运输、场内搬运费用、建渣清运、水电费、材料价格波动风险、停水停电应急措施费、验收及除增值税以外的其他税金等至竣工验收合格所有费用和合同、图纸明示或暗示的所有责任、义务和风险一切相关费用。承包人（合同签订后为承包人）报价应充分考虑施工期间各类市场风险和国家政策性调价、政策变化、施工部分工程量变化因素等全部费用。
（4）材料清单填写说明及要求：材料清单价格表中的材料名称价格要和综合单价分析表中的材料明细对应一致。
（5）所有墙地面石材、砖若需拉槽、磨边、切割、打蜡、镜面处理、植筋、洁晶防腐处理、六面防护等所有工艺投标人均综合考虑在单价中。所有木质材料均需做防火处理、防虫处理、所有木构件均做防潮处理、所有钢件及铁件均做防锈处理等其费用包含在单价中，不单独计取，满足设计及施工规范要求。
（6）总包管理配合费用由招标人支付给总包方，投标人需踏勘现场，后期总包可能收取的其他费用、总包塔吊和施工电梯拆除后产生的垂直运输及二次搬运费综合考虑在报价中，不再单独计取。
（7）本清单最终成型面材料为主材，其他材料为辅材，辅材进入辅材费清单主材进入主材表。主材因设计选用与报价清单的主材不同但工艺做法相同或相似的，主材价格按主材表或主材核价计取，其余不变。
（8）本清单包含材料、人工、辅材及机械费、管理费及利润、税金等一切费用，均不因市场风险等因素进行价格调整（税金除外）。
（9）主材参与取费，施工单位自行考虑主材损耗率（主材损耗率包含加工损耗、施工损耗、运输损耗等所有损耗），清单项目已包含的工作内容不得拆分套用清单。
（10）本工程税点9%，投标人需将税金考虑在总价中。
（11）装修中涉及到需后开的所有孔洞综合考虑在报价中，不再单独列项。
（12）石材放射性检测、室内空气检测、门窗四性检测等第三方检测费用综合考虑在报价中，不再单独列项。

【表样】E.1 工程项目清单汇总表

【表格说明】编制投标报价时，投标人综合考虑价格影响因素，将各项目金额进行计算汇总输出。

工程项目清单汇总表

工程名称：××项目营销中心及样板间精装修工程　　　　　　　　　　　　第1页 共1页

序号	项目内容	金额（元）
1	售楼部	2,468,436.41
1.1	一层售卖区	1,137,993.61
1.2	二层公区	264,725.28
1.3	三层办公区	496,139.15
1.4	安装工程	569,578.37
2	样板间	554,211.60
2.1	124样板间土建	205,209.97
2.2	124样板间安装	71,251.11
2.3	142样板间土建	206,060.95
2.4	142样板间安装	71,689.57
3	措施费	240,500.00
4	其他项目	
4.1	其中：暂列金额	150,000
4.2	其中：专业工程暂估价	109,000
4.3	其中：计日工	20,5000
5	投标不含增值税总价	
6	增值税金额＝5×(增值税税率9%)	3,851,676.33

注：
1. 专业工程暂估价为已含税价格，在计算增值税计算基础时不应包含专业工程暂估价金额。
2. 本表适用于按合同标的为工程量清单编制对象的工程汇总计算，以单项工程、单位工程等为工程量清单编制对象的工程可参照本表汇总计算。

【表样】E.2 分部分项工程项目清单计价表

【表格说明】 编制投标报价时，响应招标工程量清单，充分考虑价格影响因素，合理进行报价。其中：发包人提供材料不计入综合单价；暂估材料按照项目特征中描述的单价金额，计入综合单价。

分部分项工程项目清单计价表

工程名称：××项目营销中心及样板间精装修工程　　　　　　　　　　　　　　第1页　共10页

序号	项目编码	项目名称	项目特征描述	计量单位	工程量	综合单价	合价
		××项目营销中心及样板间精装修工程					1540524.38
		××项目营销中心：土建					352242.21
	L.1	楼地面工程（实践中可按各房间部位分别编制）					254242.21
1	011102001001	仿石材砖8地砖（正拼/常规铺贴）	1. 基层清理：抹灰面、移交面； 2. 粘贴层：30厚1：3水泥砂浆垫层，10厚1：2干硬性水泥砂浆结合层； 3. 面层：CT-01瓷砖800×800，燃烧性能等级A级，最终以发包方封样为准； 4. 嵌缝材料种类：美缝剂美缝； 5. 含切割、拉槽、磨边、倒边（含L型缝及V型缝）、45度切割（包括海棠角）、黏接等做法。 6. 其他：满足施工验收规范要求	m²	500.77	188.95	94620.49
2	011102001002	雅柏灰石材	1. 基层清理：抹灰面、移交面； 2. 粘贴层：30mm厚1：3干硬性水泥砂浆结合找平层，10mm厚益胶泥黏贴（或瓷砖胶、结构胶）； 3. 面层材料规格：ST-02雅柏灰石材，燃烧性能等级A级，最终以发包方封样为准。 4. 酸洗、打蜡要求：含石材勾缝、石材六面防污防护、倒角、磨边、晶面处理等内容	m²	70.77	540.60	38258.26
3	011102002001	保加利亚灰石材门槛石	1. 基层清理：抹灰面、移交面； 2. 粘贴层：30mm厚1：2干硬性水泥砂浆结合层，10mm厚益胶泥黏贴（或瓷砖胶、结构胶）； 3. 面层材料规格：ST-01保加利亚灰石材20厚，燃烧性能等级A级，最终以发包方封样为准； 4. 人工费包含45度斜角处理，倒边等费用，零星加工费不单独计算； 5. 嵌缝材料种类：满足设计要求； 6. 酸洗、打蜡要求：含石材勾缝、石材六面防污防护、倒角、磨边、晶面处理等内容； 7. 做法及其他要求等需符合设计或发包方及相关规范要求，包括但不限于完成此项工作所需全部内容，具体详图设计； 8. 具体做法详见设计说明石材地面做法表及大1-5/DE-01； 9. 其他：满足施工验收规范要求	m²	35.55	657.20	23363.46
		略					98000
	L.XX	（略）					189000
		××项目营销中心：安装					394817.17
		（略）					
		××项目样板房：土建					552524.32
		（略）					
		××项目样板房：安装					142940.68
		（略）					
		本页小计					1540524.38
		合计					1540524.38

【表样】E.2-1 分部分项工程项目清单综合单价分析表

【表格说明】 在编制投标报价时，以招标文件要求表格样式为准进行填写，材料费、机械费中仅列出主要材料和机械明细，其他材料和机械可统一计取至其他材料费和其他施工机具使用费中即可。

分部分项工程项目清单综合单价分析表

工程名称：××项目营销中心及样板间精装修工程　　　　　　　　　　第1页 共20页

项目编码	011102001001	项目名称	仿石材砖8 地砖	计量单位	m²
项目特征	1. 基层清理：抹灰面、移交面； 2. 粘贴层：30厚1:3水泥砂浆垫层，10厚1:2干硬性水泥砂浆结合层； 3. 面层：CT-01瓷砖750×1500，燃烧性能等级A级，最终以发包方封样为准； 4. 嵌缝材料种类：美缝剂美缝； 5. 含切割、拉槽、磨边、倒边（含L型缝及V型缝）、45度切割（包括海棠角）、黏接等做法； 6. 其他：满足施工验收规范要求					

序号	费用项目	单位	数量	计算基础（元）	费率（%）	单价（元）	合价（元）
1	人工费	—	1			65	65
1.1	人工费	元	1			65	65
2	主材费	—	1.03			75	77.25
2.1	800×800瓷砖	m²	1.03			75	77.25
3	辅材费	m²					20
3.1	水泥砂浆	m	0.03			643.5	19.31
3.2	美缝剂	kg	0.06			11.5	0.69
4	机具使用费	台班	0.04			400	16.00
4.1	电动切割机	台班	0.04			400	16.00
	1＋2＋3＋4 小计						178.25
5	管理费	—			3		5.35
6	利润	—			3		5.35
	综合单价						188.95

【表样】E.2-2 分部分项工程项目清单综合单价分析表（简版）

【表格说明】 在编制投标报价时，以招标文件要求表格样式为准进行填写。

分部分项工程项目清单综合单价分析表（简版）

工程名称：××项目营销中心及样板间精装修工程　　　　　　　　　　　　第1页　共15页

序号	项目编码	项目名称	项目特征描述	计量单位	综合单价组成明细（元）					
					人工费	材料费	施工机具使用费	管理费	利润	综合单价
			××项目营销中心及样板间精装修工程							
			××项目营销中心：土建							
	L.1		楼地面工程（实践中可按各房间部位分别编制）							
2	011102001001	仿石材砖8地砖（正拼/常规铺贴）	1. 基层清理：抹灰面、移交面； 2. 粘贴层：30厚1∶3水泥砂浆垫层，10厚1∶2干硬性水泥砂浆结合层； 3. 面层：CT-01瓷砖800×800，燃烧性能等级A级，最终以发包方封样为准； 4. 嵌缝材料种类：美缝剂美缝； 5. 含切割、拉槽、磨边、倒边（含L型缝及V型缝）、45度切割（包括海棠角）、粘接等做法。 6. 其他：满足施工验收规范要求	m²	65	97.25	16	5.64	5.64	188.95
3	011102001002	雅柏灰石材	1. 基层清理：抹灰面、移交面； 2. 粘贴层：30mm厚1∶3干硬性水泥砂浆结合找平层，10mm厚益胶泥黏贴（或瓷砖胶、结构胶）； 3. 面层材料规格：ST-02雅柏灰石材，燃烧性能等级A级，最终以发包方封样为准； 4. 酸洗、打蜡要求：含石材勾缝、石材六面防污防护、倒角、磨边、晶面处理等内容	m²	85	410	15	15.3	15.3	540.6
4	011102002001	保加利亚灰石材门槛石	1. 基层清理：抹灰面、移交面； 2. 粘贴层：30mm厚1∶2干硬性水泥砂浆结合层，10mm厚益胶泥黏贴（或瓷砖胶、结构胶）； 3. 面层材料规格：ST-01保加利亚灰石材20厚，燃烧性能等级A级，最终以发包方封样为准； 4. 人工费包含45度斜角处理，倒边等费用，零星加工费不单独计算； 5. 嵌缝材料种类：满足设计要求； 6. 酸洗、打蜡要求：含石材勾缝、石材六面防污防护、倒角、磨边、晶面处理等内容； 7. 做法及其他要求等需符合设计或发包方及相关规范要求，包括但不限于完成此项工作所需全部内容，具体详图设计； 8. 具体做法详见设计说明石材地面做法表及大1-5/DE-01； 9. 其他：满足施工验收规范要求	m²	100	505	15	18.6	18.6	657.2
	略									

【表样】E.2-3 材料暂估单价及调整表

【表格说明】 编制投标报价时，本表按照工程量清单提供的列出即可，应将提供的暂估材料单价计入工程量清单综合单价中。

材料暂估单价及调整表

工程名称：××项目营销中心及样板间精装修工程　　　　　　　　　　　第1页　共1页

序号	材料名称	规格型号	计量单位	暂估 数量	暂估 单价（元）	暂估 合价（元）	确认 数量	确认 单价（元）	确认 合价（元）	调整金额（元）	备注
				A_1	B_1	C_1	A_2	B_2	C_2	$D=C_2-C_1$	
1											
2											
本页小计											
合　　计											

注：此表由招标人填写"暂估单价"栏，并在备注栏说明拟用暂估价材料的清单项目，投标人应将上述材料暂估单价计入工程量清单综合单价。

【表样】E.3 措施项目清单计价表

【表格说明】 编制投标报价时，投标人可复查措施项目清单列项是否完整和适用，依据自身制定且可实施的施工方案对招标人提供的措施项目清单列项进行补充完善，形成与施工方案相匹配的措施项目清单，充分考虑价格影响因素进行报价并汇总。

措施项目清单计价表

工程名称：××项目营销中心及样板间精装修工程　　　　　　　　　　　　　　第1页　共1页

序号	项目编码	项目名称	工作内容	价格（元）	备注
1	011601001001	脚手架	室内精装脚手架搭设、转运、维修维护，拆除、堆放、整理，外运、归库等	19200	详见明细表 E.3-1
2	011601009001	安全文明施工措施费	施工现场安全施工所需的各项措施	16000	详见明细表 E.3-1
3	011601004001	二次搬运费	二次搬运材料及多次转运费等措施费：施工场地小或招标人需要等引起的材料二次或多次搬运	15800	详见明细表 E.3-1
4	011601007001	垃圾清运费	垃圾清运至红线外合法区域，运距由投标单位考虑	9500	
		略		180000	
		本页小计		240500.00	
		合计		240500.00	

注：大型机械进出场费用构成详见表 E.3-3。

【表样】E.3-1 措施项目清单构成明细分析表

【表格说明】 编制投标报价时，根据补充完善的措施项目清单自主报价，按照各列进行填写。

措施项目清单构成明细分析表

工程名称：××项目营销中心及样板间精装修工程　　　　　　　　　　第1页 共3页

序号	项目编码	措施项目名称	计算基础	费率（%）	价格（元）	价格构成明细（元）					备注
						人工费	材料费	施工机具使用费	管理费	利润	
1	011601001001	脚手架			19200	10264.53	3728.94	1178.52	1968.23	2059.78	
2	011601009001	安全文明施工措施费			16000	8553.77	3107.45	982.10	1640.19	1716.48	
3	011601004001	二次搬运费			15800	8446.85	3068.61	969.83	1619.69	1695.03	
3	011601007001	垃圾清运费			9500	5078.80	1845.05	583.12	973.86	1019.16	
		略			180000	96229.97	34958.80	11048.64	18452.16	19310.44	
		合计			128573.92	46708.85	14762.21	24654.13	25800.89	128573.92	

注：采用费率计价方式的，应分别填写"计算基础""费率""价格"列数值；采用总价计价方式的，可只填"价格"列数值。

【表样】E.3-2 措施项目费用分拆表

【表格说明】编制投标报价时，投标人应填写各项措施项目费用的初始设立费用、中期运行费用、后期拆除费用，在投标文件递交时一并提交。

措施项目费用分拆表

工程名称：××项目营销中心及样板间精装修工程　　　　　　　　　　　　　　第1页　共1页

序号	项目编码	措施项目名称	价格（元）	1.初始设立费用 占比(%)	1.初始设立费用 金额(元)	2.中期运行费用 占比(%)	2.中期运行费用 金额(元)	3.后期拆除费用 占比(%)	3.后期拆除费用 金额(元)
1	011601001001	脚手架	143687.44			100	143687.44		
2	011601002001	垂直运输	91897.29	20	18379.46	70	64328.10	10	9189.73
3	011601009001	安全生产	431985.41	100	431985.41				
		略	343963.92		55402.16		196598.08		91963.68
		本页小计	1011534.06	—	505767.03	—	404613.62	—	101153.41
		合计	1011534.06	—	505767.03	—	404613.62	—	101153.41

【表样】E.4 其他项目清单计价表

【表格说明】 编制投标报价时，按照有关规定确定各项费用进行汇总，填入"金额（元）"列。

其他项目清单计价表

工程名称：××项目营销中心及样板间精装修工程　　　　　　　　　　　　　　第1页　共1页

序号	项目名称	暂估（暂定）金额（元）	结算（确定）金额（元）	调整金额±（元）	备注
1	暂列金额	150000.00			明细详见表E.4-1
2	专业工程暂估价	109000.00			明细详见表E.4-2
3	计日工	37500.00			明细详见表E.4-3
4	总承包服务费	—			明细详见表E.4-4
	合计	296500			—

【表样】E.4-1 暂列金额明细表

【表格说明】 编制投标报价时，按招标工程量清单中提供的暂列金额、专业工程暂估价金额计入投标报价总价中。

暂列金额明细表

工程名称：××项目营销中心及样板间精装修工程　　　　　　　　　　第1页　共1页

序号	项目名称	计算基础	费率（%）	暂定金额（元）	确定金额（元）	调整金额±（元）	备注
1	电动装置大门			150000.00	1		
	本页小计			150000.00			
	合计			150000.00			

注：
1. 此表由招标人填写"暂定金额"总额，采用费率计价方式计算暂定金额的，分别填写"计算基础""费率"列，并计算填写"暂定金额"列；采用总价计价方式计算暂定金额的，直接填写"暂定金额"列。
2. 投标人应将上述暂定金额填写并计入投标总价。
3. 结算时按合同约定计算并填写"确定金额"。

【表样】E.4-2 专业工程暂估价明细表

【表格说明】 编制投标报价时，按照工程量清单中列出的相关内容进行计价。

专业工程暂估价明细表

工程名称：××项目营销中心及样板间精装修工程　　　　　　　　　　　　　　　第1页　共1页

序号	专业工程名称	暂估金额（元）			确认金额（元）			调整金额±（元）	备注
		不含税价格	增值税	含税价格	不含税价格	增值税	含税价格		
		A_1	B_1	C_1	A_2	B_2	C_2	$D=C_2-C_1$	
1	消防工程	100000.00	9000.00	109000.00					
	本页小计	100000.00	9000.00	109000.00					
	合计	100000.00	9000.00	109000.00					—

注：此表"暂估金额"由招标人填写，投标人应将"暂估金额"填写并计入投标总价中。结算时按合同约定的价格填写"确认金额"。

【表样】E.4-3　计日工表

【表格说明】 编制投标报价时，按照工程量清单提供的工程内容和要求进行计价，填入"综合单价（元）"列。

计日工表

工程名称：××项目营销中心及样板间精装修工程　　　　　　　　　　　　　　　　第1页　共1页

编号	计日工名称	单位	暂定数量	实际数量	综合单价（元）	合价（元）		调整金额±（元）
						暂定	实际	
						A_1	A_2	$B=A_2-A_1$
一	人工							
1	普工	工日	50		200.00	10000.00		
2	技工	工日	30		350.00	10500.00		
3								
4								
	人工小计					20500.00		
二	材料							
1								
2								
3								
	材料小计							
三	施工机具							
1								
2								
3								
4								
	施工机具小计							
	总计					20500.00		

注：
1. 此表计日工名称、暂定数量由招标人填写。编制最高投标限价时，单价由招标人按有关计价规定确定；编制投标报价时，单价由投标人自主报价，按暂定数量计算合价计入投标总价中。
2. 结算时，按发承包双方确认的实际数量计量合价。发承包确认的实际数量详见表E.8-1。

【表样】E.4-4　总承包服务费计价表

【表格说明】 编制投标报价时，按照工程量清单提供的需要投标人提供服务的发包人提供材料、专业分包工程、直接发包的专业工程，确定各项目的服务费或费率后计价并填写"计算基础""费率（%）""金额（元）"列。

总承包服务费计价表

工程名称：××项目营销中心及样板间精装修工程　　　　　　　　　　第1页　共1页

序号	项目名称	计算基础 A_1	费率（%） B	金额（元） C_1	确认计算基础 A_2	结算金额（元） C_2	调整金额±（元） $D=C_2-C_1$	备注
1	/	/	/	/	/	/	/	/
2								
3								
	本页小计							
	合计		—	—	—	—	—	—

注：
1. 此表项目名称、服务内容由招标人填写。
2. 编制最高投标限价及投标报价时，采用费率计价方式计算总承包服务费的，分别填写"计算基础 A_1"、"费率 B"列，并计算填写"金额 C_1"列，$C_1=A_1\times B$；采用总价计价方式计算总承包服务费的，直接填写"金额 C_1"列。
3. 编制结算时，采用费率计价方式计算总承包服务费的，填写"确认计算基础 A_2"列，并计算填写"结算金额 C_2"列，$C_2=A_2\times B$；采用总价计价方式计算总承包服务费的，直接填写"结算金额 C_2"列。

【表样】E. 4-5　直接发包的专业工程明细表

【表格说明】 编制投标报价时，本表按照工程量清单提供的列出即可。

直接发包的专业工程明细表

工程名称：××项目营销中心及样板间精装修工程　　　　　　　　　　　　第1页　共1页

序号	直接发包的专业工程名称	备注
1		

注：此表由招标人填写，用于计算直接发包的专业工程总承包服务费。

【表样】E.5　增值税计价表

【表格说明】 编制投标报价时，以分部分项工程项目清单、措施项目清单、其他项目清单（专业工程暂估价除外）的合计金额作为计算基础，按政府有关主管部门规定的增值税税率计算税金，填写各列。

增值税计价表

工程名称：××项目营销中心及样板间精装修工程　　　　　　　　　　第1页　共1页

序号	项目名称	计算基础说明	计算基础	税率（％）	金额（元）
1	增值税	分部分项工程项目＋措施项目＋其他项目－ 其中：专业工程暂估价		9	
		合　计			

【表样】G.1 发包人提供材料一览表

【表格说明】 编制投标报价时，应根据招标人提供的信息，并充分考虑工程数量对人工价格变化、有效损耗率、自身原因超耗使用材料产生的风险等因素进行报价，发包人提供材料不计入综合单价。

发包人提供材料一览表

工程名称：××项目营销中心及样板间精装修工程　　　　　　　　　　　　　　　　第1页　共1页

序号	材料名称、规格、型号	单位	数量	单价（元）	合价（元）	有效损耗率（%）	备注
1							
2							
3							
4							
5							
		本页小计					
		合计					

【表样】G.2 承包人提供可调价主要材料表一

【表格说明】 编制投标报价时，仅填写"投标报价（元）"列内容，投标人在投标文件中提供此表。

承包人提供可调价主要材料表一
（适用于价格信息调差法）

工程名称：××项目营销中心及样板间精装修工程　　　　　　　　　　第1页　共1页

序号	名称、规格、型号	单位	数量	基准价 C_0（元）	投标单价（元）	风险幅度 r（％）	价格信息 C_i（元）	价差 ΔC（元）	价差调整金额 ΔP（元）
1									
		本页小计							
		合计							

注：
1. 本表仅适用于物价变化引起合同价格调整事件使用。其中，招标人填写序号、名称、规格、型号、单位、基准价 C_0（元）、风险幅度栏；投标人根据投标报价填写投标报价栏。
2. "数量"列依据发承包双方在合同中明确的数量计算方式计算确认。

【表样】G.3　承包人提供可调价主要材料表二

【表格说明】 编制投标报价时，仅填写"变值权重B"列内容，本表仅适用于物价变化引起合同价格调整时使用，适用于价格指数调差法。实际工作中很少会出现两种调差方法同时出现的情况，此表仅为调整示例。

承包人提供可调价主要材料表二
（适用于价格指数调差法）

工程名称：××项目营销中心及样板间精装修工程　　　　　　　　　　第1页　共1页

序号	名称、规格、型号	变值权重B	基本价格指数 F_0	现行价格指数 F_t	风险幅度（%）	价差调整金额 ΔP（元）	备注
1							
2							
3							
4							
	合计						

注：
1. "名称、规格、型号""基本价格指数"栏由招标人填写，人工也采用本法调整的，由招标人在"名称"栏填写。
2. 本表仅适用于物价变化引起合同价格调整事件使用。
3. 分项计算可调价主要材料价差的，应在"价差调整金额"列分别填写金额，并计算合计金额；整体计算可调价主要材料价差的，可仅在"价差调整金额"列"合计"行填写

15.2 某路南侧规划五路项目工程[①]

15.2.1 招标工程量清单

招标工程量清单封面

招　标　人：_____××建设集团有限公司_____

（盖章）

年　　月　　日

工程名称：_____××××南侧规划五路项目_____
标段名称：_____

招　标　工　程　量　清　单

编　制　人：（造价专业人员签字及盖章）

审　核　人：（签字及盖章）

编 制 单 位：（盖章）

法定代表人或其授权人：（签字或盖章）

招　标　人：（盖章）

法定代表人或其授权人：（签字或盖章）

编 制 时 间：

[①] 本案例不再按"24版清单计价标准"注明"表样"字样。

编制（审核）说明

工程名称：××××南侧规划五路项目

一、工程概况：建设地点位于泰安市××区，道路长235.88米，红线宽15米，计划工期60日历天

二、工程范围：设计图纸内所有内容，包括道路工程、照明工程、排水工程

三、编制（审核）依据

1. 工程量清单：《建设工程工程量清单计价标准》（GB/T 50500—2024）；
2. 拟定的招标文件及相关资料；
3. 各专业工程工程量计算标准；
4. 道路施工图纸；
5. 有关的标准、规范、技术资料；
6. 施工现场情况、地勘水文资料、工程特点及交付标准。

四、特殊要求（如有）

1. 人行道透水砖，单价暂定为45元/m^2；
2. 透水混凝土由发包人提供，投标人考虑相关安装费用；
3. 路灯工程另行发包，总承包人应配合完成对分包工程进行施工现场统一管理，并对竣工结算资料进行统一整理汇总；
4. 路基处理工程暂未确定是否施工，故在暂列金额中以"未确定工程暂列金额"的形式列出，投标时在暂列金额中进行填报并计入造价，结算时按实结算。

五、其他需要说明的问题：无

工程量清单计算规则说明

工程名称：××××南侧规划五路项目　　　　　标段：　　　　　　　第1页　共1页

计算规则说明

1. 本工程采用《市政工程工程量计算标准》（GB/T 50857—2024）、《通用安装工程工程量计算标准》（GB/T 50856—2024）等进行列项以及工程量计算。

补充计算规则说明

补充清单编码	补充清单名称	项目特征描述	计量单位	工程量计算规则	工作内容
无					

注：1 采用国家及行业工程量计算标准的，应明确相应国家及行业标准的名称及编号；
　　2 根据工程项目特点补充完善计算规则的，应列明工程量清单的详细计算规则。

工程项目清单汇总表

工程名称：××××南侧规划五路项目　　　　标段：　　　　　　　　　　第1页　共1页

序号	项目名称	金额（元）	
1	分部分项工程项目		
1.1	道路工程		
1.2	照明工程		
1.3	排水工程		
2	措施项目		
2.1	其中：安全生产措施项目		
3	其他项目		
3.1	其中：暂列金额		
3.2	其中：专业工程暂估价		
3.3	其中：计日工		
3.4	其中：总承包服务费		
3.5	其中：合同中约定的其他项目		
4	增值税		
	合　　计		

注：1 专业工程暂估价为已含税价格，在计算增值税计算基础时不应包含专业工程暂估价金额；
　　2 本表宜用于按合同标的为工程量清单编制对象的工程汇总计算，以单项工程、单位工程等为工程量清单编制对象的工程可按本表汇总计算。

分部分项工程项目清单计价表

工程名称：××××南侧规划五路项目　　　　标段：　　　　　　　　　　第1页　共1页

序号	项目编码	项目名称	项目特征描述	计量单位	工程量	金额（元）	
						综合单价	合价
1.1	××××南侧规划五路项目-道路工程						
1	040101001001	挖一般土方	1. 土类别：投标单位自行查勘现场，含干土、湿土、淤泥、建筑垃圾、松散砂石和强风化岩、弱风化和中风化岩石等 2. 挖土深度：按设计图示尺寸	m³	4967.91		
2	040103002001	一般回填方	1. 填方来源：利用现状土 2. 密实度：≥94% 3. 材料品种、规格：素土回填	m³	205.15		
3	040103003001	余方弃置	1. 弃料品种：较好素土用于本桩利用；余土及建筑垃圾外运至××区土场	m³	4762.76		
4	040202014001	水泥稳定碎（砾）石	1. 水泥含量：3%~5.5%，最大剂量不超过6% 2. 石料规格：碎石级配采用骨架密实型级配，水泥稳定碎石层7d龄期无侧限抗压强度要求2.5Mpa 3. 厚度：下基层16cm	m²	2741.00		

续表

序号	项目编码	项目名称	项目特征描述	计量单位	工程量	金额（元）	
						综合单价	合价
5	040203003001	透层	1. 材料品种：慢裂乳化沥青（PC-2） 2. 喷油量：用量不宜超过 0.7～1.5L/m²，透层油渗入基层深度不宜小于 5mm，并能与基层联结成一体	m²	2541.00		
6	040203006001	沥青混凝土	1. 沥青品种：A 级 70 号道路石油沥青 2. 沥青混凝土种类：中粒式沥青混凝土（AC-20C） 3. 石料种类、规格：以石灰岩为主 4. 厚度：6cm	m²	2541.00		
7	040204001001	人行道块料铺设	1. 块料品种、规格：透水砖厚 6cm，包含行进盲道板、提示盲道板、导向块材等 2. 垫层、基层材料品种、厚度、混凝土强度等级：粗砂厚 3cm，透水混凝土厚 16cm，级配碎石厚 20cm 3. 透水混凝土由发包人提供 4. 透水砖单价暂定 45 元/m²	m²	900.00		
8	040204004001	安砌侧（平、缘）石	1. 材料品种、规格：锯解花岗岩路缘石，外露面抛光 15×37×99.5cm 2. 垫层材料品种、厚度为 1：3 水泥砂浆 3cm	m	500.00		
××	（略）						
1.2	××××南侧规划五路项目-照明工程						
	（略）						
1.3	××××南侧规划五路项目-排水工程						
	（略）						
			本页小计				
			合　　计				

材料暂估单价及调整表

工程名称：××××南侧规划五路项目　　　　标段：　　　　　　　第1页　共1页

序号	材料名称	规格型号	计量单位	暂估 数量	暂估 单价（元）	暂估 合价（元）	确认 数量	确认 单价（元）	确认 合价（元）	调整金额（元）	备注
				A_1	B_1	C_1	A_2	B_2	C_2	$D=C_2-C_1$	
1	透水砖	厚6cm	m²	918.00	45.00	41310.00	—	—	—	—	用于人行道块料铺设项目
		本页小计				41310.00	—	—	—	—	—
		合计				41310.00	—	—	—	—	—

注：此表由招标人填写"暂估单价"栏，并在备注栏说明拟用暂估价材料的清单项目，投标人应将上述材料暂估单价计入工程量清单综合单价。

措施项目清单计价表

工程名称：××××南侧规划五路项目　　　　标段：　　　　　　　第1页　共1页

序号	项目编码	项目名称	工作内容	价格（元）	备注
	—	××××南侧规划五路项目			
1	—	××××南侧规划五路项目-道路工程			
1.1	041201012001	大型机械设备进出场及安拆	大型机械设备进出场及安拆 1. 安拆费包括施工机械费、设备在现场进行安装拆卸的所需人工、材料、机械和试运转费用以及机械辅助设施的折旧搭设、拆除等费用 2. 进出场费包括施工机械、设备整体或分体停放地点运至施工现场或由一个施工地点运至另一施工地点所发生的运输、装卸、辅助材料等费用		
1.2	041201017001	文明施工	施工现场文明施工、绿色施工所需的各项措施		
		略			
2	—	××××南侧规划五路项目-照明工程			
		略			
3	—	××××南侧规划五路项目-排水工程			
		略			
		本页小计			
		合计			

注：措施项目清单费用构成详见"24版清单计价标准"表E.3.2，大型机械进出场及安拆费用组成见"24版清单计价标准"表E.3.4。

其他项目清单计价表

工程名称：××××南侧规划五路项目　　　　标段：　　　　　　　　　　第1页　共1页

序号	项目名称	暂估（暂定）金额（元）	结算（确定）金额（元）	调整金额±（元）	备注
1	暂列金额	150000.00	—	—	
2	专业工程暂估价	20000.00	—	—	
3	计日工		—	—	
4	总承包服务费		—	—	
	合计	170000.00	—	—	—

暂列金额明细表

工程名称：××××南侧规划五路建设工程　　　　标段：　　　　　　　　　　第1页　共1页

序号	项目名称	计算基础	费率（％）	暂定金额（元）	确定金额（元）	调整金额±（元）	备注
1	合同价格调整暂列金额			50000.00	—	—	
2	未确定工程暂列金额			150000.00	—	—	
2.1	路基处理			150000.00			
3	未确定服务暂列金额			0.00			
4	未确定其他暂列金额			0.00			
	本页小计	—	—	20000.00	—	—	—
	合计	—	—	20000.00	—	—	—

注：1 本表由招标人填写"暂定金额"总额，采用费率计价方式计算暂定金额的，应分别填写"计算基础""费率"，并计算填写"暂定金额"；采用总价计价方式计算暂定金额的，可直接填写"暂定金额"；
2 投标人应将上述暂定金额填写并计入投标总价；
3 结算时应按合同约定计算并填写"确定金额"。

专业工程暂估价明细表

工程名称：××××南侧规划五路项目　　　　标段：　　　　　　　　　　第1页　共1页

序号	专业工程名称	暂估金额（元）			确定金额（元）			调整金额±（元）	备注
		不含税价格	增值税	含税价格	不含税价格	增值税	含税价格		
		A_1	B_1	C_1	A_2	B_2	C_2	$D=C_2-C_1$	
1	路灯工程	18348.62	1651.38	20000.00	—	—	—	—	
	本页小计	18348.62	1651.38	20000	—	—	—	—	—
	合计	18348.62	1651.38	20000	—	—	—	—	—

注：本表"暂估金额"由招标人填写，投标人应将"暂估金额"填写并计入投标总价。结算时应按合同约定的价格填写"确认金额"。

计日工表

工程名称：××××南侧规划五路项目　　　　标段：　　　　　　　　　第1页　共1页

编号	计日工名称	单位	暂定数量	实际数量	综合单价（元）	合价（元）暂定 A_1	合价（元）实际 A_2	调整金额±（元）$B=A_2-A_1$
一	人工			—		—		—
1	普工	工日	50	—	120.00	6000.00		
2	技工	工日	20	—	260.00	5200.00		
3								
4								
	人工小计					11200.00		
二	材料			—		—		—
	材料小计							
三	施工机具			—		—		—
	施工机具小计							
四	零星工作			—		—		—
	零星工作小计							
	总计					11200.00	—	—

注：1 本表计日工名称、暂定数量应由招标人填写。编制最高投标限价时，单价应由招标人按有关计价规定确定；编制投标报价时，单价应由投标人自主报价，并按暂定数量计算合价计入投标总价中；

　　2 工程结算时，应按发承包双方确认的实际数量计量合价。发承包双方确认的实际数量详见"24版清单计价标准"表E.8.2。

总承包服务费计价表

工程名称：××××南侧规划五路项目　　　　标段：　　　　　　　　　　　第1页　共1页

序号	项目名称	计算基础	费率（%）	金额（元）	确认计算基础	结算金额（元）	调整金额±（元）	备注
		A_1	B	C_1	A_2	C_2	$D=C_2-C_1$	
1	发包人提供材料				—	—	—	
	透水混凝土							
2	专业分包工程				—	—	—	
	路灯工程							
3	直接发包的专业工程				—	—	—	
	××路10kV电力改迁							
	本页小计				—	—	—	—
	合计		—		—		—	—

注：1 本表项目名称、服务内容应由招标人填写；

2 编制最高投标限价及投标报价时，采用费率计价方式计算总承包服务费的，应分别填写"计算基础A_1""费率B"，并计算填写"金额C_1"，$C_1=A_1×B$；采用总价计价方式计算总承包服务费的，可直接填写"金额C_1"；

3 编制结算时，采用费率计价方式计算总承包服务费的，应填写"确认计算基础A_2"，并计算填写"结算金额C_2"，$C_2=A_2×B$；采用总价计价方式计算总承包服务费的，可直接填写"结算金额C_2"。

直接发包的专业工程明细表

工程名称：××××南侧规划五路项目　　　　标段：　　　　　　　　　第1页　共1页

序号	直接发包的专业工程名称	备注
1	××路10kV电力改迁	
	合计	

注：此表由招标人填写，用于计算直接发包的专业工程总承包服务费。

发包人提供材料一览表

工程名称：××××南侧规划五路项目　　　　标段：　　　　　　　　　　　第1页　共1页

序号	材料名称、规格、型号	单位	数量	单价（元）	合价（元）	有效损耗率（%）	备注
1	透水混凝土	m³	145.44	440.00	63993.60	2	
		本页小计			63993.6	—	—
		合计			63993.6	—	—

注：本表中的"数量"应包含"有效损耗率"。

承包人提供可调价主要材料表一

工程名称：××××南侧规划五路项目　　　　标段：　　　　　　　　　　　第1页　共1页

序号	名称、规格、型号、	单位	数量	基准价C_0（元）	投标报价（元）	风险幅度系数r（%）	价格信息C_i（元）	价差ΔC（元）	价差调整费用ΔP（元）
1	水泥稳定碎石	m³	1309.35	315.00	312.00	5	340.00	25.00	12111.49
		本页小计							12111.49
		合计							12111.49

注：1 本表仅适用于物价变化引起合同价格调整事件使用。其中，招标人填写序号、名称、规格、型号、单位、数量、基准价、风险幅度；投标人根据投标报价填写投标报价栏；

　　2 "数量"列依据发承包双方在合同中明确的数量计算方式计算确认。

承包人提供可调价主要材料表二
（适用于指数调差法）

工程名称：××××南侧规划五路项目　　　　　标段：　　　　　　　　　　第1页　共1页

序号	名称、规格、型号	变值权重 B	基本价格指数 F_0	现行价格指数 F_t	风险幅度系数（%）	价差调整金额 ΔP（元）
1	人工费	18.25%	110.20		5	
2						
3						
	定值权重 A	25.20%	—	—	—	—
	合计	1	—	—	—	

注：1 "名称、规格、型号""基本价格指数"栏由招标人填写，人工也采用价格指数调差法调整的，由招标人在"名称"栏填写；

　　2 本表仅适用于物价变化引起合同价格调整事件使用；

　　3 分项计算可调价主要材料价差的，应在"价差调整金额"列分别填写金额，并计算合计金额；整体计算可调价主要材料价差的，可仅在"价差调整金额"列"合计"行填写。

15.2.2　最高投标限价

最高投标限价编制（审核）封面

<u>××××南侧规划五路项目</u>　　工程最高投标限价

招　标　人：　<u>××建设集团有限公司</u>

　　　　　　　　　　（盖章）

　　　　　　年　月　日

工程名称：　<u>××××南侧规划五路项目</u>

标段名称：　_____

最　高　投　标　限　价

最高投标限价（小写）：　　　　<u>3081370.74</u>

　　　　　（大写）：　<u>叁佰零捌万壹仟叁佰柒拾元柒角肆分</u>

编　制　人：（造价专业人员签字及盖章）

审　核　人：（签字及盖章）

编 制 单 位：（盖章）

法定代表人或其授权人：（签字或盖章）

招　标　人：（盖章）

法定代表人或其授权人：（签字或盖章）

编制时间：

最高投标限价编制（审核）说明

工程名称：××××南侧规划五路项目

一、工程概况：建设地点位于泰安市××区，道路长 235.88 米，红线宽 15 米，计划工期 60 日历天

二、工程范围：设计图纸内所有内容，包括道路工程、照明工程、排水工程，详见工程量清单

三、编制（审核）依据

1. 工程量清单：GB/T 50500—2024《建设工程工程量清单计价标准》；
2. 招标文件（包括招标工程量清单、合同条款、图纸、技术标准规范等）；
3. 各专业工程工程量计算标准；
4. 有关的标准、规范、技术资料；
5. 施工现场情况、地勘水文资料、工程特点及交付标准；
6. 人工、材料、机械定价参考工程所在地的市场价、相同业态同等规模类似工程结算数据、自积累项目综合指标以及工程造价管理机构××年××月发布的工程造价信息价格信息或价格指数；
7. 其他依据：无。

四、特殊要求（如有）：无

五、其他需要说明的问题：无

注：最高投标限价编制（审核）说明应包括工程概况、工程范围、编制（审核）依据、特殊要求（如有）及其他需要说明的问题等内容。

工程量清单计算规则说明

工程名称：××××南侧规划五路项目　　　　标段：　　　　第1页 共1页

计算规则说明

1. 本工程采用 GB/T 50857—2024《市政工程工程量计算标准》、GB/T 50856—2024《通用安装工程工程量计算标准》等进行列项以及工程量计算。

补充计算规则说明

补充清单编码	补充清单名称	项目特征描述	计量单位	工程量计算规则	工作内容
无					

注：1 采用国家及行业工程量计算标准的，应明确相应国家及行业标准的名称及编号；
　　2 根据工程项目特点补充完善计算规则的，应列明工程清单的详细计算规则。

工程项目清单汇总表

工程名称：××××南侧规划五路项目　　　　标段：　　　　　　　　　　　第1页　共1页

序号	项目名称	金额（元）
1	分部分项工程项目	2448645.55
1.1	道路工程	1306689.07
1.2	照明工程	200546.73
1.3	排水工程	941409.75
2	措施项目	191871.59
2.1	其中：安全生产措施项目	139919.03
3	其他项目	188079.87
3.1	其中：暂列金额	150000.00
3.2	其中：专业工程暂估价	20000.00
3.3	其中：计日工	11200.00
3.4	其中：总承包服务费	6879.87
3.5	其中：合同中约定的其他项目	0.00
4	增值税	252773.73
	合计	3081370.74

注：1 专业工程暂估价为已含税价格，在计算增值税计算基础时不应包含专业工程暂估价金额；
　　2 本表宜用于按合同标的为工程量清单编制对象的工程汇总计算，以单项工程、单位工程等为工程量清单编制对象的工程可按本表汇总计算。

分部分项工程项目清单计价表

工程名称：××××南侧规划五路项目　　　　标段：　　　　　　　　　　　第1页　共1页

序号	项目编码	项目名称	项目特征描述	计量单位	工程量	综合单价	合价
1.1	××××南侧规划五路项目-道路工程						
1	040101001001	挖一般土方	1. 土类别：投标单位自行查勘现场，含干土、湿土、淤泥、建筑垃圾、松散砂石和强风化岩、弱风化和中风化岩石等 2. 挖土深度：按设计图示尺寸	m^3	4967.91	6.80	33781.79
2	040103002001	一般回填方	1. 填方来源：利用现状土 2. 密实度：≥94% 3. 材料品种、规格：素土回填	m^3	205.15	21.56	4423.03
3	040103003001	余方弃置	1. 弃料品种：较好素土用于本桩利用；余土及建筑垃圾外运至××区土场	m^3	4762.76	25.43	121116.99
4	040202014001	水泥稳定碎（砾）石	1. 水泥含量：3%～5.5%，最大剂量不超过6% 2. 石料规格：碎石级配采用骨架密实型级配，水泥稳定碎石层7d龄期无侧限抗压强度要求2.5Mpa 3. 厚度：下基层16cm	m^2	2741.00	50.77	139160.57

续表

序号	项目编码	项目名称	项目特征描述	计量单位	工程量	金额（元）	
						综合单价	合价
5	040203003001	透层	1. 材料品种：慢裂乳化沥青（PC-2） 2. 喷油量：用量不宜超过 0.7～1.5L/m²，透层油渗入基层深度不宜小于 5mm，并能与基层联结成一体	m²	2541.00	2.47	6276.27
6	040203006001	沥青混凝土	1. 沥青品种：A 级 70 号道路石油沥青 2. 沥青混凝土种类：中粒式沥青混凝土（AC-20C） 3. 石料种类、规格：以石灰岩为主 4. 厚度：6cm	m²	2541.00	62.33	158380.53
7	040204001001	人行道块料铺设	1. 块料品种、规格：透水砖厚 6cm，包含行进盲道板、提示盲道板、导向块材等 2. 垫层、基层材料品种、厚度、混凝土强度等级：粗砂厚 3cm，透水混凝土厚 16cm，级配碎石厚 20cm 3. 透水混凝土由发包人提供 4. 透水砖单价暂定 45 元/m²	m²	900.00	154.21	138789.00
8	040204004001	安砌侧（平、缘）石	1. 材料品种、规格：锯解花岗岩路缘石，外露面抛光 15×37×99.5cm 2. 垫层材料品种、厚度为 1∶3 水泥砂浆 3cm	m	500.00	101.18	50590.00
××			（略）				654170.89
1.2		××××南侧规划五路项目-照明工程					200546.73
			（略）				
1.3		××××南侧规划五路项目-排水工程					941409.75
			（略）				
			本页小计				
			合计				

分部分项工程项目清单综合单价分析表

工程名称：××××南侧规划五路项目　　　标段：　　　　　　　　　　第1页　共1页

项目编码	040204004001	项目名称	安砌侧（平、缘）石	计量单位	m
项目特征	\multicolumn{5}{l	}{1. 材料品种、规格：锯解花岗岩路缘石，外露面抛光15×37×99.5cm 2. 垫层材料品种、厚度为1:3水泥砂浆3厘米}

序号	费用项目	单位	数量	计算基础（元）	费率（%）	单价（元）	合价（元）
1	人工费	—	—	—	—	—	14.81
1.1	综合工日（市政）	工日	0.074	—	—	200	14.81
2	材料费	—	—	—	—	—	82.63
2.1	锯解花岗岩路缘石	m	1.01	—	—	78.58	79.37
2.2	其他材料费	—	—	—	—	—	3.26
3	施工机具使用费	元	—	—	—	—	0.07
4	小计（1+2+3）	—	—	—	—	—	97.51
5	管理费（4×费率）	—	—	97.51	1.48	—	1.44
6	利润（(4+5)×费率）	—	—	98.95	2.25	—	2.23
	综合单价（4+5+6）						101.18

分部分项工程项目清单综合单价分析表（简版）

工程名称：××××南侧规划五路项目　　　标段：　　　　　　　　　　第1页　共1页

序号	项目编码	项目名称	项目特征描述	计量单位	综合单价组成明细（元）					
					人工费	材料费	施工机具使用费	管理费	利润	综合单价
1	040204004001	安砌侧（平、缘）石	1. 材料品种、规格：锯解花岗岩路缘石，外露面抛光15×37×99.5cm 2. 垫层材料品种、厚度：1:3水泥砂浆3cm	m	14.81	82.63	0.07	1.44	2.23	101.18

材料暂估单价及调整表

工程名称：××××南侧规划五路项目　　　　标段　　　　第1页 共1页

序号	材料名称	规格型号	计量单位	暂估 数量 A_1	暂估 单价（元） B_1	暂估 合价（元） C_1	确认 数量 A_2	确认 单价（元） B_2	确认 合价（元） C_2	调整金额（元） $D=C_2-C_1$	备注
1	透水砖	厚6cm	m²	918.00	45.00	41310.00	—	—	—	—	用于人行道块料铺设项目
							—	—	—		
							—	—	—		
							—	—	—		
							—	—	—		
							—	—	—		
							—	—	—		
							—	—	—		
							—	—	—		
	本页小计					41310.00	—	—	—		
	合　计					41310.00	—	—	—		

注：此表由招标人填写"暂估单价"栏，并在备注栏说明拟用暂估价材料的清单项目，投标人应将上述材料暂估单价计入工程量清单综合单价。

措施项目清单计价表

工程名称：××××南侧规划五路项目　　　　标段：　　　　第1页 共1页

序号	项目编码	项目名称	工作内容	价格（元）	备注
	—	××××南侧规划五路项目			
1	—	××××南侧规划五路项目-道路工程		104321.74	
1.1	041201012001	大型机械设备进出场及安拆	大型机械设备进出场及安拆 1. 安拆费包括施工机械费、设备在现场进行安装拆卸的所需人工、材料、机械和试运转费用以及机械辅助设施的折旧搭设、拆除等费用； 2. 进出场费包括施工机械、设备整体或分体停放地点运至施工现场或由一个施工地点运至另一施工地点所发生的运输、装卸、辅助材料等费用	20038.74	详见明细表E.3.2
1.2	041201017001	文明施工	施工现场文明施工、绿色施工所需的各项措施	10976.19	详见明细表E.3.2
		略		73306.81	
2	—	××××南侧规划五路项目-照明工程		14449.38	
		略			
3	—	××××南侧规划五路项目-排水工程		73100.47	
		略			
		本页小计		191871.59	—
		合计		191871.59	—

注：措施项目清单费用构成详见"24版清单计价标准"表E.3.2，大型机械进出场及安拆费用组成见"24版清单计价标准"表E.3.4。

措施项目清单构成明细分析表

工程名称：××××南侧规划五路项目　　　　标段：　　　　　　　　　　第1页　共1页

序号	项目编码	措施项目名称	计算基础	费率(%)	价格(元)	人工费	材料费	施工机具使用费	管理费	利润	备注
	—	××××南侧规划五路项目									
1	—	××××南侧规划五路项目-道路工程			104321.74						
1.1	041201012001	大型机械设备进出场及安拆			20038.74	4030.00	816.83			1763.73	
1.2	041201017001	文明施工	1306689.29	0.84	10976.19	2207.43	447.42	6282.75		966.08	
		略			73306.81	14742.77				6452.17	
2		××××南侧规划五路项目-照明工程			14449.38						
		略									
3		××××南侧规划五路项目-排水工程			73100.47						
		略									
		合计			191871.59	—	—	—	—	—	

注：采用费率计价方式的，应分别填写"计算基础""费率""价格"列数值；采用总价计价方式的，可只填"价格"列数值。

其他项目清单计价表

工程名称：××××南侧规划五路项目　　　　标段：　　　　　　　　　　第1页　共1页

序号	项目名称	暂估（暂定）金额（元）	结算（确定）金额（元）	调整金额±（元）	备注
1	暂列金额	150000.00	—	—	详见表E.4.2
2	专业工程暂估价	20000.00	—	—	详见表E.4.3
3	计日工	11200.00	—	—	详见表E.4.4
4	总承包服务费	6879.87	—	—	详见表E.4.5
	合计	188079.87	—	—	—

暂列金额明细表

工程名称：××××南侧规划五路项目　　　　标段：　　　　　　　　第1页　共1页

序号	项目名称	计算基础	费率（%）	暂定金额（元）	确定金额（元）	调整金额±（元）	备注
1	合同价格调整暂列金额			50000.00	—	—	
2	未确定工程暂列金额			100000.00			
2.1	路基处理			100000.00			
3	未确定服务暂列金额				—	—	
4	未确定其他暂列金额				—	—	
	本页小计	—	—	150000.00	—	—	—
	合计	—	—	150000.00	—	—	—

注：1 本表由招标人填写"暂定金额"总额，采用费率计价方式计算暂定金额的，应分别填写"计算基础""费率"，并计算填写"暂定金额"；采用总价计价方式计算暂定金额的，可直接填写"暂定金额"；

2 投标人应将上述暂定金额填写并计入投标总价；

3 结算时应按合同约定计算并填写"确定金额"。

专业工程暂估价明细表

工程名称：××××南侧规划五路项目　　　　标段：　　　　　　　　第1页　共1页

序号	专业工程名称	暂估金额（元）			确定金额（元）			调整金额±（元）	备注
		不含税价格	增值税	含税价格	不含税价格	增值税	含税价格		
		A_1	B_1	C_1	A_2	B_2	C_2	$D=C_2-C_1$	
1	路灯工程	18348.62	1651.38	20000.00	—				
	本页小计	18348.62	1651.38	20000	—	—	—	—	—
	合计	18348.62	1651.38	20000	—	—	—	—	—

注：本表"暂估金额"由招标人填写，投标人应将"暂估金额"填写并计入投标总价。结算时应按合同约定的价格填写"确认金额"。

计日工表

工程名称：××××南侧规划五路项目　　　　标段：　　　　　　　　　　　　　第1页　共1页

编号	计日工名称	单位	暂定数量	实际数量	综合单价（元）	合价（元） 暂定 A_1	合价（元） 实际 A_2	调整金额± （元） $B=A_2-A_1$
一	人工			—		—		—
1	普工	工日	50	—	120.00	6000.00		
2	技工	工日	20	—	260.00	5200.00		
3								
4								
	人工小计					11200.00		
二	材料			—		—		—
	材料小计							
三	施工机具			—		—		—
	施工机具小计							
四	零星工作			—		—		—
	零星工作小计							
	总计					11200.00	—	—

注：1 本表计日工名称、暂定数量应由招标人填写。编制最高投标限价时，单价应由招标人按有关计价规定确定；编制投标报价时，单价应由投标人自主报价，并按暂定数量计算合价计入投标总价中；
　　2 工程结算时，应按发承包双方确认的实际数量计量合价。发承包双方确认的实际数量详见"24版清单计价标准"表E.8.2。

总承包服务费计价表

工程名称：××××南侧规划五路项目　　　　标段：　　　　　　　　　　　　　第1页　共1页

序号	项目名称	计算基础 A_1	费率(%) B	金额(元) C_1	确认计算基础 A_2	结算金额(元) C_2	调整金额±(元) $D=C_2-C_1$	备注
1	发包人提供材料			1279.87	—	—	—	
	透水混凝土	63993.60	2.00	1279.87				
2	专业分包工程			600.00	—	—	—	
	路灯工程	20000.00	3.00	600.00				
3	直接发包的专业工程			5000.00	—	—	—	
	××路10kV电力改迁			5000.00				
	本页小计			6879.87	—	—	—	
	合计	—	—	6879.87	—	—	—	

注：1 本表项目名称、服务内容应由招标人填写；

2 编制最高投标限价及投标报价时，采用费率计价方式计算总承包服务费的，应分别填写"计算基础 A_1""费率 B"，并计算填写"金额 C_1"，$C_1=A_1×B$；采用总价计价方式计算总承包服务费的，可直接填写"金额 C_1"；

3 编制结算时，采用费率计价方式计算总承包服务费的，应填写"确认计算基础 A_2"，并计算填写"结算金额 C_2"，$C_2=A_2×B$；采用总价计价方式计算总承包服务费的，可直接填写"结算金额 C_2"。

直接发包的专业工程明细表

工程名称：××××南侧规划五路项目　　　　标段：　　　　　　第1页　共1页

序号	直接发包的专业工程名称	备注
1	××路10kV电力改迁	
	合计	

注：此表由招标人填写，用于计算直接发包的专业工程总承包服务费。

增值税计价表

工程名称：××××南侧规划五路项目　　　　标段：　　　　　　　　　　　　　　第1页　共1页

序号	项目名称	计算基础说明	计算基础	税率（%）	金额（元）
1	增值税	分部分项工程项目＋措施项目＋其他项目－其中：专业工程暂估价	2808597.01	9	252773.73
	合计				252773.73

专注建设工程领域教育培训

扫码关注建联云公众号

建联云(北京)教育科技有限公司

电话：4006116286

官网：https://www.jly.org.cn/

---

www.51qzl.cn

数智互联 共创未来

扫码关注全咨互联公众号

扫码关注全咨联盟公众号

咨询电话：4009991762

全咨数字化服务领航者

专注建设工程领域教育培训

扫码关注建联云公众号

建联云(北京)教育科技有限公司

电话：4006116286

官网：https://www.jly.org.cn/

---

www.51qzl.cn

数智互联　共创未来

扫码关注全咨联公众号

扫码关注全咨联盟公众号

咨询电话：4009991762

全咨数字化服务领航者

发包人提供材料一览表

工程名称：××××南侧规划五路项目　　　　标段：　　　　　　　　　第1页　共1页

序号	材料名称、规格、型号	单位	数量	单价（元）	合价（元）	有效损耗率（%）	备注
1	透水混凝土	m³	145.44	440.00	63993.60	2	
				本页小计	63993.60	—	—
				合计	63993.60	—	—

注：本表中的"数量"应包含"有效损耗率"。

承包人提供可调价主要材料表一

工程名称：××××南侧规划五路项目　　　　标段：　　　　　　　　　第1页　共1页

序号	名称、规格、型号	单位	数量	基准价 C_0（元）	投标报价（元）	风险幅度系数 r（%）	价格信息 C_i（元）	价差 ΔC（元）	价差调整费用 ΔP（元）
1	水泥稳定碎石	m³	1309.35	315.00		5			
					本页小计				
					合计				

注：1 本表仅适用于物价变化引起合同价格调整事件使用。其中，招标人填写序号、名称、规格、型号、单位、数量、基准价、风险幅度；投标人根据投标报价填写投标报价栏；

2 "数量"列依据发承包双方在合同中明确的数量计算方式计算确认。

承包人提供可调价主要材料表二
(适用于指数调差法)

工程名称：××××南侧规划五路项目　　　　标段：　　　　　　　　　第1页　共1页

序号	名称、规格、型号	变值权重 B	基本价格指数 F_0	现行价格指数 F_t	风险幅度系数 (%)	价差调整金额 ΔP（元）
1	人工费	18.25%	110.20		5	
2						
3						
	定值权重 A	25.20%	—	—	—	—
	合计	1	—	—	—	

注：1 "名称、规格、型号""基本价格指数"栏由招标人填写，人工也采用价格指数调差法调整的，由招标人在"名称"栏填写；
　　2 本表仅适用于物价变化引起合同价格调整事件使用；
　　3 分项计算可调价主要材料价差的，应在"价差调整金额"列分别填写金额，并计算合计金额；整体计算可调价主要材料价差的，可仅在"价差调整金额"列"合计"行填写。

15.2.3　投标报价

投标报价封面

＿＿＿＿××××南侧规划五路项目＿＿＿＿　工程

投　标　总　价

投　标　人：＿＿＿＿××××建设工程有限公司＿＿＿＿

　　　　　　　　　　　（盖章）

　　　　　　　年　　月　　日

工程名称：＿＿＿＿××××南侧规划五路项目＿＿＿＿

标段名称：＿＿＿＿＿＿＿＿＿＿＿＿＿＿＿＿＿＿

投　标　总　价

投标总价(小写)：＿＿2,947,025.80＿＿

　　　（大写）：＿＿贰佰玖拾肆万柒仟零贰拾伍元捌角整＿＿

投　标　人：　　　　　　　　　　　　　（盖章）

法定代表人或其授权人：　　　　　　　　（签字或盖章）

编　制　人：　　　　　　　　　　　　　（签字及盖章）

编制时间：

投标报价填报说明

工程名称：××××南侧规划五路项目

一 工程范围：建设地点位于泰安市××区，道路长 235.88 米，红线宽 15 米，计划工期 60 日历天

二 投标报价范围：本次招标的施工图范文内的道路工程、照明工程、排水工程，详见工程量清单

三 投标报价编制依据

1. 招标文件、招标工程量清单和有关报价要求，招标文件的补充通知和答疑纪要、澄清文件等；
2. 施工图及工程施工方案；
3. 建设工程工程量清单计价标准、各专业工程量计算标准以及本省行业建设主管部门有关文件等；
4. 人工、材料、机械定价原则：根据自身企业生产力水平，结合投标工程制定且可实施的施工方案及以往施工工程数据进行定价，并参考工程所在地的市场价、自积累项目综合指标以及工程造价管理机构××年××月发布的工程造价信息价格信息或价格指数；
5. 本工程中地基处理工程在未确定工程暂列金额中进行报价并计入总价；
6. 本工程中路灯工程在专业工程暂估价中进行报价并计入总价；
7. 其他（略）。

注：投标报价填报说明应包括工程范围、工程特征、计划工期、施工现场情况、施工组织特点及其他需要说明的问题等内容。

工程量清单计算规则说明

工程名称：××××南侧规划五路项目　　　　　　　　　标段：　　　　　　　　第 1 页　共 1 页

计算规则说明

1. 本工程采用 GB/T 50857—2024《市政工程工程量计算标准》、GB/T 50856—2024《通用安装工程工程量计算标准》等进行列项以及工程量计算。

补充计算规则说明

补充清单编码	补充清单名称	项目特征描述	计量单位	工程量计算规则	工作内容
无					

注：1 采用国家及行业工程量计算标准的，应明确相应国家及行业标准的名称及编号；
　　2 根据工程项目特点补充完善计算规则的，应列明工程量清单的详细计算规则。

工程项目清单汇总表

工程名称：××××南侧规划五路项目　　　　标段：　　　　　　　　　第1页　共1页

序号	项目名称	金额（元）
1	分部分项工程项目	2326213.27
1.1	道路工程	1241354.62
1.2	照明工程	190519.39
1.3	排水工程	894339.26
2	措施项目	191871.59
2.1	其中：安全生产措施项目	132923.08
3	其他项目	187259.90
3.1	其中：暂列金额	150000.00
3.2	其中：专业工程暂估价	20000.00
3.3	其中：计日工	10800.00
3.4	其中：总承包服务费	6459.90
3.5	其中：合同中约定的其他项目	0.00
4	增值税	241681.03
	合　　　计	2947025.80

注：1 专业工程暂估价为已含税价格，在计算增值税计算基础时不应包含专业工程暂估价金额；
　　2 本表宜用于按合同标的为工程量清单编制对象的工程汇总计算，以单项工程、单位工程等为工程量清单编制对象的工程可按本表汇总计算。

分部分项工程项目清单计价表

工程名称：××××南侧规划五路项目　　　　标段：　　　　　　　　　第1页　共1页

序号	项目编码	项目名称	项目特征描述	计量单位	工程量	综合单价	合价
1.1	××××南侧规划五路项目-道路工程						1241354.62
1	040101001001	挖一般土方	1. 土类别：投标单位自行查勘现场，含干土、湿土、淤泥、建筑垃圾、松散砂石和强风化岩、弱风化和中风化岩石等 2. 挖土深度：按设计图示尺寸	m³	4967.91	6.46	32092.70
2	040103002001	一般回填方	1. 填方来源：利用现状土 2. 密实度：≥94% 3. 材料品种、规格：素土回填	m³	205.15	20.48	4201.88
3	040103003001	余方弃置	1. 弃料品种：较好素土用于本桩利用；余土及建筑垃圾外运至××区土场	m³	4762.76	24.16	115061.14
4	040202014001	水泥稳定碎（砾）石	1. 水泥含量：3%～5.5%，最大剂量不超过6% 2. 石料规格：碎石级配采用骨架密实型级配，水泥稳定碎石层7d龄期无侧限抗压强度要求2.5Mpa 3. 厚度：下基层16cm	m²	2741.00	48.23	132202.54
5	040203003001	透层	1. 材料品种：慢裂乳化沥青（PC-2） 2. 喷油量：用量不宜超过0.7～1.5L/m²，透层油渗入基层深度不宜小于5mm，并能与基层联结成一体	m²	2541.00	2.42	6150.74

续表

序号	项目编码	项目名称	项目特征描述	计量单位	工程量	金额（元）	
						综合单价	合价
6	040203006001	沥青混凝土	1. 沥青品种：A级70号道路石油沥青 2. 沥青混凝土种类：中粒式沥青混凝土（AC-20C） 3. 石料种类、规格：以石灰岩为主 4. 厚度：6cm	m²	2541.00	59.21	150461.50
7	040204001001	人行道块料铺设	1. 块料品种、规格：透水砖厚6cm，包含行进盲道板、提示盲道板、导向块材等 2. 垫层、基层材料品种、厚度、混凝土强度等级：粗砂厚3cm，透水混凝土厚16cm，级配碎石厚20cm 3. 透水混凝土由发包人提供 4. 透水砖单价暂定45元/m²	m²	900.00	146.50	131849.55
8	040204004001	安砌侧（平、缘）石	1. 材料品种、规格：锯解花岗岩路缘石，外露面抛光15×37×99.5cm 2. 垫层材料品种、厚度为1∶3水泥砂浆3cm	m	500.00	96.12	48060.50
××		（略）		621274.06			
1.2		××××南侧规划五路项目-照明工程					190519.39
		（略）					
1.3		××××南侧规划五路项目-排水工程					894339.26
		（略）					
		本页小计					2326213.27
		合计					2326213.27

分部分项工程项目清单综合单价分析表

工程名称：××××南侧规划五路项目　　　　标段：　　　　　　　　　第1页　共1页

项目编码	040204004001	项目名称	安砌侧（平、缘）石	计量单位	m
项目特征	1. 材料品种、规格：锯解花岗岩路缘石，外露面抛光15×37×99.5cm； 2. 垫层材料品种、厚度为1∶3水泥砂浆3cm				

序号	费用项目	单位	数量	计算基础（元）	费率（%）	单价（元）	合价（元）
1	人工费	—	—	—	—	—	14.81
1.1	综合工日（市政）	工日	0.070	—	—	180.00	14.81
2	材料费	—	—	—	—	—	77.92
2.1	锯解花岗岩路缘石	m	1.01	—	—	72.00	72.72
2.2	其他材料费	—	—	—	—	—	5.20
3	施工机具使用费	元	—	—	—	—	0.02
4	小计（1+2+3）	—	—	—	—	—	92.75
5	管理费（4×费率）	—	—	92.75	1.8	—	1.67
6	利润［（4+5）×费率］	—	—	94.42	1.8	—	1.70
	综合单价（4+5+6）						96.12

分部分项工程项目清单综合单价分析表（简版）

工程名称：××××南侧规划五路项目　　　　标段：　　　　　　　　　第1页　共1页

序号	项目编码	项目名称	项目特征描述	计量单位	综合单价组成明细（元）					
					人工费	材料费	施工机具使用费	管理费	利润	综合单价
1	040204004001	安砌侧（平、缘）石	1. 材料品种、规格：锯解花岗岩路缘石，外露面抛光 15×37×99.5cm 2. 垫层材料品种、厚度：1∶3水泥砂浆 3cm	m	14.81	77.92	0.02	1.67	1.70	96.12

材料暂估单价及调整表

工程名称：××××南侧规划五路项目　　　　标段　　　　　　　　　第1页　共1页

序号	材料名称	规格型号	计量单位	暂估			确认			调整金额（元）	备注
				数量	单价（元）	合价（元）	数量	单价（元）	合价（元）		
				A_1	B_1	C_1	A_2	B_2	C_2	$D=C_2-C_1$	
1	透水砖	厚6cm	m²	918.00	45.00	41310.00	—	—	—	—	用于人行道块料铺设项目
							—	—	—	—	
							—	—	—	—	
							—	—	—	—	
							—	—	—	—	
							—	—	—	—	
							—	—	—	—	
							—	—	—	—	
							—	—	—	—	
	本页小计					41310.00	—	—	—	—	
	合计					41310.00	—	—	—	—	

注：此表由招标人填写"暂估单价"栏，并在备注栏说明拟用暂估价材料的清单项目，投标人应将上述材料暂估单价计入工程量清单综合单价。

措施项目清单计价表

工程名称：××××南侧规划五路项目　　　　标段：　　　　　　　　第1页　共1页

序号	项目编码	项目名称	工作内容	价格（元）	备注
	—	××××南侧规划五路项目			
1	—	××××南侧规划五路项目-道路工程		99105.65	
1.1	041201012001	大型机械设备进出场及安拆	大型机械设备进出场及安拆 1. 安拆费包括施工机械费、设备在现场进行安装拆卸的所需人工、材料、机械和试运转费用以及机械辅助设施的折旧搭设、拆除等费用 2. 进出场费包括施工机械、设备整体或分体停放地点运至施工现场或由一个施工地点运至另一施工地点所发生的运输、装卸、辅助材料等费用	19036.80	
1.2	041201017001	文明施工	施工现场文明施工、绿色施工所需的各项措施	10427.38	
		略		69641.47	
2	—	××××南侧规划五路项目-照明工程		13726.91	
		略			
3	—	××××南侧规划五路项目-排水工程		69445.45	
		略			
		本页小计		182278.01	—
		合计		182278.01	—

注：措施项目清单费用构成详见"24版清单计价标准"表 E.3.2，大型机械进出场及安拆费用组成见"24版清单计价标准"表 E.3.4。

措施项目清单构成明细分析表

工程名称：××××南侧规划五路项目　　　　标段：　　　　　　　　第1页　共1页

序号	项目编码	措施项目名称	计算基础	费率（%）	价格（元）	价格构成明细（元）					备注
						人工费	材料费	施工机具使用费	管理费	利润	
	—	××××南侧规划五路项目									
1	—	××××南侧规划五路项目-道路工程			99105.65						
1.1	041201012001	大型机械设备进出场及安拆			19036.80	3828.50	775.99	—	1860.14	1675.54	
1.2	041201017001	文明施工	1241354.82	0.84	10427.38	2097.06	425.05	5968.61	1018.89	917.78	
		略			69641.47	14005.63	—	—	6804.86	6129.56	
2	—	××××南侧规划五路项目-照明工程			13726.91						
		略									
3	—	××××南侧规划五路项目-排水工程			69445.45						
		略									
		合计			182278.01	—	—	—	—	—	

注：采用费率计价方式的，应分别填写"计算基础"、"费率"、"价格"列数值；采用总价计价方式的，可只填"价格"列数值。

措施项目拆分表

工程名称：××××南侧规划五路项目　　　　标段：　　　　　　　　　第1页　共1页

序号	项目编码	措施项目名称	价格（元）	1. 初期设立费用 占比（%）	1. 初期设立费用 金额（元）	2. 中期运行费用 占比（%）	2. 中期运行费用 金额（元）	3. 后期拆除费用 占比（%）	3. 后期拆除费用 金额（元）
	—	××××南侧规划五路项目							
1	—	×××南侧规划五路项目—道路工程	99105.65		—		50609.9		9389.2
1.1	041201012001	大型机械设备进出场及安拆	19036.80	50	9518.4	40	7614.72	10	—
1.2	041201017001	文明施工	10427.38	50	—	45	4692.32	5	—
		略	69641.47	35		55	38302.8	10	
2	—	×××南侧规划五路项目-照明工程	13726.91	35	—	55	7549.8	10	
		略							
3	—	××××南侧规划五路项目—排水工程	69445.45	35		55	38195	10	—
		略							
		本页小计	182278.01	—	—	—	96354.6	—	—
		合计	182278.01	—	—	—	96354.6	—	—

大型机械进出场费用组成明细表

工程名称：××××南侧规划五路项目　　　　标段：　　　　　　　　　第1页　共1页

序号	大型机械名称、规格、型号	数量	进出场次数	进出场费用单价（元）$C=C_1+C_2+C_3$ 机械安拆费	进出场费用单价（元）$C=C_1+C_2+C_3$ 机械装卸运输费	进出场费用单价（元）$C=C_1+C_2+C_3$ 固定装置安拆费	合价（元）	备注
		A	B	C_1	C_2	C_3	$D=A×B×C$	
1	履带式挖掘机	1	1	0	5395.30	0	5395.30	
2	履带式推土机	1	1	0	4136.81	0	4136.81	
3	沥青混凝土摊铺机	1	1	0	5909.19	0	5909.19	
4	压路机	1	1	0	3595.50	0	3595.50	
	本页小计						19036.80	—
	合计						19036.80	—

注：1 相同大型机械进出场价格不同时，应分别列项；
　　2 有厂家特别说明要求的，可在备注栏列明。

其他项目清单计价表

工程名称：××××南侧规划五路项目　　　　标段：　　　　　　第1页　共1页

序号	项目名称	暂估（暂定）金额（元）	结算（确定）金额（元）	调整金额±（元）	备注
1	暂列金额	150000.00	—	—	
2	专业工程暂估价	20000.00	—	—	
3	计日工	10800.00	—	—	
4	总承包服务费	6459.90	—	—	
	合计	187259.90	—	—	—

暂列金额明细表

工程名称：××××南侧规划五路项目　　　　标段：　　　　　　　第1页 共1页

序号	项目名称	计算基础	费率（%）	暂定金额（元）	确定金额（元）	调整金额±（元）	备注
1	合同价格调整暂列金额			50000.00	—	—	
2	未确定工程暂列金额			15000.00	—	—	
2.1	路基处理			15000.00			
3	未确定服务暂列金额			—			
4	未确定其他暂列金额			—			
	本页小计		—	20000.00			
	合计		—	20000.00			

注：1 本表由招标人填写"暂定金额"总额，采用费率计价方式计算暂列金额的，应分别填写"计算基础""费率"，并计算填写"暂定金额"；采用总价计价方式计算暂列金额的，可直接填写"暂定金额"；
　　2 投标人应将上述暂定金额填写并计入投标总价；
　　3 结算时应按合同约定计算并填写"确定金额"。

专业工程暂估价明细表

工程名称：××××南侧规划五路项目　　　　标段：　　　　　　　第1页 共1页

序号	专业工程名称	暂估金额（元）			确定金额（元）			调整金额±（元）	备注
		不含税价格	增值税	含税价格	不含税价格	增值税	含税价格		
		A_1	B_1	C_1	A_2	B_2	C_2	$D=C_2-C_1$	
1	路灯工程	18348.62	1651.38	20000.00	—	—	—		
	本页小计	18348.62	1651.38	20000	—	—	—		
	合计	18348.62	1651.38	20000	—	—	—		

注：本表"暂估金额"由招标人填写，投标人应将"暂估金额"填写并计入投标总价。结算时应按合同约定的价格填写"确认金额"。

计日工表

工程名称：××××南侧规划五路项目　　　　标段：　　　　　　　　　第1页　共1页

编号	计日工名称	单位	暂定数量	实际数量	综合单价（元）	合价（元）暂定 A_1	合价（元）实际 A_2	调整金额±（元）$B=A_2-A_1$
一	人工			—		—		—
1	普工	工日	50	—	120.00	6000.00		
2	技工	工日	20	—	240.00	4800.00		
3								
4								
	人工小计					10800.00		
二	材料			—		—		—
	材料小计							
三	施工机具			—		—		—
	施工机具小计							
四	零星工作			—		—		—
	零星工作小计							
	总计					10800.00	—	—

注：1 本表计日工名称、暂定数量应由招标人填写。编制最高投标限价时，单价应由招标人按有关计价规定确定；编制投标报价时，单价应由投标人自主报价，并按暂定数量计算合价计入投标总价中；

　　2 工程结算时，应按发承包双方确认的实际数量计量合价。发承包双方确认的实际数量详见"24版清单计价标准"表E.8.2。

总承包服务费计价表

工程名称：××××南侧规划五路项目　　　　标段：　　　　　　　　　　第1页　共1页

序号	项目名称	计算基础 A_1	费率（%）B	金额（元）C_1	确认计算基础 A_2	结算金额（元）C_2	调整金额±（元）$D=C_2-C_1$	备注
1	发包人提供材料			959.90	—	—	—	
	透水混凝土	63993.60	1.50	959.90				
2	专业分包工程			500.00	—	—	—	
	路灯工程	20000.00	2.50	500.00				
3	直接发包的专业工程			5000.00	—	—	—	
	××路10kV电力改迁			5000.00				
	本页小计			6459.90	—	—	—	
	合计	—	—	6459.90	—	—	—	

注：1 本表项目名称、服务内容应由招标人填写；
　　2 编制最高投标限价及投标报价时，采用费率计价方式计算总承包服务费的，应分别填写"计算基础 A_1""费率 B"，并计算填写"金额 C_1"，$C_1=A_1\times B$；采用总价计价方式计算总承包服务费的，可直接填写"金额 C_1"；
　　3 编制结算时，采用费率计价方式计算总承包服务费的，应填写"确认计算基础 A_2"，并计算填写"结算金额 C_2"，$C_2=A_2\times B$；采用总价计价方式计算总承包服务费的，可直接填写"结算金额 C_2"。

直接发包的专业工程明细表

工程名称：××××南侧规划五路项目　　　　　　标段：　　　　　　第1页　共1页

序号	直接发包的专业工程名称	备注
1	××路 10kV 电力改迁	
	合计	

注：此表由招标人填写，用于计算直接发包的专业工程总承包服务费。

增值税计价表

工程名称：××××南侧规划五路项目　　　　标段：　　　　　　　　　　　　第1页　共1页

序号	项目名称	计算基础说明	计算基础	税率（%）	金额（元）
1	增值税	分部分项工程项目＋措施项目＋其他项目－其中：专业工程暂估价	2685344.77	9	241681.03
	合计				241681.03

发包人提供材料一览表

工程名称：××××南侧规划五路项目　　　　标段：　　　　　　　　　　　　第1页　共1页

序号	材料名称、规格、型号	单位	数量	单价（元）	合价（元）	有效损耗率（%）	备注
1	透水混凝土	m³	145.44	440.00	63993.60	2	
		本页小计			63993.60	—	—
		合计			63993.60		

注：本表中的"数量"应包含"有效损耗率"。

承包人提供可调价主要材料表一

工程名称：××××南侧规划五路项目　　　　　标段：　　　　　　　　第1页　共1页

序号	名称、规格、型号	单位	数量	基准价 C_0（元）	投标报价（元）	风险幅度系数 r（%）	价格信息 C_i（元）	价差 ΔC（元）	价差调整费用 ΔP（元）
1	水泥稳定碎石	m³	1309.35	315.00	312.00	5			
					本页小计				
					合计				

注：1 本表仅适用于物价变化引起合同价格调整事件使用。其中，招标人填写序号、名称、规格、型号、单位、数量、基准价、风险幅度；投标人根据投标报价填写投标报价栏；
　　2 "数量"列依据发承包双方在合同中明确的数量计算方式计算确认。

承包人提供可调价主要材料表二
（适用于指数调差法）

工程名称：××××南侧规划五路项目　　　　　标段：　　　　　　　　第1页　共1页

序号	名称、规格、型号	变值权重 B	基本价格指数 F_0	现行价格指数 F_t	风险幅度系数（%）	价差调整金额 ΔP（元）
1	人工费					
2						
3						
	定值权重 A					
	合计					

注：1 "名称、规格、型号""基本价格指数"栏由招标人填写，人工也采用价格指数调差法调整的，由招标人在"名称"栏填写；
　　2 本表仅适用于物价变化引起合同价格调整事件使用；
　　3 分项计算可调价主要材料价差的，应在"价差调整金额"列分别填写金额，并计算合计金额；整体计算可调价主要材料价差的，可仅在"价差调整金额"列"合计"行填写。

15.2.4 竣工（过程）结算

竣工（过程）结算书封面

_____××××南侧规划五路项目_____ 工程

竣工（过程） 结算书

发 包 人：_____（盖章）_____

承 包 人：_____（盖章）_____

年　　月　　日

工程名称：_____××××南侧规划五路项目_____

标段名称：_____

竣工（过程） 结算价

签约合同价（小写）：_____2947025.80_____

（大写）：_____贰佰玖拾肆万柒仟零贰拾伍元捌角整_____

竣工结算价（小写）：_____2947039.05_____

（大写）：_____贰佰玖拾肆万柒仟零叁拾玖元零伍分_____

编 制 人：　　　　　　　　　　　　（造价专业人员签字及盖章）

审 核 人：　　　　　　　　　　　　（签字及盖章）

编 制 单 位：　　　　　　　　　　　（盖章）

法定代表人或其授权人：　　　　　　（签字或盖章）

发 包 人：　　　　　　　　　　　　（盖章）

法定代表人或其授权人：　　　　　　（签字或盖章）

承 包 人：　　　　　　　　　　　　（盖章）

法定代表人或其授权人：　　　　　　（签字或盖章）

编 制 时 间：

竣工（过程）结算编制（审核）说明

工程名称：××××南侧规划五路项目

一 工程概况：建设地点位于泰安市××区，道路长235.88米，红线宽15米，投标工期60日历天

二 编制（审核）依据

1. 施工、专业分包等合同；
2. 施工图、发包人确认的实际完成工程量确认单和工程量缺陷、物价变化、工程变更索赔等引起价格调整的相关资料，例如发包人发出的指令单、索赔资料等；
3. 发包人发出的指令单；
4. 省工程造价管理机构发布的相关政策文件。

三 本工程价格详情

本工程合同价为2947025.80元；结算价为2947039.05元。合同中消防工程暂估价为20000元，结算价为18572.69元。暂估价材料透水砖，原招标文件暂估价为45元/m^2，实际供应价为47元/m^2，施工过程中物价变化调整12111.49元、法律法规及政策性变化30000元、暂停施工索赔费用1500元、变更费用12000元、路基处理工程按实际发生金额110000元在暂列金额中计入，暂列金额余额部分已扣除。

四 其他需要说明的问题（略）

注：竣工（过程）结算编制（审核）说明应包括工程概况、工程范围、编制（审核）依据、以及其他需要说明的问题等内容。

工程量清单计算规则说明

工程名称：××××南侧规划五路项目　　　　　标段：　　　　　　第1页　共1页

计算规则说明
本工程采用GB/T 50857—2024《市政工程工程量计算标准》、GB/T 50856—2024《通用安装工程工程量计算标准》等进行列项以及工程量计算。

补充计算规则说明					
补充清单编码	补充清单名称	项目特征描述	计量单位	工程量计算规则	工作内容
无					

注：1 采用国家及行业工程量计算标准的，应明确相应国家及行业标准的名称及编号；
　　2 根据工程项目特点补充完善计算规则的，应列明工程量清单的详细计算规则。

竣工（过程）结算汇总表

工程名称：××××南侧规划五路项目　　　　标段：　　　　　　　　　　　　　第1页　共1页

序号	项目名称	合同金额（元）A	合同价格调整金额±（元）B	结算金额（元）C＝A＋B	备注
1	分部分项工程项目	2326213.27	30000.00	2356213.27	
1.1	道路工程	1241354.62	14349.90	1255704.52	
1.2	照明工程	190519.39	15650.10	206169.49	
1.3	排水工程	894339.26	0.00	894339.26	
2	措施项目	191871.59	1200.00	193071.59	
2.1	其中：安全生产措施项目	132923.08	1200.00	134123.08	
3	其他项目	187259.90	－89281.90	97978.00	
3.1	其中：暂列金额	150000.00	－90000.00	60000.00	
3.2	其中：专业工程暂估价	20000.00	－1000.00	19000.00	
3.3	其中：计日工	10800.00	1680.00	12480.00	
3.4	其中：总承包服务费	6459.90	38.10	6498.00	
3.5	其中：合同中约定的其他项目	0.00	0.00	0.00	
4	材料暂估价调整	—	2400.00	2400.00	
5	物价变化调差	—	12111.49	12111.49	
6	法律法规及政策性变化	—	30000.00	30000.00	
7	工程变更	—	12000.00	12000.00	
8	新增工程	—	0.00	0.00	
9	工程索赔	—	1500.00	1500.00	
10	发承包双方约定的其他项目调整	—	0.00	0.00	
11	增值税	241681.03	83.66	241764.69	
	合　计	2947025.80	13.25	2947039.05	

注：1. 专业工程暂估价为已含税价格，在计算增值税计算基础时不应包含专业工程暂估价金额；
　　2. 工程量清单缺陷事项引起的调整金额分别列入对应分部分项工程项目和措施项目的"合同价格调整金额"；
　　3. 本表适用于按合同标的为工程量清单编制对象的工程汇总计算，以单项工程、单位工程等为工程量清单编制对象的工程可参照本表汇总计算。

分部分项工程项目清单缺陷调整表

工程名称：××××南侧规划五路项目　　　　标段：　　　　　　　　　　　　　　　　第1页　共1页

序号	项目编码	项目名称	项目特征描述	计量单位	合同 工程量 A_1	合同 综合单价 B_1	合同 合价 C_1	工程量清单缺陷调整 工程量 A_2	工程量清单缺陷调整 综合单价 B_2	工程量清单缺陷调整 合价 C_2	调整金额 ±（元） $D=C_2-C_1$
1	040202014001	水泥稳定碎（砾）石	1. 水泥含量：3%～5.5%，最大剂量不超过6% 2. 石料规格：碎石级配采用骨架密实型级配，水泥稳定碎石层7d龄期无侧限抗压强度要求2.5MPa 3. 厚度：下基层16cm	m²	—	48.23	132202.54	2941.00	48.23	141848.84	9646.30
2	041001001001	拆除路面	1. 材质：原混凝土路面 2. 厚度：≤15cm	m²	0.00	0.00	0.00	220	21.38	4703.60	4703.60
		（略）					45281.32			60931.42	#
		本页小计					177483.86			207483.86	#
		合计					177483.86			207483.86	#

安全生产措施项目清单缺陷调整表

工程名称：××××南侧规划五路项目　　　　标段：　　　　　　　　　　　　　　　　第1页　共1页

序号	项目编码	项目名称	合同金额（元） A_1	工程量清单缺陷修正金额（元） A_2	调整金额±（元） $B=A_2-A_1$	备注
1	011601009001	安全生产措施费	132923.08	134123.08	1200.00	
		本页小计	132923.08	134123.08	1200.00	—
		合计	132923.08	134123.08	1200.00	—

注：安全生产措施费进行工程量清单缺陷调整的，应在"备注"中注明按合同约定及国家及省级、行业主管部门的规定计算的依据。

材料暂估单价及调整表

工程名称：××××南侧规划五路项目　　　　标段：　　　　第1页　共1页

序号	材料名称	规格型号	计量单位	暂估 数量 A_1	暂估 单价（元）B_1	暂估 合价（元）C_1	确认 数量 A_2	确认 单价（元）B_2	确认 合价（元）C_2	调整金额（元）$D=C_2-C_1$	备注
1	透水砖	厚6cm	m²	918.00	45.00	41310.00	930.00	47.00	43710.00	2400.00	用于人行道块料铺设项目
							—	—	—	—	
							—	—	—	—	
							—	—	—	—	
							—	—	—	—	
							—	—	—	—	
							—	—	—	—	
							—	—	—	—	
	本页小计					41310.00	—	—	43710.00	2400.00	—
	合计					41310.00	—	—	43710.00	2400.00	—

注：此表由招标人填写"暂估单价"栏，并在备注栏说明拟用暂估价材料的清单项目，投标人应将上述材料暂估单价计入工程量清单综合单价。

其他项目清单计价表

工程名称：××××南侧规划五路项目　　　　标段：　　　　第1页　共1页

序号	项目名称	暂估（暂定）金额（元）	结算（确定）金额（元）	调整金额±（元）	备注
1	暂列金额	150000.00	110000.00	−90000.00	详见表 E.4.2
2	专业工程暂估价	20000.00	19000.00	−1000.00	详见表 E.4.3
3	计日工	0.00	12480.00	1680.00	详见表 E.4.4
4	总承包服务费	6459.90	6498.00	38.10	详见表 E.4.5
	合计	176459.90	147978.00	−89281.90	—

暂列金额明细表

工程名称：××××南侧规划五路项目　　　　标段：　　　　　　　　　　第1页　共1页

序号	项目名称	计算基础	费率（%）	暂定金额（元）	确定金额（元）	调整金额±（元）	备注
1	合同价格调整暂列金额			50000.00	0.00	－50000.00	
2	未确定工程暂列金额			150000.00	110000.00	－40000.00	
2.1	路基处理			150000.00	110000.00	－40000.00	
3	未确定服务暂列金额			—	—	—	
4	未确定其他暂列金额			—	—	—	
	本页小计	—	—	200000.00	110000.00	－90000.00	—
	合计	—	—	200000.00	110000.00	－90000.00	—

注：1 本表由招标人填写"暂定金额"总额，采用费率计价方式计算暂定金额的，应分别填写"计算基础""费率"，并计算填写"暂定金额"；采用总价计价方式计算暂定金额的，可直接填写"暂定金额"；
　　2 投标人应将上述暂定金额填写并计入投标总价；
　　3 结算时应按合同约定计算并填写"确定金额"。

专业工程暂估价明细表

工程名称：××××南侧规划五路项目　　　　标段：　　　　　　　　　　第1页　共1页

序号	专业工程名称	暂估金额（元）			确定金额（元）			调整金额±（元）	备注
		不含税价格	增值税	含税价格	不含税价格	增值税	含税价格		
		A_1	B_1	C_1	A_2	B_2	C_2	$D=C_2-C_1$	
1	路灯工程	18348.62	1651.38	20000.00	17431.19	1568.81	19000.00	－1000.00	
	本页小计	18348.62	1651.38	20000	17431.19	1568.81	19000.00	－1000.00	—
	合计	18348.62	1651.38	20000	17431.19	1568.81	19000.00	－1000.00	—

注：本表"暂估金额"由招标人填写，投标人应将"暂估金额"填写并计入投标总价。结算时应按合同约定的价格填写"确认金额"。

计日工表

工程名称：××××南侧规划五路项目　　　　　标段：　　　　　　第1页　共1页

编号	计日工名称	单位	暂定数量	实际数量	综合单价（元）	合价（元）暂定 A_1	合价（元）实际 A_2	调整金额±（元）$B=A_2-A_1$
一	人工			—		—	—	
1	普工	工日	50	40	120.00	6000.00	4800.00	−1200.00
2	技工	工日	20	32	240.00	4800.00	7680.00	2880.00
3								
4								
	人工小计					10800.00	12480.00	1680.00
二	材料			—		—	—	
	材料小计							
三	施工机具			—		—	—	
	施工机具小计							
四	零星工作			—		—	—	
	零星工作小计							
	总计					10800.00	12480.00	1680.00

注：1 本表计日工名称、暂定数量应由招标人填写。编制最高投标限价时，单价应由招标人按有关计价规定确定；编制投标报价时，单价应由投标人自主报价，并按暂定数量计算合价计入投标总价中；

2 工程结算时，应按发承包双方确认的实际数量计量合价。发承包双方确认的实际数量详见"24版清单计价标准"表E.8.2。

总承包服务费计价表

工程名称：××××南侧规划五路项目　　　　标段：　　　　　　　　　　第1页　共1页

序号	项目名称	计算基础 A_1	费率（％）B	金额（元）C_1	确认计算基础 A_2	结算金额（元）C_2	调整金额±（元）$D=C_2-C_1$	备注
1	发包人提供材料			959.90	68200.00	1023.00	63.10	
	透水混凝土	63993.60	1.50	959.90	68200.00	1023.00	63.10	
2	专业分包工程			500.00		475.00	−25.00	
	路灯工程	20000.00	2.50	500.00	19000.00	475.00	−25.00	
3	直接发包的专业工程			5000.00	—	5000.00	0.00	
	××路10kV电力改迁			5000.00		5000.00	0.00	
	本页小计			6459.90	—	6498.00	38.10	—
	合计	—	—	6459.90	—	6498.00	38.10	—

注：1 本表项目名称、服务内容应由招标人填写；

　　2 编制最高投标限价及投标报价时，采用费率计价方式计算总承包服务费的，应分别填写"计算基础 A_1""费率 B"，并计算填写"金额 C_1"，$C_1=A_1\times B$；采用总价计价方式计算总承包服务费的，可直接填写"金额 C_1"；

　　3 编制结算时，采用费率计价方式计算总承包服务费的，应填写"确认计算基础 A_2"，并计算填写"结算金额 C_2"，$C_2=A_2\times B$；采用总价计价方式计算总承包服务费的，可直接填写"结算金额 C_2"。

直接发包的专业工程明细表

工程名称：××××南侧规划五路项目　　　　标段：　　　　　　　　　　　　第1页　共1页

序号	直接发包的专业工程名称	备注
1	××路10kV电力改迁	
	合计	

注：此表由招标人填写，用于计算直接发包的专业工程总承包服务费。

增值税计价表

工程名称：××××南侧规划五路项目　　　　标段：　　　　　　　　　　　　　第1页　共1页

序号	项目名称	计算基础说明	计算基础	税率（%）	金额（元）
1	增值税	分部分项工程项目＋措施项目＋其他项目，其中：专业工程暂估价＋材料暂估价调整＋物价变化调整＋法律法规及政策变化＋工程变更＋新增工程＋工程索赔＋发承包双方约定的其他项目调整	2686274.35	9	241764.69
	合计				241764.69

计日工竣工（过程）结算汇总表

工程名称：××××南侧规划五路项目　　　　标段：　　　　　　　　　第1页　共1页

序号	计日工事项编号	事项说明	金额（元）	备注
1	001	K0+100处原挡土墙修复	7440.00	
2	002	K0+150处过路雨水、污水管修复	5040.00	
		本页小计	12480.00	—
		合　计	12480.00	—

计日工竣工（过程）结算明细表

工程名称：××××南侧规划五路项目　　　　标段：　　　　　　计日工事项编号：001　第1页　共1页

1. 承包人：××××建设工程有限公司；
2. 施工部位：K0+100处原挡土墙修复；
3. 详细说明：协助业主修复K0+100处原有挡土墙，工程量及费用见下。

承包人：（签字盖章）　　　　　　　　发包人：（签字盖章）

编号	项目名称	单位	数量	综合单价（元）	综合合价（元）
一	人工				
1	普工	工日	30.00	120.00	3600.00
2	技工	工日	16.00	240.00	3840.00
3					
	人工小计				7440.00
二	材料				
1					
2					
3					
	材料小计				0.00
三	施工机具				
1					
2					
3					
	施工机具小计				0.00
	总　　计				7440.00

法律法规及政策性变化计价汇总表

工程名称：××××南侧规划五路项目　　　　　标段：　　　　　　　　　　　第1页　共1页

序号	法律法规及政策性变化项目名称	合价（元）	法律法规及政策依据
1	优质工程	30000.00	××建管字××年××号《关于在房屋建筑和市政工程中落实优质优价政策的通知》
	本页小计	30000.00	—
	合计	30000.00	

变更汇总表

工程名称：××××南侧规划五路项目　　　　　标段：　　　　　　　　　　　第1页　共1页

序号	变更编号	变更名称	变更金额（元）	备注
1	BG001	K0+075处过路箱涵工程	12000.00	
		本页小计	12000.00	—
		合计	12000.00	—

工程索赔计价汇总表

工程名称：××××南侧规划五路项目　　　　标段：　　　　　　　　　　第1页　共1页

序号	工程索赔项目名称	合价（元）	索赔依据
1	暂停施工	1500.00	SP001
	本页小计	1500.00	—
	合　计	1500.00	—

发包人提供材料一览表

工程名称：××××南侧规划五路项目　　　　标段：　　　　　　　　　　第1页　共1页

序号	材料名称、规格、型号	单位	数量	单价（元）	合价（元）	有效损耗率（％）	备注
1	透水混凝土	m^3	155	440.00	68200.00	2	
			本页小计		68200.00	—	—
			合　计		68200.00	—	—

注：本表中的"数量"应包含"有效损耗率"。

承包人提供可调价主要材料表一

工程名称：××××南侧规划五路项目　　　　标段：　　　　　　第1页　共1页

序号	名称、规格、型号	单位	数量	基准价 C_0（元）	投标报价（元）	风险幅度系数 r（%）	价格信息 C_i（元）	价差 ΔC（元）	价差调整费用 ΔP（元）
1	水泥稳定碎石	m³	1309.35	315.00	312.00	5	340.00	25.00	12111.49
				本页小计					12111.49
				合计					12111.49

注：1 本表仅适用于物价变化引起合同价格调整事件使用。其中，招标人填写序号、名称、规格、型号、单位、数量、基准价、风险幅度；投标人根据投标报价填写投标报价栏；
　　2 "数量"列依据发承包双方在合同中明确的数量计算方式计算确认。

承包人提供可调价主要材料表二
（适用于指数调差法）

工程名称：××××南侧规划五路项目　　　　标段：　　　　　　第1页　共1页

序号	名称、规格、型号	变值权重 B	基本价格指数 F_0	现行价格指数 F_t	风险幅度系数（%）	价差调整金额 ΔP（元）
1	人工费	18.25%	110.20		5	
2						
3						
	定值权重 A	25.20%	—	—	—	
	合计	1	—	—		

注：1 "名称、规格、型号""基本价格指数"栏由招标人填写，人工也采用价格指数调差法调整的，由招标人在"名称"栏填写；
　　2 本表仅适用于物价变化引起合同价格调整事件使用；
　　3 分项计算可调价主要材料价差的，应在"价差调整金额"列分别填写金额，并计算合计金额；整体计算可调价主要材料价差的，可仅在"价差调整金额"列"合计"行填写。

工程计量申请（核准）表

工程名称：××××南侧规划五路项目　　　　标段：　　　　　　　　　　第1页　共1页

序号	项目编码	项目名称	计量单位	承包人申报数量	发包人核实数量	发包承包双方确认数量	备注
1	040101001001	挖一般土方	m³	5092.91	4967.91	4967.91	
2	040203006001	沥青混凝土	m²	3041.00	2941.00	2941.00	

承包人代表：	监理工程师：	一级注册造价工程师	发包人代表：
日期：	日期：	日期：	日期：

注：承包人代表、监理工程师、发包人代表应相应签字或盖章，一级注册造价工程师应签字和盖章。

预付款支付申请（核准）表

工程名称：××××南侧规划五路项目　　　　标段：　　　　　　　　　　编号：

致：××建设集团有限公司（发包人全称）

我方根据施工合同的约定，现申请支付工程预付款额为（大写）玖拾伍万零伍佰陆拾玖元贰角捌分（小写950569.28元），请予核准。

序号	名称	申请金额（元）	复核金额（元）	备注
1	已签约合同价款金额	2947025.80	2766225.80	
2	其中：安全生产措施费	132923.08	132923.08	
3	应支付的预付款	884107.74	829867.74	
4	应支付的安全生产措施费	66461.54	66461.54	
5	合计应支付的预付款	950569.28	896329.28	

承包人（章）

编制人员　×××　　　　承包人代表×××　　　　　　日期××年××月××日

复核意见： □与合同约定不相符，修改意见见附件 □与合同约定相符，具体金额由造价工程师复核	复核意见： 　你方提出的支付申请经复核，应支付预付款金额为（大写）捌拾玖万陆仟叁佰贰拾玖元贰角捌分（小写896329.28元）。
监理工程师：　×××	一级注册造价工程师：　×××
日期××年××月××日	日期××年××月××日

审核意见：
□不同意
□同意

发包人（章）：
发包人代表：　×××
日期××年××月××日

注：1 应在选择栏中的"□"内作标识"√"；
　　2 本表应一式四份，由承包人填报，发包人、监理人、工程造价咨询人、承包人各存一份；
　　3 编制人员、一级注册造价工程师应签字和盖章，承包人代表、监理工程师、发包人代表应签字或盖章。

进度款支付申请（核准）表

工程名称：××××南侧规划五路项目　　　　标段：　　　　　　　　　　编号：

致：××建设集团有限公司（发包人全称）

我方于××至××期间已完成××××工作，根据施工合同的约定，现申请支付工程预付款额为（大写）<u>贰佰零壹万肆仟肆佰陆拾柒元捌角玖分</u>（小写<u>2014467.89</u>元），请予核准。

序号	名称	申请金额（元）	复核金额（元）	备注
1	累计已完成的工程总值	2518084.86	2392180.62	
2	累计已扣回预付款	0.00	0.00	
3	累计应付进度款	2014467.89	1913744.50	
4	前期累计支付进度款	0.00	0.00	
5	发包人应扣除的价款	0.00	0.00	
6	本期应付进度款	2014467.89	1913744.50	

承包人（章）

编制人员　×××　　　　　承包人代表×××　　　　　日期××年××月××日

复核意见： □与合同约定不相符，修改意见见附件 □与合同约定相符，具体金额由造价工程师复核 监理工程师：××× 日　期××年××月××日	复核意见： 　　你方提出的支付申请经复核，应支付预付款金额为（大写）<u>壹佰玖拾壹万叁仟柒佰肆拾肆元伍角整</u>（小写<u>1913744.50</u>元）。 一级注册造价工程师：××× 日期××年××月××日

审核意见：
□不同意
□同意

发包人（章）：

发包人代表：×××

日期××年××月××日

注：1 应在选择栏中的"□"内作标识"√"；
　　2 本表应一式四份，由承包人填报，发包人、监理人、工程造价咨询人、承包人各存一份；
　　3 编制人员、一级注册造价工程师应签字和盖章，承包人代表、监理工程师、发包人代表应签字或盖章。

施工过程结算款支付申请（核准）表

工程名称：××××南侧规划五路项目　　　　标段：　　　　　　　　　　编号：

致 ： ××建设集团有限公司（发包人全称）

　　我方于××至××期间已完成××××工作，根据施工合同的约定，现申请支付施工过程结算款额为（大写）<u>壹佰伍拾玖万陆仟捌佰贰拾柒元伍角整</u>（小写<u>1596827.50</u>），请予核准。

序号	名称	申请金额（元）	复核金额（元）	备注
1	累计已完成的施工过程结算款	2058534.38	1955607.66	
1.1	累计已完成的分部分项工程项目费	1744659.95	1657426.96	
1.2	累计已完成的措施项目费	143903.69	136708.51	
1.3	累计已完成的其他项目费	0.00	0.00	
1.4	累计已完成合同价款调整金额	0.00	0.00	
1.5	累计应计算的增值税	169970.73	161472.19	
2	累计已支付的施工过程结算款	0.00	0.00	
3	本期合计应扣减的金额	50000.00	50000.00	
3.1	本期应扣回的预付款	0.00	0.00	
3.2	本期应扣回的已支付进度款	50000.00	50000.00	
3.3	本期发包人应扣减的金额	0.00	0.00	
4	本期应付本期应支付的施工过程结算款进度款	1596827.50	1514486.13	

承包人（章）

编制人员 ×××　　　　　承包人代表×××　　　　　日　期 ××年××月××日

复核意见： □与合同约定不相符，修改意见见附件 □与合同约定相符，具体金额由造价工程师复核 监理工程师：××× 日　期××年××月××日	复核意见： 　你方提出的过程结算款支付申请经复核，本期结算款总额为（大写）<u>壹佰玖拾伍万伍仟陆佰零柒元陆角陆分</u>（小写<u>1955607.66</u>元），扣除前期支付以及质量保证金后，按支付比例本期应支付金额为（大写）<u>壹佰伍拾壹万肆仟肆佰捌拾陆元壹角叁分</u>（小写<u>1514486.13</u>）。 一级注册造价工程师：××× 日期××年××月××日

审核意见：
□不同意
□同意

　　　　　　　　　　　　　　　　　　发包人（章）：
　　　　　　　　　　　　　　　　　　发包人代表： ×××
　　　　　　　　　　　　　　　　　　日期××年××月××日

　　注：1 应在选择栏中的"□"内作标识"√"；
　　　　2 本表应一式四份，由承包人填报，发包人、监理人、工程造价咨询人、承包人各存一份；
　　　　3 编制人员、一级注册造价工程师应签字及盖章，承包人代表、监理工程师、发包人代表应签字或盖章。

竣工结算款支付申请（核准）表

工程名称：××××南侧规划五路项目　　　　标段：　　　　　　编号：

致：××建设集团有限公司（发包人全称）

我方于××至××期间已完成合同约定的工作，工程已经完工，根据施工合同的约定，现申请支付竣工结算合同款额为（大写）贰佰玖拾肆万柒仟零叁拾玖元零伍分（小写2947039.05元），请予核准。

序号	名称	申请金额（元）	复核金额（元）	备注
1	工程竣工结算价款总额	2947039.05	2799687.09	
2	累计已实际支付的价款	2357631.24	2357631.24	
3	应预留的质量保证金	88411.17	88411.17	
4	实际应支付的竣工结算款金额	500996.64	353644.69	

承包人（章）

编制人员　　　承包人代表　　　日　期

复核意见： □与实际施工情况不相符，修改意见见附件 □与实际施工情况相符，具体金额应由造价工程师复核 监理工程师 日　期	复核意见： 　　你方提出的竣工结算款支付申请经复核，竣工结算款总额为（大写）贰佰柒拾玖万玖仟陆佰捌拾柒元零玖分（小写2799687.09元），扣除前期支付以及质量保证金后应支付金额为（大写）叁拾伍万叁仟陆佰肆拾肆元陆角玖分（小写353644.69元）。 一级注册造价工程师 日　期

审核意见：
□不同意
□同意

发包人（章）
发包人代表
日　期

注：1 应在选择栏中的"□"内作标识"√"；
　　2 本表应一式四份，由承包人填报，发包人、监理人、工程造价咨询人、承包人各存一份；
　　3 编制人员、一级注册造价工程师应签字及盖章，承包人代表、监理工程师、发包人代表应签字或盖章。

工程保修与结清结算支付申请（核准）表

工程名称：××××南侧规划五路项目　　　　标段：　　　　　　　　　　编号：

致：××建设集团有限公司（发包人全称）

　　我方于××至××期间期间已完成了缺陷修复工作，根据施工合同的约定，现申请支付工程保修结算的合同款额为（大写）<u>捌万捌仟肆佰壹拾壹元壹角柒分</u>（小写<u>88411.17</u>），请予核准。

序号	名称	申请金额（元）	复核金额（元）	备注
1	已预留的质量保证金	88411.17	88411.17	
2	应增加因发包人原因造成缺陷的修复金额	0.00	0.00	
3	应扣减承包人不修复缺陷、发包人组织修复的金额	0.00	0.00	
4	最终应支付的合同价款	88411.17	88411.17	

附：上述3、4详见附件清单。

承包人（章）

编　制　人　员　　　承包人代表　　　日　期

复核意见： □与实际施工情况不相符，修改意见见附件 □与实际施工情况相符，具体金额应由造价工程师复核 　　　　　监理工程师 　　　　　日　期	复核意见： 　　你方提出的竣工结算款支付申请经复核，本期间应支付金额为（大写）<u>捌万捌仟肆佰壹拾壹元壹角柒分</u>（小写<u>88411.17</u>元）。 　　　　　一级注册造价工程师 　　　　　日　期

审核意见：
□不同意
□同意

发包人（章）
发包人代表
日　期

注：1 应在选择栏中的"□"内作标识"√"；
　　2 本表应一式四份，由承包人填报，发包人、监理人、工程造价咨询人、承包人各存一份；
　　3 编制人员、一级注册造价工程师应签字及盖章，承包人代表、监理工程师、发包人代表应签字或盖章。

费用索赔申请（核准）表

工程名称：××××南侧规划五路项目　　　　　标段：　　　　　　　　　第1页　共1页

致：××建设集团有限公司（发包人全称）
　　根据施工合同条款<u>第10条</u>的约定，由于<u>你方工作需要</u>的原因，我方要求索赔金额（大写）<u>壹仟伍佰元整</u>（小写<u>1500.00</u>），请予核准。

附：1. 费用索赔的详细理由和依据：
　　2. 索赔金额的计算：
　　3. 证明材料

　　　　　　　　　　　　　　　　　　　　　　　　　　承包人（章）
编制人员　　　　　　　承包人代表　　　　　　　　　　日期

复核意见： 　　根据施工合同条款<u>第10条</u>的约定，你方提出的费用索赔申请经复核： □不同意此项索赔，具体意见见附件 □同意此项索赔，索赔金额的计算，由造价工程师复核 　　　　　　　　　　　监理工程师 　　　　　　　　　　　日期	复核意见： 　　根据施工合同条款<u>第10条</u>的约定，你方提出的费用索赔申请经复核，索赔金额为（大写）壹仟伍佰元整（小写<u>1500.00</u>）。 　　　　　　　　　　　一级注册造价工程师 　　　　　　　　　　　日期
审核意见： □不同意 □同意	 发包人（章） 发包人代表 日期

注：1 应在选择栏中的"□"内作标识"√"；
　　2 本表一式四份，应由承包人填报，发包人、监理人、工程造价咨询人、承包人各存一份；
　　3 编制人员、一级注册造价工程师应签字和盖章，承包人代表、监理工程师、发包人代表应签字或盖章。